普通高等教育“十三五”规划教材

金属学及热处理

主　编　范培耕
副主编　陈　刚　王泽民

北京
冶金工业出版社
2023

内 容 提 要

本书内容包括金属的力学性能、金属学基础理论、热处理原理与工艺、金属材料四个部分，共10章。金属的力学性能介绍了金属材料的主要力学性能指标；金属学基础理论介绍了金属的晶体结构、纯金属的结晶、二元合金相图、铁碳合金相图、金属的塑性变形与再结晶理论等内容；热处理原理与工艺介绍了热处理的基本原理及常规的热处理工艺；金属材料部分介绍了工业用钢、铸铁、有色金属及合金。本书内容贴近当今国内外生产实际，应用性和实用性较强。

本书可作为高等院校冶金、材料类专业的教学用书，也可供有关科技人员参考。

图书在版编目(CIP)数据

金属学及热处理/范培耕主编．—北京：冶金工业出版社，2017.1(2023.1重印)

普通高等教育“十三五”规划教材

ISBN 978-7-5024-7427-0

Ⅰ.①金… Ⅱ.①范… Ⅲ.①金属学—高等学校—教材 ②热处理—高等学校—教材 Ⅳ.①TG1

中国版本图书馆CIP数据核字（2017）第016171号

金属学及热处理

出版发行 冶金工业出版社　　**电　话** (010)64027926

地　址 北京市东城区嵩祝院北巷39号　　**邮　编** 100009

网　址 www.mip1953.com　　**电子信箱** service@mip1953.com

责任编辑 高 娜 杨 敏　美术编辑 吕欣童　版式设计 彭子赫

责任校对 李 娜　责任印制 窦 唯

北京虎彩文化传播有限公司印刷

2017年1月第1版，2023年1月第4次印刷

787mm×1092mm 1/16；18.75印张；452千字；287页

定价38.00元

投稿电话 (010)64027932 投稿信箱 tougao@cnmip.com.cn

营销中心电话 (010)64044283

冶金工业出版社天猫旗舰店 yjgycbs.tmall.com

（本书如有印装质量问题，本社营销中心负责退换）

前　　言

“金属学及热处理”是冶金、材料类专业的一门专业基础课程，学习该课程之前，工科类本科院校的学生首先应先修“物理化学”和“工程力学”等课程；其次应已经完成金工实习这一实践环节，对冶金、金属材料成型和热处理等生产环节具有一定的感性认识。

本书根据工科类本科院校冶金、材料类专业教学计划编写而成，主要内容包括金属的力学性能、金属学基础理论、热处理原理与工艺、金属材料四个部分，共10章。本书内容可适合40~64学时的课程教学。

本书由重庆科技学院冶金与材料工程学院范培耕担任主编。具体编写分工为：第1~5章由范培耕编写，第6、7、10章由重庆科技学院冶金与材料工程学院陈刚编写，第8、9章由上海应用技术学院材料工程系王泽民编写。上海应用技术学院陈慧芬老师对本书进行了审阅。此外，本教材的编写还得到了重庆科技学院冶金与材料工程学院曾文、黄佳铭、刘彤等同志的大力支持和帮助。本书的出版得到了重庆科技学院冶金与材料工程学院的相关资助，在此一并表示衷心的感谢!

由于编者水平所限，且时间仓促，若有不妥之处，希望读者提出宝贵的意见。

作　者

2016年10月

目　录

1 金属材料的力学性能

研究金属及合金的性能、组织结构、化学成分之间的关系及正确和合理使用材料，需了解有关金属材料相关力学性能的基本概念。

一般而言，可以把金属材料的力学性能分为使用性能和工艺性能，其中使用性能包括力学性能、物理性能、化学性能等，工艺性能则随着制造工艺的不同可分为可锻性、铸造性、焊接性及切削加工性等。

力学性能是设计和制造机器零件最重要的指标，也是控制材料质量的重要参数。每种金属材料，除了应对其成分范围作规定外，还应对其力学性能指标作出必要的规定。制造各类构件的原材料都应满足规定的相应性能指标。所谓力学性能是指金属材料在载荷作用下抵抗破坏的能力。金属材料的力学性能包括：弹性、强度、塑性、硬度、冲击韧性等。

1.1 强度指标

在外力作用下，材料抵抗变形和断裂的能力称为强度。为了便于比较各种材料的强度，常用材料单位面积上的抗力来表示，称为应力，即

$$\sigma = \frac{F}{S_0}$$

式中 σ——应力，Pa；

F——外力，N；

S_0——材料横截面积，m^2。

测定金属材料强度、塑性的主要方法是进行拉伸试验。拉伸试验需要在拉伸试验机上进行。低碳钢试棒的拉伸过程具有典型意义。方法是将拉伸试样（图1-1）放在拉伸试验机上拉伸，便可获得图1-2所示的应力-应变关系曲线，通常称为拉伸曲线。在拉伸曲线上可以确定相关的强度性能指标。

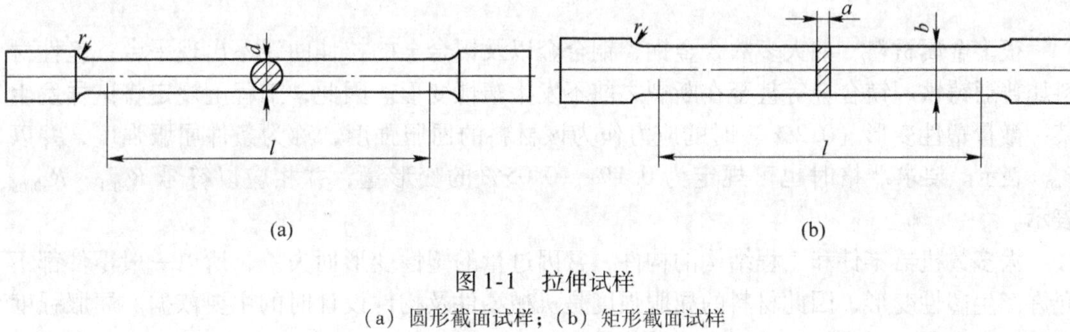

图1-1　拉伸试样
（a）圆形截面试样；（b）矩形截面试样

1.1.1 比例极限

当外力小于 F_p 时，试棒的伸长与外力的增加成正比关系（符合虎克定律），当外力去除后，变形即随之消失，所以在这阶段的变形是弹性变形，F_p 是能够保持正比关系的最大外力。材料承受的外力与变形成正比时的最大应力称比例极限，即

$$R_p = \frac{F_p}{A}$$

式中 R_p——比例极限；

F_p——p 点时的外力，即外力与变形成正比时的最大外力，N；

A——试棒原始截面积（见图 1-1(a)），m^2。

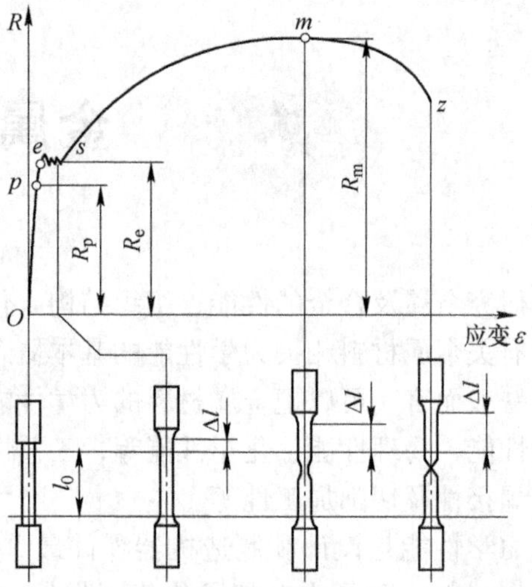

图 1-2 低碳钢拉伸时的应力-应变曲线

1.1.2 弹性极限

在图 1-2 中 e 点以前，若卸去载荷，试样能恢复原状，但在 pe 部分已不成直线而略有弯曲。当外力超过 F_p 后，试样的伸长不再与外力成正比关系；当外力去除后，变形仍然立即消失。材料在外力作用下产生弹性变形时所能承受的最大应力称弹性极限（R_e），即

$$R_e = \frac{F_e}{A}$$

式中 F_e——对应于 e 点所加的外力，N。

弹性极限较比例极限稍大一些，但两者颇为接近。

1.1.3 屈服强度

当载荷增加至超过 F_e 后，试棒发生塑性变形，外力达到 F_s（单位为 N）时，曲线出现一个小平台 es。此平台表明不增加载荷，试棒继续变形，材料已被屈服，以致失去抵抗外力的能力。试棒产生屈服时的应力称为材料的屈服强度或屈服极限（R_{eL}），即

$$R_{eL} = \frac{F_s}{A}$$

很多金属材料，如大多数合金钢、铜合金以及铝合金的拉伸曲线不出现平台；脆性材料如普通铸铁、镁合金等甚至在断裂之前不发生塑性变形。因此，工程上规定将试样发生某一微量塑性变形（0.2%）时的应力作为该材料的屈服强度，称为条件屈服强度，并以 $R_{e0.2}$ 表示。要求严格时也可规定为 0.1%、0.05% 的变形量，并相应以符号 $R_{e0.1}$、$R_{e0.05}$ 表示。

大多数机器零件和工程结构的构件，常因过量的塑性变形而失效，所以一般零件都不允许产生塑性变形，因此材料的屈服强度是机械零件及构件设计时的主要依据。屈服强度也是评定金属材料质量的重要力学性能指标。

1.1.4 抗拉强度

试棒在屈服时，由于塑性变形产生加工硬化（关于塑性变形和加工硬化现象将在本书后面章节讨论），所以只有载荷继续增大，变形才能继续增加，直至增至最大载荷 F_b。拉伸曲线的这一阶段，试棒沿整个长度均匀伸长，当载荷达到 F_b 后，试棒就在某薄弱部分形成"缩颈"现象，此时不增加载荷，试棒也会发生断裂。F_b 是试棒所能承受的最大外力，相应的应力就是材料的抗拉强度，又称强度极限（R_m），即

$$R_m = \frac{F_b}{A}$$

抗拉强度反映了材料在最大均匀变形时的最大抗力，表征材料在拉伸条件下所能承受的最大载荷的应力值，它是设计和选材的主要依据之一。

屈服强度与抗拉强度的比值称为屈强比。屈强比愈小，工程构件的可靠性愈高，即使超载荷也不至于马上断裂，但此值太小时，材料强度的有效利用率太低。

1.1.5 弹性模量

在图 1-2 中，试棒在 Op 阶段所受应力 σ 和产生的应变 ε 之间服从虎克定律，即

$$\sigma = E\varepsilon$$

E 称为弹性模量，应变是指单位长度的变形量，即 $\varepsilon = \Delta L/L_0$。弹性模量 E 是拉伸曲线上弹性阶段的斜率，它是衡量材料产生弹性变形难易程度的指标。材料的弹性模量愈大，则使其产生一定量弹性变形的应力值也愈大，所以工业上也常称之为材料的刚度。

1.1.6 疲劳强度

某些机器零件，如轴、弹簧等，在交变载荷长期作用下，常常是在工作应力低于屈服极限的情况下突然破坏的。材料在多次交变载荷作用下的破坏现象，称为疲劳。交变载荷可以是载荷大小交变、方向交变，或同时改变大小和方向。

金属材料的疲劳破坏过程首先在其薄弱地区，如在应力集中或缺陷（划伤、夹渣、显微裂纹等）处产生裂纹，这种微细裂纹是疲劳源，而且一般出现在零件表面上，形成疲劳扩展区。当此区达到某一尺寸时，零件就在甚至低于屈服极限的应力下突然脆断。最终的破断区称为瞬间破坏区。图 1-3 是典型断口三个区域的示意图。

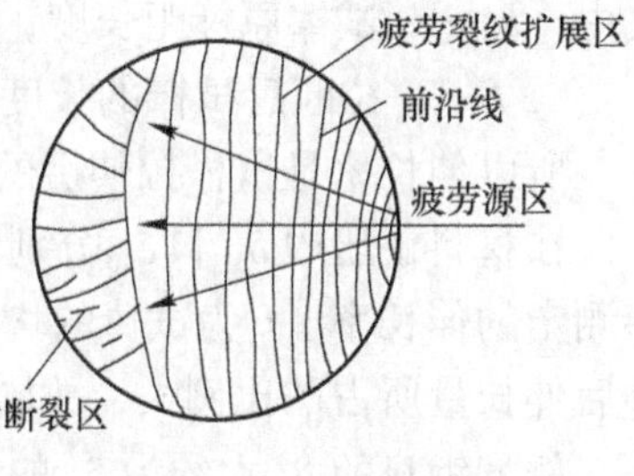

图 1-3　典型断口三个区域的示意图

测定材料的疲劳强度时，要用较多的试样，在不同交变载荷下进行试验，作出疲劳曲线，如图 1-4 所示。由该图可见，循环次数增加，应力降低，当应力降到某一值后，疲劳曲线变成水平直线，这意味着材料可以经受无限次循环载荷而不发生断裂疲劳。把试样承受无限次应力循环或达到规定的很多次循环不断裂的最大应力，称为疲劳强度或疲劳极限。对在弯曲循环载荷下测定的疲劳强度用符号 σ_{-1} 表示。

图 1-4 所示是钢铁材料的疲劳曲线，在试验循环数达到 10^7 次时，出现水平直线，所

以对于钢铁材料，把循环次数达到 10^7 次时的最大应力称为疲劳强度。有色金属和合金的疲劳曲线不出现水平直线，因此工程上规定循环数到 10^8 时的最大应力称为它们的疲劳强度。

材料的 σ_{-1} 和 σ_b 是紧密相关的，对钢来说其关系为经验公式 $\sigma_{-1}=(0.45\sim0.55)\sigma_b$，由此可见，材料的疲劳强度随其强度极限增高而增大。

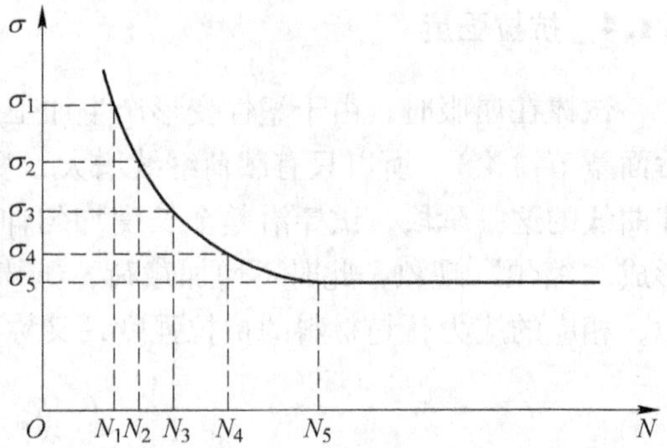

图 1-4 疲劳曲线

零件的疲劳强度除了取决于材料的成分及其内部组织外，还与零件的表面状态有关。表面应力集中（如损伤、腐蚀斑点等）会使疲劳强度大大降低。提高零件疲劳强度可采用如下的方法：设计上使零件的断面避免出现锐角、缺口，以减小应力集中；降低零件表面粗糙度；尽可能减少各种热处理缺陷（如脱碳、氧化、淬火裂纹等）；采用强化表面处理如化学热处理、表面淬火、喷丸、表面滚压等，使零件表面产生残余应力，抵消一部分拉应力可以显著提高零件的疲劳强度。

1.2 塑性指标

塑性是指金属材料在载荷作用下产生塑性变形（永久变形）而不破坏的能力。评定材料塑性的指标通常是用拉伸试验时的试棒伸长率和断面收缩率来表示。

1.2.1 伸长率

伸长率用下式确定：

$$A_t=\frac{L-L_0}{L_0}\times100\%$$

式中 L_0——试棒原标距长度；

L——拉断后试棒的长度。

所以伸长率是试样拉伸后的相对伸长量。

在材料手册中 δ_5 和 δ_{10} 分别表示 $L=5d$ 和 $L=10d$（d 为试棒的直径）两种不同长度试棒测定的伸长率。L 为试棒的均匀伸长和产生细颈后伸长的总和。相对来说，短试棒中细颈后伸长量所占的比例大，故同一材料的 δ_5 和 δ_{10} 值是不同的，δ_5 的值较大，而 δ_{10} 的值较小，例如钢材的 δ_5 大约为 δ_{10} 的 1.2 倍，所以只有相同符号的伸长率才能相互比较。

1.2.2 断面收缩率

断面收缩率 Z 用下式求得：

$$Z=\frac{A_0-A_1}{A_0}\times100\%$$

式中 A_0——试棒原来的截面积；

A_1——试棒断后细颈处的截面积。

所以断面收缩率是试样断裂后截面的相对收缩值。由于断面收缩率不受试棒标距长度的影响，因此它能够反映材料的塑性。

A_t和 Z 都是材料的塑性指标，它们的值越大，材料的塑性越好。例如：工业纯铁 $A_t=40\%$，$Z=80\%$；而 45 号钢的 $A_t=20\%$，$Z=60\%$，这些数据表明工业纯铁的塑性比 45 号钢要好。

1.3 硬 度 指 标

硬度是指材料表面抵抗塑性变形或破裂的能力。硬度值的物理意义随试验方法不同而异，在应用广泛的压入法硬度试验中，硬度为材料表面抵抗其他物体压入的能力。

工业生产上常用的硬度试验方法有以下几种。

1.3.1 布氏硬度

布氏硬度试验是用一定载荷 P，将直径为 D 的圆球压入被测材料表面（图 1-5），保持一定时间后卸载，以载荷与压痕表面积 A 的比值，作为布氏硬度值，用 HB 表示。

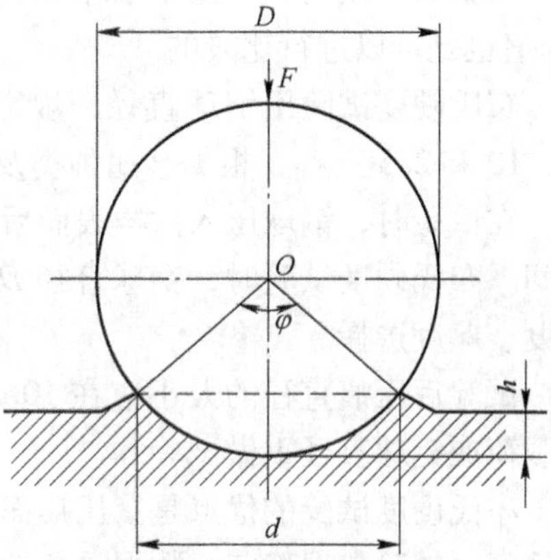

图 1-5　布氏硬度试验原理

在实际试验中，压痕深度 h 的测量比较困难，而测量压痕直径 d 比较方便，因此将上式中的 h 换算成 d。图 1-5 中直角三角形的关系可求出：

$$\frac{1}{2}D-h=\sqrt{\left(\frac{D}{2}\right)^2-\left(\frac{d}{2}\right)^2}$$

$$h=\frac{1}{2}(D-\sqrt{D^2-d^2})$$

所以，HB 值的计算式变为：

$$\mathrm{HB}=\frac{F}{\pi Dh}=\frac{2F}{\pi D(D-\sqrt{D^2-d^2})} \quad (1\text{-}1)$$

式中只有 d 是变量，只要在试验后测出压痕直径 d 就可以求得 HB 值。通常 F 以 kgf（1kgf = 9.8N）计，D 与 d 以 mm 计，所以布氏硬度的单位为 kgf/mm，但一般都不标出。布氏硬度值越高，材料越硬。由于计算比较麻烦，生产中可用钢球直径 D 与 HB 值的对照表，用目测显微镜读出压痕直径 d 后，直接查表就可获得 HB 硬度值。

在工业生产中使用的金属有硬有软，工件有薄有厚，有大有小，如果只采用一种载荷 F 和压球直径 D，就会出现对硬材料合适，而对软材料不合适（因钢球压入太深，可能影响硬度值的正确性）；对厚的材料合适，对薄的材料可能发生压透的现象，因此，在生产中应采用大小不同的载荷和钢球直径。对于同一材料，当采用不同的载荷 F 和钢球直径 D 进行试验时，应得到同一布氏硬度值。要达到这一目的需要运用相似原理，即必须使 F 和 D 之间维持某一制约关系，以保证所得到的压痕形状保持几何相似的关系，也就是要保证所得的压入角 φ 都相等。F 和 D 这一相互制约关系可以根据 φ 角保持不变的条件，将 φ 代入公式（1-1）中求出。

从图 1-5 可见，d 和 φ 的关系是：$\frac{D}{2}\sin\frac{\varphi}{2} = \frac{d}{2}$ 或 $d = D\sin\frac{\varphi}{2}$

以此代入公式（1-1），得：

$$\mathrm{HB} = \frac{F}{D^2}\left[\frac{2}{\pi\left(1 - \sqrt{1 - \sin^2\frac{\varphi}{2}}\right)}\right] \tag{1-2}$$

公式（1-2）说明，假如压入角为一常数，为使同一材料所得的 HB 值也为一常数，F/D^2 也应保持为常数，故以不同的 P_1、P_2、…及 D_1、D_2、…代入式（1-2）时，得出：

$$\frac{F_1}{D_1^2} = \frac{F_2}{D_2^2} = \cdots = \frac{F_n}{D_n^2}$$

这就是 F 和 D 的制约关系。因此，无论采用怎样大小的载荷和钢球，只要能满足 F/D^2 = 常数时，则对同一材料而言，所得的 HB 值是一样的；对于不同的材料来说，所得 HB 值也是可以进行比较的。

布氏硬度试验用钢球直径，规定有 10mm、5mm 和 2.5mm 三种。F/D^2 的比值规定有 30、10 和 2.5 三种，根据金属种类及硬度不同进行选择。

在试验时，钢球压入试样表面后，为了使塑性变形能够充分进行，载荷必须保持一定时间。布氏硬度试验时，钢球直径 D、载荷 F 与载荷保持时间，应根据试样材料的种类、硬度、厚度选择。

试验后压痕直径的大小应在 $10.25D < d < 0.6D$ 范围内，否则试验结果无效，应换其他载荷或钢球直径重做试验。

布氏硬度试验的优点是：压痕面积较大，能反映较大范围的平均硬度；具有很高的测量精度，试验数据稳定，数据重复性好。缺点是因所用压头为淬火钢球，不能测试太硬的材料，一般在 HB450 以上就不能使用，布氏硬度试验通常用于铸铁、有色金属和未淬火的各种钢及其他材料，应用范围很广。

1.3.2 洛氏硬度

洛氏硬度同布氏硬度一样，也属压入硬度法，但它不是测定压痕面积，而是根据压痕深度来确定硬度值指标。

以规定的钢球（ϕ1.59mm）或以锥顶角为 120°的金刚石圆锥体为压头，先加初载荷 F_0(10kgf)，然后再加主载荷 F_1（F_1 的大小取决于压头类型及试验的种类），垂直压入试样表面后，卸除主载荷，在保留初载荷 F_0 的情况下，用所测得的主载荷所引起的残留压入深度来确定硬度值，如图 1-6 所示。

图 1-6 是洛氏硬度试验过程示意图。图 1-6（a）为压头与试样接触并施加初载荷 F_0 后，压头压入试样表面深度为 h_0 时位置，图 1-6（b）为施加主载荷 F_1 后，压头深度为 h_1 时的位置；图 1-6（c）为卸除主载荷，但仍保持初载荷 F_0 时压头的位置。由于试样弹性变形的恢复，压头位置提高到 h，此时压头在主载荷作用下实际压入的深度为 h。显然，h 值越小，材料越硬；h 值越大，材料越软。为了照顾习惯上数值越大硬度越高的概念，用一个常数 K 与 h 的差值来表示硬度的大小，并规定用每 0.002mm 为一个硬度单位值来进行刻度。因此洛氏硬度没有单位，为一无单位数值，洛氏硬度用 HR 表示。

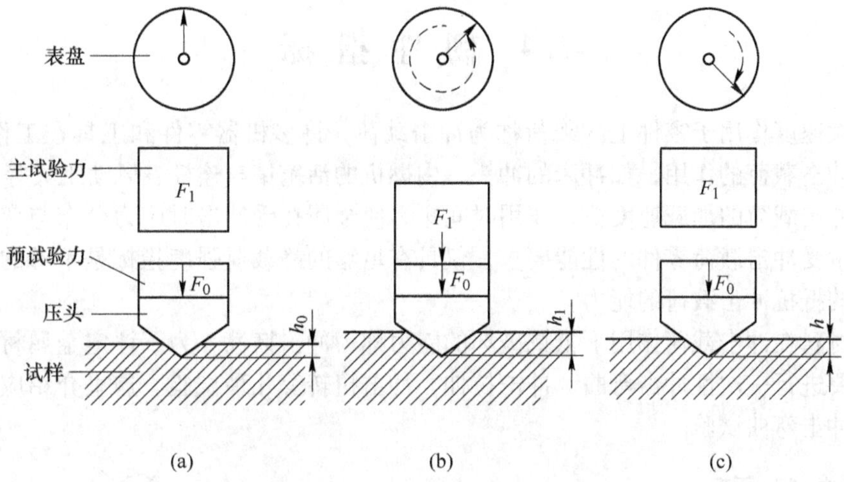

图 1-6 洛氏硬度试验过程示意图

$$HR = \frac{K - h}{0.002}$$

式中，K 为常数，用金刚石圆锥作压头时 $K=0.2\text{mm}$；用钢球作压头时 $K=0.26\text{mm}$，为了便于用洛氏硬度计测定从软到硬较大范围的材料硬度，可采用不同的压头和总载荷，组成各种不同的洛氏硬度标尺，每种标尺用一字母加在 HR 之后，加以注明，如 HRA、HRB、HRC。

洛氏硬度试验时，其硬度值可直接从硬度计的表盘指示器上读出，此值为一无名数。各种洛氏硬度值符号及试验条件和应用见表 1-1。

表 1-1 洛氏硬度的试验规范

标尺符号	压头类型	总负荷/kgf	应用范围	应用举例
HRA	金刚石锥	60	70～85	碳化物、硬质合金、表面淬火钢等
HRB	ϕ1.588mm 钢球	100	25～100	软钢、退火钢、铜合金等
HRC	金刚石锥	150	20～67	淬火钢、调质钢等

注：1kgf = 9.8N。

洛氏硬度的优点是操作简便、不损伤试样、可测定的硬度范围广；缺点是因压痕较小，对组织较粗大且不均匀的材料，测得的硬度不准确。

由于材料的要求不同，除布氏、洛氏硬度试验法外，还有许多其他类型的硬度试验方法，例如，属于压入法的维氏硬度试验，属于划痕法的莫氏硬度试验以及动载的肖氏硬度试验等，工程上可根据具体情况选用。

由于金属材料的硬度取决于塑性变形抗力，所以硬度值和强度值之间具有近似的对应关系，它们的经验关系如下（以 kgf/mm^2 表示）：

低碳钢 $R_m = 0.36\text{HB}$；高碳钢 $R_m = 0.34\text{HB}$；

调质合金钢 $R_m = 0.325\text{HB}$；灰口铸铁 $R_m = 0.1\text{HB}$。

1.4 韧性指标

以很大速度作用于零件上的载荷称为冲击载荷，许多机器零件和工具在工作过程中，往往受到冲击载荷的作用，如冲床的冲头、内燃机的活塞销与连杆、风动工具等。

由于冲击载荷的加载速度快，作用时间短，使金属在受冲击时应力分布与变形很不均匀，故对承受冲击载荷零件的性能要求，仅具有足够的静载荷强度指标是不够的，还必须具有足够的抵抗冲击载荷的能力。

金属材料在冲击载荷作用下抵抗破坏的能力称为冲击韧性。为了评定金属材料的冲击韧性，需要进行一次性冲击弯曲、冲击拉伸、冲击扭转等几种试验。这里介绍应用最普遍的一次性冲击弯曲试验。

1.4.1 冲击试验原理

一次性冲击弯曲试验通常是在往复式冲击试验机上进行的。试验时将带有缺口的试样放在试验机两支座上（如图1-7所示），将质量为 m 的摆锤抬高到 h_1 高度，使摆锤具有位能 mh_1g（g 为重力加速度），然后让摆锤由此高度下落将试样冲断，并向另一方向升高到 h_2 的高度，这时摆锤具有的位能为 mh_2g，因而冲击试样所消耗的能量（即冲击功 A_k）为：

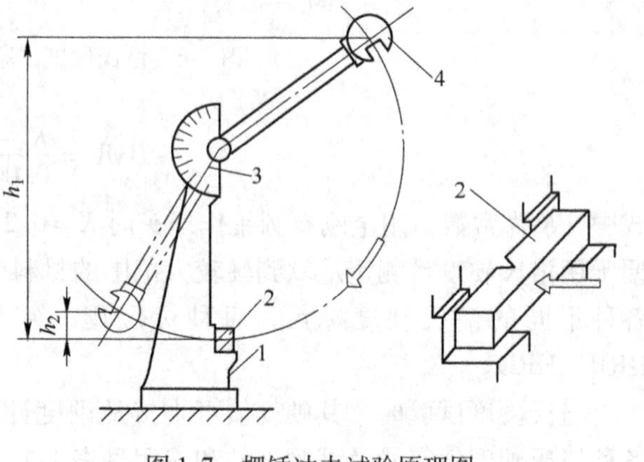

图1-7 摆锤冲击试验原理图

1—支座；2—试样；3—指针；4—摆锤

$$A_k = mg(h_1 - h_2)$$

在试验时，冲击功 A_k 值（以J表示）可从试验机的刻度盘上直接读出。将冲击功 A_k 除以试验断口处截面积 A（cm^2）就得到冲击韧性值，即

$$a_K = \frac{A_k}{A}$$

通常用冲击韧性值来表示材料的韧性。冲击韧性值 a_K 低的材料称为脆性材料；a_K 值高的材料称为韧性材料，脆性材料在断裂前无明显的塑性变形，断口较平整，呈晶状或瓷状，有金属光泽；韧性材料在断裂前有明显的塑性变形，断口呈纤维状，无光泽。

为了使试验结果能相互比较，必须使试样标准化，通常都采用梅氏试样作为标准试样，图1-8所示为梅氏试样的尺寸和缺口形状，在特殊情况下，也可采用某些非标准试样，但不同类型试样所得的冲击韧性值不能相互比较和换算。

1.4.2 冲击韧性值的影响因素

金属材料的冲击韧性值除了与其成分、组织、试验形状、尺寸与表面质量有关外，冲击深度与温度对冲击韧性值也有影响，尤其是温度对冲击韧性值的影响具有重要的意义。

有些材料在室温20℃左右试验时并不显示脆性，而在低温下则可能发生脆断，这一现

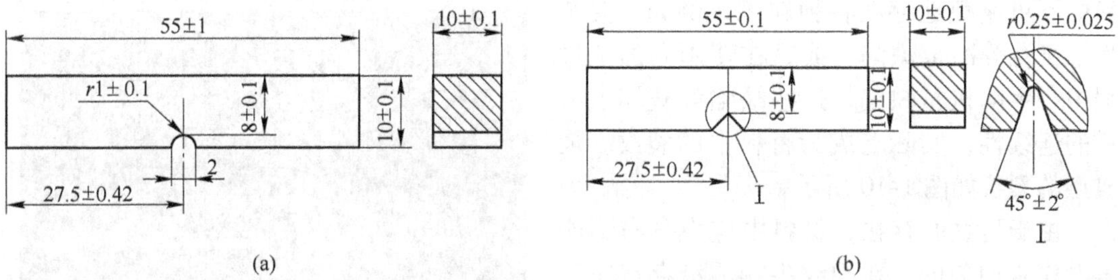

图 1-8 常用标准冲击试样

(a) U 形缺口试样；(b) V 形缺口试样

象称为冷脆现象。为了测定金属材料开始发生冷脆现象的温度，应在不同温度下进行一系列冲击试验，测出该材料的冲击韧性值与温度间关系曲线。图 1-9 为某些材料的冲击韧性值-温度曲线示意图。由图可见，冲击韧性值随温度的降低而减小，当试验温度降低到某一温度范围时，其冲击韧性值急剧降低，使试样的断口由韧性断口过渡为脆性断口，因此，这个温度范围称为冷脆转变温度范围，在这温度范围内，通常以试样断口的面积上出现 50% 脆断口时的温度称为韧脆转变温度。

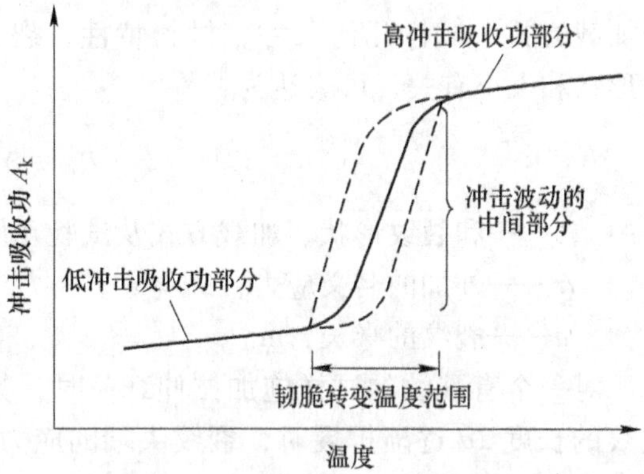

图 1-9 冲击吸收功与温度间关系曲线

韧脆转变温度的高低是金属材料质量指标之一。韧脆转变温度越低，材料的低温冲击性能就越好。这对于在寒带地区和低温下工作的机械和工程结构（如运输机械、地面建筑、输送管道等）尤为重要，由于它们的工作环境温度可能在 -50 ~ +50℃之间变化，必须具有更低的冷脆转变温度，才能保证工作的正常进行。

必须指出，冲击韧性值实际上是没有明确物理意义的。从 a_K 值的计算来着，似乎它是冲断处单位横截面上的冲击功，事实上，冲击功中大部分不是消耗于断开试样，而是消耗在断开试样前缺口附近体积内的塑性变形。因此，冲击功 A_k 值的大小不是直接取决于缺口处的横截面积，而主要取决于参与变形的体积的大小，故冲击韧性值 a_K 用 A_k 除以 A 来代表，实际上并不合适，还应指出，a_K 值相同的几种材料，往往其“韧”“脆”情况并不一定相同，这是因为冲击功 A_k 是由试样的弹性变形功、塑性变形功和撕裂功三部分组成，而塑性变形功和撕裂功的大小才能真正代表材料在冲击破坏时的“韧”“脆”程度，故 a_K 值不能代表材料真正的韧性。

冲击韧性值 a_K 对金属材料的内部结构、缺陷等具有较大的敏感性，在冲击试验中很容易揭示出金属材料中的某些物理现象，如晶粒粗化、冷脆、热脆和回火脆性等，故目前常用冲击试验来检验冶炼、热处理以及各加工工艺的质量。此外，冲击试验过程迅速方便，所以目前在生产和科学研究中仍得到广泛应用。

前面讨论材料的力学性能时都是假定材料的内部是完整的、连续的，但是，实际上材料中不可避免地存在各种缺陷，例如，夹杂物、气孔等冶金缺陷，或是在使用和加工过程中产生的机械缺陷，这些缺陷都破坏了材料的连续性，实际上成为材料中的裂纹。最典型的裂纹如图1-10所示。

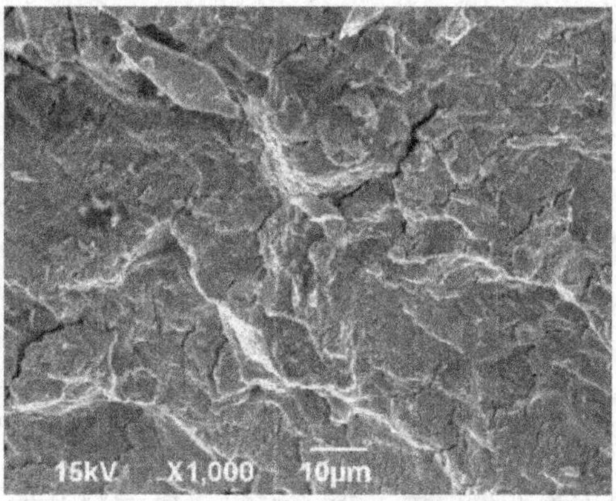

图1-10 沿晶断裂断口特征

由于裂纹的存在，材料中应力分布不能再看作是均匀的，在裂纹尖端前沿存在应力集中，且具有特殊的分布，形成一个裂纹尖端的应力场，按照断裂力学的分析，其大小可以用应力强度因子 K_I 来描述。K_I（$MN/m^{3/2}$）与加载方式、试样几何尺寸、材料特性、裂纹形状和大小有关，可表达为：

$$K_I = Y\sigma\sqrt{a}$$

式中 Y——和裂纹形状、加载方式及试验几何尺寸有关的量，是一个无量纲系数；

σ——外加的名义应力，MN/m^2；

a——裂纹的半长，m。

对一个有裂纹的试样施加拉伸载荷时，其 Y 值是一定的。当拉力 σ 逐渐增大或者是裂纹的长度 $2a$ 逐渐扩展时，裂纹尖端的应力强度因子 K_I 也随之逐渐增大。当 K_I 增大到某一定值时，就能使裂纹前沿某一区域的内应力大到足以使材料分离，从而使裂纹产生突然的失稳扩展，即发生脆断。这个应力强度因子的临界值，称为材料的断裂韧性，用 K_{IC} 表示。它反映了材料有裂纹存在时，抵抗脆性断裂的能力。由 K_I 和 K_{IC} 这两个量的相对大小，可以判定带裂纹的材料是否会发生失稳脆断。当 $K_I > K_{IC}$ 时，裂纹失稳扩展，发生脆断；$K_I < K_{IC}$ 时，裂纹不扩展或扩展很慢，不发生快速脆断；当 $K_I = K_{IC}$ 时，裂纹处于临界状态。

必须强调指出，K_I 和 K_{IC} 虽然有密切的联系，但两者的物理意义是全然不同的。K_{IC} 与 K_I 的关系就和静拉伸试验中 σ 和 σ_s 的关系一样，当材料受均匀拉伸时，试样内部的应力 σ 与外加载荷及试样截面有关，当应力增加到某一定值，即屈服强度 σ_s 时，材料发生明显的塑性变形，屈服强度是材料本身固有的性能，和试样尺寸及外加载荷无关。K_I 是描述裂纹尖端应力场大小的参数，它与裂纹、物体的形状、大小及外加应力等参数都有关系，而断裂韧性 K_{IC} 是评定材料阻止裂纹失稳扩展能力的力学性能指标，可通过试验来测定，它与裂纹本身的大小、形状无关，也和外加应力无关，是材料本身的特性，只和材料的成分、热处理及加工工艺等有关。

应力强度因子和断裂韧性的提出，在工程上具有重要的实际意义。例如，试验测定材料的断裂韧性 K_{IC} 再根据无损探伤测出构件中的最大裂纹长度，就可以算出使裂纹失稳扩展的临界载荷，即构件所能承受的最大载荷。或者，若已知材料的断裂 K_{IC} 所受的外加应力，可以确定构件中允许存在的最大裂纹长度。所以，断裂韧性为安全设计提供了重要的力学性能指标，同时也为发展新材料、新工艺以及合理选材指出了方向。

习题与思考题

1-1 拉伸试样的原标距为50mm，直径为10mm，拉伸试验后，将已断裂的试样对接起来测量，若断后的标距为79mm，缩颈区的最小直径为4.9mm，求该材料的伸长率和断面收缩率的值。

1-2 现有原始直径10mm圆形长、短试件各一根，经拉伸试验，测得其延伸率δ_5和δ_{10}均为25%，求两试件拉断时的标距长度。这两个试件中哪一个塑性较好，为什么？

1-3 一根直径为2.5mm，长度为3m长钢丝，承受4900N载荷后有多大的弹性变形？

1-4 用45号钢制成直径为30mm的主轴，在使用过程中，发现该轴的弹性弯曲变形量过大，问是否可改用合金40Cr或通过热处理来减小变形量？为什么？

1-5 现有一串钻探钢管悬挂在一被钻探的油井中，设钢管的横截面积为25cm^2，钢的密度为7.8g/cm^3，由于钢管的自重而产生的应变为0.00083，试求该油井的深度。（$E_{钢}=210000$MPa）

1-6 设上题中的钢管材料的屈服强度为400MPa，在要求安全系数为2的情况下，该规格的钻井能钻到多大的井深？

1-7 现将4454N的载荷分别悬挂在直径均为6.4mm的钢线材和硬铝线材上，问在这两种线材中产生的轴向应变各多大？（$E_{钢}=210000$MPa，$E_{硬铝}=72400$MPa，硬铝的密度为2.7g/cm^3）

1-8 现用屈服强度为358.8MPa的铸铝公路防护杆来代替屈服强度为690MPa的钢制公路防护杆（铝的密度为2.7g/cm^3，钢的密度为7.8g/cm^3），试问：

（1）新防护杆的横截面积应比原来的大多少倍？

（2）新防护杆的相对重量百分比降低了多少？

（3）你能否预见采用这种新防护杆后会产生哪些问题？

1-9 下列各种工件应该采用何种硬度试验方法来测定其硬度？

（1）锉刀；

（2）黄铜轴套；

（3）供应状态的各种碳钢钢材；

（4）硬质合金刀片；

（5）耐磨工件的表面硬化层。

1-10 甲、乙、丙、丁四种材料的硬度分别为45HRC、90HRB、800HV、240HBS，试比较这四种材料硬度的高低。

2 金属的晶体结构

金属材料的性能与其内部原子排列的特征有关。例如，铁碳合金中的奥氏体相和铁素体相，由于二者原子排列方式不同，前者比后者具有较高的塑性。同时，热处理过程中的相变和原子扩散也与晶体结构有关。因此，研究晶体结构对于掌握金属性能变化的实质和固态相变过程都有重要意义。

2.1 金　　属

2.1.1 金属的特性

已发现的一百多种元素中，金属元素约占五分之四。常温下除汞为液体外，其余都是晶态固体。

固态金属的特性主要表现为：有金属光泽、可锻、不透明并有良好的导电性和导热性。尤其金属的电阻是随温度的升高而增大，而非金属的电阻是随温度升高而降低，即金属具有正的电阻温度系数，非金属则具有负的电阻温度系数。

研究表明，金属的这些特性是由金属的原子结构特点和原子结合方式决定的。

2.1.2 金属原子的结构特点

根据现代物理学观点，各种元素的原子都是由带正电荷的原子核和绕核运动的带负电的电子构成，而且每个电子都位于原子核外一定的“轨道”上，形成不同的电子层。

金属原子结构的特点是其最外电子层的电子数很少，一般是一个到两个，而且这些最外层电子和原子核的结合力较弱，很容易脱离原子核的束缚变成自由电子，而金属原子丢失外层原子就成为正离子。正是由于金属原子结构的这个特点，决定了金属原子在化学反应中的行为和金属原子间的结合方式。

2.1.3 金属原子间的结合方式（金属键）

由于金属原子结构有上述的特点，当大量金属原子聚合在一起构成金属晶体时，绝大部分金属原子都将失去价电子而成为正离子，正离子按一定几何形式有规律地排列起来，分别以一定平衡位置为中心，做高频率的热振动。摆脱金属原子束缚的价电子，为整个金属所共有，在各离子之间自由运动，形成所谓“电子气”。但自由电子在某瞬间也可能和某些正离子结合成为中性原子，因此，实际的固态金属中，不是所有的原子都变成正离子，而是绝大部分处于正离子状态。

金属晶体就是依靠各正离子与“电子气”间的相互引力而结合起来的，而离子与离子间，电子与电子间的斥力则与这种引力相平衡，使金属处于稳定的晶体状态。金属原子的这种结合方式称为“金属键”。图2-1为金属键的示意图。除铋、锑、锗、镓等类金属为共价结合外，其余的金属主要是以金属键结合。

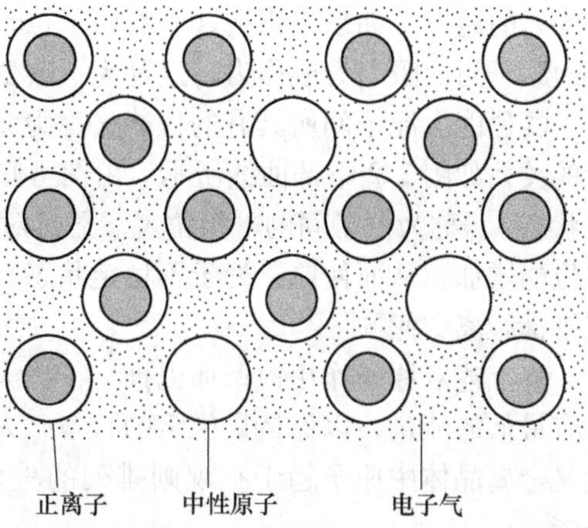

图2-1 金属键示意图

由于金属晶体是金属键结合，因而使金属具有上述的金属特性。例如：金属中的自由电子在外电场作用下会沿着电场方向做定向运动，形成电流，从而显示出良好的导电性。而靠离子键或共价键结合的非金属晶体，由于没有自由电子存在，故无这种特性。又如：因金属中正离子是以某一固定位置为中心做热振动的，对自由电子的流动就有阻碍作用，这就是金属具有电阻的原因。随着温度的升高，正离子振动的振幅要加大，对自由电子通过的阻碍作用也加大，因而金属的电阻是随温度的升高而增大的，即具有正的电阻温度系数。此外，由于自由电子的运动和正离子的振动可以传递热能，因而使金属具有较好的导热性。当金属发生塑性变形（即晶体中原子发生了相对位移）后，正离子与“电子气”间仍能保持金属键的结合，使金属显示出良好的塑性。因为金属晶体中的自由电子能吸收可见光的能量，故使金属具有不透明性。吸收能量而跳到较高能级的电子，当它重新跳回到原来低能级时，就把所吸收的可见光的能量以电磁波的形式辐射出来，在宏观上就表现为金属的光泽。

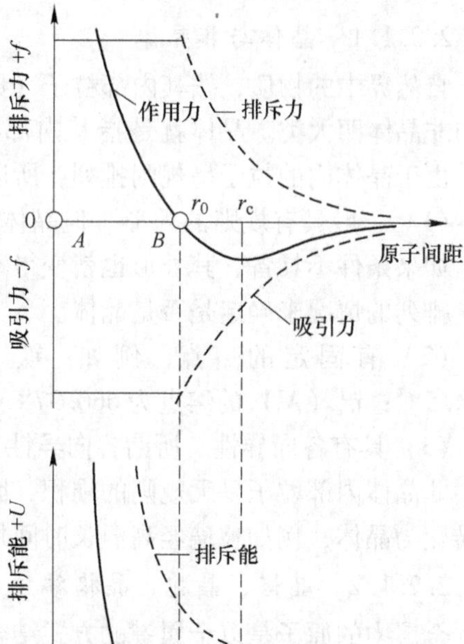

图2-2 原子间相互作用力、作用能大小与原子间距的关系

下面进一步从原子间的相互作用力和作用能来说明金属晶体中原子趋于有规则排列的原因。

为了简便起见，首先分析一下两个原子之间相互作用的情况，即双原子作用模型。当两个原子相距很远时，它们实际上不发生相互作用，但当它们逐渐靠近时，其间的相互作用力便会显示出来。金属晶体中的两个原子间的相互作用力应包括：正离子与自由电子之间的吸引力；正离子与正离子之间以及电子与电子间的排斥力。吸引力力图使两原子靠近；排斥力力图使两原子分开。两者的大小与两原子间的距离（r）的关系如图2-2上部曲线表示。图中合力曲线是两原子间斥力与吸引力的代数和。由图可知，当$r<r_0$，斥力大于吸引力，此时合力为斥力，因此两原子分开；当$r>r_0$，吸引力大于斥力，此时合力为吸引力，因此两原子必然靠拢；当$r=r_0$，吸引力和斥力相等，合力为零，此时两原子既不分开也不靠拢，而是相对稳定地存在于相

距为 r_0 的地方。如果设想把这一对原子拉开或移近，就必须相应的施加拉力或压力，以克服两原子间的吸引力或斥力，这种为了改变原子间距而施加的外力所做的功，必然会增加原子的位能。原子间所具有的位能又称为原子间的相互作用能（或结合能），它与原子间距的关系如图 2-2 下部曲线所示。由图可知，当 $r = r_0$，两原子的位能最低，因而处于最稳定状态，r_0 称为原子间的平衡位置。显然对 r_0 的任何偏离，都要对原子施加外力，使原子的位能增加，从而使原子处于不稳定状态，这就是原子具有力图回到最低能状态，即恢复到平衡距离的倾向。

将上述双原子作用模型加以推广，当大量金属原子结合为晶体时，为使金属晶体本身具有最低的能量，以保持最稳定的状态，大量原子之间也必须保持一定的平衡距离 r_0，这就是金属晶体中原子趋于有规则排列的重要原因。平衡位置 r_0 处的能量值就是原子的结合能。

2.2　金属的晶体结构

2.2.1　晶体结构的基础知识

2.2.1.1　晶体与非晶体

自然界中的物质，按其内部粒子（原子、离子、分子、原子集团）排列情况可分为晶体与非晶体两大类。晶体就是指其内部粒子呈现规则排列的物质，如水晶、食盐、金属等。由于晶体内的粒子呈规则排列，所以晶体具有下列特点：

（1）一般具有规则的外形。但晶体的外形不一定都是规则的，这与晶体形成条件有关，如果条件不具备，其外形也就变得不规则，所以不能仅从外观来判断，而应从其内部粒子排列的情况来确定是否是晶体。

（2）有固定的熔点，例如：铁（Fe）的熔点为 1538℃；铜（Cu）的熔点为 1084.5℃；铝（Al）的熔点为 660.37℃。

（3）具有各向异性。所谓各向异性，就是同一晶体在不同方向上，具有不同的性能。

非晶体内部粒子呈无规则的堆积，因此没有晶体的上述特点。非晶体在一定条件下也可转化为晶体，例如玻璃经高温长时间加热后能形成静态玻璃。

2.2.1.2　晶格、晶胞、晶格参数

金属中的原子是以金属键的方式结合在一起的，其原子（正离子）又是按一定的几何规则做周期性排列的，所以金属一般都是晶体。为了方便分析问题，可以把金属中的原子近似地看成是刚性小球，而不再细分为正离子与自由电子，这样，金属的晶体也可以看成是由刚性小球按一定几何规则排列的紧密堆积，如图 2-3（a）所示。由图可见，原子在晶体中是有规则地、周期性地排列的。

为了便于理解和描述晶体中原子排列的情况，可用一些假想的几何线条将晶体中各原子的中心连接起来，使之构成一个空间格架，各原子的中心就处在格架的各个节点上，这种抽象的用于描述原子在晶体中排列形式的几何空间格架，成为结晶格子，简称晶格，如图 2-3（b）所示，晶格是用于研究晶体结构的空间几何模型。

由于晶体中原子的有规则排列具有周期性的特点，因此，为了简便起见，通常指从晶

格中选取一个能够完全反映晶格特征的最小的几何单元来分析晶体中原子排列的规律，这个最小的几何单元成为晶胞，如图 2-3（b）中黑粗线所示，整个晶格就是由许多大小、形状和位向相同的晶胞在空间重复堆积而成的。

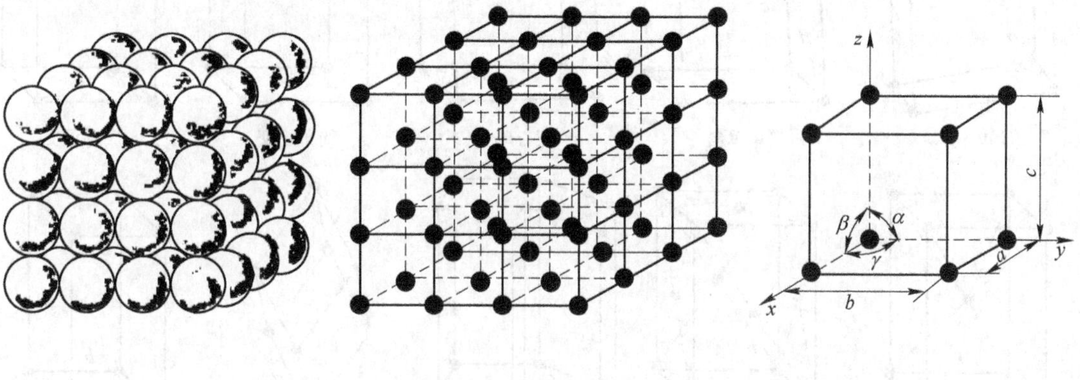

(a) (b) (c)

图 2-3 晶体中原子堆垛、晶格和晶胞示意图
（a）原子堆垛；（b）晶格；（c）晶胞

为研究晶体结构，在结晶学中通常取晶胞角上某一点作为原点，沿其三条棱边作为三个坐标轴 x、y、z，称为晶轴。而且规定在坐标原点的前、右、上方为轴的正方向，反之为负方向，并常以晶胞的棱边长度 a、b、c 和棱间夹角六个参数作为晶格参数来表示晶胞的几何形状和大小，如图 2-3 所示，其中 a、b、c 称为晶格常数，单位为 Å（1Å = 0.1nm）。α、β、γ 称为晶轴间夹角，单位是°。按照这六个参数组合的可能方式，或根据晶胞自身的对称性可将晶体结构分为七个晶系、14 种布拉菲点阵结构（如表 2-1、图 2-4 所示）。

表 2-1 晶体结构的七个晶系

序号	晶 系	点阵参数特征	举 例
1	三斜晶系	$a \neq b \neq c$，$\alpha \neq \beta \neq \gamma \neq 90°$	K_2CrO_7
2	单斜晶系	$a \neq b \neq c$，$\alpha = \beta \neq \gamma = 90°$	β-S
3	正交（斜方）晶系	$a \neq b \neq c$，$\alpha = \beta = \gamma = 90°$	α-S、Fe_3C
4	六方晶系	$a = b \neq c$，$\alpha = \beta = 90°$，$\gamma = 120°$	Zn、Mg
5	菱方晶系（三角）	$a = b = c$，$\alpha = \beta = \gamma \neq 90°$	As、Sb、Bi
6	正交晶系（四方）	$a = b \neq c$，$\alpha = \beta = \gamma = 90°$	β-Sn、TiO_2
7	立方晶系	$a = b = c$，$\alpha = \beta = \gamma = 90°$	Fe、Cu、Au、Ag

2.2.2 金属中常见的三种晶体结构

在已知的 80 多种金属元素中，大都具有简单的晶体结构，它们属于体心立方、面心立方和密排六方晶格，只有少数金属是其他晶格类型。

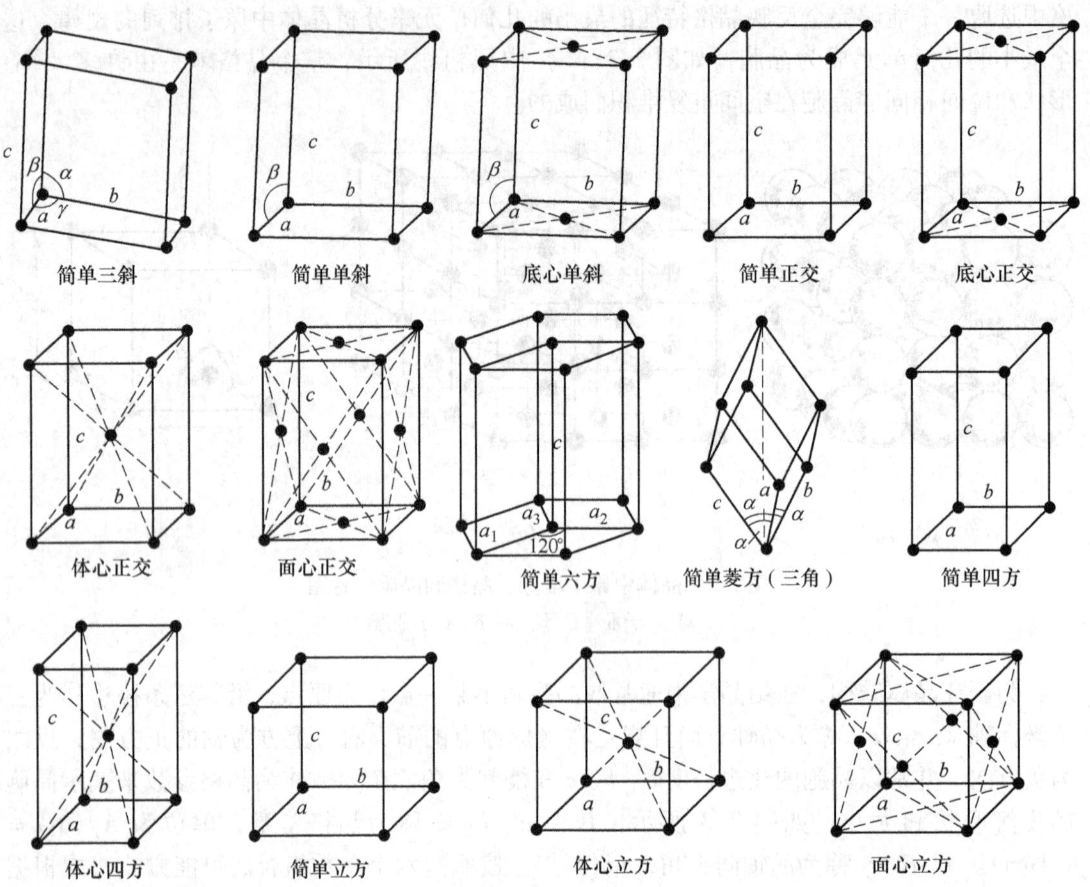

图 2-4　14 种布拉菲点阵结构

2.2.2.1　体心立方晶格

体心立方晶格的晶胞如图 2-5 所示，它的形状是一个立方体，晶格参数 $a=b=c$，$\alpha=\beta=\gamma=90°$，所以只用一个晶格常数 a 表示即可。在体心立方晶胞的每个角上和晶胞中心都有一个原子。具有体心立方晶格的金属有：Cr、Mo、V、W、α-Fe 等。

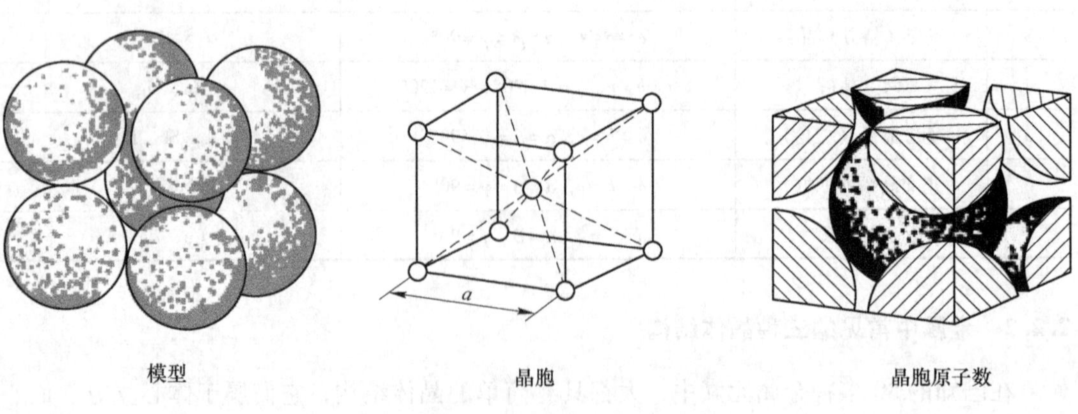

图 2-5　体心立方晶格的晶胞示意图

2.2.2.2 面心立方晶格

面心立方晶格的晶胞如图 2-6 所示，它的形状也是一个立方体，晶格参数 $a=b=c$，$\alpha=\beta=\gamma=90°$，所以也只用一个晶格常数 a 表示即可。在面心立方晶胞的每个角上和晶胞的六个面的中心都有一个原子。具有面心立方晶格的金属有：Al、Cu、Ni 和 γ-Fe 等。

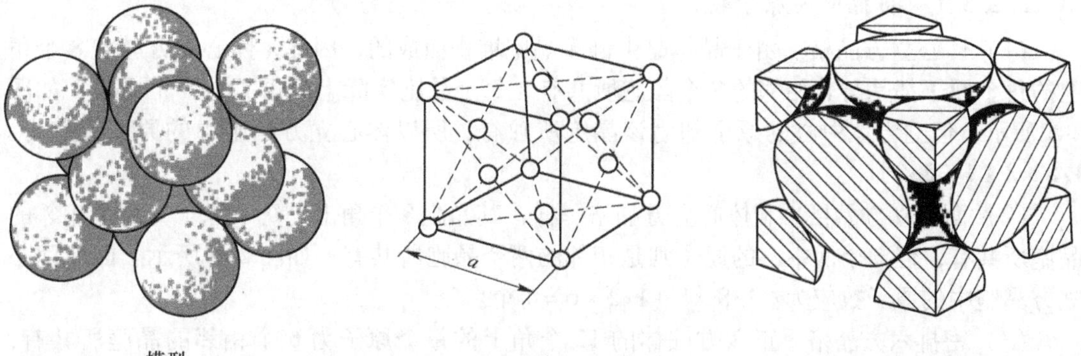

模型　　晶胞　　晶胞原子数

图 2-6　面心立方晶格的晶胞示意图

2.2.2.3 密排六方晶格

密排六方晶格的晶胞如图 2-7 所示，它的形状是一个正六方柱体，晶格常数用六方柱体的底面边长 a 和上、下底面间的距离，即六方柱体的高度 c 表示，在密排六方晶胞的每个角上和上、下底面的中心都有一个原子，另外在中间还有三个原子，它们的分布是每间隔一个三棱柱的中央存在一个原子。

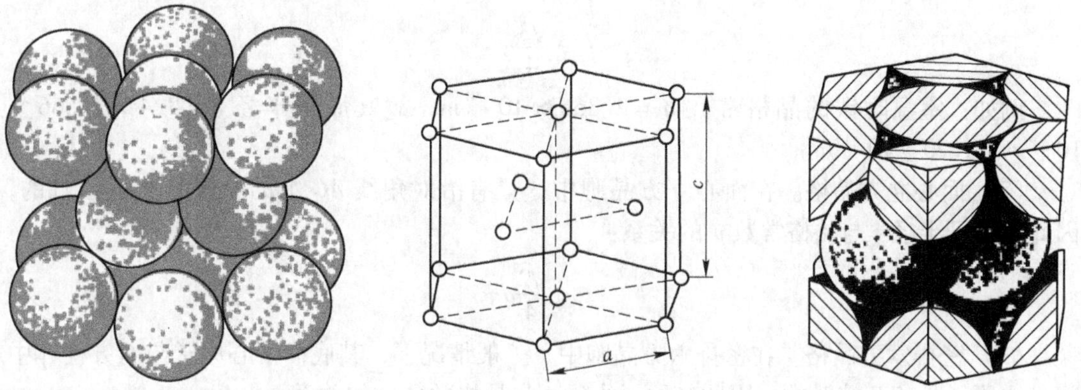

模型　　晶胞　　晶胞原子数

图 2-7　密排六方晶格的晶胞示意图

原子间的距离对于典型的密排六方晶格具有下列特点：在底面上各邻近原子间的距离等于底边长 a，同时中心原子（即三棱柱中央的原子）与邻近的原子间的距离也等于底边长 a。根据几何学的关系，可以算出：$\frac{c}{a}=1.633$。具有密排六方晶格的金属有：Mg、Zn、Cd、Be 等。

2.2.3 晶体结构特征的几个参数

晶胞是能够反映晶体结构特征的最小几何单元，而各晶胞的特征，除晶格常数和晶轴间夹角以外，还必须由以下几个参数来反映。

2.2.3.1 晶胞中的原子数

（1）体心立方晶格。由于晶体是由许多晶胞堆积而成的，因此，体心立方晶胞8个角上的每个原子都是与其相邻的8个晶胞所共有，每个晶胞实际上只占有1/8个原子，如图2-5所示。但立方体中心的原子却为该晶胞所独有，所以体心立方晶胞中的原子数应为：$1/8 \times 8 + 1 = 2$个。

（2）面心立方晶格。和体心立方晶格一样，其晶胞8个角上的每个原子为8个相邻的晶胞所共有，但6个面中心的原子则是相邻的两个晶胞所共有，如图2-6所示。因此面心立方晶胞中的原子数应为：$1/8 \times 8 + 1/2 \times 6 = 4$个。

（3）密排六方晶格。正六方柱体的12个角上的每个原子为6个相邻的晶胞所共有，上、下底中心的原子为两个晶胞所共有，中间的3个原子为该晶胞所独有，如图2-7所示，所以，密排六方晶胞中的原子个数应为：$1/6 \times 12 + 1/2 \times 2 + 3 = 6$个。

2.2.3.2 原子半径

如果将晶体中的金属原子近似地看成是一个具有一定大小的刚性小球，则原子半径可以定义为是两个互相接触的原子的中心距离的一半，最近原子间距并不等于晶格常数，但二者有一定的关系。

（1）体心立方晶格。在体心立方晶胞中只有在体对角线AB上的原子是相互接触的，因此，原子半径r与晶格常数a的关系：

$$r = \frac{\sqrt{3}}{4}a$$

例如：室温时铁的晶格常数$a = 2.866 \times 10^{-10}$ m，故其原子半径$r = 3/4 \times 2.866 \times 10^{-10}\text{m} = 1.23 \times 10^{-10}\text{m}$。

（2）面心立方晶格。在面心立方晶胞中，只有沿对角线AC上的原子是相互接触的，因此其原子半径r与晶格常数a的关系：

$$r = \frac{\sqrt{2}}{4}a$$

（3）密排六方晶格。在密排六方晶胞中，一般情况下，其底面中心原子与六方柱体中间三个原子是相互接触的，因此其原子半径r与晶格常数a的关系：

$$r = \frac{1}{2}a$$

分析表明，只有当轴比为1.633时，上、下底面的原子才与中心三个原子紧密接触，这时才是真正的紧密六方晶格。因此，在理想的密排情况下，其原子半径$r = a/2$。

2.2.3.3 原子排列的紧密程度

晶体中原子排列的紧密程度也是区别不同晶体结构的重要特征，通常用配位数和致密度两个参数来表示晶体中原子排列的紧密程度。

（1）配位数。晶格中的任一原子，其周围紧邻的、等距离的原子数目，称为配位数。

配位数愈大，晶体中原子排列的紧密程度愈密，反之，则排列愈疏。

对于体心立方晶格，取晶胞中心的原子来分析，其周围紧邻的等距离的原子就是各顶角上的 8 个原子，除此之外的其他原子都不紧邻且距离较远，因此，体心立方晶格的配位数为 8。

对于面心立方晶格，取晶胞中任意一个面的中心原子来分析，其周围紧邻的等距离的原子应是它周围顶角上的 4 个原子，但通过这个面中心原子共有 3 个相互垂直的面，其结构形成相同，所以与该原子紧邻的等距离原子数共有 12 个，因此，面心立方晶格的配位数为 12。

对于密排六方晶格，取底面中心的原子来分析，与其紧邻的等距离的原子就是周围 6 个顶点上的 6 个原子和上、下底中间的 3 个原子，所以密排六方晶格的配位数是 12。

（2）致密度。配位数只能定性地判断晶体结构中原子排列的紧密程度，因为晶体结构中原子即使是一个挤一个地排列着，原子之间也总会有空隙存在，为了对晶体原子排列的紧密程度做定量的比较，通常用到致密度这一参数。致密度是指晶胞中原子所占的总体积与晶胞总体积之比，可用公式表示：

$$K = \frac{nv}{V}$$

由致密度的数值可看出，体心立方晶格的金属中，有 68% 的体积被原子所占据，其余 32% 体积则为空隙，面心立方晶格和密排六方晶格的金属晶体中，有 74% 的体积被原子所占据，其余 26% 的体积则为空隙。因此，致密度这一参数能定量地说明晶体中原子排列的紧密程度。

铁冷却到 912℃，要发生 $\gamma-Fe \rightarrow \alpha-Fe$ 的转变，由于面心立方晶格的致密度较大，而体心立方晶格的致密度较小，因此会产生体积的膨胀。致密度在生产中具有很重要的意义。必须指出，面心立方晶格与密排六方晶格的配位数与致密度虽然相同，但因它们的晶格类型不同，这两类晶体在某些性能方面存在着明显的差异。

2.2.4 晶面指数和晶向指数

2.2.4.1 晶面和晶向的概念

在晶体中，通过一系列原子所构成的平面称为晶面。通过任意两个以上原子中心的直线称为晶向，它表示了晶格空间的各种方向，如图 2-8 所示，OP、OB、OA 为三个不同的晶向。

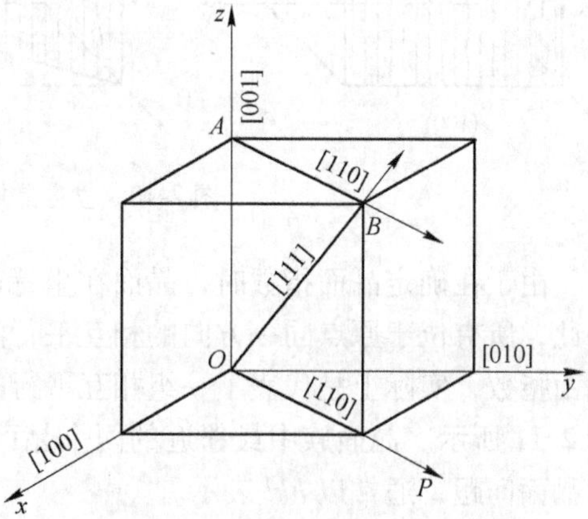

图 2-8 一些晶向的晶向指数

由于各种晶格在不同的晶面和晶向上原子排列不同，其原子密度与原子间结合力的大小也不相同。因此，在同一晶体的不同晶面和晶向上就会显示出不同的性能。

2.2.4.2 立方晶格的晶面指数与晶向指数

为了便于研究和表明不同晶面和晶向上原

子的排列情况及特征，有必要对各种晶面和晶向用一定的符号来表示。表示晶面的符号称为晶面指数，表示晶向的符号称为晶向指数。

A　立方晶格的晶面指数

确定立方晶格晶面指数的步骤如下：

（1）设坐标：在晶格中，沿立方晶胞互相垂直的三条棱边设立参考坐标轴 xyz，坐标轴的原点 O 应位于待定晶面的外面，以免出现零截距，如图 2-9 所示。

（2）求截距：以立方晶胞的棱边长度（即晶格常数）为度量单位，确定晶面在各坐标轴上的截距 h、k、l。例如图 2-9 中影线所表示的晶面在 3 个坐标轴上的截距分别为 1、∞、∞。

（3）取倒数：将各截距的值取倒数。上例所得的截距倒数应为 1/1、1/∞、1/∞，取倒数的目的是为了避免晶面指数出现无穷。

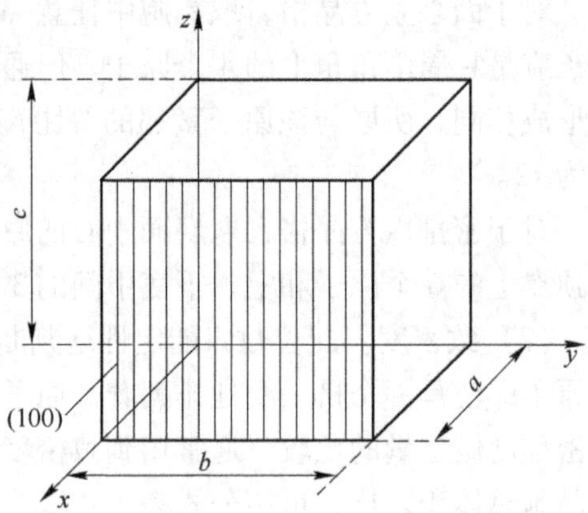

图 2-9　立方晶格中的晶面指数的求法

（4）化整数：将上述三个倒数化为最小的简单整数，上例即为 1、0、0。

（5）列括号：将上述所得的各整数依次列入圆括号，便得到晶面指数（hkl）。（100）即为图中影线所示晶面的晶面指数。

图 2-10 所示为立方晶格中某些晶面及晶面指数。

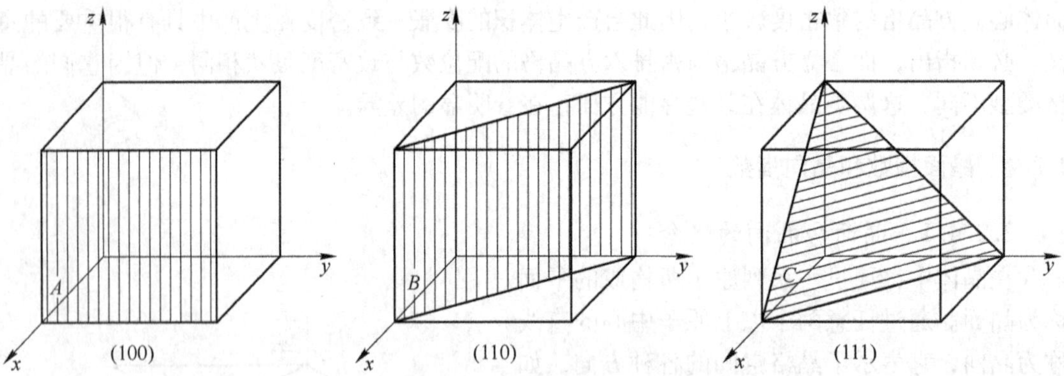

图 2-10　立方晶格中某些晶面及晶面指数

由于在确定晶面指数时，晶面在坐标轴上截距的倒数最终都要化为最小的简单整数，因此，所有位于原点同一方向的相互平行的晶面都具有相同的晶面指数，也就是说，某一晶面指数，实际上是代表了一组相互平行的晶面，称为晶面族。不同晶面族的晶面指数如图 2-11 所示。晶面族中最邻近的两个晶面之间的距离称为晶面间距（d）。晶面族｛hkl｝的晶面间距，通常以 hkl 表示。

晶面指数具有以下规律：

（1）晶面的截距可以为负数，负号画在相应晶面指数的上方。如图2-11中各影线晶面在某一个（或两个）坐标轴上的截距为负值，故它们的晶面指数分别为（$\bar{1}11$）、($\bar{1}10$)、($\bar{1}01$)。

（2）晶面族的概念：由于在立方晶格中原子排列具有高度的对称性，往往存在许多原子排列完全相同，但不平行的对称晶面。例如：面心立方晶体的（111）、（$\bar{1}11$）、(1 $\bar{1}$1)、($\bar{1}$ $\bar{1}$1)，这四个面在空间不平行，但其上原子的排列是相同的。原子排列情况相同，而彼此不平行的晶面总称为晶面族，用大括号表示｛hkl｝。在立方晶系中，同一面族中的各晶面的指数数值相同，而符号和次序不同。例如，上述面心立方晶体中，体对角面｛111｝，即（111）、（$\bar{1}11$）、（$1\bar{1}1$）、（$11\bar{1}$）、（$\bar{1}\bar{1}1$）、（$\bar{1}1\bar{1}$）、（$1\bar{1}\bar{1}$）、($\bar{1}\bar{1}\bar{1}$)。

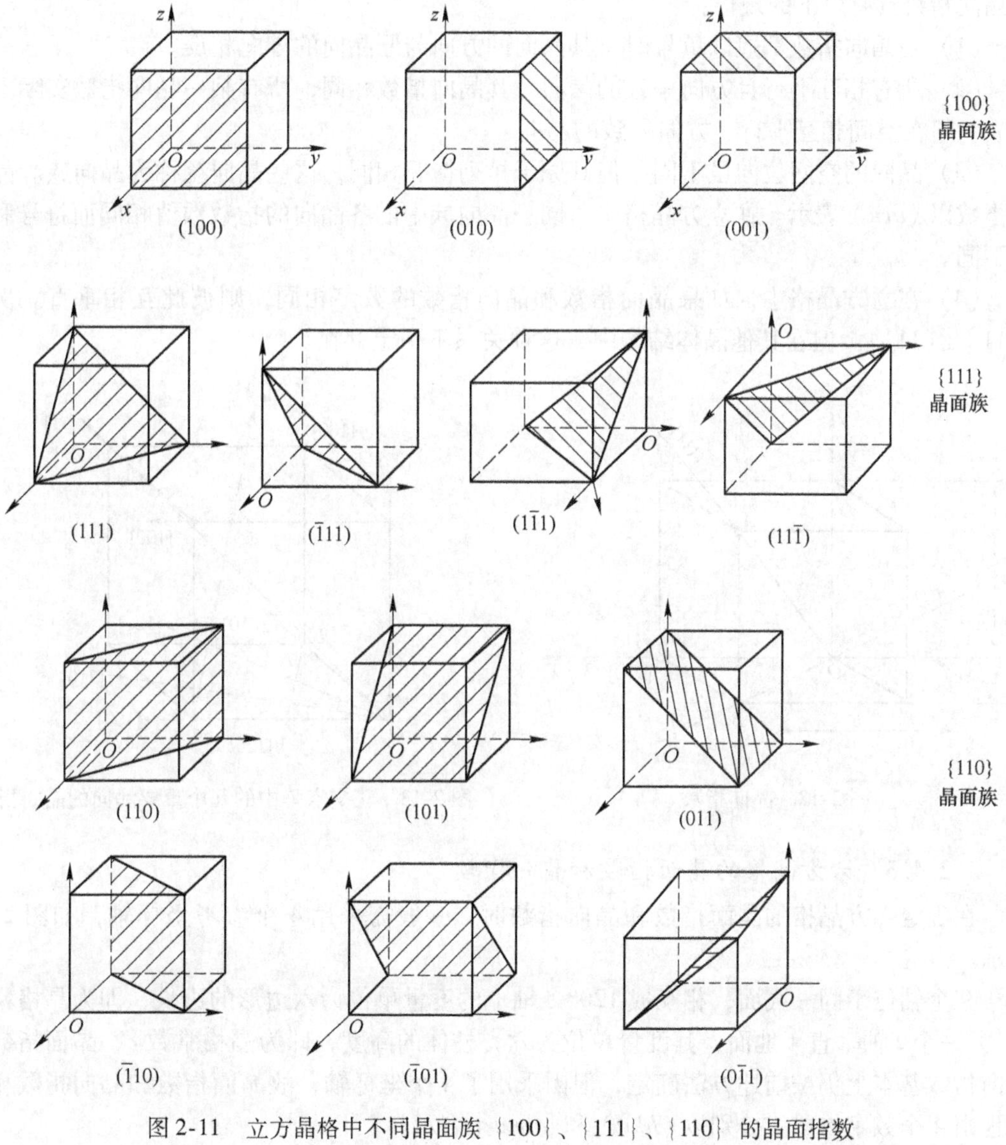

图2-11 立方晶格中不同晶面族｛100｝、｛111｝、｛110｝的晶面指数

B　立方晶格的晶向指数。

立方晶格的晶向指数用［*uvw*］表示。图 2-12 所示为立方晶格中某些晶向及晶向指数。确定立方晶格晶向指数的步骤如下：

（1）设坐标。坐标轴为 *xyz* 时，使坐标轴的原点 *O* 位于待定晶向的直线上。

（2）求坐标值。以晶格常数为度量单位，在待定的晶向直线上任选一点，并求出该点在 *xyz* 轴上的坐标值。

（3）化整数。将上述三个坐标值化为最小的简单整数 *uvw*。

（4）列括号：将上述所得的各整数依次列入括号［］内，即得晶向指数［*uvw*］，如图 2-12 所示。

如果晶向的坐标值为负值，则在相应的指数上方加一负号，以示区别，如图 2-13 所示晶向指数具有以下的规律：

（1）当晶向指数都冠以负号时，其晶向的方向与原晶向的方向相反。

（2）所有相互平行且方向一致的晶向，其晶向指数相同，所有某一晶向指数实际上是代表一组在空间相互平行、方向一致的晶向。

（3）晶向的空间位向虽不同，但其原子排列情况相同，这些晶向统称为晶向族。晶向族指数以〈*uvw*〉表示。在立方晶格中，同一晶向族中的各晶向的指数数值相同而符号和次序不同。

（4）在立方晶格中，如果晶面指数和晶向指数的数字相同，则彼此互相垂直。例如［111］⊥（111）。但在其他晶体结构中，这种关系不一定存在。

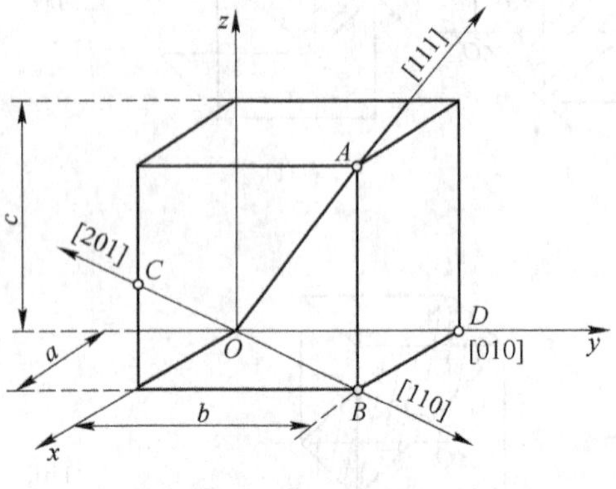

图 2-12　晶向指数

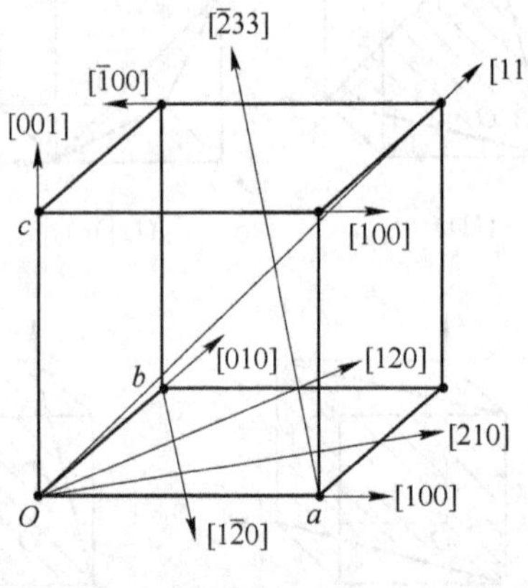

图 2-13　正交点阵中的几个重要晶向的晶向指数

2.2.4.3　六方晶格的晶面指数和晶向指数

在确定六方晶格的晶面指数和晶向指数时，一般需采用 4 个参考坐标轴，如图 2-14 所示。

三个轴位于同一底面，相互成 120°，轴上的度量单位为六边形的边长，即为晶格常数 *a*，另一个 *z* 轴垂直于地面，其度量单位为六方柱体的高度，即为晶格常数 *c*，晶面指数和晶向指数基本上仍按前述方法确定，但因采用了 4 个坐标轴，故晶面指数和晶向指数相应地也由 4 个数字构成，分别以（*hkil*）和［*uvtw*］表示。

根据几何学可知，三维空间独立的坐标轴最多不超过三个。位于同一平面上的前两个

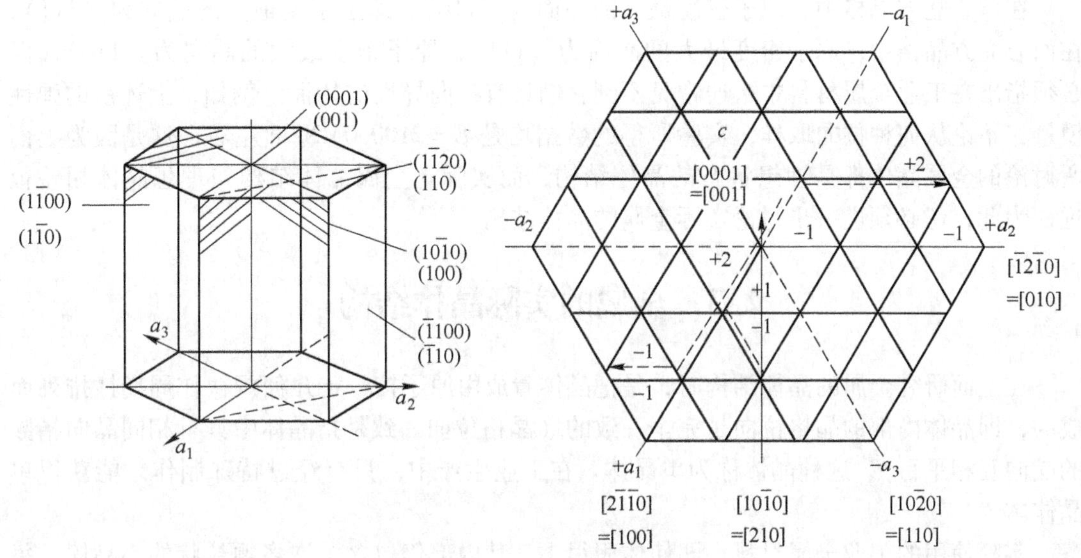

(a) (b)

图 2-14 六方晶系的晶面指数及晶向指数

（a）晶面指数；（b）晶向指数

指数中只有两个是独立的，晶面指数中 h、k、i 之间存在着下列关系：

$$h + k = -i$$

采用四轴坐标时，晶向指数的确定方法与采用三轴坐标时基本相同，先求出晶向上任一结点在 a_1、a_2、a_3、c 四晶轴的垂直投影，然后将前三个数值乘以2/3，再与第四个数值一起化为最小简单整数，即可求出晶向指数，用 [$uvtw$] 来表示。注意，为保持 [$uvtw$] 的唯一性，u、v、t 之间应满足下列关系：

$$u + v = -t$$

六方晶格的某一晶面指数，实际上也是代表了一组相互平行的晶面；某一晶向指数，代表了一组在空间相互平行的晶向。

另外，有些晶面或晶向虽然在空间位向不同，但其原子排列情况相同，这些晶面或晶向属于同一个晶面族，分别以晶面族 {$hkil$} 和晶向族 〈$uvtw$〉 表示。

2.2.5 晶体的各向异性

晶体与非晶体最根本的差别之一就是晶体（单晶体）的性能具有明显的方向性，而非晶体则没有，例如，单晶体铁的弹性模量 E，在〈111〉方向上为290MPa，而在〈100〉方向上则为135MPa。体心立方金属最易拉断或劈裂的晶面就是 {100} 面。铁的单晶体在磁场中沿〈100〉方向磁化，比沿〈111〉方向更容易，所以制造变压器的硅钢片的〈100〉方向（轧制方向）应平行于导磁方向，以降低变压器的铁损。总之，晶体的力学、物理和化学等方面的性能不相同的现象称为晶体的各向异性。

晶体各向异性的产生与不同晶面和晶向上原子排列的方式和密度不同，因而它们之间的结合力的大小不同有密切的关系。

在体心立方晶格中，原子密度最大的晶面为 {110}，原子密度最大的晶向为〈111〉；在面心立方晶格中，原子密度最大的晶面为 {111}，原子密度最大的晶向为〈110〉，但必须指出在工业金属材料中，通常见不到它们具有各向异性的特征。例如，上述铁的弹性模量，不论从何种位向取样，实验所得的数据均是 $E = 210000\text{MN/m}$ 左右，这是因为上面所讨论的金属晶体都是理想状态的晶体结构，而实际上金属晶体结构与理想晶体相差很远，为此，还必须进一步讨论实际金属的晶体结构。

2.3 金属的实际晶体结构

在上面研究金属的晶体结构时，是把晶体看成由原子按一定几何规律作周期性排列而成的，即晶体内部的晶格位向是完全一致的（晶格位向一致是指晶体中具有相同晶向指数的晶向互相平行），这种晶体称为单晶体。在工业生产中，只有经过特殊制作才能获得单晶体。

实际使用的工业金属材料，即使体积很小，其内部仍包含了许多颗粒状的小晶体，每个小晶体内，晶格位向基本上是一致的，但各个小晶体的位向并不都相同，这些外形不规则的颗粒状小晶体称为晶粒。晶粒与晶粒之间的界面称为晶界。由许多晶粒组成的晶体称为多晶体。一般金属材料都是多晶体。

晶粒尺寸都是很小的，如钢铁材料的晶粒一般在 $10^{-1} \sim 10^{-3}\text{mm}$，只有在金相显微镜下才能观察到。在金相显微镜下观察到的金属组织，称为显微组织或金相组织。

由于金属是多晶体结构，故通常测出的性能是各个位向不同的晶粒的平均性能，显示不出晶体的各向异性特征。这就是上面所说的，不论从何种方向取样，铁的弹性模量 E 都是 210000MN/m 的原因。

在实际金属晶体的一个晶粒的内部，其晶格位向也不是完全一致的，存在着许多尺寸更小，位向差也很小的小晶块，这些小晶块称为亚结构。由亚结构相互镶嵌成一颗晶粒。亚结构尺寸的大小与金属加工条件有关，在铸态金属中亚结构较大，其边长一般为 0.01cm，在经过加工边形或热处理后，亚结构的边长可细化到 $10^{-4} \sim 10^{-6}\text{mm}$。在亚结构内部，晶格的位向是一致的。两相邻亚结构间的边界称为亚晶界。

实际金属是多晶体结构，晶粒内还存在着亚结构，同时由于种种原因，在晶体内部某些局部区域原子的规则排列往往受到干扰而被破坏，不像理想晶体那样规则和完整。通常把实际金属晶体中原子排列的不完整性，称为晶体缺陷。这种局部存在的晶体缺陷对金属的性能影响很大，例如对理想、完整的晶体进行理论计算求得的屈服极限，要比对实际晶体进行测量所得的数值高出千倍左右，这就是由于晶体缺陷对金属的塑性变形产生了决定性作用。

根据晶体缺陷的几何形态特征，可将其分为以下三类。

2.3.1 点缺陷——空位和间隙原子

在实际晶体结构中，晶格的某些结点往往未被原子所占有，这种空着的位置称为空位。同时有可能在个别晶格空隙处出现多余的原子，这种不占有正常的晶格位置，而处在晶格间隙中的原子称为间隙原子。晶体中的空位和间隙原子如图 2-15 所示。

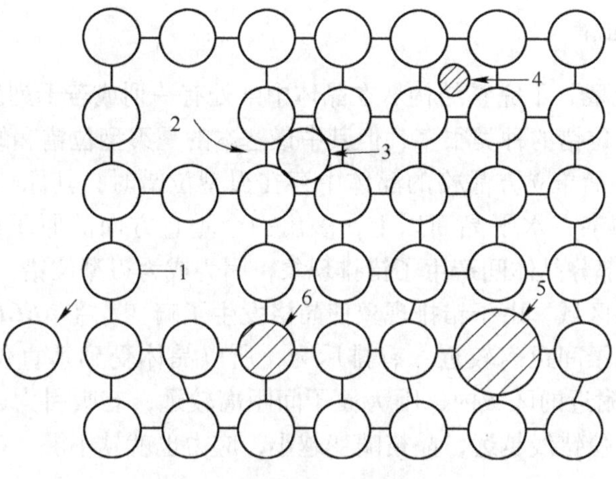

图 2-15 晶体中的各种点缺陷

1—肖脱基空位；2—弗兰克尔空位；3—同类间隙原子；4—异类间隙原子；5—大的置换原子；6—小的置换原子

空位和间隙原子的形成是原子热运动的结果。因为在晶体中，位于晶格结点上的原子并非静止不动，而是以其平衡位置为中心在不断地做热振动，其振动能量与晶体的温度有关，温度越高，振动能量越大。因此，温度一定时，原子振动的能量平均值也一定。但是各个原子的能量并不完全相等，也不是固定不变的，在某一瞬间，某些原子的振动能量可暂时高于平均能量，而另一些原子的振动能量可暂时低于平均能量，这种现象称为能量起伏。一些高能量的原子当其能量大到足以克服周围原子对它的束缚作用时，它就可能脱离原来占据的平衡位置，从而在原来的位置上形成了一个空位。离开平衡位置的原子，极可能跳到晶体表面的位置，也可能跳到晶体中原子之间的空隙位置，在后一种情况下，在产生一个空位的同时，形成了一个间隙原子。

由图 2-15 可见，在空位间隙原子的附近，由于原子间作用力的平衡被破坏，其周围的其他原子发生靠拢或撑开的现象，使正常的晶格发生歪扭，这种变化称为晶格畸变。在产生晶格畸变时，原子离开了平衡位置，引起势能增加，所以晶格畸变将导致能量的升高，使金属的强度、硬度和电阻增加。

晶体中的空位和间隙原子的浓度，可用实验方法加以测定，实验表明，其浓度与温度有关。在一定温度下，晶体中存在着一定平衡浓度，约为 10^{-5} 范围，即平均每十万个原子，约有一个空位。尽管空位浓度非常小，可是在金属扩散过程中却起着极其重要的作用。

晶体中的空位和间隙原子并不是静止不动的，而是处于不断运动和变化之中，当空位周围的原子由于热振动而获得足够的能量时，就有可能跳入这个空位，此时，这个空位虽然消失，但同时在原子原来的位置上却又形成了新的空位，这相当于空位发生位移。间隙原子也可以由一个间隙位置跳到另一个间隙位置。当空位或间隙原子移至晶体表面或晶界时，它们将随之消失，当两者相遇时，它们也将同时消失。空位和间隙原子的运动，是金属中原子扩散的主要方式之一。

2.3.2 线缺陷——位错

位错是一种“线型”不完整结构。在晶体中某处有一列或若干列原子发生有规律的错排现象，称为位错。位错的种类很多，但其中最基本的是刃型位错和螺旋位错两种。

（1）刃型位错。简单立方晶格的晶体中存在刃型位错时，其原子排列模型如图 2-16 所示。在这个晶体的某一水平晶面以上，多出一个垂直方向的原子面 *EFGH*，它中断于 *ABCD* 面，上、下两部分晶体间产生了错排现象，因为成为刃型位错，*EF* 线称为刃型位错线。在位错线附近的区域，由于错排现象使晶格发生了畸变。在 *ABCD* 晶面上方位错线附近的区域内，因为原子间距离较近，有排斥力，所以晶体受到垂直位错线的压应力；在 *ABCD* 面下方位错线附近的区域内，因为原子间距离较远，有吸引力，所以晶体受到垂直位错线的拉应力。离位错线越远，晶格畸变越小，应力也就越小。

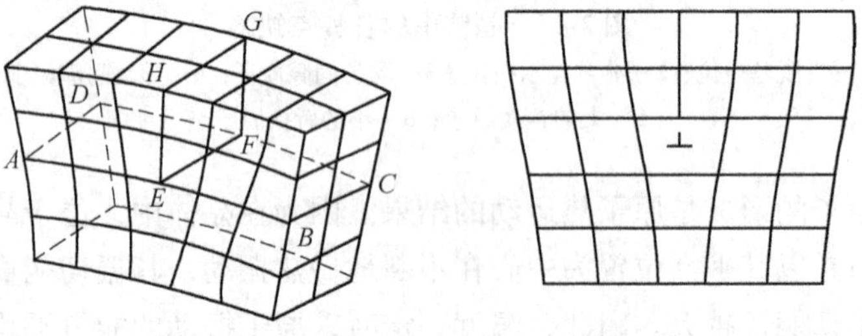

图 2-16 刃型位错示意图
（a）立体模型；（b）平面图

通常把在晶体上半部多出原子面的位错称为正刃型位错，用符号“⊥”表示，在晶体下半部多出原子面的位错称为负刃型位错，用符号“⊤”表示。

（2）螺型位错：简单立方晶格的晶体中存在螺型位错，其原子排列模型如图 2-16 所示，即晶体在 *BC* 右方的上、下两部分原子排列沿 *ABCD* 晶面发生了错动。由主视图可见，在 *Aa* 右边的晶体上层原子与下层原子相对移动了一个原子间距，而在 *BC* 和 *aa'* 之间形成了一个上、下层原子不相吻合的过渡区域，这里的原子平面被扭成了螺旋面，因此称为螺型位错。螺型位错的中心线称为位错线。由于螺型位错附近晶格发生了严重畸变，因此位错附近也是应力集中区，但其应力是与位错线平行的切应力，这与刃型位错是不同的。

图 2-17 中所示的位错称为右螺型位错。如果晶体上、下两部分的相对位错不是产生在 *aa'* 的右方，而是产生在 *BC* 的左方，则所形成的位错称为左螺型位错。

位错能够在金属的结晶、塑性变形和相变等过程中形成。晶体中位错的数量通常用位错密度表示，位错密度 ρ 可用下式表示：

$$\rho = \frac{\sum L}{V}$$

式中 V——晶体的体积；

$\sum L$——体积为 V 的晶体中位错线的总长度。

一般退火的多晶体金属中，位错密度为 $10^6 \sim 10^8 \mathrm{cm/cm^3}$。超纯单晶体金属，其位错密度很低。经很大加工量的冷加工金属位错密度可增至 $10^{11} \sim 10^{12} \mathrm{cm/cm^3}$。

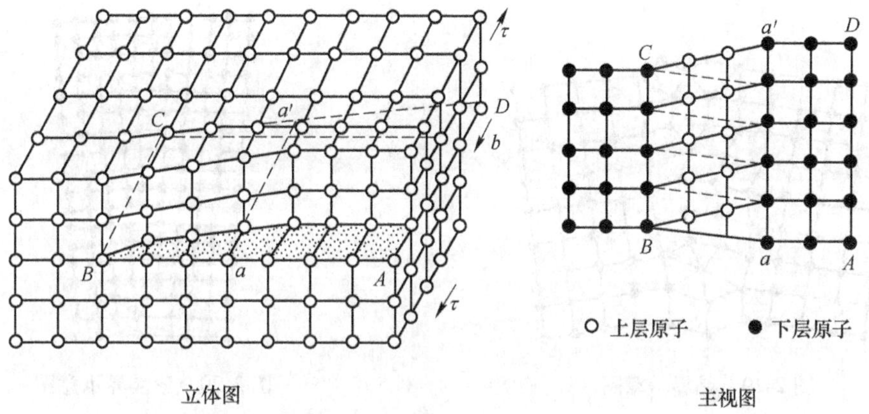

图 2-17 螺型位错示意图

位错的存在对金属的强度及组织转变过程都有很大的影响。如果用特殊办法制成几乎不含位错的直径为 1.6μm 的铁晶须，其抗拉强度可高达 13400MPa，不易塑性变形，故强度高。而一般金属中含有位错，易于塑性变形，故强度低。但是，如果金属中位错密度很高，则由于位错之间的相互作用和制约，金属的强度反而又会升高。金属强度与位错密度的关系如图 2-18 所示。

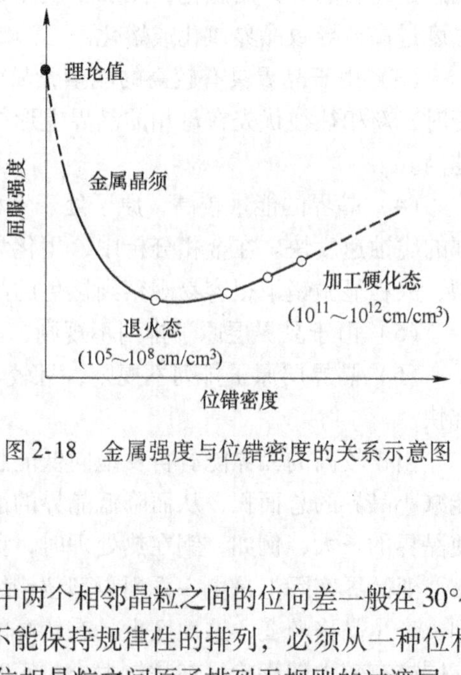

图 2-18 金属强度与位错密度的关系示意图

晶体中的位错并不是固定不变的，当晶体中的原子发生热运动或晶体受外力作用而发生塑性变形时，位错就可在晶体内运动。

2.3.3 面缺陷——晶界和亚晶界

工业上生产的金属基本上都是多晶体。多晶体中两个相邻晶粒之间的位向差一般在 30°~40°。由于各晶粒之间位相不同，故在晶界处原子不能保持规律性的排列，必须从一种位相逐步过渡到另一种位相。因此，晶界实际上是不同位相晶粒之间原子排列无规则的过渡层。

晶界的厚度取决于相邻之间的位向差及金属的纯度。位向差越小，纯度越高，晶界层越薄，反之则越厚。金属的晶界厚度一般只有几个原子。若金属中含有杂质，由于杂质富集于晶界处，则晶界层将加厚。

晶界处原子排列不规则，偏离了理想的晶体结构，故晶格畸变较大，见图 2-19 和图 2-20，因此，晶界上原子的平均能量较晶粒内部原子的平均能量高，高出的这部分能量称为晶界能。

由于晶界的结构以及它有较高的晶界能，使晶界具有以下特性：

(1) 晶界层的原子处于畸变状态，因而常温下它对金属的塑性变形会起阻碍作用，在宏观上表现出晶界具有较高的强度和硬度。因此，晶粒越细，金属的强度、硬度也就越高。

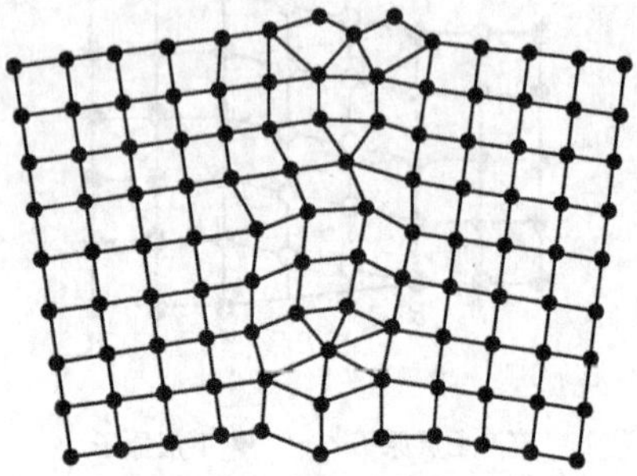

图 2-19 晶界示意图

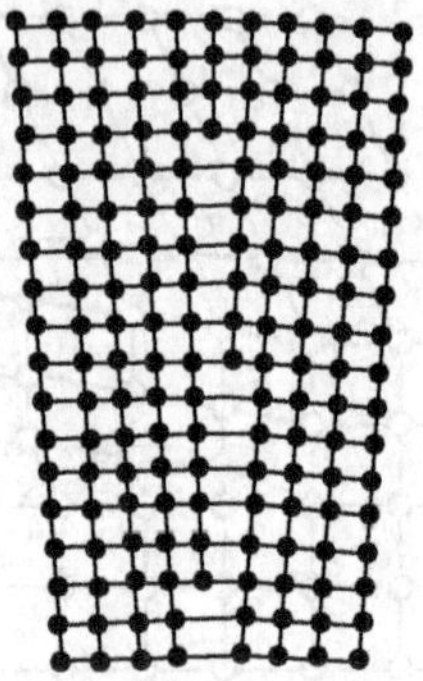

图 2-20 孪晶界示意图

（2）晶界层的原子偏离了平衡位置，具有较高的能量，故晶界的熔点较低，因此，金属总是先从晶界开始融化，热加工及热处理生产中有时产生“过烧”缺陷，就是由于加热温度过高，导致晶界氧化或熔化。

（3）由于晶界具有较高的能量，易于满足相变所需要的能量起伏条件，所以当发生相变时，新相往往优先在母相的晶界上形核。原始晶粒越细，晶界越多，则新相的形核率也越高。

（4）晶界的能量较高，原子处于不稳定状态，因此，在腐蚀环境中晶界总是比晶粒内部的腐蚀速度快。在金相分析中，用化学试剂浸蚀试样的磨面，晶界总是优先被腐蚀成凹槽，故在显微镜下很容易观察到黑色的晶界。

（5）由于晶界层原子排列不规则，晶界的电阻高于晶粒内部。

（6）晶界层原子排列不规则，且较多空位存在，使原子在晶界上扩散速度要比晶粒内部快。

由于较高的晶界能有自发地向低能状态转化的趋势，而晶粒的长大和晶界的平直化都能减小晶界的总面积，从而降低晶界的能量，因此当温度升高，原子动能增大时，就能促使晶界的长大，例如，钢在热处理时，奥氏体晶粒就随着温度的升高而长大。

亚晶界实际上是由一系列刃型位错组成的小角度晶界。由于亚晶界处的原子排列不规则，产生晶格畸变，这地区也具有较高的能量，因而亚结构的存在及其尺寸大小对金属性能同样有较大的影响。在晶粒大小一定时，亚结构越细或位向差越大，则金属的屈服强度也越高。

实际金属中除了上述点、线、面缺陷外，还存在着一些其他的晶体缺陷，这些缺陷的存在，破坏了晶体的完整性，大大影响了晶体的性能。但是必须指出，缺陷的存在并不改变金属的晶体性质，晶体学的许多规律对于实际金属是适用的，但也应看到各种具体的偏差。

2.4 金属中的原子扩散

在固态金属和合金中，晶格结点上的原子并不是固定不动的，而是以结点为中心进行着三维热振动，其振幅约为 0.01nm，频率约为 10^{13} Hz。从统计观点看，大多数原子的振动能量等于平均能量，只有少量原子的能量大于或小于平均能量，大于平均能量的少数原子振动的距离较大，能从一个位置跳到另一个位置。虽然这些个别原子的跳动方向是任意的，但是金属内部存在着浓度梯度，这许多个单个原子任意跳动的总和将使多数原子从浓度高处向低处跃迁，从而造成物质的定向迁移，这种现象就是固态金属及合金中的原子扩散。

从能量的观点来看，某个原子要从一个结点跳到另一个结点，必须有足够的能量克服周围原子对它的作用力。由于原子的振动中心是位能最低的平衡位置，当原子从一个平衡位置跳到另一个平衡位置，必须克服两个位置中间的位能峰。图 2-21（a）表明，间隙原子在某一瞬间从 1 位置跳到 2 位置时中间必须推开原子 3 或 4，从而引起局部瞬时晶格畸变。很明显，处于 2 位置时的原子具有最高的位能，如图 2-21（b）所示。设 1、2 位置的位能差为 m，则只有当原子具有足够能量 Q，并且 $Q=m$，原子才能由位置 1 跳到位置 2。因此，相当于 m 值的能量 Q 称为原子的扩散激活能，单位为 J/mol。扩散激活能 Q 的数值与原子间的结合能有关，结合能越高，则 Q 值越大。Q 值越大，则扩散越困难，反之，越容易。

原子的迁移不引起浓度变化的扩散称为自扩散，例如纯金属中的扩散。原子的迁移伴随有浓度变化的扩散称为异扩散，或简称扩散，例如在杂质含量较高的金属中的扩散。

金属中原子的迁移没有方向性，即向各个方向都有相同的跃迁概率。但在浓度梯度或应力梯度等扩散驱动力的作用下，金属中的特定原子向特定方向跃迁的数量增大，产生该种原子的宏观定向移动。

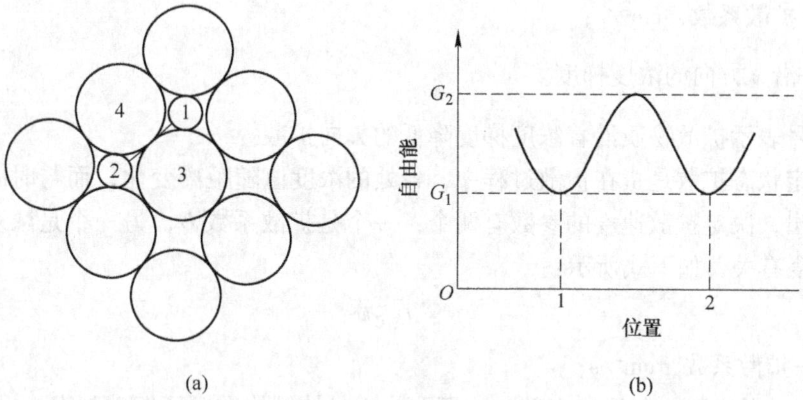

图 2-21　面心立方结构的（100）晶面上的原子排列及原子的自由能与位置的关系

2.4.1　固态金属中原子扩散的方式

在固态金属中原子可以通过许多种方式进行扩散，下面简单介绍两种扩散方式。

2.4.1.1　间隙式扩散

在间隙固溶体中，溶质原子在间隙位置上的迁移形成间隙式扩散。间隙扩散的原子尺寸都很小，在迁移过程中不致引起晶格过大的畸变，因而需要的扩散激活能较小，扩散容易。如碳、氮、硼等原子在钢中的扩散很可能采取这种方式进行。

2.4.1.2 空位迁移式扩散

实际金属中存在大量空位，温度愈高，空位数目愈多，但这些空位并不是固定不变的，而是在不断移动变换位置。由于有现成的空位存在，相邻的原子很容易跳到空位中去，同时空出了自己的位置，形成新的空位，接着另外的原子又会跳到这个新空位中去。经过多次重复就形成了原子的扩散。空位迁移扩散所需扩散激活能很低，纯金属和置换固溶体中的扩散主要是这种方式的扩散。

在实际金属晶体中，除了空位、间隙原子外，还存在如位错、晶界、亚晶界等缺陷。位错线是晶格畸变的管道，互相连通，形成位错网，扩散原子通过这种管道扩散很容易。晶界、亚晶界处原子排列处于畸变状态，原子比较容易跳动，所以位错线、晶界、亚晶界等晶体缺陷都是原子扩散的捷径。尤其是在温度较低，晶体中空位的活动能力减弱时，这种扩散方式显得更加重要。

2.4.2 扩散速度的主要影响因素

扩散第一定律指出：在稳定态扩散过程中，扩散流量与浓度梯度成正比。扩散方程为：

$$J = -D\frac{\mathrm{d}C}{\mathrm{d}x}$$

式中 J——扩散流量，即在单位时间内通过垂直于扩散方向 x 的单位截面积的扩散物质流量，$g/(cm^2 \cdot s)$；

C——体积浓度，即单位体积物体中扩散物质的质量或原子数；

D——扩散系数，cm^2/s；

$\frac{\mathrm{d}C}{\mathrm{d}x}$——沿 x 方向的浓度梯度。

式中负号表示扩散物质沿着浓度梯度降低的方向扩散。

所谓稳定状态扩散是指在扩散过程中，各处的浓度值随距离变化，而与时间无关。由上式可以看出，决定扩散速度的参数有两个：一个是扩散系数 D，另一个是浓度梯度。而 D 值又与温度有关，如下式所示：

$$D = D_0 e^{\frac{-Q}{RT}}$$

式中 D——扩散系数，cm^2/s；

D_0——扩散常数，与温度有关，主要取决于晶体结构和原子振动频率，cm^2/s；

e——自然对数底数；

Q——扩散激活能，J/mol；

R——气体状态常数，$R = 8.31 J/(mol \cdot K)$；

T——扩散温度，K。

由上式可知，温度对扩散系数有巨大影响，二者之间成指数关系，温度升高，扩散系数迅速增大。例如，在奥氏体中，当温度为925℃时，D 值为 $1205 cm^2/s$。

可见，温度升高扩散将加速进行。由于影响扩散速度的主要因素是温度和浓度梯度，故在生产实际中，提高温度，加大浓度梯度，是加快扩散的两项主要措施。

习题与思考题

2-1　金属键与离子键、共价键的主要区别是什么?

2-2　试计算面心立方晶格的致密度。

2-3　已知 γ-Fe 的晶格常数（$a=3.63\text{Å}$）要大于 α-Fe 的晶格常数（$a=2.89\text{Å}$），但为什么 γ-Fe 冷却到 912℃转变为 α-Fe 时，体积反而增大?

2-4　画出立方晶格中（110）晶面与（111）晶面，并画出在晶格中和（110）、（111）晶面上原子排列情况完全相同而空间位向不同的几个晶面。

3 纯金属的结晶

多数金属制品的生产都需经历熔炼和铸造两个工艺过程。熔炼是获得符合要求的液态金属，铸造是将液态金属注入铸模中使之凝固成一定形状尺寸的固态金属件或金属锭。物质从液态到固态的转变过程统称为凝固，如果通过凝固形成具有一定晶体结构的固态晶体，则可称为结晶。通常，我们是把液态金属转变为固态金属的相转变过程称为结晶。了解金属结晶的基本规律对于更好地控制金属的凝固条件，以获得性能优异的金属制品具有很大的现实意义。

3.1 结晶的热力学条件

纯金属的结晶一般是在常压（即1个大气压）和恒温条件下进行的。按热力学第二定律，在等温等压条件下，过程自动进行是沿体系自由能降低的方向，一直进行到自由能具有最低值为止，这个规律亦称为最小自由能原理。在热力学中，自由能 $G = H - TS$，其中自由能 G 是状态函数，H 是热函数，T 是绝对温度，S 是熵。自由能的变化可写成 $dG = VdP - SdT$。在等压时，$dP = 0$，所以 $dG = -SdT$ 或 $\frac{dG}{dT} = -S$。由于熵 S 恒定为正值，故自由能随温度的增加而减小。纯金属的液相、固相自由能随温度的变化的曲线示于图3-1。由于液态下原子排列秩序比固态差，液相熵 S_L 大于固相熵 S_S，即液态金属自由能随温度而变化的曲线较陡。因此，G_L 与 G_S 两条曲线的斜率不同而必然相交于某点，其对应温度为 T_m，此时液、固两相的自由能相等，液、固相共存，处于热力学平衡状态。温度 T_m 称为理论结晶温度，也就是金属的熔点。当温度低于 T_m 时，固相自由能低于液相自由能，固相是稳定的，液相将结晶为固相。所以，只有体系所处的温度低于熔点 T_m 时，液态金属的结晶才能发生。通常，把实际结晶温度（T_n）与理论结晶温度（T_m）之间的温差称为过冷度，以 ΔT 表示，$\Delta T = T_m - T_n$。相反，温度若高于 T_m 时，液相自由能低于固相，液相是稳定的，固相将熔化为液相。不难看出，金属结晶的热力学条件是固相自由能（G_S）必须低于液相自由能（G_L），即 $G_S < G_L$，固、液两相自由能差 $\Delta G = G_S - G_L$ 必须小于零构成了结晶的驱动力。这只有在过冷的条件下（即 $\Delta T \neq 0$）才能满足这一热力学条件，所以液相过冷是结晶的必要条件。过冷度 ΔT 越大，则固、液相的自由能差 ΔG 越大，

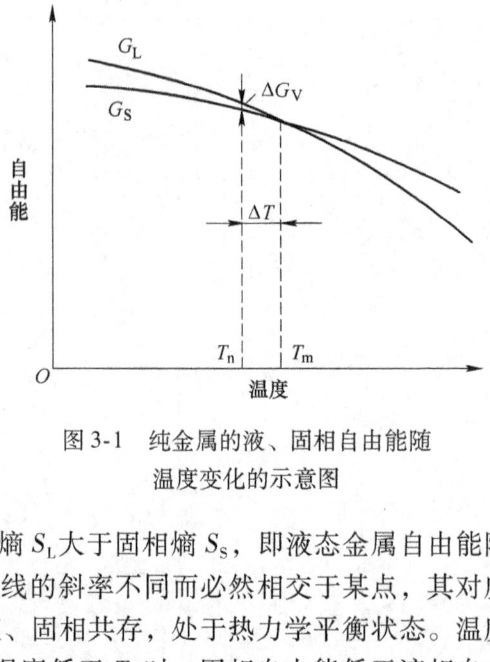

图3-1　纯金属的液、固相自由能随温度变化的示意图

结晶的驱动力也越大。

3.2 液态金属的性质和结构

液态金属的性质和结构对金属的结晶过程，尤其是对结晶的起始阶段有很大的影响。

3.2.1 液态金属的性质

液态金属与固态金属的差别主要表现在液体无一定形状，容易流动，有较大的扩散能力。就此而言，液体的性质与气体较接近。但是，从其他更多的性质以及一些重要的实验现象进行比较，可以看出液相与固相更为接近。

表 3-1 列出某些常用金属的晶体结构、熔化时的体积变化、熔化潜热、气化潜热及熔化熵的变化。由表可见，金属熔化时体积变化甚小，大多数金属体积膨胀 3%~5%，只有少数非密排结构的金属，在熔化时体积有少量收缩。而液态金属在气化时（压力不变情况下），体积发生巨大的变化。此外，金属的熔化潜热 L_m 远小于其气化潜热 L_b，大多数金属都具有较大的 L_b/L_m 值。这表明，由固态转变为液态时近邻原子间的结合键破坏不大，配位数的变化较小，而远非气态那样结合键全部被破坏（气态的配位数为零）。液态金属的 X 射线研究数据列于表 3-2，它证实了金属熔化时，配位数和原子间距的变化很小。

表 3-1 某些常见金属的某些热化学性质

金属	晶体结构	熔点/℃	沸点/℃	熔化时体积变化/%	熔化潜热 L_m /kJ · mol^{-1}	气化潜热 L_b /kJ · mol^{-1}	L_b/L_m	从 298K 至熔点的熵变 ΔS /4184J · (mol · K)$^{-1}$	熔化熵 ΔS_m /4184J · (mol · K)$^{-1}$	$\Delta S_m/\Delta S$
Al	fcc	660.1	2520	6.5	10.47	291.4	27.8	7.53	2.76	0.37
Cu	fcc	1083.4	2560	4.2	13.02	304.8	23.4	9.82	2.3	0.23
Mg	hcp	649	1090	4.12	8.71	134	15.3	7.53	2.32	0.31
Ti	bcc、hcp	1667	3285		18.8	425.8	22.6	14.26	1.9	0.13
Zn	hcp	419.5	911	4.7	7.2	115.1	16	5.45	2.53	0.46
Sn	bct	231.9	2625	2.3	7.08	296.4	42.5	3.62	3.33	0.92
Fe	bcc、fcc	1536	2860	3.5	15.2	340.4	22.4	15.5	1.82	0.12
Ni	fcc	1455	2915	4.5	17.71	374.3	21.2	13.46	2.42	0.18
W	bcc	3400	5555		46.9	737	15.7	17.07	2.3	0.13
Ga	fcc	29.7	2205	-3.2	5.59	270.5	48.3	0.1	4.41	44.1
Bi	菱方	271	1564	-3.35	10.89	179.2	16.6	3.88	4.985	1.28

表 3-2 液态金属的 X 射线分析数据

金属	固态		液态		温度/℃
	配位数	原子距离/Å	配位数	原子距离/Å	
Hg	6+6	3.0，3.47	12	3.3	20
Zn	6+6	2.66，2.90	11	2.94	460
Au	12	2.88	11	2.86	1100
Al	12	2.86	10.6	2.96	700
Na	8	3.72	8	3.36	390
Sn	4+2+4	3.15，3.76	10	3.2	280
Bi	3+3	3.09，3.46	7~8	3.32	340

注：1Å=0.1nm。

金属的熔化温度（T_m）可定义为液、固两相自由能相等的温度。此时，$H_L - T_m S_L = H_S - T_m S_S$，由于恒压下：$\Delta H_P = H_L - H_S = L_m$，所以

$$\Delta S_m = S_L - S_S = L_m - T_m$$

式中，ΔS_m为固体熔化时的熵变，简称熔化熵，代表固体转变成液体时有序程度的变化值。表 3-1 也列出了几种金属的熔化熵（ΔS_m）和 25℃至熔点温度的熵变（ΔS），大多数金属的 $\Delta S_m/\Delta S$ 小于 1，在 0.13～0.92 之间变化，这说明这些金属从固态转变为液态时，其有序程度的变化不是很大的。可以认为，固态熔化时的结构变化主要是无序程度的增大，它间接地反映了液体的内部结构情况。

实验证明，液态金属具有导电性，也具有正的电阻温度系数。这表明，液态金属中存在着金属键结合。

3.2.2 液态金属的结构

过去曾认为液态金属的结构是和气体相似，而和晶体根本不同，但是根据对液态金属进行的深入研究发现，液态金属结构和气态金属不同，而和固态金属的结构很相似。实际上，在液态金属中原子并不是完全散乱无序地分布着，而是与固态金属相近似，其中的近邻原子之间具有某种与晶态结构类似的规则性，但这种规则性仅只是在短距离的微小区域内存在。可以认为，在液态金属中存在着无数近似晶体的小集团，这种小集团中的原子排列与晶体近似。液态金属中的这种小集团大小不等，取向各异，此起彼伏，瞬息万变，瞬时形成，又瞬时消失，可以把它们看成是一些瞬时类晶体，亦称近程规则排列或近程有序。通常把液体金属中存在的这种结构状态称为结构起伏或相起伏。从热力学看，可把液态金属看成是由无数大小不同的“分子”所组成。此处的“分子”，既包括单独存在的单个原子，也包括含有许多原子组成的原子集团（即所谓瞬时类晶体）。不同大小的“分子”按下述规律分布：

$$\frac{n_i}{n} = \exp\left(-\frac{\Delta G}{kT}\right)$$

式中 n_i——含有 i 个原子的“分子”数目；

n——液态金属的总原子数；

k——玻耳兹曼常数；

T——绝对温度；

ΔG——"i 分子"的自由能与 i 个零散原子的自由能之差，它由体积自由能与界面自由能共同组成，即自由能差，

$$\Delta G = V\Delta G_V + A\Delta G_S$$

V——"i 分子"的体积；

ΔG_V——单位体积自由能差；

A——"i 分子"的界面面积；

ΔG_S——单位面积的界面自由能。

上式表明，n_i随 ΔG 的增加而减少，同时 ΔG 总是一个有限的数值，故 n_i/n 不可能等于零，即任一尺寸的瞬时类晶体在液态金属中总是有一定的出现概率的，如图 3-2 所示。尺寸越小或越大的结构起伏（或相起伏）出现的概率都较小。实际可能出现的尺寸最大的结构起伏，在每一个温度下有一个极限值 r_{max}。液相温度越低，最大结构起伏（亦称最大晶胚）的尺寸越大（图 3-3）。在一些过冷的液态金属中，最大结构起伏可能达到几百个原子的范围。

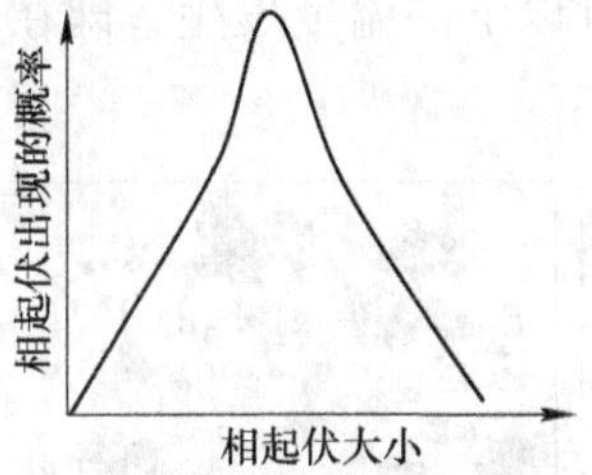

图 3-2 液态金属中不同大小的相起伏出现的概率

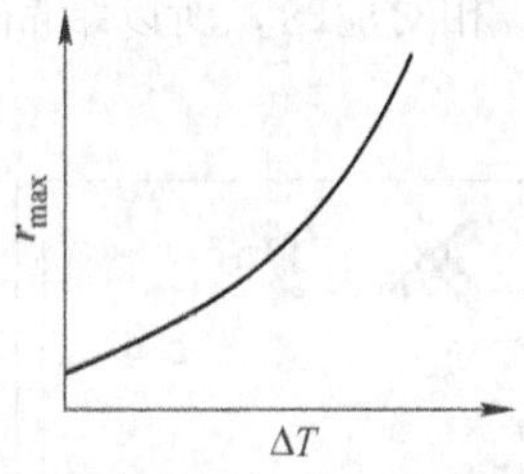

图 3-3 最大晶胚尺寸与过冷度的关系

3.3 金属结晶的现象

3.3.1 金属结晶的过冷现象

液态金属要结晶必须使其温度冷却到理论结晶温度 T_m 以下，这在实践中也得到证明。当液态金属缓慢冷却时，其温度随时间的变化（即冷却曲线）如图 3-4 所示。液态金属冷至 T_m（熔点）时，并不立即开始结晶，而是在冷却到 T_m 以下的温度 T_1 才开始结晶，这个现象称为过冷（过冷度 $\Delta T = T_m - T_1 \neq 0$）。

液态金属在一定过冷度下开始结晶后，由于释放出结晶潜热而使金属液的温度又回升至接近于 T_m 温度。温度升高，结晶过程变慢，放出的结晶潜热也相应减少。当放出的潜热量恰好补偿向外界的散热量时，温度保持不变，即为冷却曲线上出现的平台阶段，结晶过程就在一恒定温度

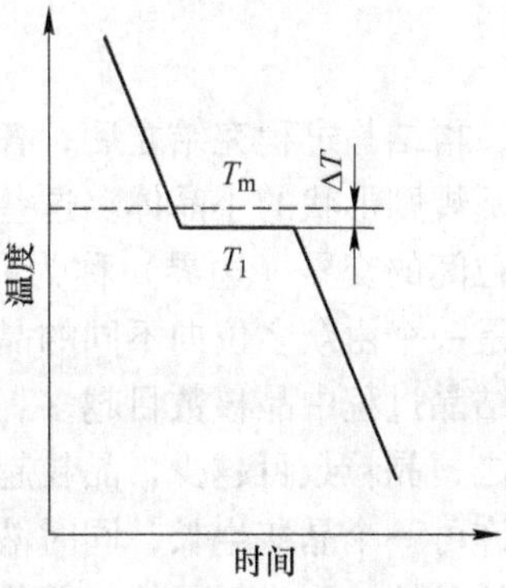

图 3-4 纯金属的冷却曲线

下继续进行，一直到液体完全结晶成固体为止。结晶完成后，由于没有潜热放出，温度又开始下降。冷却曲线上平台所对应的温度就可认为是金属的结晶温度。一般测得的平台温度比 T_m 略低。当液态金属非常缓慢冷却时，所测得的结晶温度可以无限接近 T_m。

金属结晶的过冷度不是一个恒定值，受金属中杂质、冷却速度等因素的影响而有所不同。金属纯度越高，可以达到的过冷度越大；冷却速度越快，达到的过冷度也越大；此外，铸模材料的性质也可能影响过冷度的大小。

3.3.2 金属结晶的一般过程

小体积液态金属的结晶过程可用图 3-5 示意。结晶开始时，首先在液体中形成一些微小的晶体，这些小晶体就是在液体中已存在的瞬时类晶体的基础上形成的。当这些瞬时类晶体的尺寸达到一定数值时，它就不断地向液体中生长，这些作为结晶核心的类晶体称为晶核。所以，结晶即是不断形成晶核和晶核不断长大的过程，它一直进行到液体金属全部消失为止。液体金属的结晶过程始于微小晶体的形成，由此也可解释结晶为什么必须在过冷条件下才能进行。因为结晶初期生成的微小晶体与液相间的平衡温度低于大晶体与液相间的平衡温度，即微小晶体的熔点低于大晶体的熔点。而通常的金属熔点却是和大晶体（平面条件）相对应的，所以结晶过程只可能在金属熔点以下的温度发生，即在过冷条件下发生。

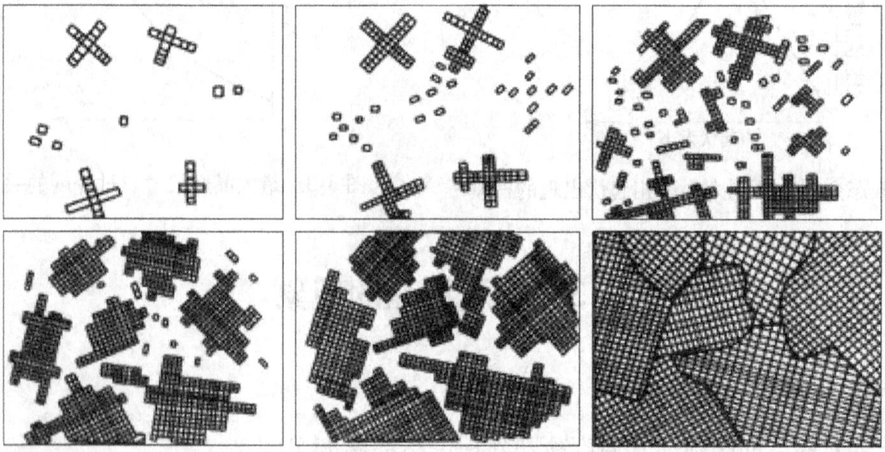

图 3-5 纯金属结晶过程示意图

再结晶过程完结之后，各处出现的晶体学位向各不相同的一个个晶核，长大成为一个个不规则形状的小晶体。这些位向不同、形状不规则的一个个小晶体，称为晶粒。晶粒与晶粒间的交界（边界）称为晶粒间界（晶粒边界）或简称晶界。所以，结晶后的固态金属是一个由众多位向不同的晶粒和一定面积大小的晶粒间界所组成的多晶体物质。液态金属结晶过程中晶核数目越多，结晶后的晶粒数目也越多，晶粒越细小，晶界面积就越大。反之，晶粒数目越少，晶粒越粗大，晶界面积就越小。如果在结晶过程中采取适当措施，只许可一个晶核生长，同时液体中又不出现其他晶核，这样结晶完毕后就成为一个单一位向的晶体，称为单晶体。单晶体涡轮机叶片、半导体单晶硅等都有着重要的用途。而通常金属在一般条件下结晶得到的都是多晶体。

金属结晶过程中，在一定过冷度下，结晶要在一定时间之后才能察觉出来，我们把该时间称为孕育期。例如在T_a下经过孕育期τ_0后，结晶数量先慢慢地增加，增加的速度越来越快，到一定程度（50%）后，结晶量的增加速度又减慢，接近结晶终了时，其速度差不多等于零。过冷度越大，孕育期越短，整个结晶完成所需时间越短。

3.4 晶核的形成

金属结晶过程是由形成晶核与晶核长大两个基本过程组成的。结晶核心的形成可分为两类：一为均匀形核，即新相晶核是在均匀的液相内形成；二为非均匀形核，即新相晶核在液相中不均匀结构处择优形成。

在金属液中均匀形核时，晶核是由液相的一些原子集团（瞬时类晶体）直接形成，不受杂质粒子或外表面的影响；非均匀形核是指在液相中依附于杂质或外来表面形核。实际金属液中不可避免地存在杂质和外表面，因而其结晶主要是非均匀形核。不过，对于均匀形核的研究，能够从本质上揭示形核的规律，还能将其应用于非均匀形核。

3.4.1 均匀形核（自发形核）

结晶是金属原子从液态的近程规则排列（瞬时类晶体）转变为固态下的远程规则排列的一个突变过程。

在一定过冷度下，液体金属中时聚时散的近程规则排列原子集团可能成为均匀形核的“胚芽”或称“晶胚”，其内层的原子组成了晶态的规则排列，而其外层原子却与液相中不规则排列的原子接触而构成界面。因此，当过冷液体中有固态晶体形成时，系统自由能的变化是由两部分组成。一方面由于原子从液态的聚集状态转变为固态的排列状态，系统自由能降低（固、液相间的体积自由能差），称为体积项；另一方面由于固相晶核形成的同时，也构成了新相的表面，产生表面能（它以界面自由能形式的能量出现于系统中），称为表面项，它将导致系统自由能的增加。所以晶核形成时，系统自由能总的变化是上述两项能量的代数和。

设形成新相的体积为V，固、液相间单位体积自由能差为ΔG_V，新相的表面面积为A，单位界面的界面自由能（比表面能）为σ（相当于固相在液相中的表面张力），则在一定过冷度下系统的总自由能变化$\Delta G_{总}$为：

$$\Delta G_{总} = -V\Delta G_V + A \tag{3-1}$$

显然，式中右边第一项是结晶的驱动力，其绝对值越大，越有利于结晶；第二项是结晶的阻力，其绝对值越小，越有利于结晶。

若形成的新相晶核为圆球形，其半径为r，则：

$$\Delta G_{总} = -\frac{4}{3}\pi r^3 \Delta G_V + 4\pi r^2 \sigma \tag{3-2}$$

式（3-2）的图解如图3-6所示。在不同过冷温度下，r与$\Delta G_{总}$的关系如图3-6所示，由此可见，只有当$r > r_c$时，晶核的长大才会使$\Delta G_{总}$减小，这个晶核才有可能长大。当$r = r_c$时，这个晶核可能长大也可能重新溶解；而所有的$r < r_c$的原子集团都将消散。前已指出，液体内经常出现尺寸大小不同的结构起伏（瞬时类晶体），其中$r \geq r_c$的才是晶核。

$\Delta G_{总}$极大值所对应的r_c即为一定过冷温度下晶核的临界半径，半径为r_c的晶核称为临界晶核。所以，临界半径r_c是决定晶胚能否变成晶核的尺寸界限。

令$\frac{d\Delta G_{总}}{dr} = 0$，则

$$4\pi r_c^2 \Delta G_V - 8\pi r_c \sigma = 0$$

求得

$$r_c = \frac{2\sigma}{\Delta G_V}$$

而ΔG_V与ΔT的关系是

$$\Delta G_V = \frac{L_m \Delta T}{T_m} \qquad (3\text{-}3)$$

所以

$$r_c = \frac{2\sigma}{\Delta G_V} = \frac{2\sigma T_m}{L_m \Delta T} \qquad (3\text{-}4)$$

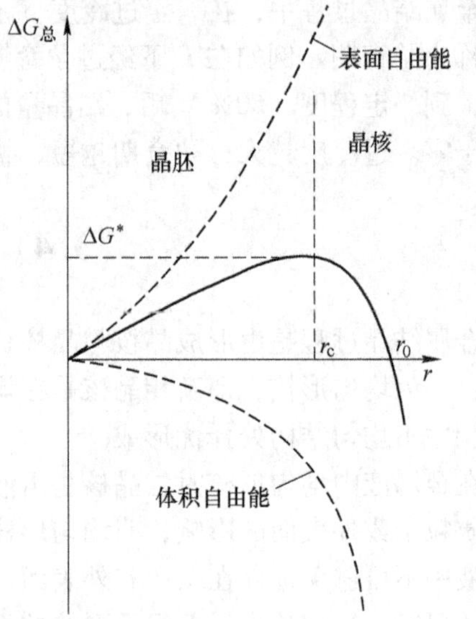

图3-6 体积自由能、表面自由能与r的关系

式中 L_m——熔化潜热（单位体积）；

T_m——熔点。

由式（3-4）可知，晶核的临界半径r_c与ΔT成双曲线关系，即r_c随过冷度的增加而减小，过冷度ΔT越大，临界半径r_c越小。

另外，液相中存在不同尺寸的结构起伏，其尺寸分布也随ΔT而变化。当过冷度ΔT增大时，最大晶胚尺寸r_{max}也随之增大。将图3-4与图3-7结合，得到最大晶胚尺寸r_{max}和临界半径r_c随过冷度ΔT而变化的关系，如图3-8所示。两曲线的交点N所对应的过冷度ΔT^*称为临界过冷度。当实际过冷度$\Delta T < \Delta T^*$时，最大晶胚尺寸r_{max}小于成核所要求的临界半径r_c，难以成核；而当$\Delta T = \Delta T^*$时，$r_{max} = r_c$，最大晶胚尺寸正好达到形核要求，结晶就有可能开始进行；当$\Delta T > \Delta T^*$时，不仅最大尺寸的晶胚，即使较小尺寸的晶胚也都可以达到或超过临界晶核半径r_c变为结晶的核心了。所以均匀形核不是在任何过冷度下都能实现，只有在实际过冷度ΔT大于临界过冷度ΔT^*才成。各种不同金属结晶时，均匀形核的临界过冷度也是不同的。实验中曾用分散液滴法，将液态金属分散成直径约为5μm的小液滴，进行均匀形核，测出均匀形核所必需的过冷度ΔT_a，列于表3-3，表中还列出这些金属大体积结晶时，非均匀形核所需要的过冷度ΔT_n。

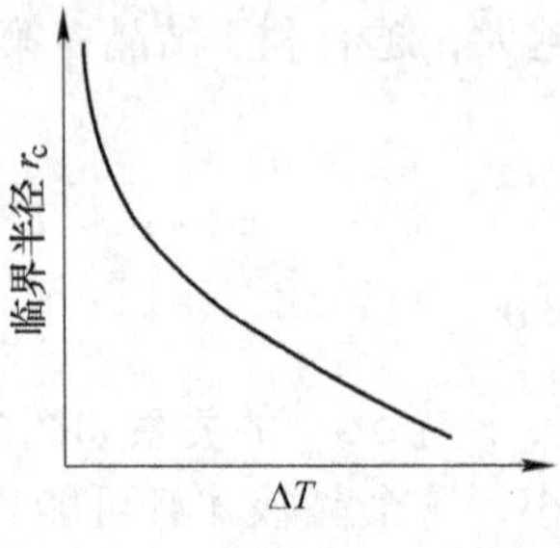

图3-7 临界尺寸与过冷度关系

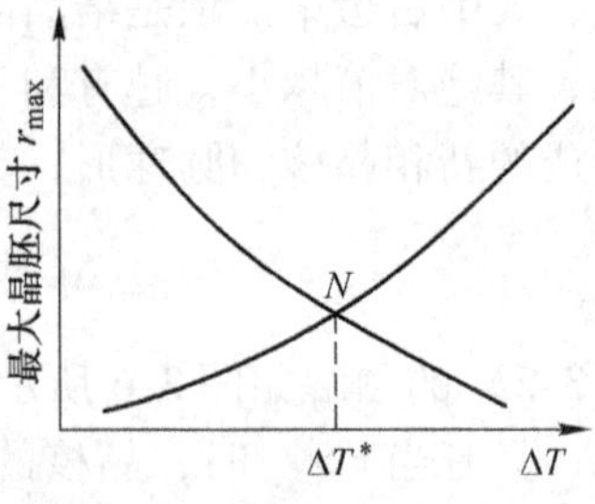

图3-8 最大晶胚尺寸和临界半径及过冷度关系

当温度等于熔点温度时，$\Delta T=0$，$\Delta G_V=0$，可得到临界半径 $r_c=\infty$，也就是说任何尺寸的晶胚都不能作为晶核，结晶不可能进行。按表 3-3 的数据，估计铜的 r_c 约为 10^{-7}cm，这个临界晶核约含有 360 个原子，其几何外形可能是一个由 {100} 和 {111} 面组成的多面体。一般来说，均匀形核时，临界晶核中约含有几百个原子。

表 3-3 一些纯金属形核时的过冷度 (℃)

金属	ΔT_a	$\Delta T_a/T_0$	ΔT_n	金属	ΔT_a	$\Delta T_a/T_0$	ΔT_n
Al	195	0.209	<5~10	Fe	295	0.164	<5~10
Cu	236	0.174	<5~10	Co	330	0.187	<5~10
Ag	227	0.184	<5~10	Ni	319	0.185	<5~10
Au	230	0.172	<5~10	Pt	370	0.181	<5~10

将式 (3-4) 的临界半径值代入式 (3-2)，即得临界半径晶核形成时系统的自由能总变化 $\Delta G^*_{总}$：

$$\Delta G^*_{总}=\frac{16\pi}{3}\times\frac{\sigma^2}{\Delta G_V^2}=\frac{16\pi}{3}\sigma^3\left(\frac{T_m}{L_m\Delta T}\right)^2=\frac{16\pi}{3}\times\frac{\sigma^3T_m^2}{L_m^2}\times\frac{1}{(\Delta T)^2} \tag{3-5}$$

或是

$$\Delta G^*_{总}=\frac{1}{3}\sigma A^* \tag{3-6}$$

式中，A^* 为 $r=r_c$ 时晶核的表面积，$A^*=4\pi r_c^2$。这表明，当 $r=r_c$ 时，固、液相间的自由能差值只能供给固相所需表面功 (σA) 的三分之二，即使 $r>r_c$，而 r 值又不很大时，$\Delta G^*_{总}$ 也还是正值。$\Delta G^*_{总}$ 称为晶核的形成功。晶核形成功随 ΔT 的增加而减小，即 $\Delta G^*_{总}$ 正比于 $\frac{1}{(\Delta T)^2}$。其实，通常所指的自由能是宏观的平均能量，从微观尺度看，系统中存在着能量的起伏现象或称为能量的涨落现象。能量起伏是指系统中每个微小体积所具有的能量偏离系统平均能量水平、而大小（高低）不一的现象。因此，当 $r=r_c$ 时，形核所缺少的 $\frac{1}{3}$ (σA^*) 能量可由系统内能量起伏来供给。

3.4.2 非均匀形核（非自发形核）

由于实际金属液体中总是或多或少地含有某些杂质粒子，其结晶常常是依附在液体金属中的外来固体质点的表面（包括铸模壁）上形核。依附于液相中的某种界面上形核的过程称为非均匀形核。

液体金属过冷后，不能形核的主要障碍是晶核形成固-液界面而使系统能量升高。如果晶核是依附于已存在的界面上形成，就有可能使界面能降低，因而形核可能在较小的过冷度下进行。

设晶核在现存平面上形成，如图 3-9 所示。若晶核形状是截自半径为 r 圆球的球冠，即固相晶核的曲率半径为 r，晶核的顶视图为半径 R 的圆，晶核与基底面的接触角为 θ，固-液相间的界面能为 σ_{SL}，固相与现存基底 b 的界面能为 σ_{Sb}（在纯金属中界面能可用表面张力表示）。形成一个晶核时，总的自由能变化 ΔG_H 仍然是由体积自由能的降低 ($-V\Delta G_V$) 和表面能的增加 ($\Sigma(\sigma A)$) 所组成，即 $\Delta G_H=-\Delta G_H=-V\Delta G_V+\Sigma(\sigma A)$。冠

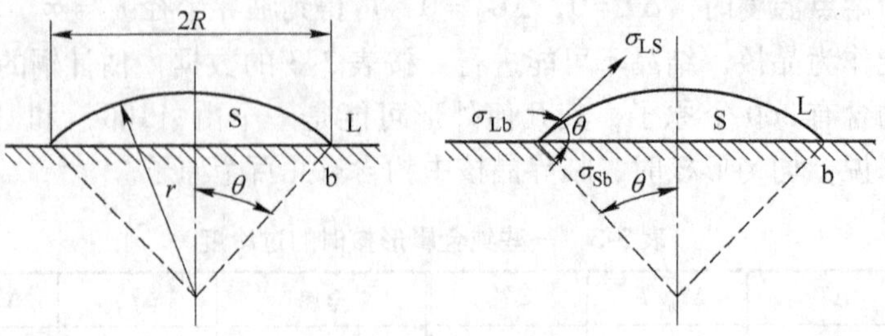

图3-9 非均匀形核示意图

球状晶核的体积 $V=\frac{1}{3}\pi r^3(2-3\cos\theta+\cos^3\theta)$。液相与固相的接触面积 $A_{SL}=2\pi r^2(1-\cos\theta)$。固相与现存基底的接触面积 $A_{Sb}=\pi(r\sin\theta)^2=\pi r^2(1-\cos^2\theta)$。表面能的变化由三个部分组成：一是晶核球面上的表面能增加（$A_{SL}\sigma_{SL}$），二是晶核底面上的表面能增加（$A_{Sb}\sigma_{Sb}$），三是原来基底底面上的表面能消失（$A_{Sb}\sigma_{Lb}$），所以总的表面能变化为：

$$\sum(\sigma A)=\sum(\sigma A)=A_{SL}\sigma_{SL}+A_{Sb}\sigma_{Sb}-A_{Sb}\sigma_{Lb}=A_{SL}\sigma_{SL}+A_{Sb}(\sigma_{Sb}-\sigma_{Lb}) \tag{3-7}$$

即：

$$\sum(A\sigma)=2\pi r^2(1-\cos\theta)\sigma_{SL}+\pi r^2\sin^2\theta(\sigma_{Sb}-\sigma_{Lb})$$

由图3-9，若晶胚周界是稳定的，则液体、晶胚、杂质三者之间表面张力有平衡关系：

$$\sigma_{Sb}=\sigma_{SL}\cos\theta+\sigma_{Sb} \tag{3-8}$$

或者

$$\sigma_{Sb}-\sigma_{Lb}=-\sigma_{SL}\cos\theta$$

代入式（3-7），得到：

$$\begin{aligned}\sum(A\sigma)&=2\pi r^2(1-\cos)\sigma_{SL}-\pi r^2\sin^2\theta\cos\theta\sigma_{SL}\\&=\pi r^2(2-3\cos\theta+3\cos^3\theta)\sigma_{SL}\end{aligned}$$

所以，总的自由能变化 ΔG_H 为：

$$\begin{aligned}\Delta G_H&=-\Delta G_V\frac{\pi r^3}{3}(2-3\cos\theta+\cos^3\theta)+\sigma_{SL}\pi r^2(2-3\cos\theta+\cos^3\theta)\\&=\left(-\frac{\pi r^3}{3}\Delta G_V+\sigma_{SL}\pi r^3\right)(2-3\cos\theta+\cos^3\theta)\end{aligned} \tag{3-9}$$

$$\frac{\mathrm{d}\Delta G_H}{\mathrm{d}r}=(-\pi r^2\Delta G_V+2\pi r\sigma_{SL})(2-3\cos\theta+\cos^3\theta)$$

令 $\frac{\mathrm{d}\Delta G_H}{\mathrm{d}r}=0$，得到球状晶核的临界曲率半径 r_c：

$$r_c=\frac{2\sigma_{SL}}{\Delta G_V} \tag{3-10}$$

式中，ΔG_V 仍然是单位体积固、液相的自由能差。此表明，在同一过冷度下，非均匀形核的临界曲率半径与均匀形核的临界半径大小一样。

将式（3-10）代入式（3-9），同样得到非均匀形核时所需要的能量起伏（即形成临界曲率半径 r_c 的晶核所需的形成功）ΔG_H^* 为：

$$\Delta G_H^*=\frac{1}{3}\sum(A\sigma)=\frac{1}{3}\pi r_c^2\sigma_{SL}(2-3\cos\theta+\cos^3\theta)$$

利用式（3-6），可得到

$$\frac{\Delta G_{\mathrm{H}}^{*}}{\Delta G_{总}^{*}} = \frac{2 - 3\cos\theta + \cos^{3}\theta}{4} \tag{3-11}$$

如 $\theta = 180°$，则 $\Delta G_{\mathrm{H}}^{*} = \Delta G_{总}^{*}$，即固相将均匀形核，现存基底不起作用。若 $\theta = 0°$，则 $\Delta G_{\mathrm{H}}^{*} = 0$，即非均匀形核时不需要能量起伏，更确切地说，夹杂物本身即成为晶核，不需另外形核了。在通常情况下，θ 在 0 ~ 180°之间变化，$\cos\theta$ 值相应地在 1 ~ −1 之间变化。当 $\theta < \pi$ 时，$\frac{2 - 3\cos\theta + \cos^{3}\theta}{4}$ 恒小于 1，$\Delta G_{\mathrm{H}}^{*} < \Delta G_{总}^{*}$。可见，均匀形核时，晶核形成功最大。而非均匀形核时，由于杂质的存在，减小了晶核形成功，即形核所需的能量起伏较小，晶核较易出现。晶核附在现存的杂质粒子表面形成，使液体不可能达到很大的过冷度。接触角 θ 越小，$\Delta G_{\mathrm{H}}^{*}$ 值越小，在现存基底（杂质或锭模壁）上形核所需形成功越小，所需的过冷度也越小。

固相和现存质点（或模壁）之间的接触角（亦称湿润角）θ 表示这两相之间的润湿程度，θ 角越小，对形核越有利。图 3-10 相当于接触角 θ 在 0 ~ 180°之间的情况。在一定过冷度下，具有临界曲率半径并附在杂质表面上形成球冠状的晶核，要比在液相中形成一个具有相同大小临界半径的球体晶核所含有的原子数目少得多，所以当附着在适当的界面上形核时，体积较小的晶胚便可能达到临界曲率半径，因此在较小的过冷度下，非均匀形核便开始了。当曲状晶核的体积一定时，接触角 θ 越小，球面的曲率半径将越大，即在较小过冷度下便可出现达到临界曲率半径的球冠状晶核。所以，接触角 θ 越小，晶核的体积和表面积就越小，形核所需晶胚也越小，形核过冷度就越小，形核便越容易，这样的杂质（界面）对形核的催化效能就越高。

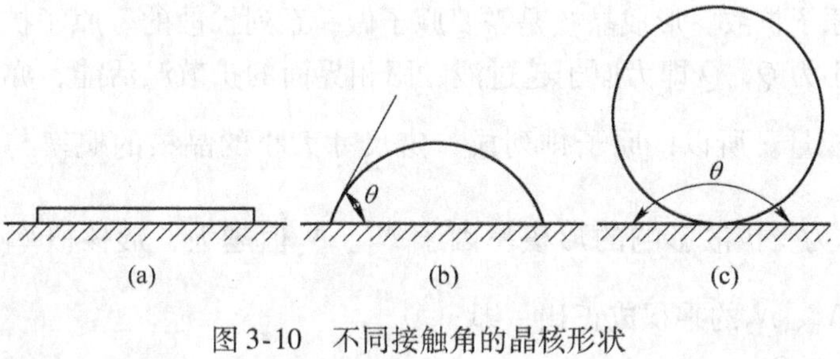

图 3-10　不同接触角的晶核形状

决定接触角 θ 大小的因素是什么呢？

假定形核的基底是一个平面，由式（3-8）和图 3-9 可知，$\cos\theta = \frac{\sigma_{\mathrm{Lb}} - \sigma_{\mathrm{Sb}}}{\sigma_{\mathrm{SL}}}$，并且 σ_{Sb} 越小时，σ_{Lb} 越接近 σ_{SL}，或 $\cos\theta$ 值越接近于 1，θ 角就越小，也就是说杂质与晶体之间的界面能越小，它对形核的催化效能就越高。很明显，σ_{Sb} 取决于晶体与夹杂粒子结构（原子排列的几何情况、原子的大小、原子间的距离等）上的相似程度。两个互相接触的晶面结构越近似，它们之间的界面能就越小。即使只在接触面上的某一个方向上的原子排列配合得比较好，也会使界面能降低一些。如新相晶体为密排六方结构，而质点具有面心立方结构，在六方结构的（0001）面与面心立方结构的（111）面互相结合时，其间表面张力最小。若原子间距相当时，面心立方结构中的（111）面与体心立方结构中的（110）面相结合，其界面能可能最小，这有利于促成形核。以上条件（结构相似与尺寸相当）称为点阵匹配原理。凡满足这个条件的界面，就可能对形核起到催化作用，它本身也是良好的形核剂。

铁能促进铜的非均匀形核。这是因为在铜的结晶温度 1083℃以下，铁以 γ-Fe 的形式存在，γ-Fe 与铜都具有面心立方晶格，而且晶格常数相近：γ-Fe 的$a \approx 0.3625$nm，铜的$a \approx 0.3688$nm。碳化钨（WC）能大大促进金（Au）的非均匀形核。Au 具有面心立方结构（$a = 0.40785$nm），WC 具有扁六方结构（$a = 0.2901$nm，$c = 0.2817$nm，$c/a = 0.971$），两者截然不同。但面心立方结构的｛111｝面与六方结构的（0001）面都是最密排面，原子排列相同，而且两者的原子间距也非常相近（Au 为 0.2884nm，WC 为 0.2901nm）；另外，面心立方晶格的｛100｝面上的原子排列与 WC 六方结构的侧面｛$10\bar{1}0$｝面上的原子排列非常相似，且两者的原子间距也非常相近。所以 WC 的（0001）面和｛$10\bar{1}0$｝面都可作 Au 的形核基底，大大促进了非均匀形核。

3.4.3　形核率与过冷度的关系

形核速度（即形核率）是以单位时间、单位体积中所形成的晶核数目 N 来表示，其单位通常是：晶核个数（s/cm^2）。

形核率受两个因素控制：(1) 晶核形成所需的形成功。晶核尺寸越大，需要的形成功越大，则其出现的概率就越小。形成临界晶核需要做功 $\Delta G^*_{总}$，系统中具有能量起伏超过 $\Delta G^*_{总}$ 的概率是与 $\exp\left(-\frac{\Delta G^*_{总}}{kT}\right)$ 成正比的，$\exp\left(-\frac{\Delta G^*_{总}}{kT}\right)$ 称为受形核功影响的形核率因子 N_1。N_1 值越大，可能形核的微体积数目越多，形核速度也越大。过冷度大，N_1 值就大。(2) 晶核形成所需的原子扩散。形成晶核是需要原子做一系列扩散的。原子扩散需要克服一定的能垒，设其大小为 Q，Q 即为原子越过液、固相界面的扩散激活能，亦是原子由液相转入固相时所需的能量。所以，原子排列成一定尺寸大小的晶核的概率与 $\exp\left(-\frac{Q}{kT}\right)$ 成正比，$\exp\left(-\frac{Q}{kT}\right)$ 称为受扩散影响的形核率因子 N_2。N_2 值越大，形核概率也越大。由此可见。形核速度与 N_1、N_2 的乘积成正比，即

$$N = KN_1N_2 = K\exp\left(-\frac{\Delta G^*_{总}}{kT}\right)\exp\left(-\frac{Q}{kT}\right) \tag{3-12}$$

式中　K——比例常数；

k——玻耳兹曼常数；

T——绝对温度。

由于 $\Delta G^*_{总}$ 随 ΔT 增大而减小，故 ΔT 增大则 N_1 也增大。另外，扩散激活能 Q 随温度变化而改变不大，可近似看成一个常数，故 ΔT 增大则 N_2 降低。因此，形核率随温度的变化如图 3-11 所示。可见，在过冷度较小时，形核率主要受 N_1 项的控制，它随过冷度增大而迅速增加；但当过冷度很大时，形核率又受 N_2 项控制而下降。对于纯金属来说，由于其晶体结构简单，在通常冷却速度下结晶倾向很大，形核率与过冷度的关系一般未达到曲线的极大值就已经结晶完毕，如图 3-12 所示。在开始一段过冷度范围内，几乎不产生晶核，液体处于亚稳定状态。当液体过冷到某一温度时，形核率急剧增加，一直到完全结晶完

毕。形核率急剧增加的温度称为有效形核温度。

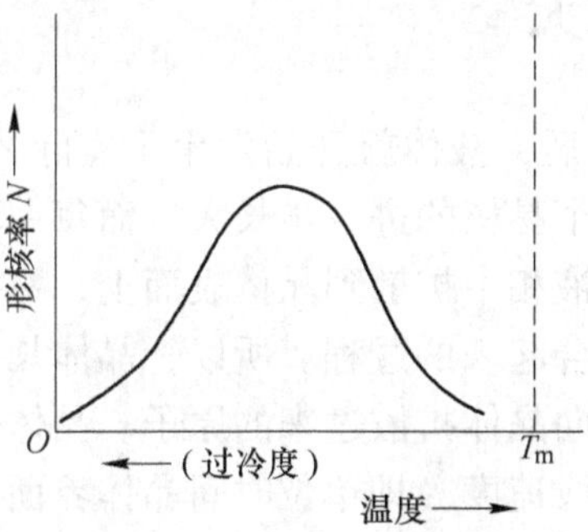

图 3-11 形核率与温度的关系

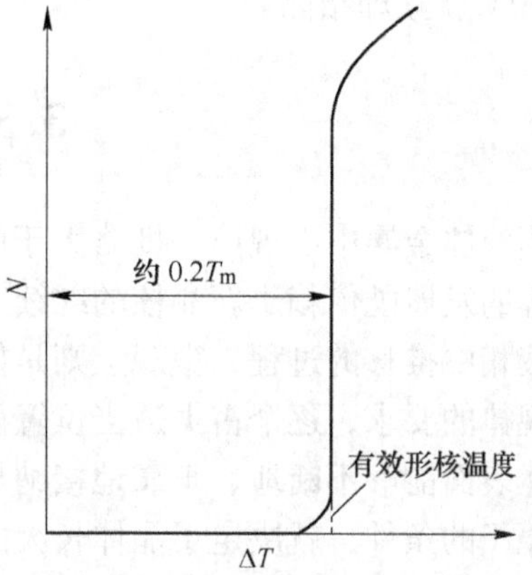

图 3-12 金属的形核率与过冷度的关系

特恩布尔（D. Turnbull）等人用绝对反应速度理论求得式（3-12）中的 K 值，得到形核速度 N 为：

$$N = \frac{nkT}{h}\exp\left[-\frac{16\pi\sigma^3 T_m^2}{3L_m^2(\Delta T)^2 kT}\right]\exp\left(-\frac{Q}{kT}\right) \tag{3-13}$$

式中 n——单位体积中的原子总数；

σ——表面张力；

h——普朗克常数。

如对此式代入适当数值，可得到金属结晶时均匀形核的过冷度大约是 $0.2T_m$（T_m为熔点的绝对温度），这与许多金属的实验结果是基本相符的。

非均匀形核时的形核率 N 表达式与均匀形核相似。由于不同杂质存在时，ΔG_H^* 是接触角 θ 的函数，并随 θ 值的减小而降低，同时又因为通常 $\Delta G_H^* < \Delta G_{总}^*$，所以非均匀形核总是优先于均匀形核而在较小的过冷度（一般不超过 20℃）下开始产生，并在不大的过冷度下获得较高的形核率，其形核率 N 与过冷度 ΔT 的关系如图 3-13 所示。可以看到，由于非均匀形核的形核功小，它在远小于均匀形核所需的过冷度下，一般约 $0.02T_m$时，形核率已达很大数值。此外，随过冷度增大，形核率由低向高的过渡较为平缓，不像均匀形核那样有突然增高的现象，并且在形核率升高达到最大值后，形核率曲线下降且中断。这是因为新相晶核形成的基底表面大大地减小了。

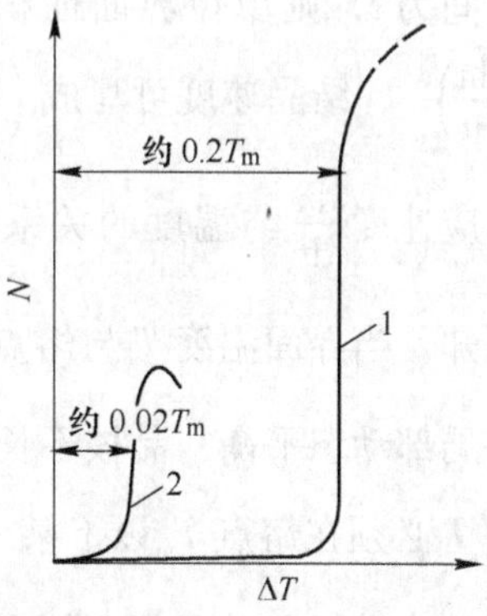

图 3-13 非均匀形核率与均匀形核率随过冷度变化的曲线

实验指出，形核率还受其他物理因素的影响，如液相宏观流动增加形核率，施加强电场或强磁场也增加形核率，这是因为液态中已结晶的核心（小晶体）由于受到冲击性震动、振动或流体流动时产生的机械力的影响而碎裂成几个核心，或者是打碎了生长着的晶体枝芽，或者是模壁附近产生的晶核被冲刷走。另外，声学或超声振荡也能增加形核率，这可能是过冷液态金属中的晶核（或小晶体）在其出现之前，由于受到机械作用的影响，核心提前形成，如镓在静止条件下于过冷度 $\Delta T=45℃$ 时还不能结晶，但经人工振动后在 $\Delta T=30℃$ 就立即结晶。

3.5 晶核的长大

当液体金属中出现第一批略大于临界尺寸的晶核后，液体就开始发生了实际的结晶，此过程的发展既依赖于新晶核的继续产生，更赖于每个晶核的进一步长大。而每一单个晶体在液相中推移的过程，微观上则是依靠原子逐个由液相中扩散到晶体表面上，并按晶体结构规律的要求，逐个占据适当位置而与晶体稳定结合起来的过程。所以，晶体长大必须是晶体表面能够不断地、牢靠地接纳从液相继续不断向晶体扩散过来的原子。晶体表面上接纳原子的条件，就决定了晶体长大的方式和长大的线速度（即单位时间晶体界面沿法线方向推移的长度，以 G 表示）。晶体本身的结构性质以及晶体界面的结构和界面的曲率是决定晶体成长的内在因素，界面附近的温度分布状况以及潜热的释放速度和逸散条件则是决定晶体成长的外在因素，而通常它们是同时交互作用的。

3.5.1 晶体长大的驱动力

结晶核心形成后，晶核便长大，系统总的自由能随晶体体积的增加而下降是晶体生长的驱动力。

实际上，在晶核的液-固界面上进行着两种原子迁移：（1）固态中原子迁移到液态中，此为熔化反应；（2）液态中原子迁移到固态中，此为结晶反应。设单位界面面积上迁移的原子数为 n，时间为 t，则单位界面面积上的熔化速度可写成 $\left(\frac{dn}{dt}\right)_M$，结晶速度可写成 $\left(\frac{dn}{dt}\right)_F$。理论分析指出，反应速度 $\frac{dn}{dt}$ 与温度的关系如图 3-14 所示。由图可知，当界面温度 T_i 与熔点 T_m 相等时，因 $\left(\frac{dn}{dt}\right)_M=\left(\frac{dn}{dt}\right)_F$，界面处液、固原子的交换保持局部动态平衡，晶核不长大也不熔化。若晶核要长大，即界面向液相中移动，则界面温度 T_i 必须在熔点 T_m 以下某一温度，以满足 $\left(\frac{dn}{dt}\right)_M>\left(\frac{dn}{dt}\right)_F$ 这一条件。因此液-固界面要向液相中继续移动，就必须在界面处有一定的过冷，此过冷度 $T_m=T_i(\Delta T_k\neq0)$，称为动态过冷度（长大过冷度），是原子迁移到晶核表面和促进晶体生长的必需条件。动态过冷度的大小与界面结构、晶体生长方式有关，通常是很小的。有些研究指出，当金属晶体足够大，表面缺陷足够多时，液相只要有 $10^{-3}\sim10^{-4}℃$ 的微小过冷度，就能维持晶体的长大。

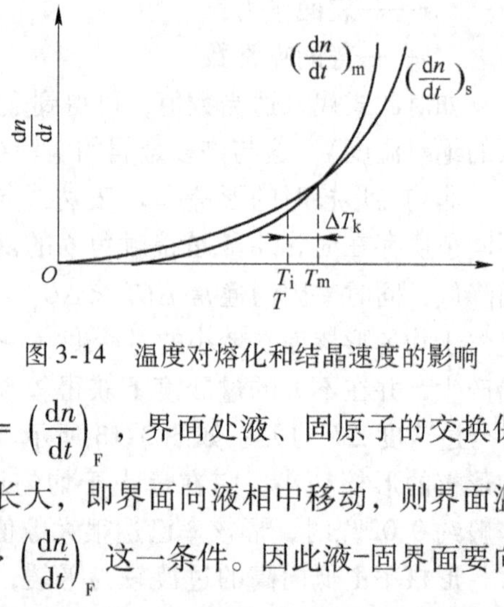

图 3-14 温度对熔化和结晶速度的影响

3.5.2 液-固界面的微观结构

晶体的生长，一般认为是通过单个原子或若干个原子同时依附到晶体的表面上，并按照晶面原子排列的要求而与晶体结合起来的，其具体的生长方式及生长形态等都与液-固界面的微观结构有关。

液-固界面可按微观结构的不同分为平滑界面与粗糙界面两种。杰克逊（K. A. Jackson）对液-固界面的平衡结构进行了研究。他指出，界面的平衡结构应是界面能最低的结构。对于那些晶体的熔化熵与气体常数之比 $\frac{\Delta S_m}{R}<2$ 的金属晶体，液-固界面的平衡结构应是约有一半的原子位置被固相原子占据着，而另一半位置空着，这是一种粗糙界面，其中组成液-固两相的原子分布较为混杂而无明显的边界，即在约为几个原子厚度的过渡层界面上，有大约50%的原子位置被固态原子分散地占据着，难以构成完整的晶面，这种微观上高低不平的粗糙界面又称为非晶体学界面或非小平面界面。图3-15（b）是这种界面的一种模型。多数金属晶体及某些有机化合物的界面属于这一类。

对于晶体熔化熵与气体常数之比 $\frac{\Delta S_m}{R}>2$ 的非金属与金属性较差的晶体，液-固界面的平衡结构应是只有几个原子位置被固相原子占据或者绝大部分原子位置都被固相原子占据，即组成液、固两相的原子分布存在着明显的边界，边界面上的原子位置仅有几个固态原子（基本上虚位），或几乎由固态原子占满而形成完整的晶面，所以它在微观上是平滑的，这是一种平滑界面，如图3-15（a）所示。在有些平滑界面上可以出现一些小台阶（这些小界面多由某些原子密排面组成），以及宏观上有呈台阶状小平面特征，故微观平滑界面又称为晶体学界面或小平面界面。Bi、Sb、Ga、Ge 和 Si 等的界面属于这一类。

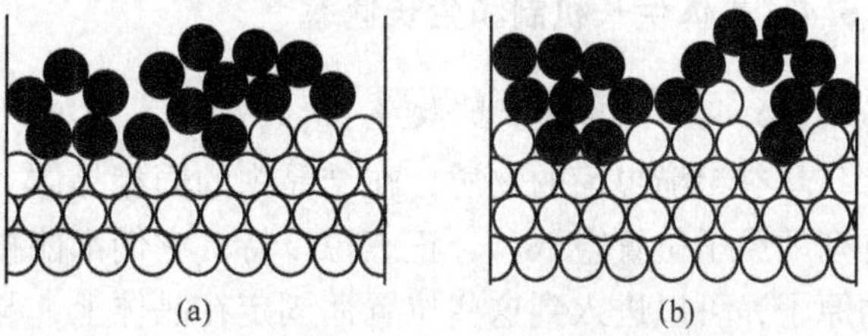

图3-15 晶体与液体的界面模型
（a）光滑界面；（b）粗糙界面

3.5.3 液-固界面前沿液体中的温度梯度

液-固界面前沿液体中的温度分布对金属晶体的生长方式有重大的影响，它可分为正温度梯度和负温度梯度两种。

一般液态金属在铸型中结晶，其热量是通过型壁传导散热，故靠近型壁温度最低，结晶在那里最早反生，距界面越远而距熔液中心越近温度越高，即具有正的温度梯度 $\left(\frac{dT}{dx}>0\right)$，如图3-16（a）所示，结晶晶体前沿液体中的过冷度是随离界面距离的增加而减小。

另一种情况是具有负的温度梯度 $\left(\frac{dT}{dx}<0\right)$，如图3-16（b）所示，它只有在特殊条件下才能得到。距界面越远而距熔液中心越近则温度越低，其结晶晶体前沿液体中的过冷度是随离界面距离的增加而增大，此时相界面上产生的结晶潜热既可通过固相也可通过液相散出。

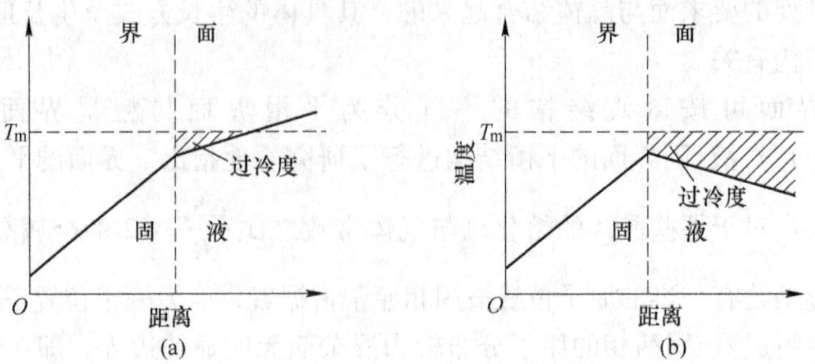

图 3-16 两种温度分布方式

（a）正温度梯度；（b）负温度梯度

3.5.4 晶体生长机制和生长速率

3.5.4.1 单原子扩散成长

具有粗糙界面的物质，在结晶中的固相晶体一边，几乎还约有一半应按晶体结构规律排列的原子位置空缺着，正虚位以待，它们都能接受原子入位。因此，从液体中扩散过来的原子，可以进入到这些位置而固定在晶体上，与之连接起来，使晶体连续地向液相中生长。这就意味着晶体沿垂直于这个界面方向连续成长，称为垂直生长或连续生长，其成长线速率 v_g 与过冷度 ΔT 成正比，即

$$v_g = \mu_1 + \Delta T \tag{3-14}$$

式中，μ_1 为比例常数，有人估计 μ_1 约为 1cm/(s·K)。晶体按这种方式成长，需要的动态过冷度很小，为 0.01～0.05℃。由于这样小的过冷度很难精确测量，故纯金属的液-固界面温度可视为金属的熔点（T_m）。垂直生长方式适用于大多数金属，其成长速率很高。此外，生长速率还受释放潜热的传导速率所控制，具有粗糙界面的物质结晶潜热较小，其生长速率均较高，如铸锭结晶中的晶体生长速率约 10^{-2}cm/s。

具有平滑界面的物质，若界面结构多层小平面结构，就必然会出现一些其高度约相当于一个原子直径的小台阶。这种情况下，晶体的成长主要依靠小台阶的侧向移动，即依靠原子扩散到小台阶的根部而进行着，只要界面的取向不再发生转动，小台阶便永不会消失，晶体也就始终可以沿着垂直于界面的方向稳步地向前推进。小台阶越高，或其密度越大，则晶体的成长速率便应越大。一般来说，原子密度较小的晶面（非密集晶面）由于台阶较大，其成长线速率也较快。这样，在晶体成长过程中，由于不同晶面成长线速率的差异，那些成长速率较大的晶面（密集程度较差晶面），易于被成长慢的晶面（密集晶面）所制约，而不易沿晶面的方向扩展；反之，成长线速率最小的晶面，却可以沿着晶面的方向获得充分扩展的机会，结果，成长快的晶面逐渐相对变小，甚至消失，而长大慢的晶面却不断扩大，晶体的界面将完全变为密集晶面。所以，以平滑界面结晶的晶体，若无其他因素干扰，大多可以成长为以密集晶面为外表面的规则晶体。许多外形规则的天然晶体就是这样形成的。

若在液-固界面上存在某些晶体缺陷，它常可作为连续向界面上添加原子的台阶，使晶体能连续地生长。最简单的台阶就是存在于平滑界面上的螺型位错露头，如图 3-17 所

示，即使晶面为密集晶面，也会由于螺型位错的露头而在晶体表面形成台阶。它始于位错线与晶体表面的交点。如果位错线不运动，台阶起始点也不会前后左右移动，而只能随晶体的成长上下移动。在晶体成长时，由液体中扩散过来的原子沿台阶铺展应是最有利的，台阶各处铺展的机会也应是大致相等的。每当铺展一排原子，台阶即向前移一个原子间距，也就是说，台阶各处沿晶体界面移动的线速度是大致相等的。由于台阶起始点固定不动，若线速度相等，则以起始点为中心，台阶各处相对于起始点移动的角速度就不会相等，离起始点越近，角速度也应越大。这样，随原子的铺展，台阶先是弯曲，以后便以起始点为中心而回旋起来，如图3-18所示。这种台阶是永远填不平的，所以这个过程也就一直继续下去。台阶每横扫界面一次，晶体就增厚一个原子间距，但中心部分回旋的速度快，所以沿其垂直成长的线速度也大，中心必将随时间而不断突起，最后可形成螺钉状的晶体。这种螺旋上升的晶面称为“生长蜷线”。目前在许多晶体中都观察到了生长蜷线。晶体以界面上小台阶接纳液态原子横向扩展而推进，称为台阶生长或横向生长，其生长速率 v_g 为：

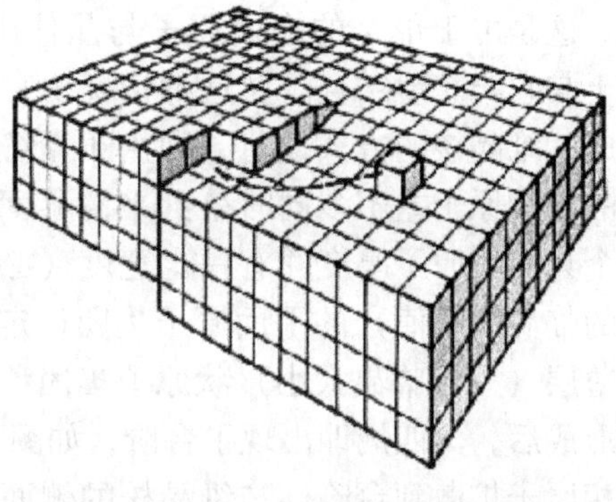

图3-17　螺型位错台阶机制示意图

$$v_g = \mu_3 \Delta T^2 \tag{3-15}$$

式中，μ_3 为比例常数，通常 $\mu_3 \ll \mu_1$。由于界面上的缺陷所能提供的、向界面上添加原子的位置非常有限，故生长速率很低。实际上，按照这种机制计算的长大速率，远小于实际金属晶体的长大速率。

另一种晶体生长台阶是晶体中存在孪晶时，孪晶（孪晶的两个晶面呈一凹角交截于孪晶面）界与表面的交接处构成了一个永不消失的沟槽，如图3-19所示，沟槽就相当于台阶，扩散来的原子在沟槽的根部被联结在孪晶面两侧的部位上，晶体的成长就在沟槽两边进行。由于这种生长台阶始终不能被填平，晶体成长连续地按台阶方式进行，其成长速率仍很小。平滑界面按连续台阶方式成长需要的动态过冷度较大，为1～2℃。这一生长机制对于亚金属Ge、Si、Bi等晶体的生长是很重要的。

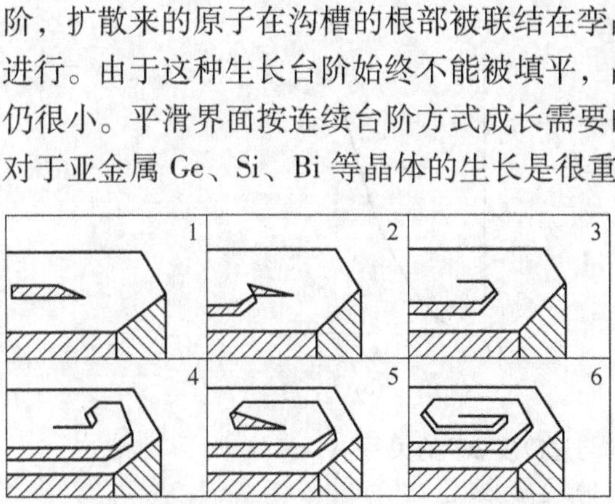

图3-18　围绕螺型位错长大的示意图

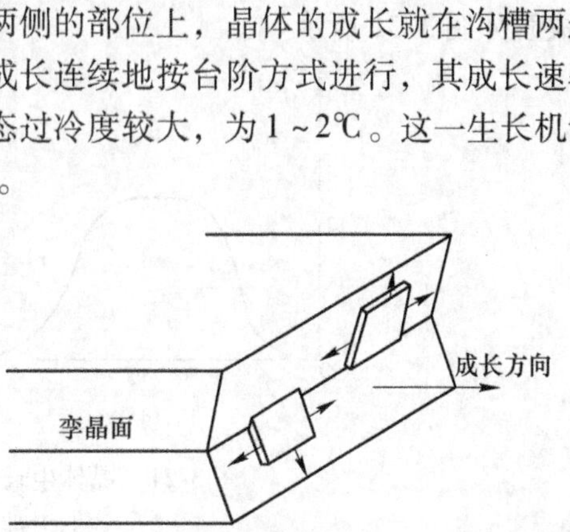

图3-19　孪晶沟槽的成长方式示意图

3.5.4.2　二维晶核式的成长

当晶体界面无台阶也无缺陷，而是理想的完整晶面时，液相原子单个孤零零地扩散到那里是很难稳住的，特别是最初的几个原子，要在一个完整晶面上站住脚是根本不可能

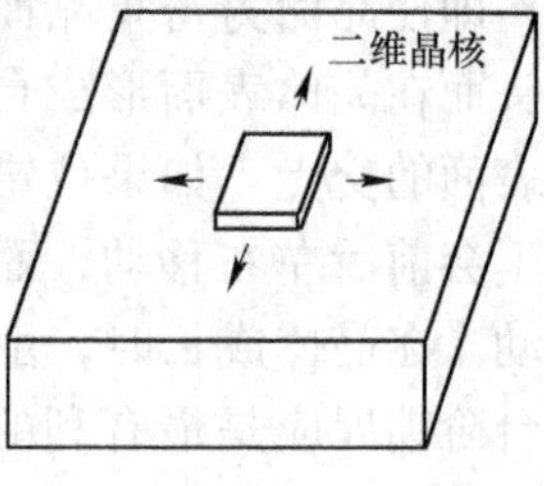

图 3-20 光滑界面的二维晶核长大机制

的。这是由于单个的表面原子与晶体中相邻近的原子数太少，难于与它牢靠地结合。在这种情况下，晶体的成长，只能依靠形成二维晶核的方式进行，即由于系统的能量起伏，使一定数量的液相原子差不多同时落到平滑界面上的近邻位置，而形成一个具有单原子厚度并有一定宽度（必须超过由结晶条件所规定的临界大小值）的平面原子集团稳定在界面上，此单原子厚的薄层（一定临界大小）状原子集团称为二维晶核。此二维晶核形成后，其四周即出现了台阶，如图 3-20 所示。而后就依靠液相原子扩散到台阶（二维晶核的侧面）使界面扩展，直到整个界面铺满一层原子后，便又变成了理想平面，而后又需依靠新的二维晶核的形成继续成长，如此反复地进行，否则成长即告中断。这种成长方式是台阶生长的另一种形式，二维晶核在界面上形成，提供了晶体生长台阶，原子在台阶上增加，而台阶沿界面发展，从而推动着界面沿其法线方向不连续地前进。此时，其生长速率 v_g 为：

$$v_g = \mu_2 \exp\left(\frac{-b}{\Delta T}\right) \tag{3-16}$$

式中，μ_2 和 b 均为常数。可以看出，当 ΔT 很小时，v_g 非常小，所以晶体以这种方式生长时，其成长是相当缓慢的。原子密度较小的晶面，由于界面能大，二维晶核的形成速率大，其生长速度也较大。

综上所述，晶体成长依其界面条件的差异，而可有不同的方式和不同的生长速率。若从整个结晶过程中的宏观液-固界面来看，晶体学位向各异的不同晶粒之间，或一个晶粒的不同界面上，都可能同时以不同的方式和速率再成长，因此一个晶粒各个界面的生长线速率和各个晶粒生长的平均线速率，都是难以一致，有的甚至是相差很大的。通常采取宏观的液-固界面推移速率的平均值来作为晶体的线生长速率，以 G 表示，它与过冷度 ΔT 的关系如图 3-21 所示。

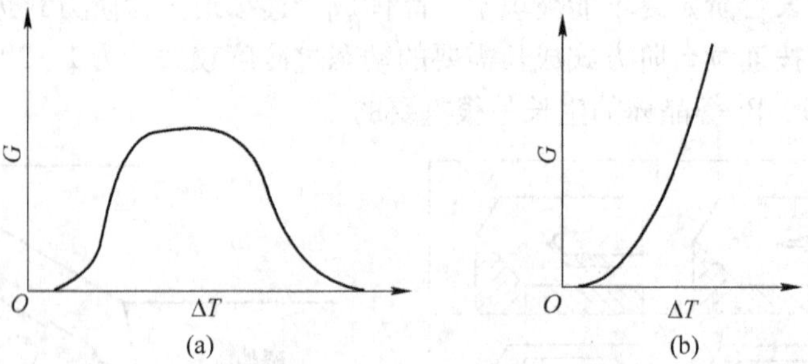

图 3-21 晶体生长速度 G 与过冷度 ΔT 的关系
（a）非金属；（b）金属

3.5.5 晶体的形貌

一个晶体（或晶粒）在成长过程中，随条件的不同，各个方向上的界面可能以不同的方式和速率向液相中扩展，其综合效果决定了一个晶体的几何外形。由于晶体成长时内外条件的复杂性，所以晶体的外形也是多种多样的，其决定性因素：一是结晶物质的固有的内在特性——液-固界面的微观结构；二是晶体成长的外在环境——液-固界面前沿液相中的温度分布状况。

在正的温度梯度下，结晶潜热只能通过固相而散出，相界面的推移速度受固相传热速度所控制，晶体的生长是以接近平面状向前推移，这种生长方式，亦称为平面状生长。对于 $\frac{\Delta S_m}{R}>2$ 的晶体来说，晶体界面大多是参差不齐的平滑的晶体学小平面，它们与散热方向成不同的角度分布着，这有利于形成具有规则几何形状的晶体。对于 $\frac{\Delta S_m}{R}<2$ 的晶体，晶体界面是粗糙的，不具有晶体学小平面的特征，但它在宏观上却大致是一个与散热方向垂直的平面。一般来说，晶体在粗糙界面生长时，动态过冷度很小（据估计 ΔT_k 为0.01～0.05℃），界面温度与熔点温度 T_m 非常接近，所以晶体的成长界面只能随着液体的冷却而均匀一致地向液相推移。如果一旦局部界面偶有凸出，那么它就深入到温度较高的液体中，成长就会立刻减慢下来，甚至被熔化掉，而周围的部分就会赶上来，使凸起消失，故液-固界面始终近似地保持稳定的平面形态。在这种条件下，晶体成长完全取决于散热方向和散热条件，易于成长为任意形状的晶粒，而不具有规则的晶体学几何外形。

晶体在负的温度梯度条件下成长时，在相界面上产生的结晶潜热既可通过固相也可通过液相而散失，这时界面的推移不再为固相的传热速度所控制，如果部分相界面一旦凸出，就能与温度更低（过冷度更大）的液体相接触，其生长速度必然增大而更加伸向液体中，这样，液-固界面就不可能保持平面状而会形成许多伸向液体的结晶轴（一次晶轴），同时在这些晶轴上又会发展出二次晶轴，在二次晶轴上再生出三次晶轴等等，形成枝晶，如图3-22所示。晶体的这种生长方式称为树枝状生长或树枝状结晶。晶体树枝状生长时，先后伸展出的各次晶轴具有一定的相同晶体学位向。不同结构的金属，其枝晶的晶轴位向不同，如表3-4所示。由表可知，面心立方和体心立方金属的枝晶都沿着 <100> 方向长大，且各次晶轴互相垂直；而其他非立方结构的金属，各次晶轴可能并不垂直。

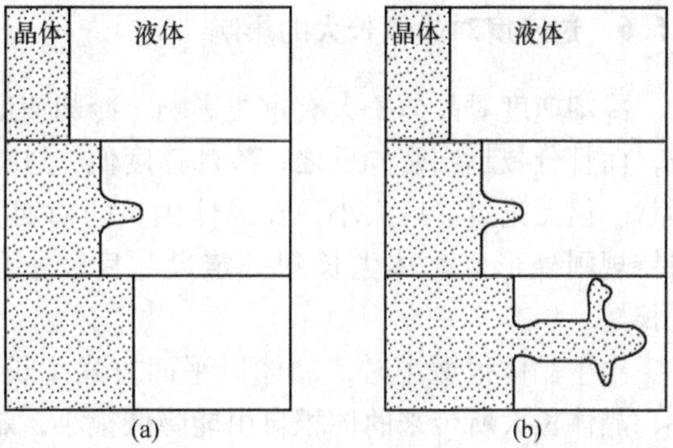

图3-22 晶体生长示意图

(a) 平面长大；(b) 枝晶长大

表3-4 枝晶的晶轴位向

金属	晶格类型	晶轴位向
Ag、Al、Au、Cu、Pb	面心立方	<100>
α-Fe	体心立方	<100>
β-Sn（$c/a=0.5456$）	体心立方	<110>
Mg（$c/a=1.6235$）	密排六方	<1010>
Zn（$c/a=1.8563$）	密排六方	<0001>

在结晶过程中，晶体的树枝状骨架逐渐发展，一方面骨架内不断生出更高次的晶轴，同时已生出的晶轴也逐步加粗，熔液便越来越少，直到晶轴之间的熔液消耗完毕，各次晶轴相互接触、相碰而形成一个完整的树枝状晶体为止。由于树枝状晶体中各次晶轴具有相同的固定的晶体学位向，所遇每一个树枝状晶体都是一个单晶体（又称晶粒）。由一个晶核发展成长起来的树枝状晶体，最后长成一个多边形的晶粒。树枝晶之间的交界，即为晶粒的交界（晶粒边界或晶粒间界）。对于纯金属，由于晶轴与晶轴间金属的成分完全一样，所以在晶粒内部看不到树枝晶的样子。如果结晶过程中，在形成了一部分金属晶体后，立即把其余的液体金属倒掉，就会看到正在长大的金属晶体确实呈树枝状。

树枝状生长在具有粗糙界面的金属晶体中表现得最为突出。对于 $\frac{\Delta S_m}{R}>2$ 具有平滑界面的物质来说，在负温度梯度下，当 $\frac{\Delta S_m}{R}$ 不甚大时，也易于发展树枝状晶体。另外，不同物质也有所不同，如锑出现带有小平面的树枝状晶体，铋是长针状树枝晶体。而对 $\frac{\Delta S_m}{R}$ 很大的物质，仍保持其小平面特征，形成规则的晶体。

3.5.6　过冷度对晶体长大的影响

冷却速度对晶体长大有重要影响。冷却速度越大，则过冷度越大，晶体越呈树枝状生长，而且分枝越细密。反之，冷却速度低，过冷度小，晶体以平面方式生长，具有规则的形状。但无论过冷度大小，在晶体生长的初期，当晶体还很微小时，都以平面方式生长，保持规则外形。晶体生长到一定尺寸后，才会随过冷度的大小不同，分别以不同方式生长。

出生晶体很微小时，晶体以平面方式生长，是由于在过冷度很小时，晶体生长速度小，晶体长大所带来的体积自由能降低很小，难以补偿晶体以树枝晶生长所带来的表面能增加，而只有以表面能最低的最密排晶面向液体中生长，表面能的增加才最小，所以晶体以平面方式生长并保持规则的外形。如面心立方金属，此时晶体保持八面体形状，界面上的每个晶面都是｛111｝面。

当过冷度较大，且晶体生长到一定尺寸以后，生长所伴随的体积自由能降低已足够大，足以补偿较多的表面能的增加时，晶体才能以枝晶方式生长。冷却速度越大，过冷度也越大，则体积自由能降低越大，因而可以补偿更多的表面能增加，树枝晶的分枝就越细密。此外，过冷度越大，结晶过程进行得越快，放出结晶潜热越快，使液-固界面前沿液体中的温度升高越大，液体中的负温度梯度越大，因而越有利于树枝晶的发展。

3.5.7　结晶过程中结构缺陷的形成

液态金属再结晶过程中可能产生各种结构缺陷。

3.5.7.1　形成空位

晶体生长过程中的某一个阶段，如图 3-23 所示，在台阶 X 处最有利于接纳原子，这个原子最可能是由液相中扩散过来，这恰似正常的结晶过程，但也可能由其紧邻的晶体内部原子 A 或 B 扩散过来，这样就会在晶体内部 A 或 B 处出现一个空位。据统计理论计算，这样的概率可达10^{-3}，即平均来说，晶体每增长一千个原子，就可能产生一个空位，这是一个相当大的数值。由此可见，晶体在熔点附近应包含有大量的空位，这些空位处于平衡状态。由于空位的浓度随温度下降而减小，所以当温度降低时，它们便由平衡状态变为不平衡的过饱和状态。若条件许可，过饱和的空位将通过扩散而跑到晶界、晶体表面或位错中消失掉，否则，它们会在晶体中聚集起来而形成空位团（群），其形状大多呈盘状，或也可能成为多面体状。

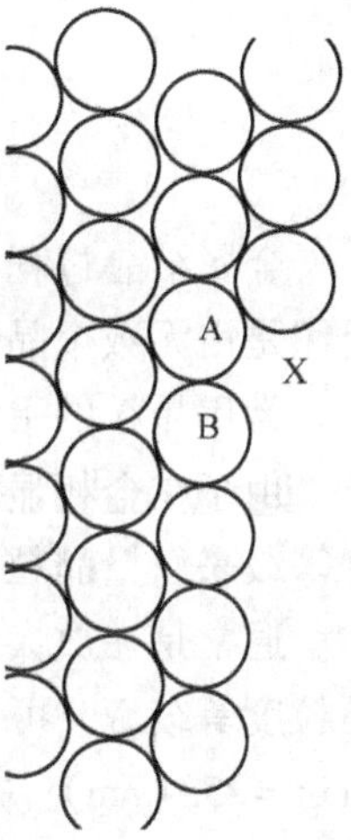

图 3-23　结晶过程中空位形成示意图

3.5.7.2　形成位错

晶体中的位错很可能最初源于空位团（群），特别是盘状空位团（群）。当盘状空位群受到应力作用而塌陷时，便在其周围形成一个刃型位错环，图 3-24 为其示意图。若空位进一步向位错中扩散，此位错环就能扩大，特别是环面与晶体生长方向相平行的那些位错环更有利于吸收空位，并随晶体生长而不断扩大，直到与液体相接而变为U形环，其长臂几乎与晶体生长方向相平行，如图 3-24 所示。当一个位错环扩展到一定程度后，又可能有新的位错环在旧环内形成，并随之而扩展。如此反复便形成一个位错环组，其间的交互作用，使它们成为平行的阵列，并排地向液体界面伸长，同时向四周扩展。这样便在晶体内沿着位错环组出现一个菱柱形的原子错位区域，在其两边晶体产生了相反方向的取向转动。不同平面上的许多这样的位错环组相互连接起来，便可将晶体分割成许多取向略有差异的区域，这是晶体中的亚晶或嵌镶块形成的一种方式。

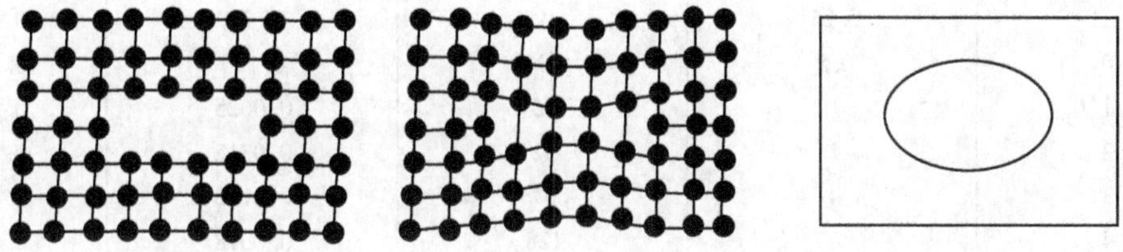
(a)　(b)　(c)

图 3-24　空位群（a）塌陷（b）而形成的位错环（c）

另外，位错也可借晶体生长时的差错而产生，如当一个树枝晶的各级晶枝之间不能完全合缝地对接时，中间便会形成位错。

3.5.7.3　亚晶及亚晶界的形成

树枝状晶体在其晶枝发展过程中，由于杂质元素的富集和显微空隙等，再加上由于热应力和其他机械力的作用会使生长着的晶枝产生歪扭。使树枝状晶体内部的晶枝很难严密合缝地完全对接起来，而呈现出极小角度（通常为1°~2°）的位向相差，这就出现了所谓的枝晶网，或亚晶（亚结构）组织。铸态金属中的亚晶（亚结构）通常又称为嵌镶块，其直径约为10^{-2}cm或更大些。另一种是由于刃型位错环组形成的亚晶（亚结构）。亚晶中原子的规则排列近于理想晶体。位向相差很小的各亚晶间的边界，称为亚晶界，它是一种小角度的晶粒边界。

3.6　金属结晶后的晶粒大小

金属结晶过程中生成的每一个稳定晶核最后都成长为一个晶粒，因此，金属结晶后的组织是由无数个晶体学位向各不相同的晶粒及其晶粒边界所组成。晶粒的大小称为晶粒度。常用晶粒的平均面积或平均直径表示晶粒度。金属晶粒的直径一般为 $10^{-1} \sim 10^{-3}$mm。

由于在金相显微镜下测定晶粒的平均面积或直径相当麻烦费时，生产上大都采用晶粒度等级来衡量晶粒的大小。标准晶粒度共分八级，一级晶粒度最粗大，八级晶粒度最细小。通常是在放大 100 倍的金相显微镜下，用标准晶粒度等级图来进行比较评定。知道了晶粒度等级 N，可利用公式计算出 1mm^2 中的晶粒数 m，或者计算出放大 100 倍时 1in^2（1in = 25.4mm）中的晶粒数 n：

$$m = 2^{N+3} \tag{3-17}$$

$$n = 2^{N-1} \tag{3-18}$$

晶粒等级 N 与其他晶粒度指标的关系列于表 3-5。对于更细小或更粗大的晶粒，等级还可向两边扩展，符合上述公式即可。

表 3-5　晶粒度等级与其他晶粒度指标的关系

晶粒度等级 N	放大 100 倍，1in^2 中晶粒数目 n	1mm^2 中的晶粒数目 m	每一晶粒的平均面积/mm^2	每一晶粒的平均直径/mm
−3	0.0625	1	1	1
−2	0.125	2	0.5	0.707
−1	0.25	4	0.25	0.500
0	0.5	8	0.125	0.353
1	1	16	0.0625	0.250
2	2	32	0.0312	0.177
3	4	64	0.0156	0.125
4	8	128	0.0078	0.088
5	16	256	0.0039	0.062
6	32	512	0.00195	0.044
7	64	1024	0.00098	0.031
8	128	2048	0.00049	0.022
9	256	4096	0.000245	0.0156
10	512	8192	0.000122	0.0110
11	1024	16384	0.000061	0.0078
12	2048	32768	0.000030	0.0055

3.6.1　晶粒度对金属性能的影响

晶粒大小对金属性能有很大的影响。晶粒越细小，晶粒边界面积越大，对性能的影响也就越大。

一般来说，细晶粒组织的材料具有较高的综合力学性能，即其强度、硬度和韧性、塑性等都比较高。晶粒越细小，强度、硬度越高，同时韧性和塑性也越好，所以生产上对于控制金属材料的晶粒尺寸是相当重视的。表3-6列出晶粒大小对纯铁力学性能的影响。

但是对于在高温条件下工作的金属材料，晶粒过大或过小都不好，而希望得到适中的晶粒度。另在有些情况下，也并不希望得到细小的晶粒组织，反而希望晶粒越粗大越好。如制造电动机和变压器的硅钢片就是这样，晶粒越粗大，其磁滞损耗越小，效率越高。总之，晶粒度对金属性能的影响是多方面的，要具体分析。

表3-6 晶粒大小对纯铁力学性能的影响

晶粒平均尺寸/mm		抗拉强度/MPa	屈服强度/MPa	伸长率/%
单晶体		140～150	30～40	30～50
多晶体	9.7	165	40	28.8
	7	180	38	30.6
	2.5	211	44	39.5
	0.2	263	57	48.8
	0.16	264	65	50.7
	0.1	278	116	50

3.6.2 晶粒度的决定因素

晶粒的大小和形核率（N）、生长速率（G）有关。形核率越大，即单位体积中的晶核数目越多，每个晶核的长大空间余地就越小，因而长成的晶粒越细小。同时，若生长速率越小，则在长大过程中就有可能形成越多的晶核，晶粒便越细小。反之，形核率越小，生长速率越大，则晶粒越粗大。

结晶后单位体积中晶粒的总数目 Z_V 与结晶形核率 N 和生长速率 G 之间存在以下关系：

$$Z_V = 0.9\left(\frac{N}{G}\right)^{\frac{3}{4}} \tag{3-19}$$

显然，Z_V 越大，晶粒越细。单位面积中的晶粒数目 Z_S 为：

$$Z_S = 1.1\left(\frac{N}{G}\right)^{\frac{1}{2}} \tag{3-20}$$

能促进形核（增加形核率），抑制生长（降低生长速率）的因素，都能细化晶粒。反之，能抑制形核，促进生长的因素，都使晶粒粗化。

3.6.3 晶粒度的控制方法

工业生产中为了细化金属材料的晶粒以提高铸件和焊缝的性能，主要采用的方法有以下几种。

3.6.3.1 增加过冷度

晶粒数决定了结晶时形核率与生长速率的比值。在一般过冷情况下，形核率和生长速率均随过冷度的增加而相应增大，其中形核率的增长倾向比生长速率的增长倾向更为强烈。因此，增加过冷度就能提高 N 和 G 的比值，使晶粒数目增大，晶粒变细。

增加过冷度，就需要提高金属结晶时的冷却速度，这可通过改变各种铸造条件来实现(如降低熔液的浇注温度，提高铸型的吸热能力和导热性能等)。但是，应用增加冷却速度的方法来细化晶粒，往往只适用于小件或薄件，而对大件就难以办到，还可能会因冷却过快而使铸件出现裂纹，造成废品。因此，工业生产中还采用其他方法来细化晶粒。

3.6.3.2 加入形核剂

要增大形核率 N，可在熔液结晶之前加入一些细小的形核剂（也称孕育剂或变质剂），使之分散在熔液中作为非均匀形核的现成基底，促使形核数大大提高，或者是促进形核，抑制晶体生长，从而达到细化晶粒的目的。这种方法称为孕育处理或变质处理。

按照点阵匹配原理，希望形核剂与晶体具有相似的点阵类型或相当的点阵常数，通常用形核剂基底——晶核边界两侧各晶面的原子间距之差 Δa 与晶核一侧晶面的原子间距 a 之比值 δ（点阵的错配性）来评定。显然 δ 越小，匹配越完善，其界面能越小。表 3-7 列出纯铝结晶时不同形核剂的 δ 值及其形核效果。从中可见，这些化合物的实际形核效果与前述点阵匹配原理符合得较好。但是，有一些研究表明，晶核与基底之间点阵匹配也不像上述的那么重要。如金结晶时，加入与金结构不同的化合物 WC 可以大大促进形核，而加入与金结构相似的氧化物 WO_2 反而不能促进形核。对锡和其他几十种合金的结晶过程进行研究时也发现了类似的结果。因此，目前在形核剂的选用上基本上还是靠实践经验来决定。

表 3-7 加入不同物质对纯铝不均匀形核的影响

化合物	晶体结构	密排面之间的 δ 值	形核效果	化合物	晶体结构	密排面之间的 δ 值	形核效果
VC	立方	0.014	强	NbC	立方	0.085	强
TiC	立方	0.06	强	W_2C	六方	0.035	强
TiB_2	六方	0.048	强	Cr_3C_2	复杂	—	弱或无
AlB_2	六方	0.038	强	Mn_3C	复杂	—	弱或无
ZrC	立方	0.145	较强	Fe_3C	复杂	—	弱或无

3.6.3.3 振动

实践证明，使金属熔液在振动下结晶，具有细化晶粒的效果，能得到细小的晶粒。振动作用可分为机械振动、电磁搅拌、超声波振动等。

3.7 铸锭的结晶及组织

在冶金生产中遇到的凝固产品大体上可分为三类：(1) 凝固后的晶体在铸造状态下使用，这类产品称为铸件；(2) 凝固后的晶体要经历塑性形变的加工过程，这类产品称为铸锭；(3) 凝固形成的晶体构成制件（或产品）的一个组成部分，如焊接件的焊缝，某些金属的热镀层等，它们都直接与金属的结晶有关。

液态金属结晶后所获得的组织称为铸态组织，它所包含的内容是：晶体的形状、大小、取向、完整程度、杂质元素的分布（宏观与微观的）、内界面和外界面的形貌、气孔、夹杂物等。

3.7.1 铸锭的宏观组织

浇注于铸模中的液体金属，依其冷却速度、体积（或质量）大小、杂质元素及形核剂的催化效能等因素的不同，可以形成不同的组织。典型的铸锭宏观组织，如图3-25所示。由图可见，金属铸锭的宏观组织由三个晶带（区）组成。铸锭的外面是外壳层，为细等轴晶粒区，该层内晶粒细小、组织致密、成分较为均匀。紧接外壳层的是柱状晶粒区，由垂直于模壁、彼此平行的柱状晶粒组成，组织也较致密。铸锭中心部分是粗等轴晶粒区，由粗大的等轴晶粒组成，组组较疏松。依浇注条件的不同，铸锭中存在晶区的数目和它们的相对厚度可能改变。一般来说，外壳层较薄，其他两个晶区较厚。高纯金属和某些合金的铸锭，通常只有细等轴晶粒区和柱状晶粒区，而不出现中心粗等轴晶粒区。

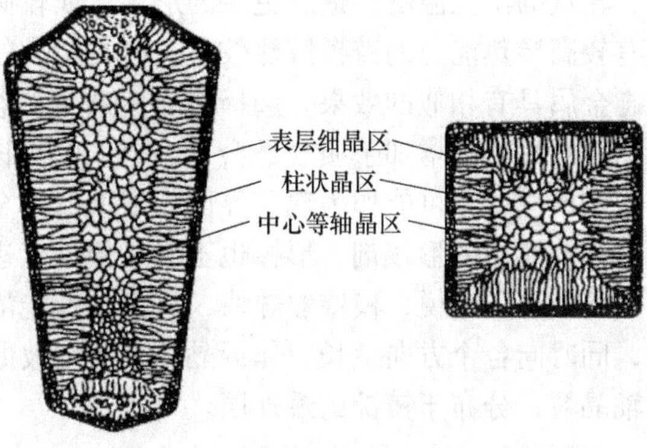

图3-25 铸锭的宏观组织示意图

等轴晶粒的大小和柱状晶粒的长度是铸锭组织的基本特征，它受很多因素的影响。这些因素大体可分为两类：（1）金属本身的。如杂质元素、形核特点、浇注温度、金属液进入锭模后的运动情况等；（2）锭模的。如锭模的热传导性能、温度、几何形状等。在两种极端情况下，铸锭的宏观组织可能是：（1）全部是等轴晶粒区，它发生在铸锭体积小，冷却速度快的条件下；（2）全部是柱状晶粒区，它多出现在铸锭体积大，冷却速度慢的条件下。

3.7.2 三晶带的形成

液体金属在铸模中冷却，其热量是通过模壁散发的，故其靠近四周模壁处的温度最低，铸模中心处的温度最高，呈现一定的温度梯度。不同厚度的各种铸模材料具有不同的吸热和散热能力，冷却效果各异。铸模散热越快，则铸锭（件）冷却得也越快，金属内的温度梯度也越大。

3.7.2.1 激冷层（外壳细等轴晶带）

当高温液态金属浇入铸模后，由于铸模温度低于金属熔点，模壁强烈吸热并散发热量，铸模对外层金属将产生激烈的冷却作用，首先使靠近模壁的薄层液体获得了较大的过冷度，此时将在近模壁的表层金属中出现晶核。开始激冷阶段形成的晶核数目依赖于形核剂（金属中的杂质）的催化效能。如果形核剂的催化效能高，晶核将在很小过冷度下形成，此时每个晶核生长缓慢，释放出少量结晶潜热，这就使得在这些晶核周围的那些催化效能稍差的形核剂上也有条件生成晶核。相反，若形核剂的催化效能差，形核需要大的过冷度，一旦形核，每个晶核则生长迅速，这样便剥夺了晶核周围其他形核剂的形核作用。因此，在一定散热速率下，晶核数目随形核所需过冷度的减小而增加。散热速率增加，晶核数目也增加。所以，激冷层的晶核数目取决于形核剂的催化效能、散热速率和激冷金属的体积。后两个因素依赖于当金属达到熔点温度时的铸模表面温度、铸模和金属的导热性能。当金属的浇注温度高时，会使铸模温度升高，达到形核温度时铸模的散热迟缓。因此，较低的浇注温度会造成更多的形核，而较高的浇注温度会减少晶核数目。同样，一个具有较高导热能力的铸模散热较快，会在较大的体积中产生较多的晶核。导热能力较差的液态金属具有相似的效果。选择结晶使杂质在液相中富集，会使晶核在一定过冷度下的生长速率减小，故增加杂质含量会造成更多的晶核形成。

铸模模壁也可能作为现存界面而帮助液体金属的非均匀形核，但若模壁的形核效能不如液体金属中的形核剂，形核也不会在模壁上进行，而只在液体中进行。

所以总的来说，模壁散热快，各方向都能散热，靠近模壁的液体中产生大量的结晶核心，同时向各个方向生长，邻近晶体很快地彼此相遇而不能继续成长，结果形成很细小的等轴晶粒，分布于铸锭的最外层。

3.7.2.2 柱状晶带（区）

柱状晶可能起源于模壁上形核的某些晶体，也可能起源于激冷层前沿的某些晶体，如图3-26所示。由于铸模在垂直于模壁的方向上散热最快，所以晶体沿着散热最快的反方向以很大的速率向液体中伸展。

柱状晶生长的外因是传热的方向性，内因是晶体生长的各向异性。假定在激冷层中形核之后，晶体的生长在平行模壁方向上相遇，相邻晶体间相互抵触而妨碍其生长，此时由于热量散失垂直于模壁，晶体就只有沿垂直模壁方向生长。晶体的生长因方向而异，立方晶系金属，其<100>方向长速最大，因此当激冷层的晶体在平行模壁的方向上受阻停止生长后，那些<100>方向恰好垂直于模壁的晶体截面面积最大，同时以最大的长速沿垂直模壁方向朝中心生长，这些具有优异取向的晶体就成长发展成为柱状晶体，而其他取向的晶体将被淘汰。另一种可能是柱状晶生长时，某些晶粒受到纵向阻挡而不能继续发展，如图3-26所示，因此在柱状晶区，由模壁向中心处随距离的增加晶粒数目减少，晶体取向的择优程度逐渐增大。

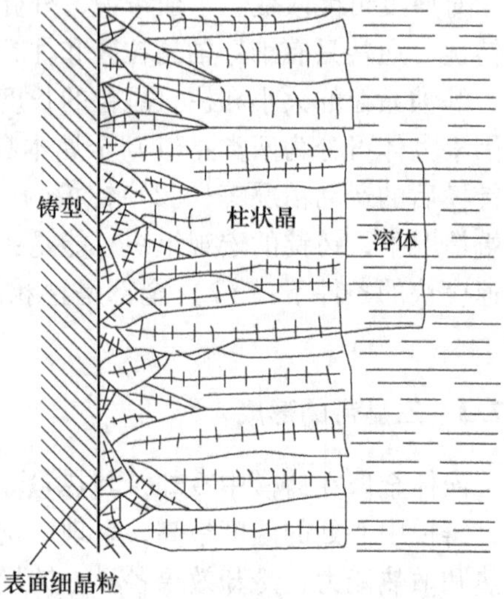

图3-26 柱状晶择优取向生长示意图

假若浇注温度很高，开始生成的激冷层晶体也可能发生再熔化现象，然后再重新生核，由于这时模壁温度升高，冷却能力减小，重新生成的晶核数目少，由其发展起来的柱状晶区，可能不具有择优取向。

两个相互垂直方向上生长的柱状晶相遇，会形成柱状晶间界，其形状如图3-26所示。柱状晶间是杂质、气泡、收缩孔富集的地区，因而是铸锭的脆弱结合面。所以，除了一些有色金属，由于其本身塑性较好，在形成柱状晶后可使铸锭的致密度增加，因而希望获得柱状晶外，一般都是设法减少铸锭中的柱状晶区域。如采用机械振动、加入不溶杂质、超声振荡等，都有可能使柱状晶的发展受到阻碍，而获得完全的等轴晶组织。柱状晶带（区）的发展程度主要取决于它前面液体中是否有正在成长的晶粒阻挡它的成长，只要它前面液体中没有生成晶粒，它就可以在液体中一直向前成长。所以控制柱状晶带的大小宽窄，关键在于控制其前面液体中的形核能力。

3.7.2.3 中心粗等轴晶粒带（区）

铸锭中心等轴晶粒的形成是一个比较复杂的问题，过去有许多人对它作过大量的研究，从不同角度提出了各种理论。一般来说，铸锭在结晶中，随着柱状晶粒的生长，模壁温度继续升高，散热变慢，而且柱状晶前沿的液体金属的温度还会由于结晶潜热的释放而有所升高，故剩余液体金属的温度将逐渐变得较为均匀，特别是在外壳结晶层与锭模壁之间出现间隙之后，散热更慢，液态金属内的温度梯度减小，趋于平坦，从而使柱状晶生长减慢。当铸锭中心的液体经过散热也都降至金属熔点以下时，由于过冷度小，以及杂质等因素的作用，会在剩余的整个液体中同时形成较少数目的晶核。这些晶核因是在液体中自由成长，各方向的成长速率差不多一致，故长成等轴晶。当它们生长到和柱状晶相遇，阻挡其继续长大，且在全部液体结晶完毕后，就形成明显的等轴晶带。

铸锭中心液体中的晶核可能来自以下几个方面：

（1）液态金属浇入锭模，靠模壁处的液体温度急剧降低，形成了大量的细小等轴晶粒，此时近外层的液体较冷，且因密度大而会下沉，中心较热的液体会因密度小而上升，于是造成激烈的对流现象。此激烈对流的液体将冲击最外层细等轴晶的晶枝和晶粒，使其分离，并被液流带到锭中心成为等轴晶的晶核。

（2）当柱状晶成长时，其侧旁晶枝可能被熔断而与柱状晶分离，由对流的液体带到锭中心，称为等轴晶晶核。已形成的柱状晶可能分离，主要是在枝晶生长时，不能溶解于固态金属的杂质原子被排出并聚集于枝晶近旁，这使液体的结晶温度降低，又直接阻碍晶枝成长，所以枝根处的成长变慢形成细颈。由于液体的温度波动，就可能在细颈处发生熔断，使小枝分离。

（3）铸锭的上部表层液体，因散热较快而先降至熔点温度以下，也可形核成长。由于固态的密度较大，形成的晶核将下沉而成为中心等轴晶的晶核。

3.7.3 结晶时的体积变化

多数金属因其液态时的密度小于其固态下的密度，故结晶时发生体积收缩，如表3-8所示。但也有少数金属相反，结晶时发生体积膨胀。

表3-8 金属凝固时的体积变化率

金属	铝	镁	镉	锌	铜	银	汞	铅
$\Delta V/\%$	-6.0	-5.1	-4.7	-4.2	-4.1	-3.8	-3.7	-3.5
金属	锡	钠	钾	铁	锂	锑	镓	铋
$\Delta V/\%$	-2.8	-2.5	-2.5	-2.2	-1.65	-0.95	3.2	3.3

由于金属结晶时体积发生收缩，原来充满膜腔体的液体金属在结晶后就不能再填满了，若此时没有金属液继续补充进来，便会出现收缩空洞（或称收缩孔）。收缩孔的出现是不可避免的，人们只能控制其出现的部位和分布情况。铸锭的收缩孔大体分为五类，如图3-27所示，前三种是宏观的，后两种是微观的。

3.7.3.1 缩管

缩管的形状依赖于四周结晶与底部结晶的相对进展程度，如散热环境使得铸锭结晶由四周向中心逐步进行，则缩管的形状如图3-27（a）所示；若结晶完全由底部向上进展时便形成了单向收缩，如图3-27（b）所示，缩管深度减少到最小程度。均匀收缩不仅在结晶时产生，而且在结晶完毕后的冷却过程中也仍发生热收缩，其数量级与结晶收缩相当，所以在室温看到的收缩深度并非全部由结晶收缩造成（图3-28）。

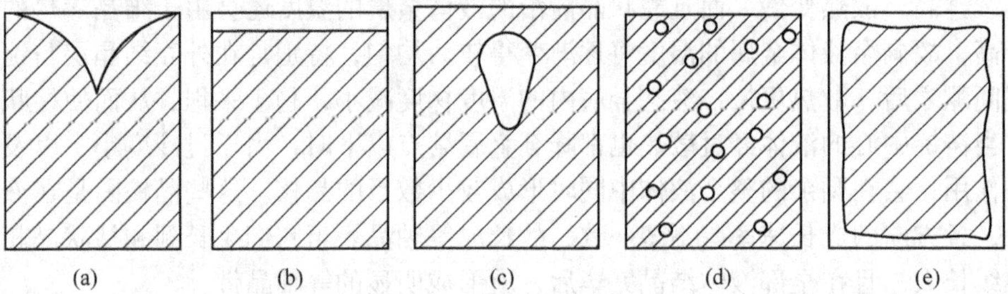

图3-27 铸锭的收缩孔

（a）缩管；（b）单向缩管；（c）缩穴；（d）分散疏松；（e）表面疏松

3.7.3.2 缩穴

如铸锭顶部散热情况足以使顶部液体再有模壁进行结晶时结成一个固体壳，当被封闭在中心部的液体最后结晶后，便形成图3-27（c）所示的缩穴。有时顶端的硬壳承受不了大气的压力而被压塌，陷入缩穴之中。缩管和缩穴都破坏了铸锭的完整性，其附近杂质富集，成分不均匀，在以后的轧制过程中随铸锭整体的延伸而伸长，且不易焊合，所以要从轧制的坯料中将它切除。为了节省金属，降低切头率，总是采取措施使铸锭的收缩尽可能地集中到顶部，深度也尽可能小（图3-27（a））。

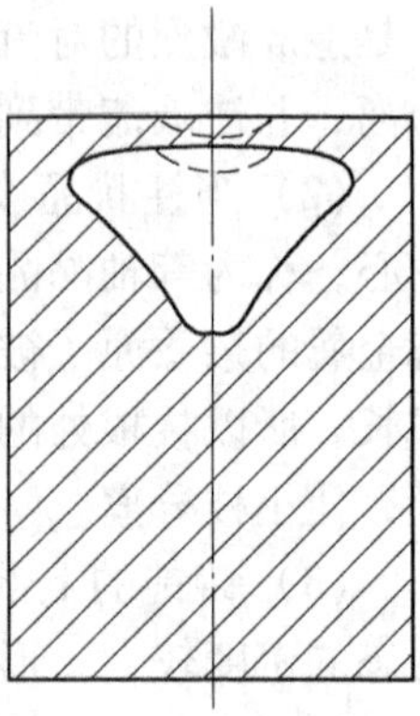

图3-28 缩管的内凝固

3.7.3.3 疏松

大多数金属在结晶时都生长成树枝形晶体，在其生长过程中，位于树枝晶缝隙的液体在结晶时，由于得不到液体的补充，便形成了显微缩孔，称为疏松（图3-27（d））。有些显微疏松在光学显微镜下不易观察，而需用显微辐射探伤摄影来揭示。显微缩孔的大小和数量与脱溶出来的气体多少有关。在气体过饱和度大的情况下，易于形成数量少、体积较大的显微缩孔。冷却速度也影响显微缩孔大小，冷却速度大，显微缩孔大。

3.7.3.4 皮下疏松

皮下疏松就是皮下（或表面）显微缩孔。它的产生可能是由于中心部的液体提前结晶，形成负压，将表皮层枝晶缝隙中的液体吸向内部，造成严重的表皮下枝晶间的疏松（图3-27（e））。这种表面疏松有时也和液体与模壁涂料间的反应有关系。

3.7.4 气泡的形成

通常，在铸锭中常存在气泡。形成气泡的原因很多，主要是：（1）原来溶解在液体金属中的气体在凝固降温时超过了饱和度，脱溶出来形成气泡；（2）因化学反应而产生气泡。液态金属在高温下对气体有较大的溶解度，会溶解一定数量的气体，如氧、氢、氮等，当液态金属结晶时，气体在固态金属中的溶解度突然降低。结晶时，原来溶解在液体金属中的气体被摒斥在液-固相界面周围，使相界面附近液体中的气体浓度逐渐增高。当气体的浓度超过其饱和度时，就会脱溶出来形成气泡，这种气泡可能浮出锭外，也可能留在锭内。

气泡的形成也是先出现气泡核心，而后其体积逐渐扩大。绝大部分气泡是在晶体表面形核，即晶体作为气泡形核的基底。气泡一旦形成，它便构成了一个阱，周围液体中的气体都相继扩散到这里来，气泡便继续不断地长大。气泡的长大速度与晶体界面推移速度之间的关系决定气泡的形状和它是否留在铸锭内部。若气泡的长大速度比界面推移速度快，它将自由地向四周膨胀，并保持球形，长大到一定大小就可能上浮，甚至浮出表面逃逸到环境中。若气泡生长速度与晶体生长速度相差不多，此时气泡在生长过程中，其直径基本保持不变，只向前生长，成为蜂窝状气泡。若气泡生长速度比界面前进速度慢，它将被界面越过，被包围在晶体之中。

若留在铸锭内的气泡中的气体为还原性的或中性的，则它不会使气泡内表面发生氧化，而在随后的压力加工过程中，会在外力作用下焊合起来。

3.7.5 夹杂物的形成

铸锭中的夹杂物按其来源可分为两类。一类称为外来夹杂物，如浇注过程中混入锭内的耐火材料等；另一类称为内生夹杂物，它是在液体金属冷却过程中形成的。对于纯金属铸锭，内生夹杂物的生成，可能是金属与气体作用（如氧、氮等）形成的金属氧化物或其他金属化合物，它残留在铸锭内，其形状、大小、分布随夹杂物而异，通常都可以在光学显微镜下观察到。内生夹杂物还可能是杂质原子在晶界、亚晶界、枝晶间隙等处偏聚而形成夹杂物（化合物）的薄膜，有时这些夹杂物膜还相当厚，如硫在铁中可在晶界上形成一层 FeS 的连续薄膜，硫在镍中也可以在晶界上形成 NiS 的薄膜等。夹杂物的存在对铸锭（件）的性能会产生一定的影响。

3.8 金属的同素异晶转变

有一些金属如铁、钴、钛、锡等，在液态结晶完毕之后继续冷却时，在固态下还会发生晶体结构的变化，即从一种晶格转变为另一种晶格（即原子排列方式发生改变）。这种固态金属在不同温度或压强下具有不同晶体结构的现象，称为金属的同素异晶现象，也称为金属的多形性。具有多形性的金属，当温度或压强改变到某一定值时，会从一种晶格转变为另一种晶格，这种转变称为同素异晶转变，也称多形性转变。

铁的同素异晶转变现象具有十分重要的意义。常压下纯铁在 912℃以下原子排列成体心立方晶格，称为 α-Fe；在 912 ~ 1394℃之间铁原子排列成面心立方晶格，称 γ-Fe；在 1394℃以上一直到熔点温度铁原子又排列成体心立方晶格，称 δ-Fe。

金属的同素异晶转变是可逆的，加热时转变，是吸热反应；冷却时转变，是放热反应。

金属的同素异晶转变实质上是固态下的结晶过程，所以又称为重结晶。同样，同素异晶转变也遵循结晶的一般规律：有一定的转变温度，发生转变需要过冷（或过热），其转变过程也是通过新相的形核和核的长大来完成的。但是，由于同素异晶转变是在固态下进行的，它又与液体结晶有所不同，主要是：（1）同素异晶转变时新相往往在旧相的晶界或某些特定部位形核。新相 α-Fe 在原 γ-Fe 的晶界处开始形核和长大。（2）同素异晶转变具有较大的过冷倾向。一般实际金属铸造时结晶的过冷度不超过20℃，而同素异晶转变的过冷度比它大得多。这好似因为在固态下原子的扩散要比液态下的扩散困难得多，因而转变所需要的时间较长，在实际较快冷却速度下，转变过程容易被推移到较低温度。（3）同素异晶转变时往往易于产生较大的内应力。因为原子排列方式的改变，必定会引起原子密度的变化，所以同素异晶转变时伴随有体积的变化。金属不同，体积变化的量也不同，如在 γ-Fe 时，体积膨胀约为1%。纯铁在加热时的膨胀曲线，如图 3-29 所示，可见在发生同素异晶转变时均发生体积突变而使曲线上出现明显的转折点。在较低温度下，金属材料的塑性较差，体积变化所引起的内应力不能充分消除（或松弛）而被保留下来。（4）同素异晶转变后产生的新晶体不具有树枝状的外形特征。随金属的不同和冷却速度的差异，新相可能是多面体状、大块状或片（针）状等不同形状的晶体。

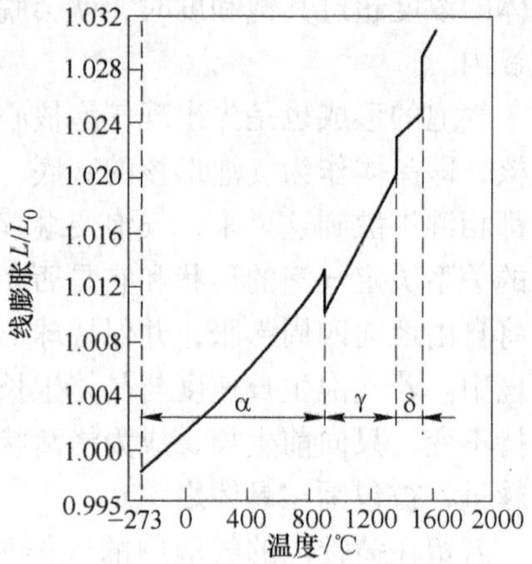

图 3-29　纯铁在加热时的膨胀曲线

习题与思考题

3-1　在正温度梯度下，为什么纯金属凝固时不能呈树枝状成长，而固溶体合金却能呈树枝状成长？

3-2　为什么金属结晶时一定要有过冷度？影响过冷度的因素是什么？固态金属熔化时是否会出现过热？为什么？

3-3　试比较均匀形核与非均匀形核的异同点。

3-4　说明晶体成长形状与温度梯度的关系。

3-5　简述三晶区形成的原因及每个晶区的性能特点。

3-6　为了得到发达的柱状晶区应该采取什么措施？为了得到发达的等轴晶区应该什么措施？其基本原理如何？

3-7　指出下列各题错误之处，并改正之。

（1）所谓临界晶核，就是体系自由能的减少完全补偿表面自由能增加时的晶胚大小。

（2）在液态金属中，凡是涌现出小于临界晶核半径的晶胚都不能成核，但是只要有足够的能量起伏形核功，还是可以形核。

（3）无论温度分布如何，常用纯金属都是以树枝状方式生长。

4 金属的塑性变形与再结晶

4.1 金属的塑性变形

为使金属材料形成所要求的各种形状和尺寸，除了用铸造及切削加工的处理方法外，还广泛地采用锻造、轧制、冲压、冷拉等压力加工方法。压力加工的特点是金属在外力作用下发生塑性变形。金属经过塑性形变，不仅可以得到一定的形状和尺寸，还可以提高材料的强度、硬度，即提高零件的负载能力。例如：高强度弹簧钢丝，是用经过热处理的高碳钢丝冷拉制成的，其强度可达2000～3000MPa，比一般钢材的强度高4～6倍。

实际使用的金属材料都是多晶体，其塑性变形的过程比较复杂。为了便于了解塑性变形的实质，先从单晶体的塑性变形着手，再进一步讨论多晶体的塑性变形。

4.1.1 单晶体的变形

4.1.1.1 单晶体的弹性变形

在第1章中已经介绍过弹性变形和塑性变形的概念，这些变形会使金属内部结构发生什么改变呢？现以单晶体拉伸为例说明。图4-1（a）表示未受拉力作用时，原子处于平衡位置。图4-1（b）表示在正应力（垂直于晶面的应力）作用下原子间距 c 被拉长，原子稍稍离开平衡位置，这时原子间的引力抵抗拉力，力图恢复原状，当拉力与原子引力达到新的平衡时，晶体处于弹性变形状态，只要拉力一去除，原子便在引力作用下恢复到原来位置。如拉力继续增大，以致超过原子间的引力，晶体就被拉断，如图4-1（c）所示。

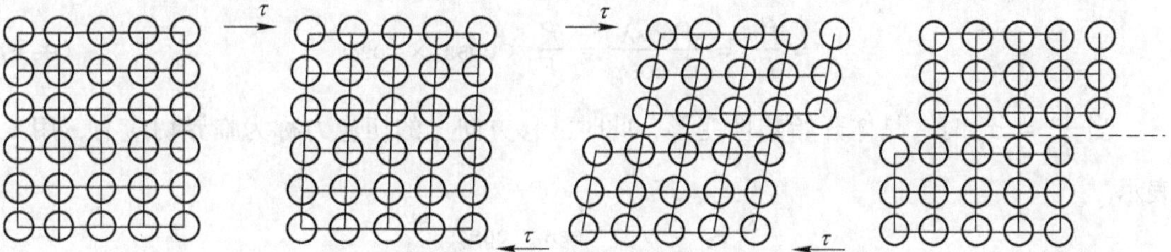

图4-1 晶体在切应力作用下的变形

（a）未变形；（b）弹性变形；（c）弹、塑性交形；（d）塑性变形

4.1.1.2 单晶体的塑性变形

实验表明，单晶体塑性变形的基本方式有滑移和孪生两种。

（1）滑移。滑移是晶体的两部分之间沿一定的晶面和一定的晶向而发生的一种相对切变。

1）滑移带：经过表面抛光的试样进行适当的塑性变形，然后移到金相显微镜下观察，在试样表面上可见到许多互相平行的线条，称为滑移带。用电子显微镜观察，发现每条滑移带都是由许多相互平行的滑移线所构成的，如图4-2所示。

对塑性变形后的晶体做X射线结构分析，发现晶体结构类型没有发生变化，滑移带两侧的晶粒位向亦未改变，可见滑移带的产生是晶体切应力（平行于晶面的力）作用下，其中一部分相对另一部分发生滑动的结果，故称为滑移。

实验表明，滑移总是沿一定的晶面（滑移面）和该面上一定的方向（滑移方向）进行的，即只有滑移面上沿滑移方向的分切应力才能产生滑移，使晶体开始滑移的切应力，称为临界切应力。下面以拉伸试验为例进行单晶体滑移时的应力分析（图4-3）。若试样横截面积为F，在外力P的作用下产生滑移，并设P与滑移面法线N的夹角为φ，P与滑移方向S的夹角为λ，则P在滑移面上沿滑移方向的切向分力P_τ为：

$$P_\tau = P\cos\lambda$$

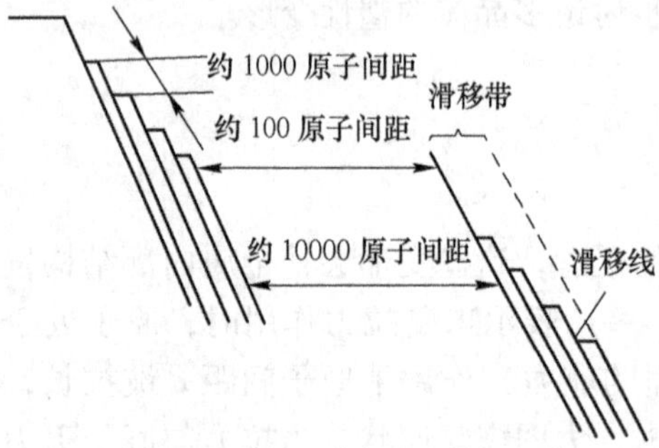

图4-2　滑移带示意图

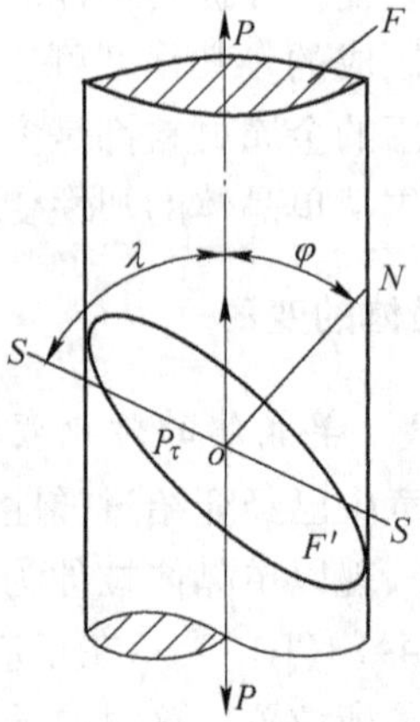

图4-3　单晶体滑移时的应力分析

设滑移面的面积为$F'(F' = F/\cos\varphi)$。则P在滑移方向上的分切应力τ为：

$$\tau = \frac{P_\tau}{F'} = \frac{P\cos\lambda}{F/\cos\varphi} = \frac{P}{F} \times \cos\lambda \times \cos\varphi \tag{4-1}$$

当$\frac{P}{F} = \sigma_s$时，晶体开始塑性变形，此时滑移方向上的切应力称为临界切应力，用τ_k表示。

$$\tau_k = \sigma_s \cdot \cos\lambda \cdot \cos\varphi$$

或

$$\sigma_s = \frac{\tau_k}{\cos\lambda \cdot \cos\varphi} \tag{4-2}$$

实验指出，对于一定的金属，在一定的纯度和一定的温度条件下，其临界切应力恒定。表4-1列举了一些金属晶体的临界切应力。因此，当滑移面与外力平行或垂直（即$\varphi = 90°$或$\lambda = 90°$）时，$\sigma_s = \infty$，晶体不可能滑移，这种位向称为硬位向。对任何φ角来说，若晶面上的滑移方向是位于外力P与滑移面法线所组成的平面上（即$\varphi + \lambda = 90°$），则沿此方向的分切应力为τ值，较其他λ时的τ值为大，这时$\cos\lambda\cos\varphi = \cos(90° - \varphi)\cos\varphi = \frac{1}{2}\sin2\varphi$，故当$\varphi$值为45°时，$\cos\lambda\cos\varphi$具有最大值1/2，这时达到滑移所需的分切应力值（即所需的屈服强度）最小，最容易滑移。这种滑移面、滑移方向与外力 P 的夹角等于45°的位向称为软位向。由此可知，在拉伸试验时，光滑试样表面上为何会呈现有45°的条纹。

表 4-1 一些金属晶体发生滑移时的临界切应力（τ_k）

金属	温度/℃	纯度/%	滑移面	滑移方向	临界切应力/MPa
Ag	室温	99.99	{111}	(110)	0.47
Al	室温	—	{111}	(110)	0.79
Cu	室温	99.9	{111}	(110)	0.98
Ni	室温	99.8	{111}	(110)	5.68
Fe	室温	99.96	{110}	(111)	27.44
Nb	室温	—	{110}	(111)	33.8
Ti	室温	99.99	{1010}	(1120)	13.7
Mg	室温	99.95	{0001}	(1120)	0.81
Mg	室温	99.98	{0001}	(1120)	0.76
Mg	330	99.98	{0001}	(1120)	0.64
Mg	330	99.98	{1011}	(1120)	3.92

2）滑移系：晶体沿某一面滑移时，该晶面称为滑移面；晶体在滑移面的滑动方向称为滑移方向。一个滑移面和此面上的一个滑移方向结合起来，组成一个滑移系。每一个滑移系表示金属晶体在滑移时可能出现的一个位向。在其他条件相同时，金属晶体中滑移系越多，在滑移时可能出现的方向越多，则该金属的塑性越好。

几种常见金属晶体的滑移面、滑移方向如表 4-2 所示。

表 4-2 常见金属的滑移系

晶体结构	体心立方结构	面心立方结构	密排六方结构
滑移面	(110)	{111}	{001}
滑移方向	(111)	(100)	(1120)
滑移系数目	6×2=12	4×3=12	1×3=3

在哪些晶面和晶向上最易滑移呢？一般来说，滑移面总是原子排列最紧密的晶面，而滑移方向也总是原子排列最紧密的晶向，这是因为在晶体中原子密度最大的晶面上，原子的结合力也最强，而这样的晶面之间的距离也最大，所以两晶面的结合力最弱，最容易在它们之间滑动，同理，沿原子密度最大的晶向移动时，阻力也最小，故最易滑动。

所谓某晶面的原子密度，即指单位面积上的原子数，晶向原子密度则指单位长度上的原子数。在各种晶体中，不同晶面族和晶向族上的原子密度都是不同的。表 4-2 中表示出了常见金属的滑移面和滑移方向的组成及滑移系的数目。

根据表 4-2 所示，在体心立方晶格中，原子密度最大的晶面族是 {110}，属于此晶面族的共有 6 个这样的晶面，而每一个晶面上原子密度最大的晶向是立方体的对角线，即每个晶面上有两个这样的晶向。因此，体心立方晶格中，共有 12 个滑移系。如，α-Fe、Cr、W 等金属都属于体心立方晶格，具有较多的滑移系，故它们都有很高的塑性。在实际滑移时，不能沿着这 12 个滑移体系同时滑移，而只能沿着位向最有利的滑移体系产生滑移。

在面心立方晶格中，原子密度最大的晶面族是｛111｝，属于此晶面族的只有4个这样的晶面。每一个晶面上原子密度最大的晶向是立方体面上对角线，即每个晶面上有3个这样的晶向，因此，面心立方晶格也有12个滑移系，也具有很高的塑性，如α-Fe、Cu、Al、Ag等金属。

密排六方晶格金属的滑移面一般是底面（0001）晶面，在这个晶面上包含3个对角线方向，即滑移方向，故只有3个滑移系，所以这种晶格对变形的适应能力是很差的，如Mg、Zn、Cd等金属就是这类晶格，它们的塑性变形能力远较立方晶格的金属低。

对于体心立方晶格和面心立方晶格来说，在一般情况下，它们虽然都具有12个滑移系，但塑性并不一样，一般面心立方晶格的金属具有较好的塑性。这是因为，滑移方向对塑性变形能力的作用要比滑移面的作用要大一些。滑移方向越多，适应外力的能力也越大，因此越容易发生塑性变形。由于面心立方晶格的每个滑移面有3个滑移方向，而体心立方晶格只有两个，所以面心立方晶格金属的塑性较体心立方晶格金属塑性好。

3）滑移机制——位错的运动：最初曾设想滑移过程是晶体的一部分对于另一部分做整体的刚性滑移。但由此计算滑移所需的临界切应力 τ_k 与实际测出的结果相差很大。表4-3为理论临界切应力值与实际测定值的比较。以此表中的铜为例，理论计算值 $\tau_k \approx 6400\mathrm{MPa}$，而实际测出的 $\tau_k \approx 1\mathrm{MPa}$，两者相差竟达6000倍之多，这是什么原因呢？经过长期研究，人们逐渐认识到晶体内部存在着位错，而滑移实际上是位错在切应力作用下运动的结果。

图4-4示意地表示了这一过程。当一个位错移到晶体表面时，便形成一个原子间距的滑移量，同一滑移面上若有大量位错移出，则在晶体表面形成一条滑移线。许多平行的滑移线便组成滑移带。

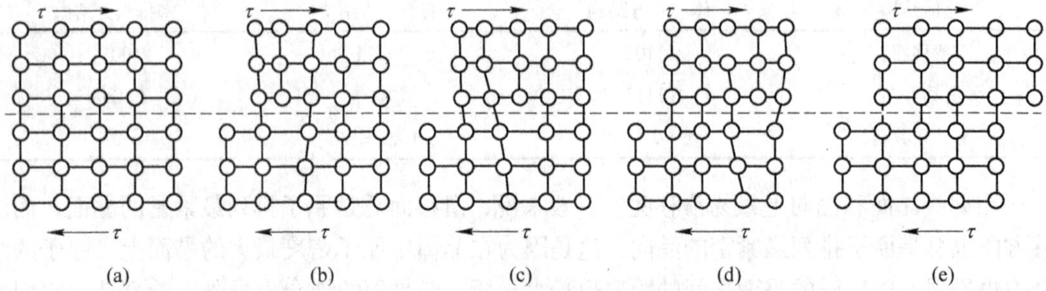

图4-4 通过刃型位错移动造成滑移的示意图

表4-3 理论临界切应力值与实测值的比较

金属	计算值/MPa	实测值/MPa
镍	11000	5.8
铜	6400	1.0
银	4500	0.60
金	4500	0.92
镁	3000	0.83
锌	4800	0.94

为什么位错的存在会使滑移易于进行呢？这是因为当晶体通过位错的移动而产生滑移时，并不需要整个滑移面上的全部原子一起同时移动，而只是在位错中心附近的少数原子发生移动，它们移动的距离又远小于一个原子间距（图4-5）。由此可以推想，通过位错的移动而产生逐步滑移，比整体一起同时移动所需的临界切应力要小得多。可见，少量位错的存在，显著降低了金属晶体的强度。但是当位错数目超过一定数值，随着位错密度的增加，金属强度逐步增加。这是由于位错之间以及位错与其他缺陷之间存在相互作用，结果使位错的运动受到阻碍，因而使其强度升高。金属材料可以通过加工或热处理以增加金属内部的位错或改变其分布来强化金属。

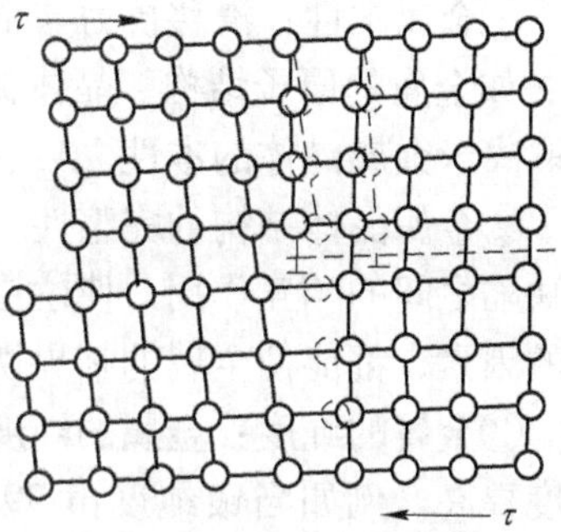

图4-5 位错的移动

塑性变形后，当晶体中有些位错移出晶体时，晶体内部位错的数量似乎越来越少，但是根据实验测定，晶体在塑性变形过程中位错密度是增加的，这说明塑性变形使位错还在不断地增殖而不是减少。

4）滑移时晶体的转动与旋转：在滑移变形的同时，金属晶体还要产生转动，从而使金属晶体的空间位向有所变化。设图4-6中的斜面就是滑移面，当作用在滑移面上的分切应力 τ_S 大于金属晶体的临界切应力 τ_k 时，斜面以上的金属将沿着滑移方向自 O 向 S 滑动，而斜面以下的金属将沿着滑移方向自 O 向 S'（即与 S 的反方向）滑动。这样滑动的结果，使 σ 及 σ' 不再在一条直线上，因而使金属晶体在进行滑动的同时受到两对力偶的作用。其中一对是由法向正应力 σ_n，即 σ_n' 所组成的力偶，它推动晶体转动，使滑移面力图转向与外力平行的方向，转动轴线在滑移面上，且为过 O 点垂直于滑移面 SS' 的直线。第二对旋转力偶是由垂直于滑动方向的分切应力 τ_b 及 τ_b' 所组成的力偶，它使金属晶体以滑移面的法线为轴产生旋转，即力图使滑移面上的滑移方向转向最大切应力方向（即力图 SS' 转向 MM'）。通过这两个转动可以使金属晶体的轴线与外力在整个滑移过程中始终保持重合，单晶体的空间位向却发生了改变，这可能使一些有利于滑移取向的滑移系逐渐转到不利于滑移的取向，而一些不利于滑移取向的滑移系转到有利于滑移的取向，滑移将在新的系统上开动。在实际拉伸过程中，晶体两端是固定的，只有试样中间部分能完全转动，而在靠近两端的地方只有局部转动，这些区域会产生不均匀变形。

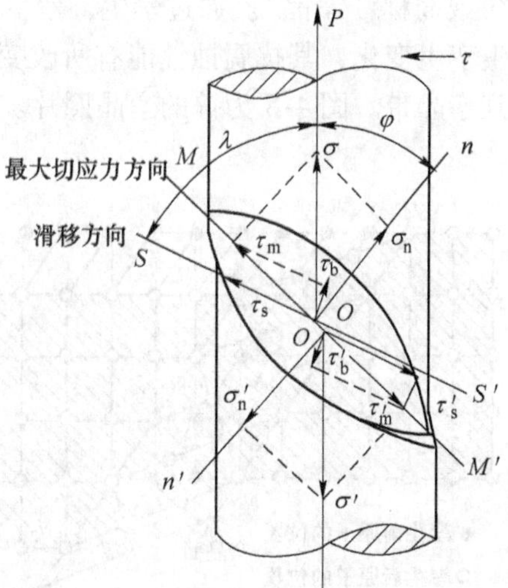

图4-6 单晶体滑移时应力分解图

5）影响临界切应力的因素：当晶体内某一滑移系上受到的切应力大于临界切应力 τ_k 时便开始滑移。τ_k 表示金属晶体对滑移过程的抵抗能力，实际上就是位错运动的阻力，它受下列因素的影响：

①金属本性：滑移抗力与金属晶体中原子间结合力有关，而原子间结合力又与金属本性（如金属的原子结构、晶体类型、晶格常数等）有关。所以，金属晶体的临界切应力首先取决于金属晶体的本性。

②金属晶体结构的完整性：当位错数目超过一定数值后，由于位错之间以及位错与其他缺陷之间的相互作用，使位错运动困难。在一般情况下，一切使金属晶体中结构缺陷增多的因素，都能使金属的临界切应力升高。

③金属的纯度：金属的纯度越高，其临界切应力越低。少量的杂质可使临界切应力大幅度提高。例如当银纯度由99.99%降到99.93%时，其切应力将由0.48N/mm^{2}升高到1.31N/mm^2。

④变形温度：金属变形温度越高，其临界切应力越低。这是由于温度升高，原子的动能越大，原子间结合力越弱。另外，在高温变形时，可能出现新的滑移系。

⑤变形速度：变形速度越大，金属的临界切应力越高，这是因为在较大的变形速度下，会沿着几个晶面同时滑移的缘故。

（2）孪生。塑性变形的方式除了滑移外，还有孪生，如图4-8即图4-7中的M_1N_1和M_2N_2）及晶面（孪生方向）进行剪切变形。发生孪生的部分（即切变部分）称为“孪晶带”或简称“孪晶”。通过孪生，孪生面两边的晶体形成晶面对称。由于孪晶带中的晶格发生孪生变化，其抗腐蚀性能有所改变。发生孪生的晶体，经抛光腐蚀后，能在显微镜下看到孪晶带。图4-8为锌的孪晶照片。

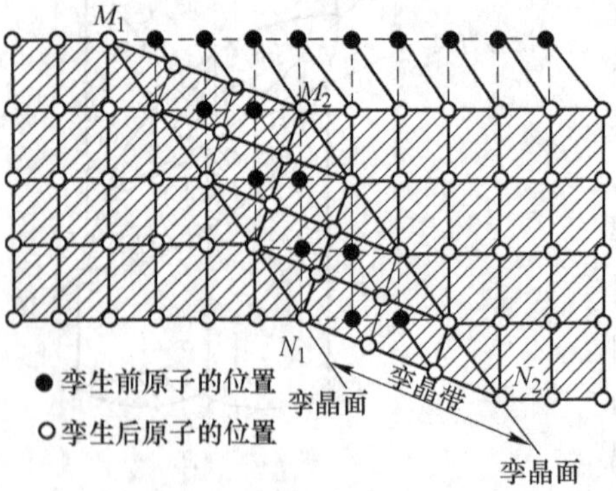

图4-7　孪生变形示意图

图4-8　锌中的形变孪晶

孪生与滑移的区别是：

1）滑移仅在晶体的表面上造成滑移台阶，晶体内部的晶格并不发生变化；孪生则使晶体中的一部分（孪晶）通过切变发生晶格位向的改变，与未变形部分形成对称。

2）滑移变形时，晶体的一部分相对于另一部分沿滑移方向位移的距离为原子间距的整数倍；而孪生时，在孪晶中每层原子沿孪生方向的相对位移距离都是原子间距的分数。

3）孪生所需的临界切应力比滑移大得多，且变形速度极快（接近声速），故孪生变形仅在滑移系较少而不产生滑移的密排六方晶格金属（如Mg、Zn、Cd等）中易于发生。在体立方晶格金属（如α-Fe等）中，则仅在室温以下或受冲击应力时才发生。在易于滑移的面立方晶格金属（如γ-Fe、Al等）中，一般不发生孪生。

孪生对变形过程的直接影响不大，但孪生后由于晶体转至新位向，将有利于产生新的滑移变形，因而使金属的变形能力得到提高，这点对滑移系统较少的金属具有特殊意义。金属在塑性变形过程中，滑移和孪生两种方式往往交替进行。

4.1.2 多晶体的塑性变形

实际使用的金属材料几乎都是多晶体。对于多晶体，就其中每一个晶粒范围内的变形来说，基本上与单晶体的变形情况相似。但由于在多晶体中各个晶粒的位向不同，并有晶界存在，晶界处原子排列不规则等，使得各个晶粒的塑性变形相互受到阻碍与制约。因此，就多晶体整体的塑性变形来说，要比单晶体的情况复杂得多。

4.1.2.1 晶界的影响

图4-9所示的是只有两个晶粒组成的试样受拉伸时变形的情况。其特点是：远离晶界的地方，变形很明显；而靠晶界处，则变形很少，即出现了所谓的竹节现象（两端变形很少，是因夹头的影响）。这一实验说明晶界对塑性变形有较大的阻碍作用。晶界的这种特性，主要是由接触的结构特点所决定的。因为晶界是相邻晶粒的过渡层，这里原子排列比较紊乱，晶格畸变程度大，并聚集有杂质原子，处于高能状态。它们对滑移时位错的移动起阻碍作用，因而使位错在晶界前堆积起来。若要位错穿过晶界则需要很大的外力。多晶体的晶粒越细，则晶界越多，而塑性变形抗力也越大。

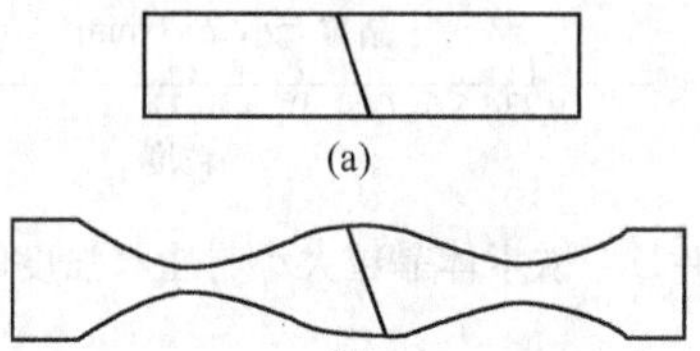

图4-9 两个晶粒试样在拉伸时的变形
（a）变形前；（b）变形后

4.1.2.2 晶粒间位向差别（即晶粒大小）的影响

在多晶体金属中，由于各个晶粒的位向不同，当受外力作用时，有的晶粒处于软位向，有的则处于硬位向。当某一处于软位向的晶粒要发生滑移时，必然要受到它周围的与其位向不同的其他晶粒的阻碍，这就使滑移阻力增加，如图4-10所示。相邻晶粒位向相差越大，晶界处原子排列就越紊乱，滑移抗力也就越大。可见，多晶体的滑移必须克服较大的阻力，因而使多晶体材料的强度提高。金属晶粒越细，金属对塑性变形的抗力就越大。实验证明，金属的屈服强度 R_{eL} 与其晶粒平均直径 d 之间存在以下关系（holl-patch 公式）：

$$R_{eL} = \sigma_0 + kd^{-\frac{1}{2}} \tag{4-3}$$

式中 σ_0，k——材料常数。

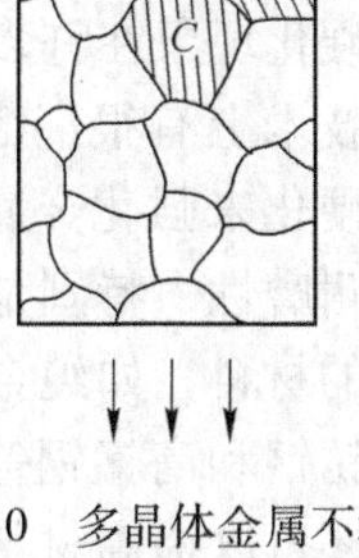

图4-10 多晶体金属不均匀塑性变形过程示意图

图4-11所示为铁素体晶粒大小与屈服强度的关系曲线。该关系式适用于大多数金属材料，并且也大致适用于亚晶粒大小对金属的屈服强度的影响。

细晶粒的金属不仅强度高，而且塑性、韧性也好。因为晶粒越细，在一定体积内的晶粒数目越多，则在同样的变形量下，变形被分散在更多的晶格内进行，同时每个晶粒内的变形也比较均匀，而不致产生应力过分集中的现象。此外晶粒越细，晶界就越多越曲折，越不利于裂纹的传播，从而在断裂前可以承受较大的塑性变形，即表现出较高的塑性和韧性（如图4-12所示）。因此生产上通常总是设法使金属具有细晶粒的组织。

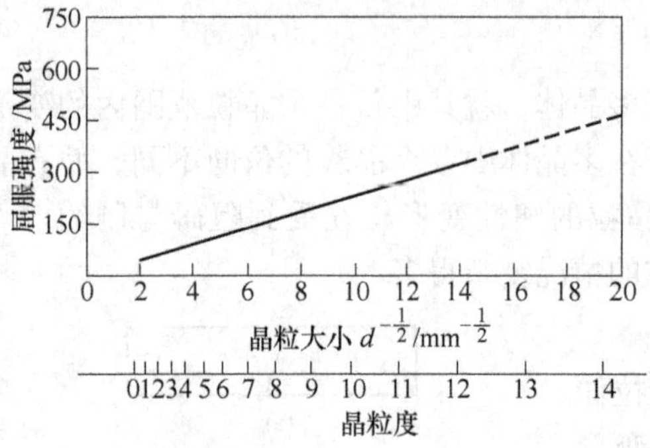

图4-11　铁素体晶粒大小与屈服强度的关系曲线

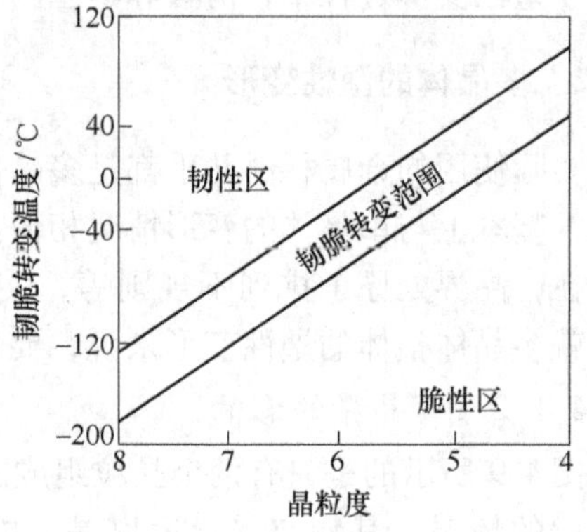

图4-12　晶粒大小对冲击韧性的影响

4.2　冷塑性变形对金属组织和性能的影响

冷塑性变形可以使金属的性能发生明显的变化，主要是强度、硬度提高，而塑性、韧性下降，这种现象称为加工硬化或冷作强化。加工硬化同时也造成电阻增高（百分之几）、抗蚀性降低等物理、化学性能的明显变化。显然，这种性能的变化，在塑性变形时，是由金属内部组织结构的变化所决定的。

4.2.1　对性能的影响

冷塑性变形对金属性能的主要影响是造成加工硬化。图4-13表示工业纯铜和黄铜的变形程度与强度、硬度、塑性之间的关系。

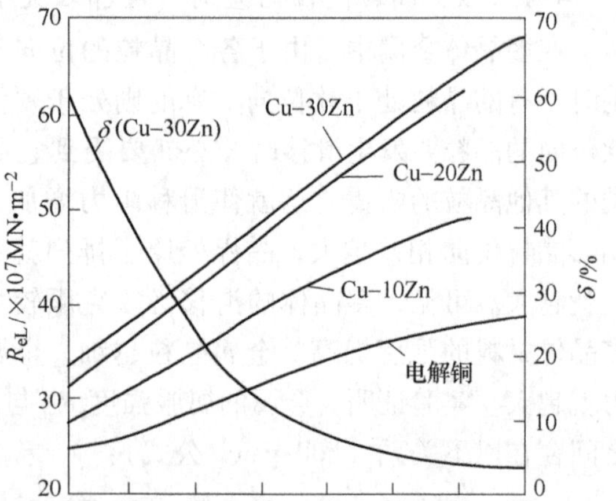

图4-13　冷变形度对工业纯铜和黄铜力学性能的影响

硬化现象在许多情况下是有利的，在工程技术上有很广泛的应用。例如，利用加工硬化来强化金属，提高金属强度、硬度和耐磨性，特别是对那些不能用热处理强化的材料，如纯金属、某些铜合金、铬镍不锈钢和高锰钢等显得更为重要。加工硬化还可以提高材料在使用过程中的安全性。机器上的零件虽都经过精确设计与加工，但在使用过程中，往往难免会因出现特殊情况而造成超负荷现象，使零件产生塑性变形。因为金属具有加工硬化的性质，会使变形自行停止，从而提高了零件的安全性。

加工硬化也有不利的一面，如材料在冷轧时的动力消耗增大、变形程度受到限制等。

为了消除加工硬化以便继续进行冷变形加工，需施以中间热处理，增加了金属制品的生产成本，延长了生产周期。

冷塑性变形之所以会引起材料性能的变化，是由于它使金属内部组织结构发生了变化。

4.2.2　对组织结构的影响

（1）形成纤维组织，使性能具有明显的方向性。金属在外力作用下发生塑性变形时，随着外形的变化，金属内部的晶粒状态也由原来等轴晶粒变为沿变形方向延伸的晶粒，同时晶粒内部出现了滑移带。当变形程度很大时，可观察到晶粒被显著伸长成纤维状。这种呈纤维状的组织称为冷加工纤维组织，如图 4-14 所示。

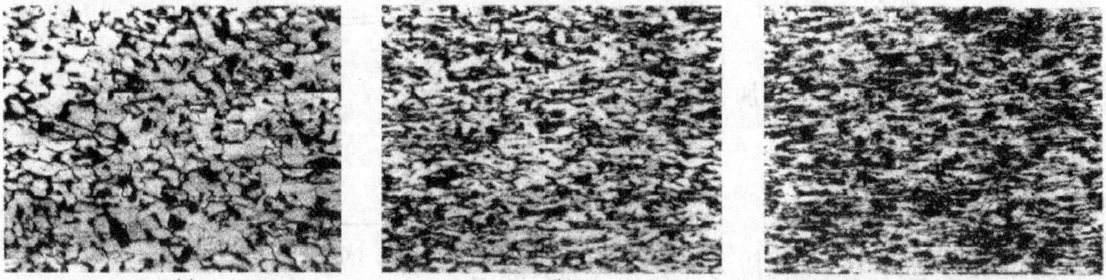

(a) (b) (c)

图 4-14　低碳钢冷塑性变形后的纤维组织

（a）30% 压缩率；（b）50% 压缩率；（c）70% 压缩率

形成纤维组织后，金属会具有明显的方向性，其纵向（沿纤维的方向）的力学性能高于横向（垂直纤维的方向）的性能。

（2）亚结构的变化，位错密度增加，产生加工硬化。金属经冷塑性变形的程度较大时，不仅使晶粒由等轴状变为纤维状，同时晶粒碎化，因此晶粒内部的亚结构也发生细化，亚晶界增加，如图 4-15 所示。由于亚晶界是由一系列刃型位错所形成，故位错密度增加，晶格畸变加剧，因而使金属的强度、硬度增加，塑性、韧性降低，即产生加工硬化现象。

图 4-15　变形亚结构示意图

（3）产生形变结构，使多晶体金属出现各向异性。在塑性变形过程中，各晶粒内的晶面要按一定趋向转动，当变形量很大（70% 以上）时，原来位向不同的各个晶粒会取得近一致的位向。这种由于塑性变形使金属中的每个晶粒的位向趋于一致的结构称为形变组织，这种现象称为择优取向。图 4-16 为两种典型的形变组织示意图。

形成形变组织结构会使多晶体金属出现各向异性。在冲击薄板零件时，织构带来不均匀塑性变形，产生“制耳”现象（图 4-17）而使冲压件报废。但生产上也可利用织构现

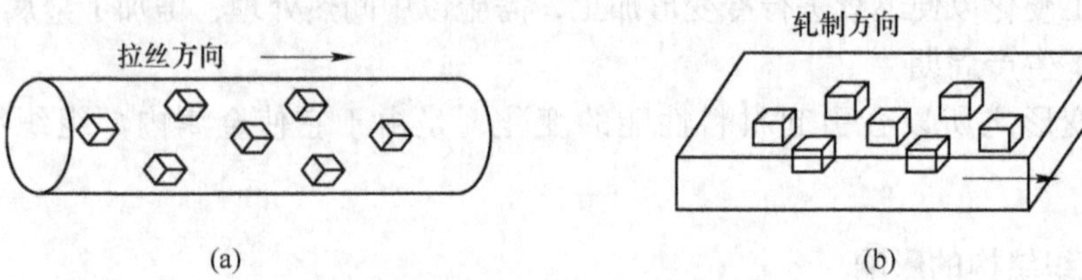

图 4-16 两种典型形变组织示意图
（a）丝织构示意图；（b）板织构示意图

象来提高产品性能，例如，作变压器铁心的硅钢片是体心立方晶格，沿［001］晶向最易磁化，若采用具有［001］织构（图 4-17）的硅钢片制作，并在工作时使［001］晶向平行于磁场方向，则可使变压器铁心的磁导率明显增加，磁滞损耗降低，从而提高变压器的效率。

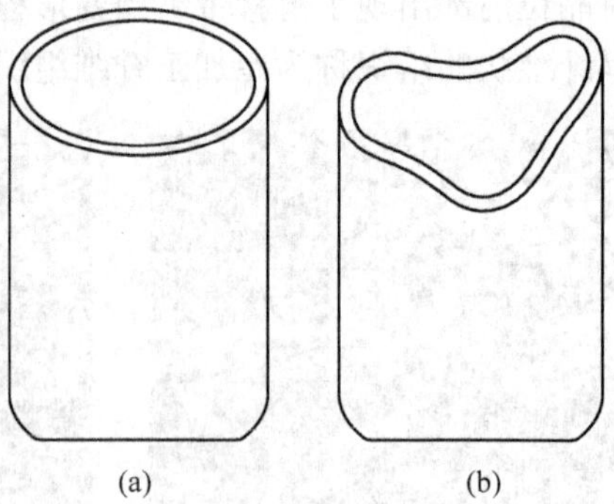

图 4-17 制耳现象
（a）无织构；（b）有织构

4.2.3 产生残余应力

所谓残余应力（或称内应力）是指外力去除之后，残留于金属内部且平衡于金属内部的应力，它主要是金属在外力作用下内部变形不均匀造成的。按照残余应力作用的范围，可将它分为三类。

4.2.3.1 宏观残余应力（第一类内应力）

由于金属材料各部分变形不均匀而造成的宏观范围内的残余应力，称为宏观残余应力。如使金属杆产生塑性变形，则在金属杆中心上层部分的金属被拉长，而下层部分的金属被缩短。由于金属要保持整体性，上层金属的伸长会受到下层的牵制，即下层金属对上层金属产生压应力；反之，下层金属的缩短也会受到上层的阻碍，即上层金属对下层金属产生拉应力。这种拉应力与压应力存在于金属杆整体范围内，并相互平衡，故属宏观残余应力。拉丝时产生的宏观残余应力，是由于拉丝使外层金属塑性变形较中心部分小，结果使外层受拉应力，心部受压应力。

4.2.3.2 微观残余应力（第二类内应力）

由于多晶体中各晶粒在塑性变形时，将受到周围位向不同的晶粒与晶界的约束，因此，各晶粒或亚晶粒间的变形也总是不均匀的，故在各晶粒或亚晶粒间也会产生残余应力。这种作用于金属晶粒或亚晶粒内的残余应力，称为微观残余应力。

4.2.3.3 晶格畸变应力（第三种内应力）

金属在塑性变形后，增加了位错等晶体缺陷，使晶体中一部分原子偏离平衡位置而造成晶格畸变，以致原子间形成相互引力或斥力，这种由于晶格畸变而产生的残余应力，称为晶格畸变应力，它的作用范围更小，只在几百到几千个原子范围内保持平衡。晶格畸变应力是存在于变形金属中最主要的残余应力，它占金属中残余应力的 90% 以上。晶格畸变使金属的强度、硬度升高，塑性和耐蚀性降低，金属变形时所吸收的能量主要是形成晶格畸变。

通常残余应力会产生以下有害影响：

(1) 降低工件的承载能力。当残余应力与工作应力方向一致时，则相当于在工作应力之上再叠加一个应力，会明显降低工件的承载能力。当工件内存在微观内引力而又承受外力作用时，某些局部的应力可能极大，以致会使工件在不大的外应力作用下产生微裂痕，引起工件断裂。

(2) 使工件尺寸及形状发生变化。工件中的残余应力在加工或使用时其平衡状态可能受到破坏，而使工件的应力状态发生变化，故相应地引起了工件形状与尺寸的变化。所以在残余应力未消除前就进行最后的精加工是不能保证其尺寸精度的稳定性的。

此外，存在残余应力的工件，即使不受外力作用，在自然环境下长期静置，也会因残余应力变化而使加工好的工件的尺寸与形状逐渐变化，丧失精度。因此残余应力的存在，是工件尺寸不稳定的重要原因。

(3) 降低工件的耐蚀性。通常外力对金属所作的功的绝大部分（90%以上）在变形过程中转化成热量而散失，有少量（10%以下）转化为内应力残留在金属中，使晶体的内能增加，弹性势能升高，以致金属易与周围介质发生化学反应，耐蚀性降低。例如，在钢铁零件被碰伤的表面造成残余压应力，以提高材料的抗拉强度。

4.3 冷变形金属在加热时的变化

经过冷塑性变形的金属，不仅其组织结构与性能发生了变化，而且还产生了残余应力。所以在生产中，经过冷塑性变形的金属材料，如要求其组织结构与性能回复到原始状态，消除残余应力，则必须进行相应的热处理。通过加热，将使冷塑性变形后的金属发生一系列变化，以达到预期的要求。

金属经冷塑性变形后，由于晶粒破碎和由等轴状变成纤维状，所以晶界的面积增大，晶粒的界面能增大；另外由于位错密度增大，晶格畸变加剧，使原子的势能升高；同时残余应力的产生，使晶体的弹性势能增加。由于上述这些原因，冷变形后的晶体，内能升高，处于不稳定状态，它具有自发地恢复到原来平衡状态的趋势。但是晶格畸变的消除和晶粒由纤维状转变为稳定状态的速率极慢。若将冷塑性变形后的金属加热，则由于原子活动能力增大，会促进晶体从不稳定状态转变到稳定状态。随加热温度的升高，冷塑性变形金属的组织与性能的变化一般要经历三个阶段，即回复、再结晶和晶粒长大，如图4-18所示。

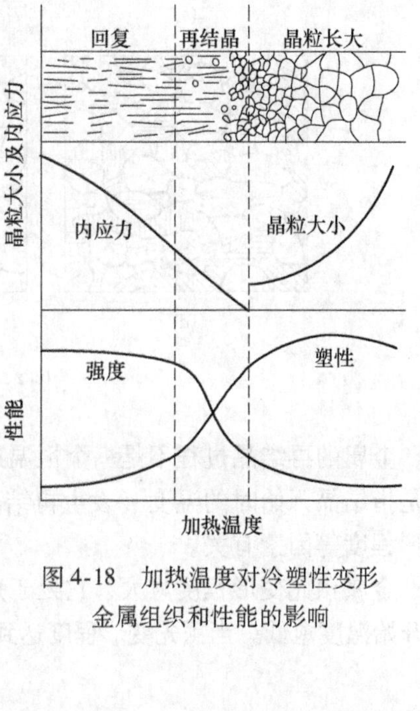

图4-18 加热温度对冷塑性变形金属组织和性能的影响

4.3.1 回复

在这一阶段，由于加热温度不高（低于最低再结晶温度），原子仅能做短距离扩散，故结构和组织的变化为：空位与间隙原子合并，大部分晶格畸变和内应力消除。由于原子的活动能力较小，所以在回复阶段仍保持纤维状组织，使微组织无明显变化，仍旧处于不稳定状态。性能变化为：由于晶格畸变和内应力大部分消除，因此导电性和耐蚀性提高。因为亚结构的尺寸未明显变化，位错密度未显著减少，即造成加工硬化的主要原因尚未消除，故力学性能变化不大。

4.3.2 再结晶

当冷塑性变形后的金属加热到比回复阶段更高的温度时，由于原子扩散能力增大，便引起结构和组织的变化，即残余应力和晶格畸变完全消除，位错密度下降到变形前的程度，同时晶粒由纤维状变成等轴状，以减小晶粒表面积，降低界面能。由于晶粒由纤维状变为等轴状也是通过形核与长大的方式进行的，类似液体结晶和同素异晶转变，故将这一过程称为再结晶。再结晶的核心一般是在变形晶粒的晶界或滑移带、孪晶带等晶格畸变严重的区域形成。晶核继续向周围长大形成了新的等轴晶粒（图4-19），直到金属内部全部为新的等轴晶粒取代了变形晶粒之后，再结晶过程即完成。再结晶的过程，虽然与一般结晶的基本规律相同，也是形核与长大的过程，但是再结晶只是改变了晶粒的外形和消除了因变形而产生的某些晶体缺陷，新旧晶粒的晶格类型是完全相同的，所以再结晶不是相变过程。

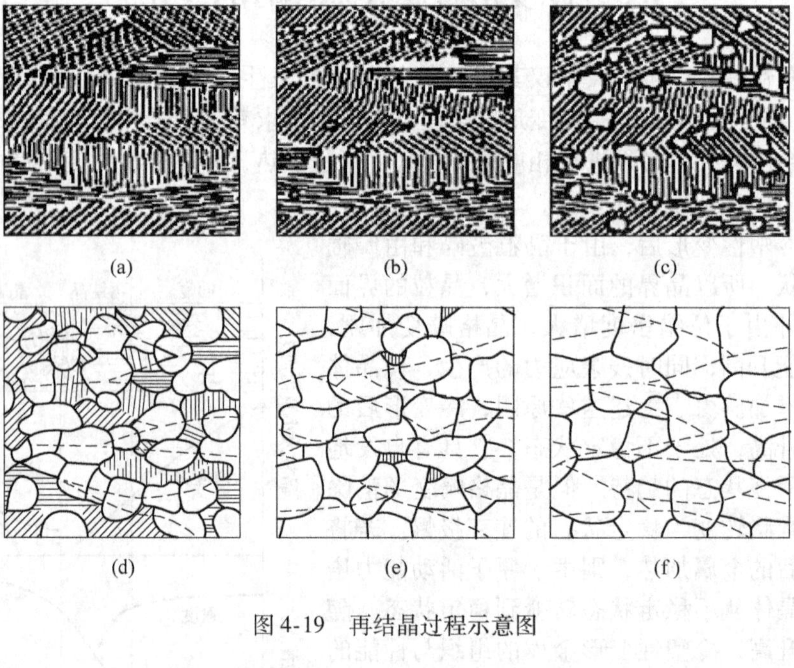

图4-19 再结晶过程示意图

金属的再结晶过程不是一个恒温过程，而是在一定温度范围内进行的。通常再结晶温度是指结晶开始时的温度（发生再结晶所需的最低温度），它与金属的熔点、成分、预先变形程度等因素有关。

金属预先变形程度愈大，它处于愈不稳定的状态，再结晶的倾向也愈大，因此，再结晶开始温度愈低。当预先变形程度达到一定量后，再结晶温度将趋于某一最低值（图4-20）。

这一最低的再结晶温度，就是通常指的再结晶温度。大量实验证明，各种纯金属再结晶温度（$T_{再}$）与其熔点（$T_{熔}$）之间的关系，大致可用式（4-4）表示：

$$T_{再} \approx 0.4T_{熔} \tag{4-4}$$

式中的温度值应按热力学温度计算。可见，金属熔点愈高，在其他条件相同时，其再结晶温度愈高。

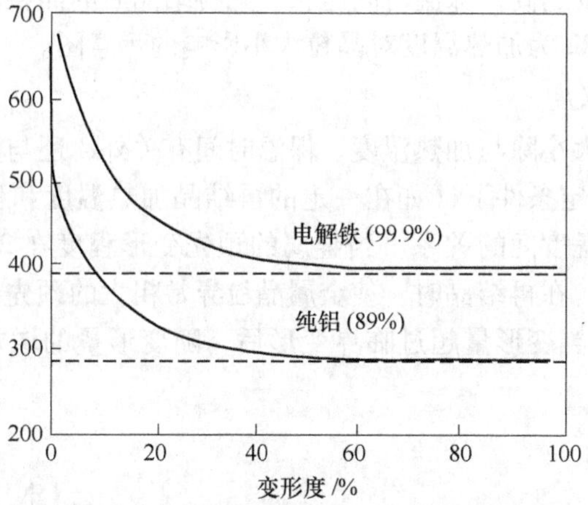

图 4-20　铁和铝的开始再结晶温度与预先冷变形度之间的关系

由于再结晶会引起金属结构和组织产生如上所述的变化，故经再结晶后，金属的强度、硬度显著下降，塑性、韧性明显提高，加工硬化状态消失，内应力完全消除，金属的性能重新恢复到冷变形之前的状态。

4.3.3　晶粒长大

冷塑性变形的金属经再结晶后，一般都得到细小均匀的等轴晶粒。但如继续升高温度，或延长保温时间，则再结晶后形成的新晶粒又会逐渐长大，这就是冷塑性变形后，金属再加热的第三阶段——晶粒长大。

晶粒长大是一个自发过程，因为它可使晶界减少，晶界表面能量降低，使组织处于更为稳定的状态。

晶粒长大实质上是一个晶粒的边界向另一个晶粒中迁移，把另一个晶粒中晶格的位向逐步改变成为与这个晶粒相同的位向，于是，另一个晶粒便逐步地被这个晶粒“吞并”，而合成一个大晶粒，如图 4-21 所示。

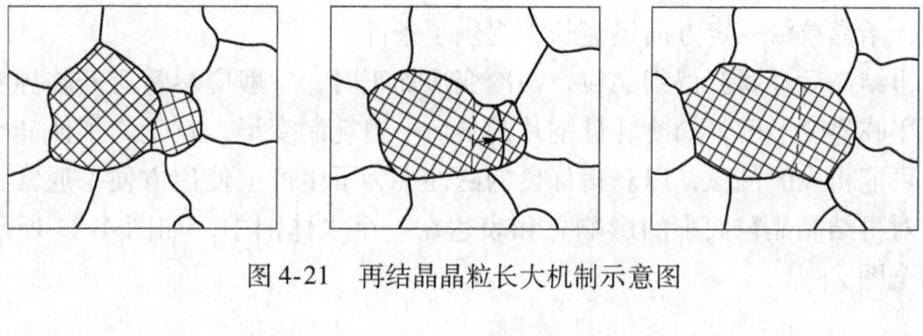

图 4-21　再结晶晶粒长大机制示意图

4.3.4 影响再结晶后晶粒大小的因素

由于晶粒大小对金属性能的影响很大，所以控制再结晶后的晶粒大小是一个很重要的问题。影响再结晶后晶粒大小的因素主要有两方面。

4.3.4.1 加热温度和保温时间

再结晶的加热温度越高，保温时间越长，则再结晶后的晶粒越粗大。特别是加热温度的影响更明显。图4-22为加热温度对晶粒大小影响的示意图。

4.3.4.2 变形程度

再结晶后的晶粒大小除与加热温度、保温时间有关外，还与金属预先塑性变形程度有关。图4-23表示在一定条件下（如在一定的再结晶加热温度和保温时间）再结晶后的晶粒大小与其预先变形程度间的关系。当金属的预先变形程度在2%~10%范围内，再结晶后的晶粒会异常粗大。在再结晶时，使金属晶粒异常粗大的预先变形程度，称为临界变形度。由图4-23可见，当变形量超过临界变形后，随变形量的增加，再结晶的晶粒将逐渐变细。

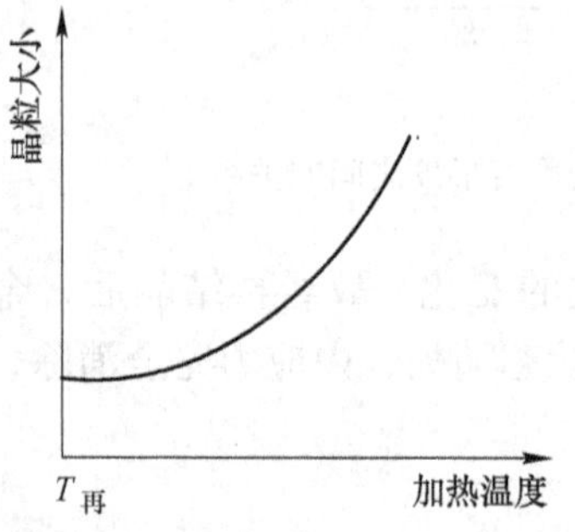

图4-22 加热温度对晶粒大小的影响

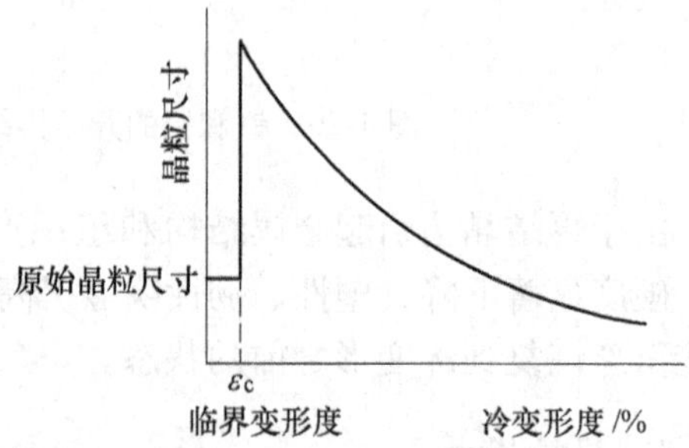

图4-23 冷变形度与再结晶后晶粒大小的关系

产生上述现象的原因是：当变形程度很小（<<2%）时，晶体的结构与未变形前差不多，亚结构未细化，位错密度未增加，晶格畸变很小，不存在再结晶的内因，所以晶粒保持原来大小。当变形程度在2%~10%的临界变形程度时，由于金属中仅有部分晶粒发生变化，变化极不均匀，再结晶时形核数目少，并且晶粒大小很不均匀，因而形成异常粗大的晶粒。表面达到临界变形程度时的低碳钢，它的内部晶粒较细而表面则为粗大的铁素体晶粒。当变形程度较大时（超过临界变形程度）时，随着变形程度的增加，各晶粒变形愈趋于均匀，再结晶时形核率便愈大，再结晶后形成的晶粒就愈细愈均匀。当变形量很大（95%左右）时，又会出现再结晶后晶粒粗大的现象，这与织构的形成有关，因为晶粒取向大致相同，给晶粒沿一定方向迅速长大提供了条件。

为了使再结晶后金属获得细晶粒，在冷变形加工时，一般应尽量避开临界变形度。但有时也要利用临界变形度，如冷轧硅钢片的最后一道轧制变形，就是为了使硅钢片经退火后可得到尽可能粗大的晶粒，以获得优良的磁性。为了生产上使用方便，通常将加热温度和变形程度对再结晶晶粒大小的影响总和表达在一个立体图中，如图4-24所示。这种图称为再结晶全图。

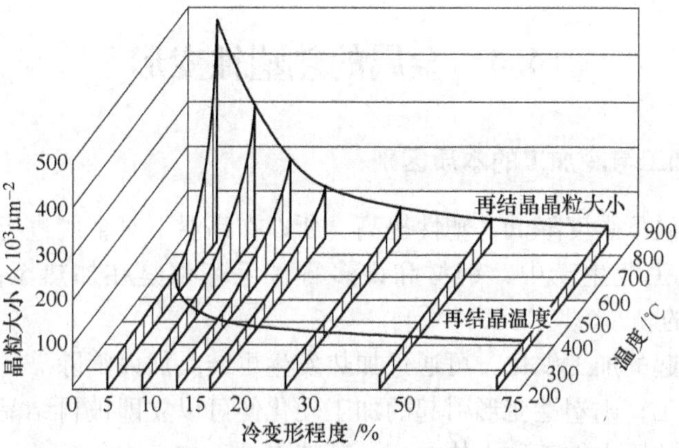

图 4-24 低碳钢再结晶全图

4.3.5 冷塑性变形金属的热处理

在生产中，冷塑性变形金属的热处理通常有两种方法，可根据需要进行选择。

4.3.5.1 去应力退火

当工件经冷塑性变形后，要求保持加工硬化产生的强化效果，但又要去除大部分残余应力，或改善某些理化性能（如提高耐蚀性、降低电阻等），则可将工件加热到回复温度，保温一定时间后冷却，使工件发生回复而达到上述目的，这种热处理方法称为去应力退火（或称去应力回火）。例如，冷卷弹簧后，进行一次 250～300℃ 的去应力退火，以消除卷制时产生的残余应力，提高弹簧的疲劳强度与尺寸稳定性。对于黄铜件拉延件，为了消除其残余应力，避免应力腐蚀开裂，也采用260℃左右的去应力退火。

4.3.5.2 再结晶退火

工件经过冷塑性变形后，若要求消除加工硬化、提高塑性、完全消除残余应力，则可将工件加热到再结晶温度以上，保温一定时间后冷却，使工件发生再结晶，这种热处理方法称为再结晶退火。例如在压延、弯曲和拉丝过程中，为了恢复金属材料的塑性，使加工能继续进行，在经过一定量的变形后，都要进行再结晶退火作为中间热处理。由于加热温度愈高，再结晶转变速度愈快，再结晶后的晶粒也就愈粗大，力学性能变差，因此，生产中使用的再结晶退火温度应比 0.4T 稍高些。

常用金属材料的再结晶退火与去应力退火的加热温度见表 4-4。

表 4-4 常见金属材料的再结晶退火与去应力退火的温度

金属材料		去应力退火温度/℃	再结晶退火温度/℃
钢	碳素及合金结构钢	500～650	680～720
	碳素弹簧钢	280～300	—
铝及铝合金	工业纯铝	约100	350～420
	普通硬铝合金	约100	350～370
铜及铜合金		270～300	600～700

4.4 金属的热塑性变形

4.4.1 金属的热加工与冷加工的本质区别

由于金属在高温下强度降低，塑性提高，所以在高温下对金属进行变形加工就较在低温下容易得多。在工业生产中，钢材和许多零件毛坯都是在加热至高温后经压力加工（轧、锻等）制成的。

冷塑性变形引起的加工硬化，可通过加热发生再结晶加以消除。如果金属在再结晶温度以上进行压力加工，则塑性变形引起的加工硬化便可以立即被再结晶过程所消除。因此在再结晶温度以上的压力加工称为热加工，其特点是无加工硬化现象。在再结晶温度以下的压力加工称为冷加工，其特点是有加工硬化现象。

在冷加工过程中，随着变形过程的进行，金属不断硬化，其内部组织与力学性能的变化是单方向的，直到金属完全丧失变形能力，产生断裂为止。在热加工过程中，金属由于塑性变形引起的硬化过程与再结晶引起的硬化消除过程同时发生，因此金属组织与性能的变化是按照两个相反的方向进行的，但在热加工过程中，硬化与软化这两个因素常不能恰巧抵消。例如，当变形程度大而加热温度较低时，由于变形所引起的硬化因素占优势，所以随着加工过程的进行，金属的强度和硬度上升而塑性则逐渐下降，金属内部的晶格畸变得不到完全回复，变形阻力越来越大甚至会使金属破裂。反之，当变形程度较小而加热温度较高时，由于再结晶和晶粒长大占优势，这虽然不会引起破裂，但金属的晶粒将变得粗大，也会使金属的性能变坏。因此，热加工时应当认真控制金属的温度与变形程度，使两者适当配合。

各种金属的再结晶温度相差很大。对钢材料来说，在600～700℃以上的加工才算热加工；锡的最低再结晶温度约为-7℃，故锡在常温下的加工已属于热加工；钨的最低再结晶温度约为1200℃，故钨即使在稍低于1200℃的温度下进行加工仍属于冷加工。各种金属的再结晶温度不同，热加工的温度界限差别极大。各种常见金属材料的热加工温度如表4-5所示，表中的较热温度只适用于变形程度较大（锻造比大于1.5）的情况。当锻造比较小时，应适当降低锻造温度。

表4-5 常用金属材料的热加工（锻造）温度范围

材　　料	锻前最高加热温度/℃	终锻温度/℃
碳素结构钢及合金结构钢	1200～1280	750～800
碳素工具钢及合金工具钢	1150～1180	800～850
高速钢	1090～1150	930～950
铬不锈钢（1Cr13）	1120～1180	870～925
铬镍不锈钢（1Cr18Ni9Ti）	1175～1200	870～925
纯　铝	450	350
纯　铜	860	650

热加工可用较小的能量消耗获得较大的变形量。但在高温下热加工时，金属表面易产生氧化，产品表面光洁程度与尺寸精度较低，因此热加工主要用于截面尺寸较大、变形量

较大、材料在室温下硬脆性较高的金属制品；冷加工则适用于截面尺寸较小、加工尺寸和表面光洁程度要求较高的金属制品。

4.4.2 热加工对钢组织和性能的影响

（1）消除铸态金属的某些缺陷。通过热加工（如热轧、锻造等）可使金属毛坯中的气孔和疏松焊合，部分地消除偏析，将粗大的柱状晶粒变为细小均匀的等轴晶粒，并改善夹杂物、碳化物的形态、大小与分布，故热加工后可使金属材料的致密程度与力学性能提高。例如，铸态钢锭的相对密度为6.9，经热轧后其相对密度可提高到7.85。表4-6表示碳含量为0.3%的碳钢在铸态和锻态时的力学性能比较。

表4-6 碳钢（0.3%）锻造状态与铸态力学性能比较

毛坯状态	抗拉强度/MPa	屈服强度/MPa	伸长率/%	断面收缩率/%	冲击韧性/J·cm^{-2}
铸造	500	280	15	27	35
锻造	530	310	20	45	70

可见，经热塑性变形后，钢的强度、塑性、冲击韧性均较铸态为高，故工程上受力复杂、载荷较大的工件（如齿轮、轴、刃具、模具等），大多是要通过热加工来制造。

（2）形成热加工纤维组织（流线）。热加工时，铸态金属毛坯中的枝晶及各种夹杂物都要沿变形方向伸长，排列呈纤维状，这些呈纤维状的夹杂物，在再结晶时，不会改变形状。这样，在材料的纵向宏观试样上，可见到沿变形方向的一条条细线，这就是热加工的纤维组织（流线）。

纤维组织的存在，会使金属材料力学性能呈现各向异性，沿纤维方向（纵向）较垂直于纤维方向（横向）具有较高的强度、塑性与韧性。表4-7表示碳含量为0.45%的碳钢的力学性能与纤维方向间的关系。

表4-7 碳钢（0.45%C）的力学性能与纤维方向的关系

性能 取样	R_{eL}/MPa	$\sigma_{0.2}$/MPa	δ/%	φ/%	a_K/J·cm^{-2}
横向	675	440	10	31	30
纵向	715	470	17.5	62.8	62

因此，用热加工方法制造工件时，需保证流线有正确的分布，应使流线与工件工作时所受到的最大拉应力方向一致，与剪应力或冲击方向垂直。一般情况下，流线如能沿工件外形轮廓连续分布，则较为理想。生产中广泛采用模锻法来制造齿轮及中小型曲轴，用局部镦粗法制造螺栓，其优点之一就是使流线沿工件外形轮廓连续分布，并适应工件工作时的受力情况。图4-25表示上述加工方法获得的工件与用轧材直接进行切削加工获得的工件，两者流线的比较，显然锻造毛坯的流线分布是较合理的。

必须指出，热处理的方法是不能消除或改变工件中的流线分布的，而只能依靠适当的塑性变形来改善流线的分布。在不希望金属材料中出现各向异性时，需采用不同方向的变形（如锻造时采用镦粗与拔长交替进行）以打乱方向性。

（3）形成带状组织。亚共析钢经热加工后，呈带状分布的夹杂物会优先成为共析铁素

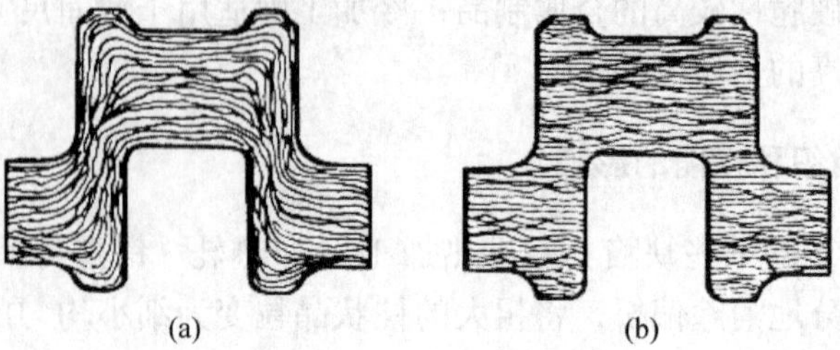

图 4-25 曲轴中的流线分布
（a）锻压成型；（b）切削成型

体析出时的晶核，使铁素体也呈带状分布，在铁素体的两侧是呈带状分布的珠光体，这种铁素体与珠光体沿金属的加工变形方向呈层状平行交替分布的条带状组织，如图 4-26 所示。在过共析钢中，带状组织表现为密集的粒状碳化物条带，它是钢锭中的显微偏析在热加工变形过程中延伸而成的碳化物富集带。带状组织使钢的力学性能呈各向异性，特别是横向的塑性、韧性降低；具有带状碳化物的刀具或滚珠，在淬火时容易变形和开裂，并且使组织和硬度不均匀，在使用时容易崩刃或碎裂，高温扩散退火和适当的热加工工艺（反复镦粗、拔长）能使过共析钢的带状碳化物消除。

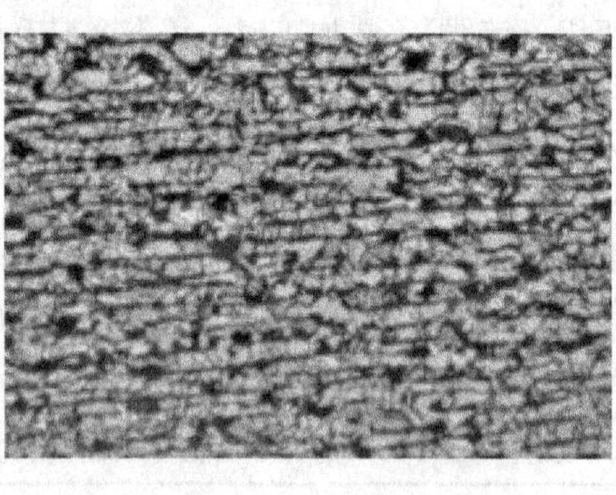

图 4-26 钢中的带状组织

习题与思考题

4-1 低碳钢试样被拉断后，试分析沿其长度方向的组织与硬度的分布情况，并说明其原因。

4-2 列举生产与生活中实例来说明加工硬化现象及其利弊。

4-3 若将经过大量冷塑性变形（变形程度 70% 以上）的纯铜长棒的一端浸入冰水中（并保持水温不变），若另一端加热至 900℃，并将此过程维持一小时，然后再把试样完全冷却。试分析试棒长度方向的组织与硬度的分布情况。

4-4 冷塑性变形与热塑性变形后的金属能否根据其显微组织加以区别?

4-5 比较纤维组织、形变组织、流线与带状组织间的区别，并分析其产生原因及对材料的影响。

4-6 生产中加工长的精密丝杆（或轴）时。常在半精加工后，将丝杆吊挂起来，并用木槌沿全长轻击几遍，再吊挂 7 ~ 15 天，然后再精加工。试解释这样做的目的及其原因。

5 二元合金的相结构与结晶

5.1 基本概念

纯金属虽具有较高的导电性和导热性，但其力学性能一般都较低，常不能满足需要，故现在工业上广泛应用的金属材料绝大多数都是合金。由两种或两种以上的金属元素，或金属元素与非金属元素经熔炼、烧结或其他方法组合而成并具有金属特性的物质称为合金，如应用很普遍的碳钢和铸铁就是主要由铁和碳所组成的合金，又如黄铜是由铜与锌组成的合金，等等。

组成合金的最基本的、独立的物质称为组元，简称元。一般来说，组元就是组成合金的元素，铁碳合金的组元是铁和碳，黄铜的组元是铜和锌。由两个组元组成的合金称为二元合金，由三个组元组成的合金称为三元合金，由三个以上组元组成的合金称为多元合金。由给定组元可以配制出一系列不同成分的合金，其所组成的一个合金称为合金系。由两个组元组成的合金系统称为二元系，三个组元组成的合金系统称为三元系，更多组元组成的合金系统称为多元系。纯金属只有一个组元，称为单元系。

物质系存在的状态依其所处的条件（温度、压力等因素）而变化，如 H_2O 在常压下、0～100℃范围内的液体（水），在0℃呈结晶状固体（冰），而在100℃以上为气体（蒸汽）；又如固态铁在912℃以下为体心立方结构的晶体，而在912～1394℃范围内为面心立方结构的晶体。物质系存在的某种状态或结构，通常称为某一相。在合金系统中，相是指具有某一化学成分、统一结构和原子聚集的状态，并以界面互相分开的、均匀的组成部分。由于组元间的相互作用，在一定状态下，合金可以只合成一个相，也可以合成多个或不相同的相，故合金在一定状态下，或由一个相组成，或由多个相组成。如合金仅只由一个相组成，称为单相合金；如合金由两个或两个以上的相组成，称为多相合金。任意一个合金在某条件所处的状态，不仅需要指出其存在相的类型、数目，相的化学成分，相的结构，相的相对数量，而且还需指出其组成相的大小、形状、分布情况等，总括这些特征，就是通常在金相显微镜（光学的、电子的）下观察到的合金组织。当今的合金不仅在强度、硬度、耐磨性等机械方面的性能比纯金属高许多，而且在电性、磁性、化学稳定性等物理化学性能方面的性能也可以与纯金属相媲美或更好。

材料科学的基本规律揭示，合金的性能由合金的组织状态而定，合金的一定组织是与一定的性能对应的。组织变化，性能亦变化。要使合金具有一定的性能，就必须使合金具有一定的组织，因此，合金的组织及其形成和变化的规律，有着重要的意义。

5.2 固态合金中的相结构

大多数合金的组元在液态下均能相互溶解，成为一个均匀的液相。液态合金在结晶后由于组元的原子结构、晶体结构等不同，组元间将产生物理的、化学的相互作用，可能在固态合金中形成具有一定成分和一定晶格结构的合金相。若液态下组元间相互溶解的状态仍能在固态保留下来，即组元间在固态仍能彼此溶解，形成均一的溶体，则称此溶体为固溶体。如果在凝固时组元间相互作用，形成具有金属性质的化合物，则称它为金属化合物（或称中间相）。各种合金的组成相虽然是多种多样的，但归纳起来，可分为固溶体和金属（间）化合物两种基本类型。工业上使用的金属材料，有的是全部由固溶体组成的单相合金，有的是由以固溶体为基础还有少量金属化合物所组成的多相合金，也还有以金属化合物为主而用少量的金属固溶体粘合起来的硬质合金，等等。

5.2.1 固溶体

将糖溶于水可得到糖的水溶液，若糖水冷凝成冰，就得到糖溶解在固态水中的固溶体。在合金中，如组元在固态下能彼此相互溶解，则其溶液凝固时，组元的原子将共同结晶成一种在某组元的晶格结构中，包含有其他组元原子的晶格结构与该组元结构相同的固溶体。以纯金属组元为基础的固溶体，又称端际固溶体。含量较多、晶格与固溶体相同的组元称为固溶体的溶剂组元，其他含量较少的组元称为溶质组元。固溶体是溶质原子融入溶剂中所形成的均一结晶相，其晶体结构仍然保持溶剂结构中的间隙位置。前者称为置换固溶体，后者称为间隙固溶体。

5.2.1.1 置换固溶体

置换固溶体是指溶质原子溶于固态溶剂中，置换了溶剂晶格中的一些原子而位于溶剂晶格中的某些结点位置上所形成的固溶体，其结构如图 5-1（a）所示。

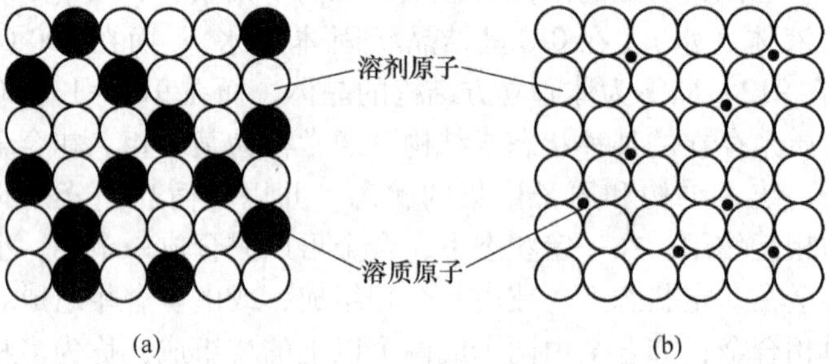

图 5-1 固溶体结构示意图
（a）置换固溶体；（b）间隙固溶体

5.2.1.2 间隙固溶体

溶质原子在溶剂晶格中并不占据晶格结点的位置，而是嵌入结点之间的间隙中形成的固溶体，称为间隙固溶体，其结构如图 5-1（b）所示。通常，间隙固溶体是由一些原子半径很小（小于 0.1nm）的非金属氢（原子半径为 0.046nm）、氮（0.071nm）、氧（0.060nm）、碳（0.077nm）、硼（0.097nm）溶入过渡族金属中，并且只在溶质组元与溶剂组元的原子半径之比小于 0.59 时，才可能形成。

5.2.1.3 溶质组元在固溶体中的溶解度及其影响因素

溶质组元存在于固溶体的数量，称为固溶体的浓度。在一定条件下，溶质组元在固溶体中的极限浓度称为固溶组元在固溶体中的溶解度，或称固溶度。所有的金属（或中间相）在固态下都能溶解一些溶质原子，但它们的溶解度是极不相同的。如铜和镍可以任何比例无限地互相溶解形成固溶体，这种固溶体称为无限固溶体，或称连续固溶体；而锌在铜中形成固溶体时锌的溶解度是有一定限量的，如在室温下铜锌合金固溶体中的锌含量不超过约39%，这种固溶体称为有限固溶体。

溶质组元在固溶体结构中的溶解度受很多因素的影响。主要有：

(1) 组元的晶体结构。组元的晶体结构相同，是组元间形成无限固溶体的必要条件。只有组元的晶格结构相同时，溶质组元才有可能连续不断地置换溶剂晶格中的原子，一直到溶剂原子完全被溶质原子置换。若组元的晶格结构不相同，仅能形成有限固溶体。即使在组元间不能互相互溶时，若溶质与溶剂组元的晶格结构相同，其溶解度通常也较不同结构时大。如体心立方结构的Mo、W、Cr、Ti、Zr、Nb等在α-Fe中的溶解度就比其在γ-Fe中的溶解度要大；而具有面心立方结构的Co、Ni、Cu等在γ-Fe中的溶解度就大于其在α-Fe中的溶解度。

(2) 原子尺寸的因素。是指溶质与溶剂组元的原子半径差大小用$[(r_{溶质}-r_{溶剂})/r_{溶剂}]\times 100\%$表示。当溶质原子溶入溶剂晶格后，由于原子半径不同将引起晶格畸变，使晶格畸变能增加。组元间原子半径差越大，晶格畸变程度越大，晶格的畸变能越高。当晶格的畸变能增加到一定限度后，固溶体的结构将不再是稳定的，此时溶质原子将不再溶入固溶体中，而要形成其他新相。因此，只有组元的原子差别不大时才有可能形成无限固溶体；若差别较大，则只能形成有限固溶体。经验指出，当原子的半径差大于15%时只能形成固溶度很小的固溶体，反之则固溶度较大，甚至形成无限互溶的连续固溶体。在以铁为基础的固溶体中，只有当铁与溶质组元的原子半径差小于8%，且具有相同的晶格类型时，才有可能形成无限固溶体，否则，就只能形成有限固溶体；而在以铜为基础的固溶体中，只是当原子半径差小于10%，才能形成无限固溶体。在间隙固溶体中，由于晶格中的间隔是有一定限度的，因而它只能是有限固溶体，而且溶质组元的固溶度也不可能很大。

(3) 化学亲和力（电负性）因素。元素的化学亲和力大小一般是以元素的电负性来度量，电负性大小表示该元素得失电子的能力。在元素周期表中，同一周期里，元素的电负性自左至右依次递增；在同一族里，自上而下依次递增。若两元素的电负性相差越大，则它们之间的化学亲和力越强，倾向于生成化合物而不利于生成固溶体，且生成的化合物越稳定，固溶体的溶解度就越小。反之，元素间的电负性越接近，越有利于形成无限固溶体。如果受其他因素的影响两元素只能形成有限固溶体时，则其电负性越相近，溶解度也越大。从周期表上看到，非金属元素硫、氧、磷等均位于周期表右侧，其电负性较大，金属在元素周期表的左侧，其电负性较小，非金属与铁之间有较大电负性差别，故它们在α-Fe中的溶解度不大（如磷的最大溶解度为2.55%，硫为0.02%），而容易与铁形成化合物。

(4) 电子浓度因素。合金中总的价电子数（e）与原子数（a）之比值，称为电子浓度。合金的电子浓度$\frac{e}{a}=[V(100-x)+vx]/100$，其中$V$和$v$分别为溶剂和溶质的原子价，$x$为溶质的原子百分数。表5-1给出各元素的原子价数（即形成合金相时各元素的原子所贡献的价电子数）。当溶质原子对固溶体贡献的价电子数与溶剂不同时，随着溶质原子的进入将使固溶体晶格中的电子浓度及电子云的结构改变。溶质原子所占比例越高，固溶体电子浓度的改变就越大，最后达到某一极限电子浓度。当超过此值时，这种固溶体晶格就不稳定，它将按另一种结构形式组成新的合金相。所以，一定形式的固溶体只能稳定存在于一定的电子浓度范围之内，据理论上的近似计算，一价的面心立方金属作溶剂时，固溶体中的溶质元素的最大溶解度所对应的极限电子浓度为1.36；而当溶剂为一价体心立方金属时，固溶体的极限电子浓度为1.48。当合金电子浓度超过这一极限值时，相应固溶体的晶格就不稳定。这就是说，只有一价金属或过渡族金属（零价金属）元素，才有可能与一价金属元素形成无限固溶体；而二价或二价以上的溶质元素溶入一价金属时，电子浓度将随溶质量的增加而增高，并且能在某一溶解量下使电子浓度超过其极限值，因而它们只能有限地溶解。若溶质元素的原子价数越高，则其溶解度也就越小。当溶剂为其他非一价的元素时，其极限值目前还不清楚。

表5-1 合金相各种元素的每个原子所贡献的价电子数

元素名称	每个原子所贡献的价电子数
Cu、Ag、Au	1
Be、Mg、Zn、Cd、Hg	2
Al、In、Ga	3
Sn、Si、Ge、Pb	4
As、Sb、Bi、P	5
Fe、Co、Ni、Ru、Rh Pd、Os、Pt、Ce La、Pr、Nd	0

注：由于在过渡族中，*n*d层的电子数未被填满，在形成合金相时它们既可以贡献电子，也可以吸收电子，因而近似地认为它们的原子价数为零。

可以看出固溶体的形成规律是复杂的，上述几个因素仅只揭示了形成无限固溶体的必要条件，而不是充分条件。一般情况下，各组元间大多只能形成有限固溶体，其溶解度，除与上述因素有关外，还与温度有关，温度越高，溶解度越大（个别例子除外）。所以在合金中，各组元间究竟形成何种固溶体，其溶解度是大还是小，应考虑上述诸因素的综合作用。现以合金钢中常见元素与铁之间所形成的固溶体为例，进行综合分析。

从表5-2可以看出，合金钢中的合金元素Ni、Co、Mn、Cr、V、Ti、Nb、Mo、W、Cu等都在铁的周围，它们与Fe原子的尺寸差别都在15%以内，电负性因素也相差不多，都能与Fe形成置换固溶体，其中Ni、Co、Cr、V等元素与Fe最近，原子尺寸差异很小（都在8%以内），晶格结构又相同，因而都能与Fe形成无限固溶体。Fe与Fe-Cr系形成的是具有体心立方晶格的无限固溶体，Fe-V与Fe-Cr系形成的是具有体心立方晶格的无限固溶体，Fe-Ni与Fe-Co系具有面心立方晶格的无限固溶体。Ti、Zr、Nb等元素与Fe在周期表中相距稍远，尺寸差别较大，虽与α-Fe的晶格结构相同，也只形成溶解度不大的有限固溶体。Mo、W与Fe的距离比Ti、Zr、Nb等稍近，原子差别较小，电负性也较接近，又具有体心立方晶格，因而其在α-Fe中具有稍大一些的溶解度。Cu虽离Fe较近，原子尺寸相差较大，但由于它们是过渡族元素，其电子结构与Fe有很大差别，因而在Fe中的溶解度很小。

表 5-2 周期表中元素的晶体结构、原子直径及核外电子分布

图例：原子序数—26；元素符号—Fe；原子直径—2.54；晶体结构—⊡ □；核外电子的分布—铁 $3d^64s^2$

元素晶格代表符号：□ 面心立方；⊡ 体心立方；⊠ 金刚石型立方；⊞ 复杂立方；▯ 正交；⬡ 六方；⏣ 密排六方；▯ 正方；◇ 菱形；▱ 单斜

周期＼族	IA	IIA	IIIB	IVB	VB	VIB	VIIB	VIII	VIII	VIII	IB	IIB	IIIA	IVA	VA	VIA
1	1 H 0.92 ⏣ 氢 $1s^1$															
2	3 Li 3.13 ⊡ 锂 $2s^1$	4 Be 2.25 ⏣ 铍 $2s^2$											5 B 1.94 ▯ 硼 $2s^22p^1$	6 C 1.54 ⬡ ⊠ 碳 $2s^22p^2$	7 N 1.42 □ 氮 $2s^22p^3$	8 O 1.20 ▯ 氧 $2s^22p^4$
3	11 Na 3.83 ⊡ 钠 $3s^1$	12 Mg 3.20 ⏣ 镁 $3s^2$											13 Al 2.85 □ 铝 $3s^23p^1$	14 Si 2.67 ⊠ 硅 $3s^23p^2$	15 P 2.20 ▯ 磷 $3s^23p^3$	16 S 2.08 ▯ ▱ 硫 $3s^23p^4$
4	19 K 4.76 ⊡ 钾 $4s^1$	20 Ca 3.93 ⏣ □ 钙 $4s^2$	21 Sc 3.27 ⏣ 钪 $3d^14s^2$	22 Ti 2.93 ⏣ ⊡ 钛 $3d^24s^2$	23 V 2.71 ⊡ 钒 $3d^34s^2$	24 Cr 2.57 ⏣ ⊡ 铬 $3d^54s^1$	25 Mn 3.86 ▯ □ ⊞ 锰 $3d^54s^2$	26 Fe 2.54 ⊡ □ 铁 $3d^64s^2$	27 Co 2.50 ⏣ □ 钴 $3d^74s^2$	28 Ni 2.49 □ 镍 $3d^84s^2$	29 Cu 2.55 □ 铜 $3d^{10}4s^1$	30 Zn 2.75 ⏣ 锌 $3d^{10}4s^2$	31 Ga 2.70 ▯ 镓 $4s^24p^1$	32 Ge 2.79 ⊠ 锗 $4s^24p^2$	33 As ◇ 砷 $4s^24p^3$	34 Se ▱ 硒 $4s^24p^4$
5	37 Rb ⊡ 铷 $5s^1$	38 Sr 4.26 □ 锶 $5s^2$	39 Y 3.69 ⏣ 钇 $4d^15s^2$	40 Zr 3.19 ⏣ ⊡ 锆 $4d^25s^2$	41 Nb 2.94 ⊡ 铌 $4d^45s^1$	42 Mo 2.80 ⊡ 钼 $4d^55s^1$	43 Tc 2.71 ⏣ 锝 $4d^65s^1$	44 Ru 2.67 ⏣ 钌 $4d^75s^1$	45 Rh 2.68 □ 铑 $4d^85s^1$	46 Pd □ 钯 $4d^{10}$	47 Ag 2.88 □ 银 $4d^{10}5s^1$	48 Cd 3.04 ⏣ 镉 $4d^{10}5s^2$	49 In 3.14 ▯ 铟 $5p^1$	50 Sn 3.16 ▯ 锡 $5p^2$	51 Sb 3.23 ◇ 锑 $5p^3$	52 Te ⬡ 碲 $5p^4$
6	55 Cs ⊡ 铯 $6s^1$	56 Ba ⊡ 钡 $6s^2$	57～71 La～Lu 镧系	72 Hf ⏣ ⊡ 铪 $5d^26s^2$	73 Ta 2.94 ⊡ 钽 $5d^36s^2$	74 W 2.82 ⊡ ⊞ 钨 $5d^46s^2$	75 Re 2.75 ⏣ 铼 $5d^56s^2$	76 Os 2.70 ⏣ 锇 $5d^66s^2$	77 Ir 2.70 □ 铱 $5d^76s^2$	78 Pt 2.77 □ 铂 $5d^96s^1$	79 Au 2.88 □ 金 $5d^{10}6s^1$	80 Hg 3.10 ◇ 汞 $5d^{10}6s^2$	81 Tl 3.42 ⏣ 铊 $6p^1$	82 Pb 3.49 □ 铅 $6p^2$	83 Bi 3.64 ◇ 铋 $6p^3$	84 Po □ 钋 $6p^4$
7	87 Fr 钫 $7s^1$	88 Ra 镭 $7s^2$	89～103 Ac～Lr 锕系	104 * ($6d^27s^2$)	105 * ($6d^37s^2$)											

各类钢中总是存在着 C、Si、P、S 等元素，它们与 Fe 的关系是各不相同的。原子半径较小的碳与原子半径较大的铁作用，能与铁形成溶解度较小的间隙固溶体。碳在 α-Fe 和 γ-Fe 中的间隙位置如图 5-2 和图 5-3 所示，碳在面心立方 γ-Fe 中的固溶度为 2.11%（质量分数），在体心立方结构 α-Fe 中的固溶度约为 0.0218%。可见，间隙固溶体的固溶度不仅与溶质原子尺寸大小有关，还与溶剂元素的晶格类型有关。在面心立方 γ-Fe 中，最大间隙是八面体中心，即晶胞的体中心（1/2 1/2 1/2）和棱中心（1/2 0 0）位置，间隙半径为 $0.414R$（R 为铁原子半径），相当于球半径为 0.052nm 的空间。因碳原子比间隙稍大，当它填入时，必会引起其点阵的膨胀。由于点阵畸变，故它不能将所有间隙

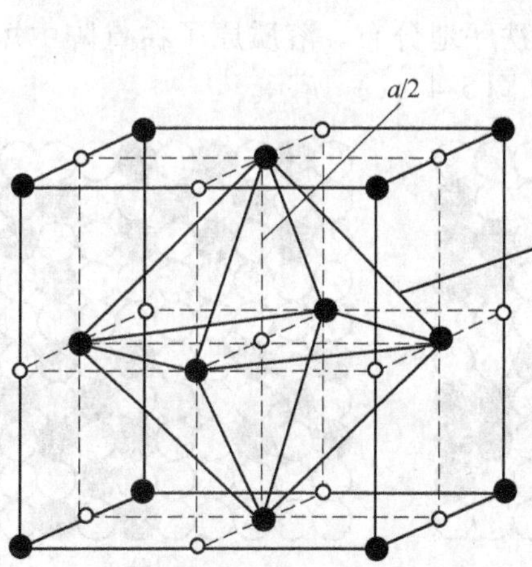

图 5-2 碳在 α-Fe 中的间隙位置

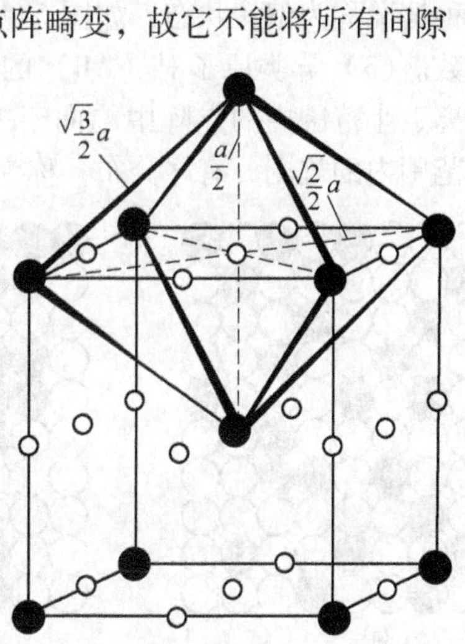

图 5-3 碳在 γ-Fe 中的间隙位置

填满，故碳的溶解度远低于晶格中八面体间隙数目。实际上碳在 γ-Fe 中的最大溶解度(1148℃）仅为2.11%，约相当于9.2%（原子分数)，即每10个铁原子中才有一个碳原子。由于面心立方点阵中的八面体间隙数与其原子数目相等，所以每10个八面体间隙中至多只能有一个被碳原子所占有。

在体心立方 α-Fe 中，四面体间隙半径为 0.291R，即 0.036nm，而其八面体间隙沿(1 0 0)方向的半径为0.154R，即0.019nm。碳原子似乎应该填入半径较大的四面体间隙，因其尺寸远远小于碳原子半径，故碳原子溶入 α-Fe 要比溶入 γ-Fe 困难得多，其溶解度较小。然而实验测定表明，碳原子并不填入四面体间隙，而是填入八面体间隙，这是由于八面体间隙是不对称的，它在 <110> 方向的间隙半径大（0.633R），而在 <100> 方向的间隙半径较小。因而碳原子挤入时主要是推开最靠近的上、下两个铁原子，这比挤入四面体间隙时要同时推开四个铁原子来得容易些。钢中 Si、P 能与 Fe 形成置换固溶体，其中 Si 与 Fe 在周期表中相距较近，原子尺寸、电负性也较相近，故 Si 在 Fe 中的溶解度较大，而 P 与 Fe 相距较远，原子尺寸、电负性也相差较大，因而 P 在 Fe 中的溶解度较小。S 距 Fe 很远，与 Fe 的原子尺寸差小于18%，电负性相差很大，因而 S 几乎不溶于 Fe，只能与 Fe 形成化合物 FeS。

5.2.1.4 固溶体的微观不均匀性

在热力学平衡状态下，固溶体的成分在宏观上是均匀的，但在微观上，溶质原子的分布往往是不均匀的。研究表明，溶质原子在固溶体的分布可以有三种情况：(1) 溶质原子在晶体点阵中的位置是随机的，呈统计性分布，称为无序分布，如图 5-4 (a) 所示。溶质原子呈无序分布的固溶体称为无序固溶体，在完全无序的情况下，任一溶剂原子最近邻有溶质原子的概率等于溶质原子在固溶体的原子分数。实际上，溶质原子完全无序分布通常并不存在，只是在溶质浓度很低的稀薄固溶体中或者高温时，溶质原子才有可能接近于无序分布。(2) 在一般情况下，溶质原子分布偏离上述无序分布。若同类原子对（AA 或 BB）的结合力较异类原子对（AB）的结合力强，则同类原子倾向于聚集在一起成群分布着，这种情况称为偏聚状态，如图 5-4 (b) 所示。溶质原子在偏聚地区的浓度远远高于原子分数。(3) 异类原子对（AB）的结合力较同类原子对（AA 或 BB）强，则溶质原子在短距离、小范围内的点阵中趋向于一定规则呈有序地分布。溶质原子在点阵中短距离、小范围内的规则、有序分布，称为短序分布，如图 5-4 (c) 所示。

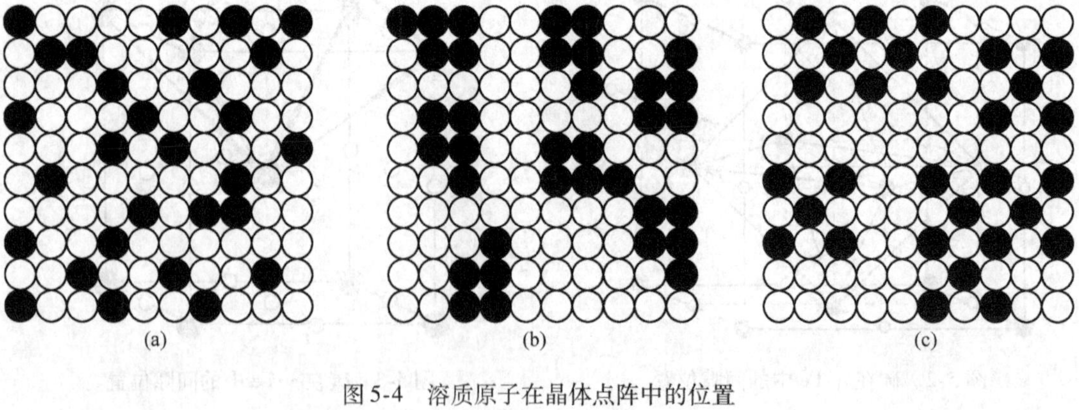

(a) (b) (c)

图5-4 溶质原子在晶体点阵中的位置

合金中溶质原子的偏聚或短程有序的程度与异种原子间和同种原子间作用力的相对大小、组元间的相对量以及温度等因素有关，在极端条件下，它们是互不相溶的，或是出现长程有序化，或是形成化合物。实验指出，在 Au-Ni、Au-Cu 系的固溶体中可观察到短程有序态；在 Al-Ag、Al-Zn 系的固溶体中可观察到原子偏聚态。

5.2.1.5 有序固溶体（超结构）

有许多合金固溶体，当成分接近于一定的原子比（如 A-B）系中的 AB，A、B 或 AB)，在温度从高温降到某一临界温度以下时，两种原子就有可能由高温的短程有序转变为长程有序，此时两种组元的原子（如 A、B）在固溶体点阵中的特定位置上呈长程有序排列，这种固溶体称为有序固溶体，又称超结构。形成有序固溶体的转变称为有序变化，其形成温度称为有序温度。有序固溶体的类型较多，但主要是在面心立方、体心立方、密排六方三类结构的固溶体中形成，其化学分子式多属于 AB 和 A_3B 或 AB_3 型。面心立方结构的有序固溶体，最典型的是 Cu-Au 系中的 CuAu（AB 型）和 Cu_3Au（A_3B 型）两种类型，其晶格结构如图 5-5 所示。图 5-5（a）所示为 385℃ 以下形成的 CuAu 型超结构，Au 原子和 Cu 原子沿 *c* 轴方向交叠分层排列。由于沿 *c* 轴方向异种原子间的引力较强，故原来的面心立方变成面心正方（$c/a = 0.930$）。图 5-5（b）所示为 390℃ 以下形成的 Cu_3Au 型超结构，Cu 原子占据面心立方晶胞的 8 个顶角，这类结构在 $FeNi_3$、$MnNi_3$、$AlZr_3$、$TiZn_3$ 等许多合金都有发现。体心立方结构的有序固溶体也有 AB 和 A_3B 两种类型，图 5-5（b）所示为 468℃ 以下形成的 CuZn 型超结构，Cu 原子占据体心位置，Zn 原子占据晶胞的顶角位置。属于 A_3B 型超结构的有 Fe_3Al、Cu_3Be、Mg_3Li 等。

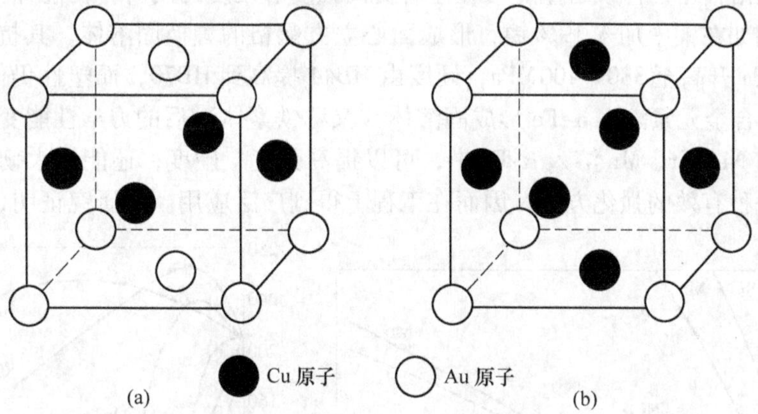

图 5-5 CuAu（a）和 Cu_3Au（b）固溶体的晶体结构示意图

5.2.1.6 固溶体的点阵畸变

形成固溶体时，虽仍保持溶剂的晶体结构，但由于溶质原子的大小与溶剂完全不相同，因而随着溶质原子的溶入，将在固溶体的晶体结构中引起局部畸变，导致点阵常数的变化。在形成置换固溶体时，若溶质原子比溶剂原子大，则溶质原子周围的点阵发生膨胀，引起正畸变（图 5-6（b）），使固溶体平均晶格常数增大；反之，若溶质原子较小，在溶质原子周围的溶剂原子将向其靠拢，发生点阵收缩，引起负畸变（图 5-6（c）），使固溶体平均晶格常数减小。

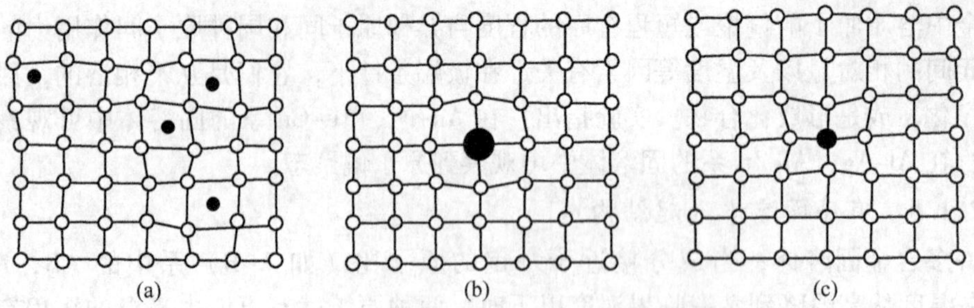

图 5-6　溶质原子溶入固溶体引起的点阵畸变

形成间隙固溶体时，溶质原子只引起固溶体晶格产生正畸变，其晶格常数总是随溶质原子的溶入而增大。如碳在 γ-Fe 中形成间隙固溶体（又称奥氏体）的晶格常数与碳溶入量的关系就是如此。溶质原子的数量越多，晶格常数越大。显然，溶质原子尺寸越小，所引起的晶格畸变和畸变能越小，其溶解度也就越大；反之，溶解度越小。

5.2.1.7　固溶体的性能

当溶质元素的含量极少时，固溶体的性能与溶剂元素基本相同。随着溶剂含量的增加，固溶体的性能会发生变化，一般是强度、硬度逐渐升高，塑性、韧性有所下降，电阻率逐渐升高（导电性逐渐下降），磁矫顽力升高等。通过溶入某种溶质元素形成固溶体而使合金的强度、硬度升高的现象称为固溶强化。这种强化主要是溶质原子溶入后，引起固溶体的晶格产生畸变，位错移动时受到的阻力增大的缘故。实践证明，在不同的合金中，若适当控制固溶体中的溶质含量，可在显著提高强度、硬度的同时，仍能保持相当好的塑性和韧性。例如在铜中加入 19% 镍，形成面心立方晶格的置换固溶体，其抗拉强度 R_m 由原来的 220MPa 升高至 380～400MPa，硬度由 HB44 提高到 HB70，而塑性仍保持断面收缩率 $\psi=50\%$。合金元素溶入 α-Fe 形成固溶体（又称铁素体）后的力学性能变化，如图 5-7 所示。适量的 Ni、Cr、Mn 溶入 α-Fe 中，可以提高强度、硬度，还能增大韧性。很明显，固溶强化是一种有效的强化方式，因而在工程上得到广泛应用。但研究证明，合金通过单

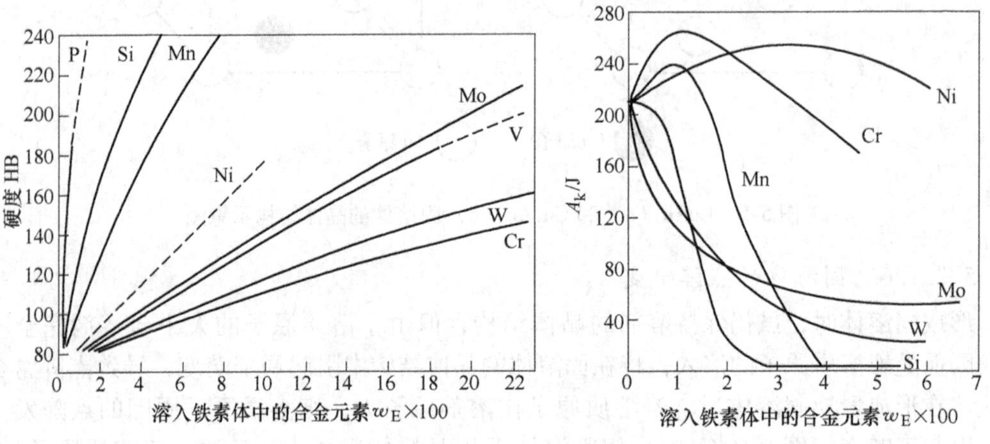

图 5-7　合金元素对铁素体力学性能的影响

（a）硬度；（b）冲击韧性

纯的固溶强化所达到的最高强度指标仍然是有限的，常常不能满足要求，因而不得不在固溶强化的基础上再补充进行其他强化处理。

5.2.2 金属化合物

两组元 A 和 B 除了可形成以 A 为基础或以 B 为基础的固溶体外，还可以在溶质组元含量超过固溶体的固溶度形成晶格结构不同于该两组元的化合物，这种新相称为金属化合物，又称中间相。金属化合物的类型很多，分类也不一致，主要包括：(1) 服从原子价规律的正常价化合物（电负性因素起主要作用）；(2) 由电子 = 浓度因素发挥主要作用的电子化合物；(3) 由小尺寸原子与过渡族金属（原子大小的相对差超过了一定数值）之间的间隙相和间隙化合物；(4) 拓扑堆相等。它们主要的特点是：金属化合物多数是金属与金属，或金属与类金属（硅、氧、氮）之间所形成的化合物，其结合是以金属键为主，故有相当一部分不遵循化合价规律。通常它们是按一定的或大致一定的原子比结合起来，并用化学分子式来表示。但是，也有一部分金属化合物的成分可在一定范围内变化，形成以化合物为基础的固溶体。金属化合物具有与组元不同的另一种晶体结构，且组元原子可以各占据一定点阵位置，呈完全规则的长程有序排列，但其中也有一些金属化合物的有序程度不是很高，甚至在高温时为无序而在较低温度时才转变成有序排列，如 CuZn 等。合金因组成相产生有序变化后，会使硬度、脆性增加，塑性和电阻率下降。金属化合物一般具有较复杂的晶体结构，其性能也不同于组元，并有明显的改变，但仍能保留金属特性，它们熔点高，硬而脆。金属化合物，通常提高合金的强度、硬度和耐磨性，但会降低塑性和韧性。金属化合物是各类合金钢、硬质合金和许多有色金属合金的重要组成相。

5.2.2.1 正常价化合物

正常价化合物是指符合一般化合物的原子价规律的金属化合物。它具有严格的化合比，成分固定并可用化学式表示，不能形成固溶体，其晶格类型与组成元素完全不同，各元素原子在晶格中呈规则的有序排列。正常价化合物是由周期表相距较远、电负性较差较大元素组成的，通常是金属元素与第$\mathrm{IV_A}$、$\mathrm{V_A}$、$\mathrm{VI_A}$族的非金属或类金属形成的一些化合物，其结合除金属键而外，尚有离子键或共价键。例如，+2 价的 Mg 与 -4 价的 Pb、Sn 和 Si 形成 Mg_2Pb、Mg_2Sn、Mg_2Si 化合物，其稳定性与两组元的电负性差值有关。电负性差值越大，稳定性越高，越接近于盐类的离子化合物。电负性差值较小的 Mg_2Pb，主要为金属键结合，显示典型的金属性质。电负性差值较大的 Mg_2Si，主要为共价键结合，显示典型的半导体性质。电负性差值更大的 Mg_2Si，有较强的离子键，是典型的离子化合物，它们的晶体结构与离子化合物 NaCl 和 CaF_2 相同，固溶度范围很小，性质硬而脆，常有较高的熔点。在合金中，当它们的固溶体基本上做合理分布时，将使合金强化，起到强化相的作用。Al-Mg-Si 合金中的 Mg_2Si 就是一例。

5.2.2.2 电子化合物

电子化合物是由第一族或过渡族元素与第二至第五族元素结合而成的化合物，不遵循原子价规律，而服从电子浓度（其计算方法与固溶体电子浓度的计算方法相同）规律。当合金的电子浓度达到某一数值，便形成具有某种晶体结构的化合物相，即电子化合物的晶体结构与电子浓度有一定的对应关系。统计结构表明，许多合金的电子浓度为 3/2（或

21/14）时都能形成具有体心立方晶格的电子化合物，称为β相；而在电子浓度达到21/13时，形成具有复杂立方晶格的电子化合物，称为γ相；当电子浓度达到7/4（或21/12）时，形成具有密排六方晶格的电子化合物，称为ε相。由于形成这类化合物的主导因素是合金的电子浓度，故称为电子化合物。但是，应当指出，电子浓度并不是决定电子化合物结构的唯一因素，组成元素的原子大小及其电化学性质等对其结构也有影响。如电子浓度为3/2的电子化合物除可为体心立方结构外，当形成元素的原子尺寸差别很小时，还可呈密排六方结构等。表5-3列出合金中常见的电子化合物及其结构类型。

表5-3 合金中常见的电子化合物及其结构类型

合金系	电子浓度		
	β相	γ相	ε相
	晶体结构		
	体心立方晶格	复杂立方晶格	密排六方晶格
Cu-Zn	CuZn	Cu_5Zn_8	$CuZn_3$
Cu-Sn	Cu_5Sn	$Cu_{31}Sn_8$	Cu_3Zn
Cu-Al	Cu_3Al	Cu_9Al_4	Cu_5Al_3
Fe-Al	Cu_5Si	$Cu_{31}Si_8$	Cu_3Si
Ni-Al	NiAl		

电子化合物虽然可以用一定的化学分子式表示，但实际上它是一个成分可变的相，即其成分可在一定范围内变动，因而其电子浓度实际上也存在一定范围。在电子化合物中可以再溶解一定数量的组元，形成以化合物为基础的固溶体（又称第二类固溶体，以区别纯金属组元为基础的固溶体）。在电子浓度为3/2和21/13的电子化合物中，当成分变动时。其组元之间多数是可以相互替代的，但其中有些电子化合物如NiAl等，当其铝原子含量超过50%时，其晶体点阵中的镍原子的位置上会出现一些空位，这种相结构常称为缺位固溶体。有人得出在铝含量为54%（原子分数）时，合金中空位浓度可达8%。显然。合金中铝原子增多将使 e/a 大于3/2，但一定数量空位的存在，则可使每个晶胞的电子数仍保持不变。故从影响电子化合物的结构稳定性考虑，每个晶胞的电子数目可能具有决定性作用。电子化合物晶格中各组成元素的原子间多呈无序排列。但是，有些合金的电子化合物自高温冷却到某一温度以下，将转变为有序排列。如前述的Cu-Zn合金中的β相，缓冷到468℃以下时，Cu和Zn原子将转变为有序排列，称为β′相。不过，有些电子化合物的有序化不完全，有序程度不很高。电子化合物为金属键结合，具有明显的金属特性（如导电性），它的熔点和硬度都很高，但塑性较低，如为有序排列时塑性更低。电子化合物不适合作合金的基体，但确是合金（特别是有色金属合金）中的重要组成相，当其与固溶体适当配合，可以使合金强化，获得良好的力学性能。

5.2.2.3 间隙相（原子尺寸因素化合物）

当两组元形成金属化合物时，如原子半径差别特别小，倾向于形成电子化合物，而当原子半径差很大时，便形成明显的原子尺寸因素化合物。这种化合物有两种类型：间隙型（间隙相或间隙化合物）和置换型（拓扑密堆型）。现仅讨论间隙相。间隙相是由原子半径较大的过渡族金属元素与原子半径较小的碳、氮、氢、硼等非金属元素形成的金属化合物。这类化合物具有简单的或复杂的，且与组成元素不同的新晶格结构，而在这种新晶格中，尺寸较大的过渡族金属元素的原子半径比值小于0.59时所形成的具有简单晶格的金属化合物，如钨、钛等碳化物以及过渡族的氢化物、氮化物都是简单间隙相。碳与钒形成的金属化合物VC（碳化钒）就是简单间隙相的一个典型例子。钒具有体心立方晶格，原子半径为0.1355nm，碳原子半径为0.077nm，两者比值为 $r_C/r_V=0.077/0.1355\approx0.57$，小于0.59，它们形成的金属化合物VC具有面心立方晶格，其中钒原子占据晶格的正常结点位置，而碳原子分布于晶格的间隙之中，如图5-8所示。

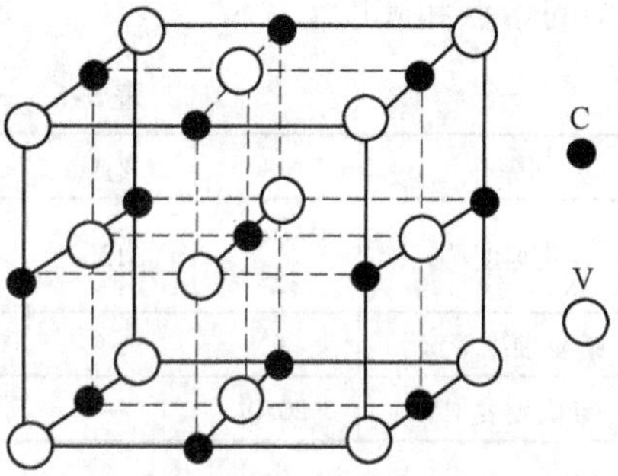

图5-8 间隙相碳化钒结构

简单间隙相的分子式有 M_4X、M_2X、MX和 MX_2（M代表金属元素，X代表非金属元素）四种，表5-4列出一些简单间隙相的分子式、晶体结构和非金属原子所处的间隙位置。虽然简单间隙相可以用一定的化学式表示，但它的成分也是可以在一定范围内变化的，它可以溶解组成元素而形成较宽的、以间隙相为基础的第二类固溶体，它们之间可以互溶。在具有相同结构时甚至可以完全互溶形成连续固溶体，例如TiC-ZrC、TiC-VC、TiC-TiN、TiC-TaC、NbC-TaC、NbC-VC等。表5-5列出一些简单间隙相的成分范围。表中TiC的成分可以在 Ti_2C 与TiC之间的范围变动。TiC中溶解Ti所导致的成分变化是通过某些本应为碳原子所占据的间隙位置上出现的空位，以形成间隙相为基础的缺位固溶体的方式来实现的。

表5-4 一些简单间隙相的结构

分子式类型	间隙相	晶体结构	非金属原子所处的间隙位置
M_4X	Nb_4C、Fe_4C	面心立方	八面体间隙
M_2X	W_2C、Ta_2C、Fe_2N、Mo_2C	密排立方	八面体间隙
	Ta_2H、Ti_2H	密排立方	四面体间隙
MX	ZrN、ZrC、TiC、TiN、TaC、WN	面心立方	八面体间隙
	TiH、NbH、ZrH、PdH	面心立方	四面体间隙
	WC、MoN	简单六方	八面体间隙
	TaH	体心立方	四面体间隙
MX_2	ZrH_2	面心立方	八面体间隙
	TiH_2	面心立方	四面体间隙

表5-5 一些简单间隙相的成分范围

相的名称	Fe_4N	Fe_2N	Mn_4N	Mn_2N	Mo_2C	NbC	PdH	TaC
非金属X含量（原子分数）/%	19~21	17~33	20~21.5	25~34	30~39	44~48	39~45	45~50

相的名称	TiC	TiN	Ti_2H	TiH-TiH_2	VC	ZrC	UC_2
非金属X含量（原子分数）/%	25~50	30~50	0~33	47~62	43~50	33~50	26~65

简单间隙相虽然含有大量的非金属元素，但却具有明显的金属特性，如有金属光泽和

良好的导电性、正电阻温度系数。在温度接近 0K 时，几乎所有的间隙相均具有超导性，具有极高的熔点和硬度，是高合金工具钢及硬质合金中的重要组成相。表 5-6 列出某些间隙相的熔点和硬度。

表 5-6 一些简单间隙相的熔点和硬度

间隙相	NbC	W_2C	WC	Mo_2C	TaC	TiC	ZrC	VC
熔化温度/℃	3770 ± 125	3130	2867	2960 ± 50	4150 ± 140	3410	3805	3023
矿物硬度等级	9	>9	9	7～9	9	<9	>9	>9
维氏硬度 HV	2050	—	1730	1480	1550	2850	2840	2010

复杂间隙相是非金属元素与过渡族元素的原子尺寸比值大于 0.59 时所形成的具有复杂晶格的金属化合物（又称间隙化合物）。Cr、Mn、Fe、Co、Ni 等的碳化物以及过渡族金属的硼化物均属此类。在工业用钢（特别是在高合金钢）中，常存在的间隙复杂相类型有：M_3C 型、（如 Fe_3C）、M_7C_3 型（如 Cr_7C_3）、$M_{23}C_6$ 型（如 $Cr_{23}C_6$）、M_6C 型（Fe_3W_3C、Fe_4W_2C）等。式中 M 可表示一种或固溶体内的几种金属元素，如 $(Fe、Mn)_3C$、$(Fe、Cr)_3C$ 等。Fe_3C 通常称为渗碳体，是钢铁等 Fe-C 合金的基本组成相之一，其原子半径比 $r_C/r_{Fe}=0.62$，属复杂间隙相。Fe_3C 的晶格结构见图 5-9，属正交晶系（即三个轴间夹角 $\alpha=\beta=\gamma=90°$，三个晶格常数 $a\neq b\neq c$），碳原子组成正交晶格，在每个碳原子外围都有六个铁原子构成八面体，各个八面体的轴彼此倾斜某一角度。在每个八面体内部都有一个碳原子，每个铁原子为两个八面体共有。所以在渗碳体中，Fe 与 C 原子的比例为 $1/2\times6/1=3/1$，故用 Fe_3C 表示。Fe_3C 中的铁原子被其他的金属原子置换或碳原子被氮、硼等元素的原子置换所形成的以 Fe_3C 为基础的置换固溶体，称为合金渗碳体。其他复杂间隙相中的形成元素也可被别的元素替换，形成更为复杂的间隙相，如 $Cr_{23}C_6$ 可溶解为 Fe、W、Mo、B 等元素而成为 $(Cr, Fe)_{23}C_6$、$(Cr, Fe、W、Mo)_{23}(C, B)_6$ 等。

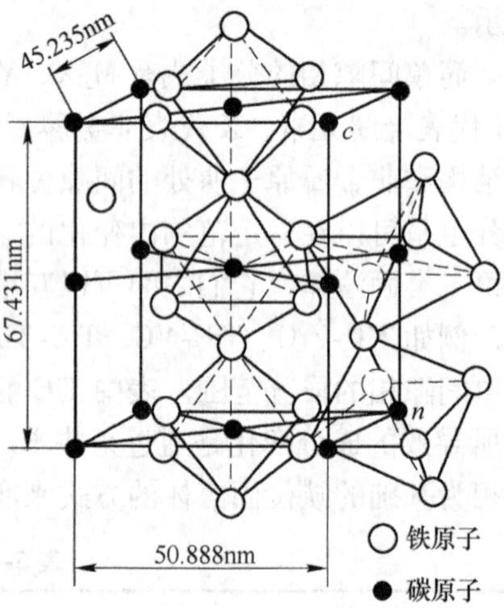

图 5-9 Fe_3C 的晶格结构

形成复杂间隙相的过渡族元素的 d 层电子越少，与碳的亲和力就越强，形成的碳化物也越稳定。这些碳化物和氮化物的共同特点是熔点高、硬度高，为金属键结合，具有金属特性。但与简单间隙相比较，复杂间隙相的熔点、硬度要低些，且加热容易分解。复杂间隙相也是高合金钢中的重要组成相。钢中常见的一些碳化物的熔点及硬度列于表 5-7。

表 5-7 钢中常见碳化物的硬度和熔点

类 型	间 隙 相							复杂结构间隙化合物	
成分	TiC	ZrC	VC	NbC	TaC	WC	MoC	$Cr_{23}C_6$	Fe_3C
硬度 HV	2850	2840	2010	2050	1550	1730	1480	1650	约 800
熔点/℃	3080	3472 ± 20	2650	3608 ± 50	3983	2785 ± 5	2527	1577	1227

5.3　二元合金相图的基本知识

成分各不相同的液态合金在结晶后即可获得单相固态溶体组织，也可获得单相化合物组织（工业上极少应用此类合金），但更为常见的是获得由固溶体和金属化合物或几种固溶体组成的多相混合组织。那么某一定成分的合金在某一定状态下会形成什么样的组织呢？合金的性能与组织的相互关系如何？欲获得高性能的合金，应使其具有什么样的组织呢？要想对这一系列问题有较好的认识，就必须了解合金的结晶过程及其在加热、冷却过程中可能发生的转变，了解合金各相组织的形成及其变化的规律性。所有的这些，利用合金相图均可获得较为满意的答案。

合金相图是表示合金系中各合金的状态与温度、成分间的关系的图解，是表示合金系在平衡状态下，于不同温度、成分下所存在的相以及各相间相互关系的图解，故又称状态图或平衡图。合金相图上所表示的相、组织都是在十分缓慢的冷却（或加热）条件下获得的，是接近平衡状态下的相、组织。这里的平衡状态是指在合金系中，参与结晶或相转变过程的各相之间的相对数量和相的成分均不再发生改变时所达到的一种平衡，即相平衡。因此，合金相图是进行金相分析，制订锻造、铸造、热处理工艺的重要依据。

5.3.1　二元合金相图的表示方法

前已述及，纯金属的结晶过程可以利用冷却曲线来研究。图 5-10 是纯铁的冷却曲线。把冷却曲线上的转变点标在温度坐标上，则相应的 1、2、3 点可以表示纯铁的组织转变点（临界点）。实验证明，温度 0 ~ 1 的范围为 α-Fe，1 ~ 2 的温度范围为 γ-Fe，2 ~ 3 的范围为 δ-Fe，3 点以上为液相。因此，在一个以温度为纵坐标轴上，就可以表示纯铁在加热和

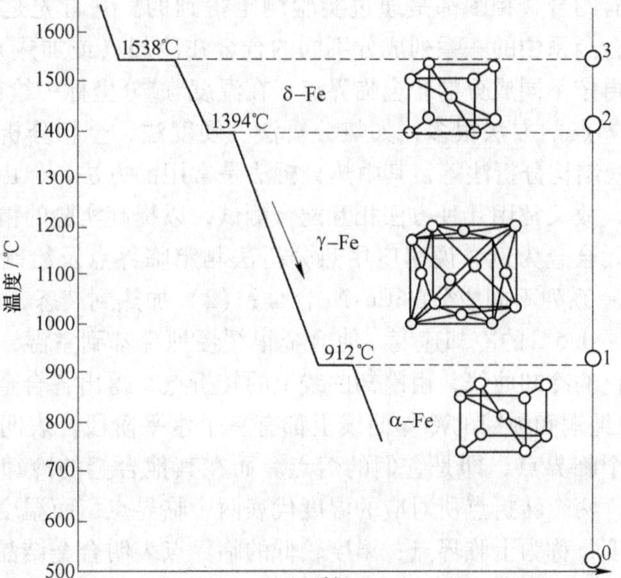

图 5-10　纯铁的冷却曲线

冷却时的相转变。对金属来说，一般都是在沸点以下的温度范围内进行研究，同时外界压力通常为一个大气压，因此，纯金属相图常用温度轴来表示。

二元合金系有成分的变化，若外界压力仍保持一个大气压不变，则二元合金相图需要两个坐标轴来表示：纵坐标表示温度，横坐标表示成分。设合金由 A、B 两组元组成，合金成分可用质量分数（wt%）表示，也可用原子分数（at%）表示，除特别注明外，一般均用质量分数表示。在表示成分的横坐标上，起始端为 0（即纯组元 A），终端为 100%（即纯组元 B），而在两端点之间坐标上的任意一点均表示二元合金的成分。合金中组元 A 的含量由 *B* 点向左增大，即由含 A 为零的 *B* 点向含 A 为 100% 的 *A* 点方向逐渐增大；相反，组元 B 的含量由 *A* 点向右逐渐增大，如图 5-11 所示。

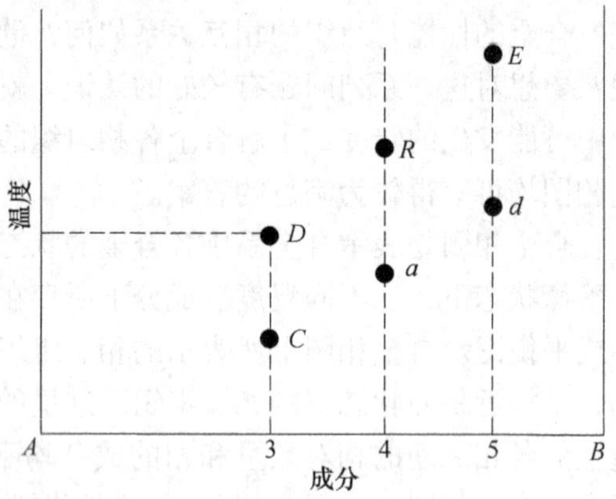

图 5-11　二元合金相图的坐标

任一成分的合金在一温度下，均能在温度-成分坐标图中找出与其相应的一点。位于温度-成分坐标图中并指明合金的成分和温度的那些点称为合金系的表象点，如图 5-11 中的 *D*、*C*、*R*、*a*、*E*、*d* 点。在图的纵轴间所引的垂直于横坐标的直线称为表象点联线，简称表象线，如图中的 D3、R4、E5 线。这样，可以说二元合金相图是以温度为纵坐标、成分为横坐标所表示的合金状态与温度、成分间的关系图形，即在平衡条件下，不同成分的合金于不同温度中所存在的相以及相成分、相对量的相互关系的图形。

5.3.2　二元合金相图的测定方法

目前，几乎所有的合金相图都是通过实验测定得到的。它首先是采用不同的实验方法，精确地测定出合金系中的一系列成分不同的合金在冷却（或加热）时的相转变温度，即合金的临界点，再按不同成分的合金临界点，在温度-成分坐标中绘出该合金系的相图。如今，测定合金临界点的方法很多，如热分析法、硬度法、金相分析法、膨胀法、磁性法、电阻法、X 射线结构分析法等，其中热分析法是常用的方法，但由于合金在固态下相转变的热效应很小，故又常用几种方法相互配合测试，以提高实验的精确度。

先以 Cu-Ni 二元合金为例，说明应用热分析法测定临界点及绘制二元合金相图的过程。(1) 首先配置一系列不同成分的 Cu-Ni 合金；(2) 加热到液态，在合金成分均匀后，以每分钟下降 0.15～0.5℃的冷却速度，使合金很缓慢地冷却到室温，同时记录下合金温度随冷却时间而变化的冷却曲线，由冷却曲线上的转折点，得出各合金的临界点，汇于表 5-8。可以看到，在纯铜和纯镍的冷却曲线上都有一个水平阶段，表明它们都是在恒温下进行结晶，只有一个临界点，即是它们的熔点。而在其他合金的冷却曲线上没有水平阶段，却有两次转折，两个转折点所对应的温度代表两个临界点，而温度较高的临界点表明合金结晶开始的温度，称为上临界点；温度较低的临界点表明合金结晶终了的温度，称为下临界点。合金的结晶过程是在上、下临界点之间的温度范围内进行的。在结晶开始后，由于放出结晶潜热，致使合金温度的下降变慢，冷却曲线上出现第一个转折点，潜热释放一直进行到结晶完毕。当液态合金全部结晶终了，就不再放出结晶潜热，合金温度下降又变快，故冷却曲线上出现第二个转折点。将实验中测得的各合金临界点，标在以温度为纵坐标、成分为横坐标的图中，再将各合金的上临界点连接起来，称为液相线，它表示合金的结晶开始温度，即均匀液相存在的最低温度，故液相线又是均匀液相存在的相界线。同样，将各合金的下临界点连接起来成连线，称为固相线，它表示合金的结晶终了温度，即完全固相开始熔化的最低温度，所以固相线又是完全固相存在的相界线。经过此图，就得到图 5-12 所示的 Cu-Ni 合金相图。在相图中，由相界线划分出来的区域称为相区，表明在此范围内存在的平衡相类型和相形成三个相区：（1）在液相线以上，所有合金处于液态，是单一的液相区。（2）在固相线以下，所有合金均已结晶完毕而处于固态，是固相区。经金相分析及 X 射线结构分析表明，所有成分的铜镍合金在平衡结晶后均具有面心立方结构的单相固溶体组织，因此，合金在固相线以下，是单一的固溶体相区。(3) 在液相线与固相线之间，合金已经开始结晶，结晶过程在不断发展而又未最终完成，所以它是液相与单一固溶体相共存的两相区。

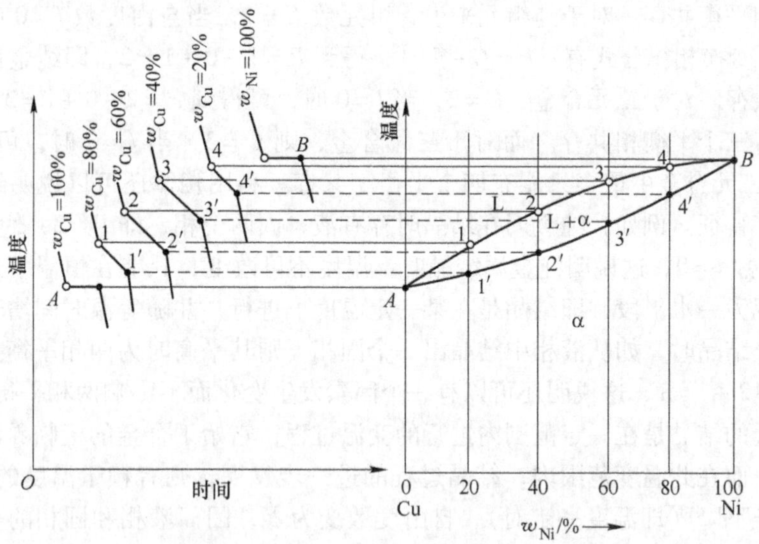

图 5-12 Cu-Ni 二元匀晶相图的绘制

表 5-8 铜镍合金的成分和临界点

合金成分 w_{Ni}（余铜）/%	0	20	40	60	80	100
结晶开始温度/℃	1083	1175	1260	1340	1410	1455
结晶终了温度/℃	1083	1130	1195	1270	1360	1455

5.3.3 相律

合金系在平衡条件下所处的状态，即合金中存在的各种相是由合金的成分以及温度、压力等外界条件所决定的。当这些影响因素改变（即使是其中任何一个因素改变）时，合金的相数目就会变化，但有的时候，改变一个甚至几个因素，相的数目也不会发生变化，即合金的状态不发生变化。例如。在 Cu-Ni 合金相图中，当合金处在液相线与固相线之间的温度时，液相与固溶体相的两相平衡共存，但若温度在液相线与固相线之间的范围变化时，相的数目并不发生改变，仍保持液相与固溶体的两相平衡共存状态。这种在保持合金系统平衡相数目不改变的条件下，可以独立改变的、影响合金状态的内部和外界因素（温度、成分等）的数目，称为自由度数。自由度数最小值为零。相律表示在平衡条件下，系统的自由度数、组元数与平衡相数之间的关系，是系统平衡条件的数学表达式。设合金系统含有 C 个组元，在平衡条件下系统中的相数为 P，其自由度数为 f，相律可用下式表示：

$$f = C - P + 2$$

由于一般都是在大气中对合金进行研究，大气压的正常变化对合金的状态影响不大，因此，在研究合金时认为影响合金状态的外界因素只有温度这一个因素，而压力因素可以不计，故相律可以表示为

$$f = C - P + 1$$

在合金的研究中，应用相律可以确定系统中可能存在的最多平衡相数目，即系统中最多能有几个相平衡共存。对于纯组元来说，组元数 $C=1$，当自由度数 $f=0$ 时，平衡相数 P 为最大值。变换相律公式有：$P=C-f+1$，得到 $P=1-0+1=2$，即纯金属最多只能有两个相平衡共存。对于二元合金，$C=2$，当 $f=0$ 时，可得到 $P=2-0+1=3$，即二元合金中最多只能有三个平衡相共存。而对于三元合金，则 $C=3$，当 $f=0$ 时，可得到 $P=3-0+1=4$，即三元合金中最多只能有四个平衡相共存。利用相律还可以说明纯金属与合金结晶时的某些特征。例如，纯金属在结晶时存有液、固两个相，即 $P=2$，代入 $f=C-P+1$ 得出自由度数 $f=0$，这说明纯金属结晶时，温度不可改变，只能在恒温下进行，故在冷却曲线上表现为一水平段，即结晶是在某一定温度下进行，并随等温时间增长而发展的过程。二元合金结晶时，如从液相中结晶出一个固相，则其平衡时为两相平衡共存，此时自由度数 $f=2-2+1=1$，这说明还可以有一个因素发生变化而不影响两相平衡共存的状态，因此二元合金的结晶是在一定范围内进行的变温过程，它始于合金的上临界温度，终了于下临界温度，而在此温度范围内，结晶过程的进一步发展，则有赖于温度的进一步下降，如果温度停止下降（即温度一定时），自由度数变为零，因而液相和固相的平衡成分都是完全确定的某个不变数值。如果二元合金同时从液相中结晶出两个不同的固相，则其平衡为三相共存，自由度数 $f=2-3+1=0$，所以，从液相中同时结晶出两个固相的转变过程，也只能是在恒温下进行的变时增长过程，在合金冷却曲线上表现为一水平阶段。

5.3.4 平衡量的定量法则——杠杆定律

在合金系中，合金的结晶过程有着与纯金属不相同的另一特征，这就是从液相中结晶出来的一个或几个固相，具有各自的晶格结构和各不相同的成分。它不单是各个固相之间的成分，而且与液相成分也是不相同的，即或同一种晶格结构的固相，也可能在高温下先结晶出来的部分与较低温度下后结晶出来的部分之间也存在着成分上的差异。此外，由于合金结晶是一个一定温度范围内进行的变温过程，所以，在结晶开始温度时，液相数量为100%，固相的数量为零，随着温度的下降，从液相中结晶出来的固相数量逐渐增多，液相数量逐渐减少，以致在结晶终了的温度下，液相全部结晶完毕，合金变为100%的固相。因此，合金在某一温度下开始的变温过程中，各相（包括液相和固相）的成分和相对数量

都在不断发生变化，然而，利用相图和杠杆定律，不但能够确定任一成分的合金在任一温度下处于平衡时的两个相成分，而且可以确定两平衡相的相对数量。

5.3.4.1 两平衡相成分的确定

如图5-13所示，在铜镍合金中，镍含量为b的合金在T_1温度下，其表象点c（即表象线与T_1水平温度线的交点）处于液相线与固相线之间的温度范围内，为一定成分的液相与固溶体相平衡的共存状态，即从液相中结晶出一定成分、一定数量的固溶体并达到平衡，呈现液、固两相平衡共存。为确定此阶段中两个平衡共存的液相与固溶体相的成分，可通过T_1温度作一水平温度线abc与液相线、固相线分别交于a、c点，水平温度线与液相线的交点a所对应的成分（镍含量为C_L）即为液相的成分，水平温度线与固相线的交点b所对应的成分（镍含量为C_α）即为固溶体的成分，这是因为液相成分在T_1温度必定是镍含量已达到饱和的液相成分，否则，镍含量高的固溶体将会溶入液相而失去平衡；同样，固溶体的成分在T_1温度必定是镍含量最低的成分，否则，镍含量低的液体将会继续结晶出固溶体相而失去平衡。

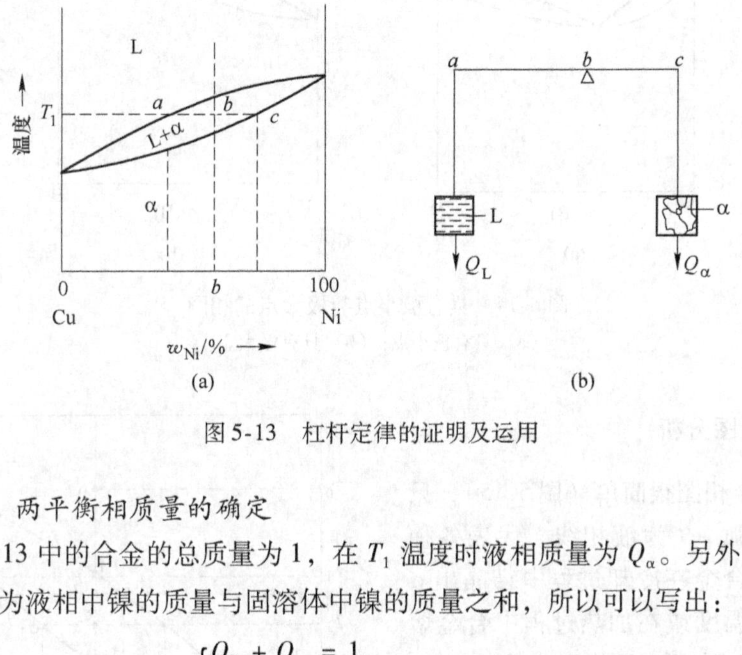

图5-13 杠杆定律的证明及运用

5.3.4.2 两平衡相质量的确定

设在图5-13中的合金的总质量为1，在T_1温度时液相质量为Q_α。另外，合金中所含镍的质量应该为液相中镍的质量与固溶体中镍的质量之和，所以可以写出：

$$\begin{cases} Q_L + Q_\alpha = 1 \\ Q_L \times C_L + Q_\alpha \times C_\alpha = 1 \times C \end{cases}$$

由以上两式可以得到：$Q_L = \dfrac{C_\alpha - C}{C_\alpha - C_L} = \dfrac{cb}{ac}, Q_\alpha = \dfrac{C - C_L}{C_\alpha - C_L} = \dfrac{ab}{ac}$，或者$Q_L/Q_\alpha = cb/ab$。这个式子与力学中的杠杆定律极为相似，故称为杠杆定律。如在图5-13（b）中，将b点看作支点，假定杠杆abc的两端分别悬挂质量Q_L和Q_α，则杠杆的平衡条件是：$Q_L \cdot ab = Q_\alpha \cdot cb$，即$Q_L/Q_\alpha = bc/ab$。

在二元合金相图中，杠杆定律只适合用于两相平衡共存相区，而在三相共存水平线上，杠杆定律不适用。

5.4 匀晶相图

两组元在液态和固态均能无限互溶时所形成的二元合金相图，称为匀晶相图。由液相结晶出单相固溶体的过程称为匀晶转变。绝大多数的二元合金相图都包含有匀晶转变部分。Cu-Ni 合金相图是最典型的匀晶相图，如图 5-14 所示。属于此类相图的合金有 Au-Ag、Au-Pt、Fe-Ni、Si-Be 等。匀晶相图还有其他形式，如 Au-Cu、Fe-Co、Mn-Co、Cr-Mo 等合金的相图上具有极小点，如图 5-14（a）所示；有的合金如 Pb-Ti 系，在相图上具有极大点，如图 5-14（b）所示。对应于极大点和极小点的合金，其液相线与固相线在此重合，不存在结晶温度间隔，即在恒温下结晶（自由度数为零），因为在此特殊情况下，极大点或极小点处，液、固两相成分相同，即此成分合金结晶时形成浓度与液相相同的固相，称为同分结晶，此时用来确定体系状态的变量应减掉一个，故自由度数 $f = C - P = 2 - 2 = 0$。

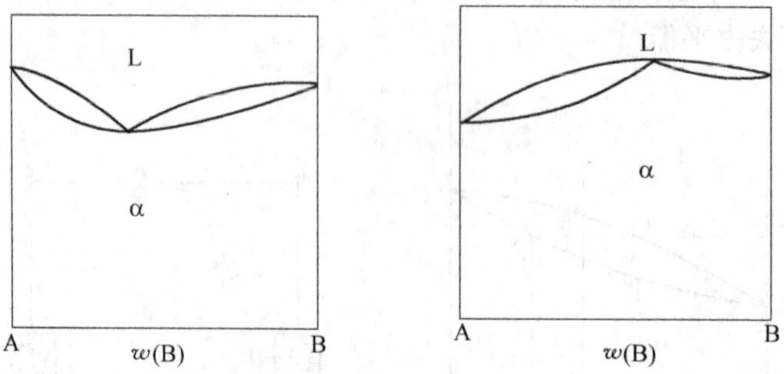

(a) (b)

图 5-14 具有极小点与极大点的相图

（a）具有极小点；（b）具有极大点

5.4.1 匀晶相图分析

Cu-Ni 合金相图很简单（图 5-15），只有两条曲线。弧 *AB* 为液相线，代表各种成分的 Cu-Ni 合金在冷却过程中结晶出 α 固溶体的终了温度或在加热过程中合金熔化的开始温度。在弧 *AB* 线以上合金为液体（L）状态，在 *AB* 线以下合金处于单相 α 固溶体形式存在的固态，而在 *AB* 线和 *AB* 线之间合金处于液、固两相并存状态（L + α）。液相线、固相线与纵坐标温度轴的交点 *A*、*B* 分别是合金系统中两个纯组元 Cu 和 Ni 的熔点。任一成分的 Cu-Ni 合金在结晶时都会发生匀晶转变，由液相中结晶出单相的 α 固溶体，即L→α。

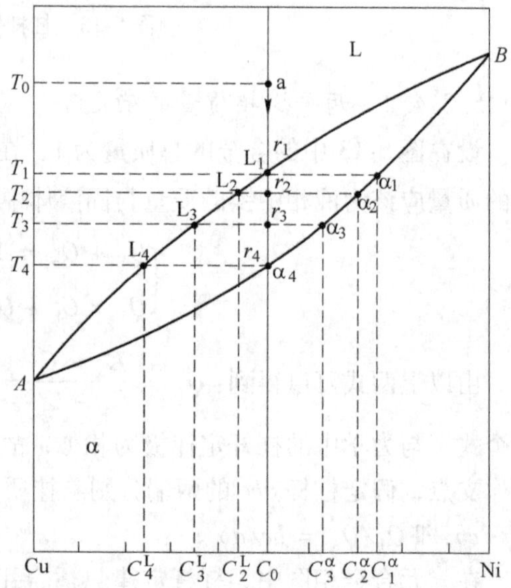

图 5-15 Cu-Ni 合金相图及 C_0 合金的平衡结晶

5.4.2 合金的平衡结晶及其组织

合金的平衡结晶是指结晶过程的各个温度阶段，都达到了相应的平衡状态，但这只是一种理想情况，只有在冷却极为缓慢，结晶也进行极慢的条件下才可能实现。在一般缓冷的条件下，只是近似结晶。现以成分为 C_0 的 Cu-Ni 合金（图 5-15）为代表来讨论形成固溶体的合金的平衡结晶过程。

C_0成分的合金的表象线与液相线、固相线的交点分别为 L_1 和 α_4，作水平温度线 T_1 和 T_4。T_1 温度线与液相线的交点为 r_1（此时 r_1 与 L_1 重合），固相线的交点为 α_1。T_4 温度线与液相线的交点为 L_4，与固相线的交点为 r_4（此时 r_4 与 α_4 重合）。在 T_1 ~ T_4 温度线之间与水平温度线 T_2、T_3，其液相线、表象线、固相线的交点分别为 L_2、r_4、α_4 和 L_4、r_3、α_3。液相线上各对应的成分分别为 C_2^L、C_3^L、C_4^L，固相线上各交点对应的成分分别为 C_1^α、C_2^α、C_3^α。C_0成分合金在高温下 T_0（α 点）呈单相均匀液态，当其高温缓冷到 T_1 温度时，开始结晶出 α 固溶体，按杠杆定律此时结晶出的 α 固溶体为 α_1（成分为 C_1^α），在达到平衡时，相平衡关系是 $L_1 \rightleftharpoons \alpha_1$，平衡相的相对量为 $L_1 = 100\%$，$\alpha_1 = 0\%$，这说明，C_0成分合金的结晶过程只是在 T_1 温度以下的过冷条件下（过冷温度不为零）才能真正进行，并且结晶出来的 α 固溶体成分与原液相成分不同，即固溶体中的镍含量高于液相。设 C_0 成分合金在液相线以下的某一温度 T_2 结晶，此时形成的固溶体为 α_2（成分为 C_2^α），而与之相平衡的液相是 L_2（成分是 C_2^L），它比已处于亚稳态的原母液 L_1 所含的镍量要低，显然，这样的液相 L_2 对于温度 T_2 来说，其过冷度为零，应属于稳定态，所以在温度 T_2 中，一旦新的固溶体相 α_2 出现，系统就力求建立起一个新的平衡关系，即 $L_2 \rightleftharpoons \alpha_2$，且各平衡相的相对量为 $L_2 = \dfrac{\alpha_2 O}{L_2\alpha_2}$ 和 $\alpha_2 = \dfrac{L_2 O}{L_2\alpha_2}$，并以此来更替旧的平衡关系。但是，这个新的平衡关系最初只能在固溶体与其相紧邻的一薄层液相间建立。与此同时，液相中的对流作用以及组元间的相互扩散作用，会使 $L_2(C_2^L)$ 与 $L_1(C_0)$ 间的成分均匀化，使刚建立起的平衡关系又立即遭到破坏，而恢复 T_2 温度下的平衡关系，又促进固溶体 α_2 的长大，促使相界面向液相中推进，界面前沿液相的成分又重新达到 C_2^L。如此反复，相界面附近新平衡关系的建立又破坏，再建立，再破坏，就会促使固溶体不断地长大，而液相则不断地减少，直到全部液相成分变为 C_2^L，及整个系统最后完全建立起 T_2 温度下的新平衡关系，结晶过程才暂时中止。这个过程可以用图 5-16 来表示，图中（a）、（b）分别为结晶过程中和结晶中止后相界面附近成分的变化，以及相界面移动的方向（箭头所指），相界面总是向着能够使已遭破坏的新平衡关系得到恢复的方向而迁移的。合金结晶过程的进

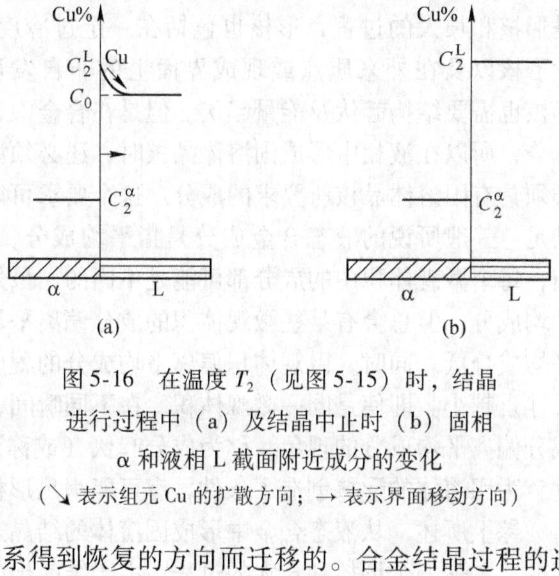

图 5-16　在温度 T_2（见图 5-15）时，结晶进行过程中（a）及结晶中止时（b）固相 α 和液相 L 截面附近成分的变化
（↘ 表示组元 Cu 的扩散方向；→ 表示界面移动方向）

一步发展有赖于温度进一步下降。设缓慢冷至 T_3 温度，此时结晶在两方面同时进行：一方面是在 T_2 时已不同程度成长的固溶体再在 T_3 温度继续长大；另一方面是在 T_3 温度下，由 $L_2(C_2^L)$ 液相中重新产生结晶核心并长大。在 $L_2(C_2^L)$ 中重新形核并长大的过程与在 T_2 进行结晶的情况是相似的，但此时是结晶产生 C_3^α 成分的固溶体，液相变为 C_3^L 成分的液相 L_2，并建立新的平衡关系：$L_3 \leftrightarrow \alpha_3$。在 T_2 温度已经形成的固溶体 $\alpha_2(C_2^\alpha)$ 再在 T_3 温度下继续长大时，除了与上述固溶体成长过程相同的部分外，还存有固溶体 $\alpha_2(C_2^\alpha)$ 与新生固溶体 $\alpha_3(C_3^\alpha)$ 间成分不均匀的新情况。由于原有固溶体 α_2 中的镍含量较高，新生固溶体 α_3 中镍含量较低（组元含量相反），在其间势必发生组元的相互扩散，以使成分均匀化。而这又破坏了新生固溶体 α_3 在 T_3 时的稳定平衡关系。欲恢复这种平衡则有赖于液相中的组元向固相中扩散，这个过程一直需要进行到新旧固溶体完全均匀化，并都变为 T_3 温度时的平衡成分 C_3^α，并在新旧固溶体间以及固、液相间的组元相互扩散终止时才方告完结。随后这些固溶体将于那些在 T_3 温度下形核并长大的固溶体一样成长，完全建立起 T_3 温度下的稳定平衡关系，结晶便中止。显然，在 T_3 的稳定平衡状态中，固溶体量比 T_2 时的量多，而液相的量减少，合金结晶的进一步进行，有待于温度的降低，以此类推，重复上述过程。可见，结晶在温度不断降低的持续过程中，固溶体的成分不断沿固溶线变化，而液相的成分则不断沿液相线变化。当合金缓慢冷却到温度 T_4，表象线、固相线与 T_4 水平温度线汇交 α_4，其相平衡关系是 $L_4 \leftrightarrow \alpha_4$，各平衡相的相对量为 $L_4 = 0\%$，$\alpha_4 = 100\%$，即结晶过程全部完毕，结晶终了后得到与原始合金（C_0 成分）相同镍含量的、单相均匀的、由很多不规则多面体晶粒所组成的固溶体组织。C_0 成分合金平衡结晶时的组织变化如图 5-17 所示。

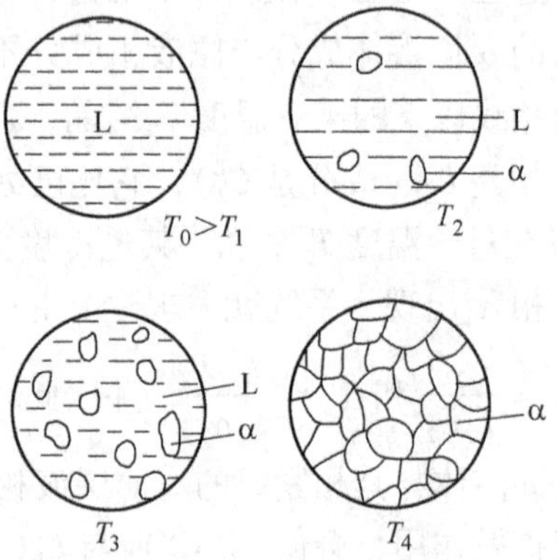

图 5-17　合金平衡结晶时组织变化示意图

形成固溶体的合金和纯金属的结晶过程一样，也是形核和长大的过程，形核也包括在一定过冷度下自发形核以及在外来质点或现成界面上的非自发形核，形核也需要结构起伏及能量起伏。但是在合金中，由于结晶出的固溶体具有与液相不同的成分，所以在液相中形成固溶体晶核时，还必须满足其成分要求，即在形成晶核的液相区必须具有固溶体晶核所要求的成分。这个要求可以通过液相中的成分起伏（浓度起伏）来满足。一般所说的液态合金成分是指平均成分，而由于液态下原子的热运动，在任一瞬间，每个微观体积中的成分都可能是不同的。虽然大多数微观体积的成分是等于或接近于平均成分，但总会有某些微观体积的成分偏离平均成分，它可能比平均成分高，也可能比平均成分低。同时，微观体积偏离平均成分的程度越大，其存在区域的数目就越少，体积尺寸也越小。即使是同一微观体积，在不同瞬间，其成分也是变化的。这种在微观体积中成分偏离平均成分的现象，称为成分起伏（或称浓度起伏）。液态合金中存在着成分起伏，这就为固溶体的形核创造了条件，有可能满足形核时成分要求。

综上所述，从液态合金中形成固溶体的结晶过程是在一定范围内连续降温的过程中进行的，也是一个形核和长大的过程。由于结晶出的固相具有与液相不同的成分，所以结晶一开始，便引起液相成分的变化，而液相成分的变化，大多反过来又引起后来结晶出的固相成分再变化。这个变化过程称为异分结晶，也称选择结晶，它贯穿在结晶过程的始末，成为这类合金结晶过程的一个重要特点。在二元铜镍合金中，由于选择结晶，在较高温度下先结晶出来的固溶体含有较多的高熔点组元镍，而在较低温度下后结晶出来的固溶体含有较多的低熔点组元铜（高熔点组元镍量较少），这种差异在平衡结晶条件下，是借固溶体中的组元间的互相扩散来最终消失，达到成分均匀的。

5.4.3 结晶过程中溶质组元的重分配和分配系数

合金固溶体结晶过程中溶质组元量在液相和固相中均会发生变化并重新分配，它既支配着合金的整个结晶过程，也影响着结晶终了所形成的组织。在二元合金中，随组元的不同，相图中固、液相线的开展程度是各不相同的。这种差异可用平均分配系数 K_0 来量度。所谓平衡分配系数 K_0 被定义为：平衡时固相成分 C_α 与液相成分 C_L 之比，即 $K_0=C_\alpha/C_L$。若将二元相图中靠近纯组元端点部分的液、固相线粗略地认为是直线，即平衡分配系数 K_0 与成分（浓度）无关，为一常数。$K_0<1$ 表示随溶质组元增加，液、固相线下降；$K_0>1$ 表示随溶质组元增加，液、固相线上升。现有合金多数属于 $K_0<1$ 的情况。图 5-18 为 $K_0<1$ 和 $K_0>1$ 的两类二元相图，对于 $K_0<1$ 的合金，K_0 越小，则液、固相线间的展开度越大；对于 $K_0>1$ 的合金，K_0 越大，则液、固相线的展开度越大。而固、液相线间的展开度大小正反映了溶质组元重新分配的强弱程度。在图 5-18（a）中，C_0 成分的合金 $K_0<1$ 时 $C_\alpha/C_L=K_0$，$C_\alpha=K_0C_L$，合金开始结晶时，$C_L=C_0$，故 $C_\alpha=K_0C_0$（$C_\alpha<C_0$）；结晶终了时 $C_\alpha=C_0$，故 $C_L=C_0/K_0(C_L>C_0)$，K_0 越小，C_α 与 C_L 相差越大。而在图 5-18（b）中 $K_0>1$ 时，$C_\alpha/C_L=K_0$，开始结晶时 $C_\alpha=K_0C_0$（$C_\alpha>C_L$）；结晶终了时 $C_L=C_0/K_0$（$C_L<C_0$），K_0 越大，C_α 与 C_L 相差越大。实际上，K_0 的引入有利于分析计算结晶过程中液、固相的平衡成分，也有利于衡量实际结晶与平衡结晶偏离的程度。

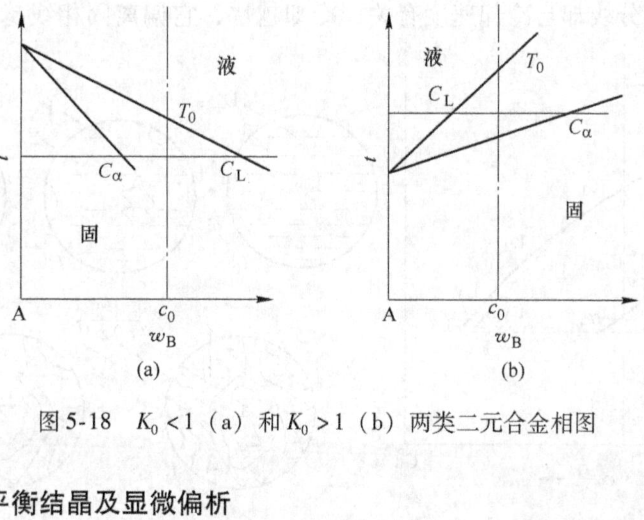

图 5-18 $K_0<1$（a）和 $K_0>1$（b）两类二元合金相图

5.4.4 合金的非平衡结晶及显微偏析

合金的平衡结晶只在温度极为缓慢下降时才能接近于满足，在此条件下，当温度发生任何微小的下降时，合金中的液、固相均达到了该温度下应有的均匀成分，结晶过程中各相的成分欲完全随温度而变化并达到该温度下应有的均匀成分，完全需靠液相内部和固相内部组元间的扩散（相内扩散）和组元在液、固两相之间的扩散（相际扩散）过程来实现。而这种扩散（特别是固相中的扩散）是相当缓慢的，所以在冷却过程中各相是来不及达到其平衡成分的，真正的平衡结晶是指无限缓慢冷却过程的结晶。而在实际条件下（特别是生产条件下），合金的结晶不可能保持平衡条件，它是一个非平衡的结晶过程。

合金的非平衡结晶，随其与平衡结晶偏离程度的不同，可能是多种多样的。现在仅讨论在结晶过程中液相能够保持随时借助扩散、对流或搅动等作用完全均匀化，而固相中不发生扩散的非平衡结晶。

如图5-19（a）所示，C_0 成分合金在温度下降到 T_1 以下一定过冷度的 T_2 时开始结晶，在 T_2 温度下结晶出成分为 C_2^{α} 的固溶体 α_2。当温度下降到 T_3 又结晶出一层新的固溶体 α_3（对应成分为 C_3^{α}），如果在此温度作足够长时间的停留或者温度由 T_2 下降到 T_3 时是极为缓慢的，本来此时的固溶体应是 α_1，亦即原有 α_2 应该通过原子扩散而达到固溶体 α_3 但是由于在温度 T_2 下降到 T_3 时间内这种扩散过程不能（或者基本不能）进行，所以当温度下降到 T_3 时，固溶体外层虽是 α_3，而内层仍是（或接近为）固溶体 α_2，此时固溶体的平均成分就应处于 α_1 与 α_2 之间，相当于图中点 α_2' 的位置，当温度下降到 T_4 时固溶体又生出一层，此最外层的固溶体为 α_1，而此时的固溶体的平均成分则在 α_2' 和 α_3' 位置，这样，在温度下降过程中结晶出的固溶体的平均成分必然位于 C_0 左边，显然，在温度下降到 T_3 时，合金液体此时不会完全结晶完毕，而剩余的液体还应在温度进一步下降的过程中继续结晶。当温度降到 T_4 时，结晶出的最外层是固溶体 α_4，其成分位于 C_0 右边，此时固溶体的平均成分与原始合金成分 C_0 一致，结晶才会完结。如果把每一温度下平均成分点 α_1、α_2'、α_3'、α_4' 连接起来，就得到图5-19（a）中的虚线，称为固溶体平均成分线，它位于固相线左下方的某一位置上，犹如固相线向其左下方“偏移”到这个新位置一样。但是固相线与固溶体（或固体）平均成分线的意义是不同的。固相线的位置与冷却速度无关，而固溶体（或固体）平均成分线却与冷却速度有关，冷却越快，它偏离固相线越远，当冷却极为缓

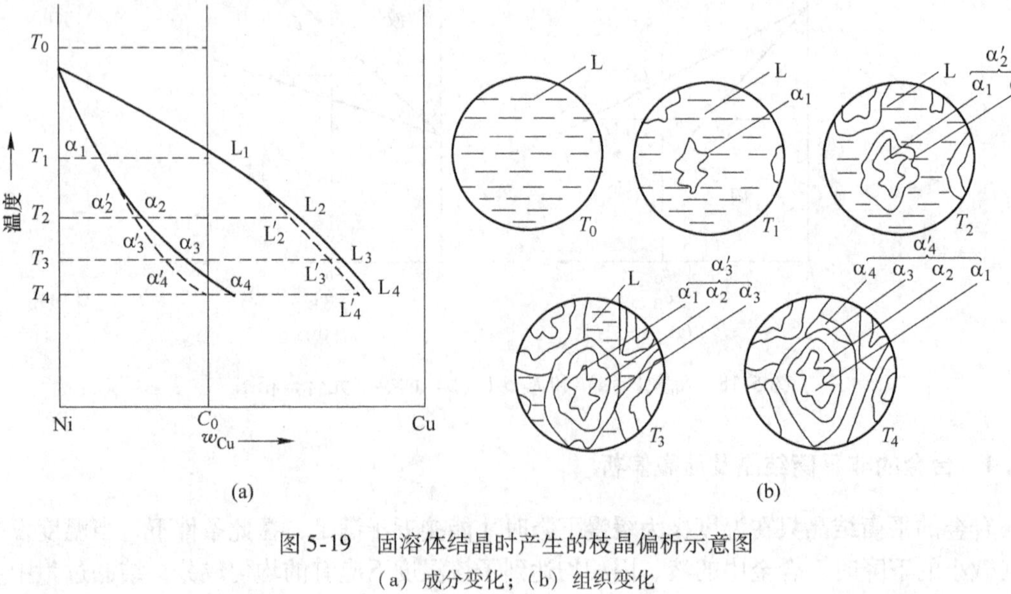

图5-19　固溶体结晶时产生的枝晶偏析示意图

（a）成分变化；（b）组织变化

慢时，则与固相线重合。

不难看出，合金非平衡结晶后的组织是极不均匀的，不但各晶体之间的化学成分在 α_1 到 α_4 间变化，而且各个晶体内部的成分也是不均匀的，即由内到外逐层不同，内层是先结晶的部分，含高熔点组元镍相对较多；外层是后结晶的部分，含低熔点组元铜较多，这种在结晶内部存在成分不均匀现象，总称为微偏析。前者称为晶体之间的偏析，或者简称结晶偏析；后者称为晶内偏析。溶质含量比合金含量高的偏析称为正偏析，比合金含量低的称为负偏析。实际是，合金的非平衡结晶是在温度连续下降中进行的，所以存在晶内偏析的各固溶体内的成分变化是逐渐过渡变化的。晶内偏析又称枝晶偏析。前已提到，金属晶体在成长的初期由于放出结晶潜热而在其边界外围的过冷液体中造成了负的温度梯度，同时又由于溶质或杂质原子在成长晶体的周围液体中聚集，因而在通常条件下，合金固溶体都采取树枝状方式成长，所以成分不均匀现象也表现在树枝状的分布中。先结晶的树枝干富镍，后结晶的树枝分叉富铜，形成树枝干与枝杈间的成分不均匀，其中低熔点组元较多地被排斥在枝晶间隙位置，如图 5-19（b）所示。

合金固溶体的结晶只要偏离平衡态，就会引起显微的、宏观的偏析，其表现形式虽有晶内偏析或枝晶偏析、晶粒之间的偏析、晶界偏析等不同式样，但其形成的基本原理是相似的。图 5-20 所示为 Cu-Ni 合金的显微偏析组织，用电子探针测定这种偏析组织中的成分分布，证明：在晶粒中心或者树枝干中心部分 Ni 含量最高，而 Cu 含量最低；在晶界或枝间部分正相反，Cu 最高、Ni 最低，其他部分则介于两者之间。一般来说 $K_0 > 1$ 的组元，即升高熔点的组元总是易于富集在晶粒中心或枝干中心部分；而 $K_0 < 1$ 的组元，即降低熔点的组元总是易于富集在晶界或晶枝之间，这是显微偏析的一个普遍规律。

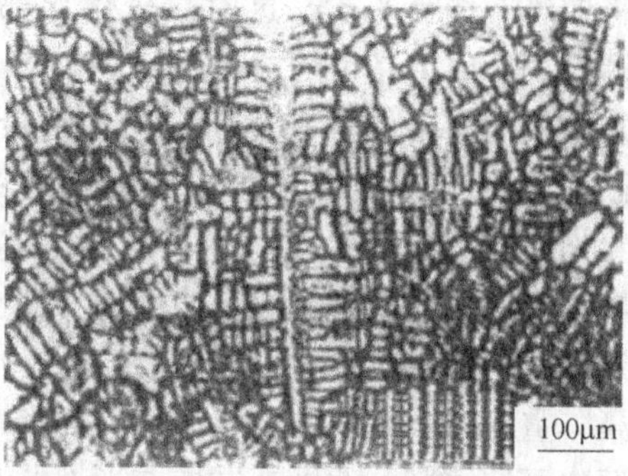

图 5-20 Cu-Ni 合金的枝晶偏析组织

晶内偏析的程度取决于冷却速度、偏析元素的扩散能力以及相图中液、固相线间的距离。冷却速度越大，则结晶过程中的几种扩散进程进行得越少，内外各层成分相差越大，即偏析越严重。但是如果冷却速度极大，则对于小体积铸体来说就可能把液体过冷到接近固相线的温度，在这样的过冷情况下，结晶出来的固相成分就很接近合金的原始成分，因而偏析程度反而小了。组元的扩散能力大或者说扩散系数大、扩散过程越易进行，则最后的成分不均匀程度就越小。液、固相线间的垂直距离和水平距离越大，则先后结晶的各层固溶体之间的成分差异越大，枝晶偏析程度越大。晶内偏析的存在使晶粒内部的性能不一致，使合金的力学性能降低，特别是使塑性和韧性降低，甚至使合金不易进行压力加工，还引起合金化学性能不均匀，使耐腐蚀性降低，所以在生产上要消除或改善（枝晶）偏析。由于它是非平衡结晶所产生的一种不稳定组织，通过原子的扩散运动，就必然会促使其向平衡组织转换，从而消除偏析现象。在较低温度下，由于原子的扩散能力很低，晶内（枝晶）偏析一般很难消除或改善。如果使原子扩散能力增加，原子能进行充分扩散，就有可能消除或减弱晶内（枝晶）偏析。在生产中，一般是将带有枝晶偏析的铸锭（件）加热到低于固相线 100～200℃ 的温度，进行长时间的保温，使偏析元素进行充分扩散，以达到成分均匀化的目的，这种处理方法常称为扩散退火或均匀化退火。有些合金的铸锭经适当热轧或热锻，也可以使其枝晶偏析程度有所减轻。

5.4.5　区域熔炼（提纯）

合金固溶体在非平衡条件下的异分结晶（又称选择结晶）所导致的溶质元素在固、液相间重新分配并产生偏析的原理，从20世纪50年代起，被利用来进行某些金属材料和半导体材料（锗、硅、铝、锑、锡、钛）以及一些有机和无机化合物的提纯，制取高纯材料，获得了极好的提纯效果。按上述原理发展的提纯技术，就是常用的区域熔炼法。

区域熔炼法是将固体金属或合金分段逐步熔化，以获得高纯度金属（或半导体或化合物）的方法，如图5-21所示。样品全长为L，由A端开始，用感应加热等方法使样品从一端到另一端进行局部分段熔化，先熔化一端，然后将加热器移至邻段，这时最先熔化部分先开始结晶，其后结晶也随之依次进行。若$K_0<1$，则先结晶的固溶体含有高熔点组元的量多，而将低熔点组元（或杂质）转入熔区的液体中。随着加热器逐步向D端移动，继续上述分段逐步熔化，使熔区到终端即可使低熔点组元（或杂质）富集于D端的尾部。K_0越小，提纯效果越好。依照上述方法，从始端到终端重复移动多次，金属（除去终端）的纯度将大大提高，重复的次数越多，所达到的纯度水平就会更高。而对于$K_0=1$的情况，只需反复进行五次区域熔炼，就可把试样左半部的杂质平均含量降低99.9%。

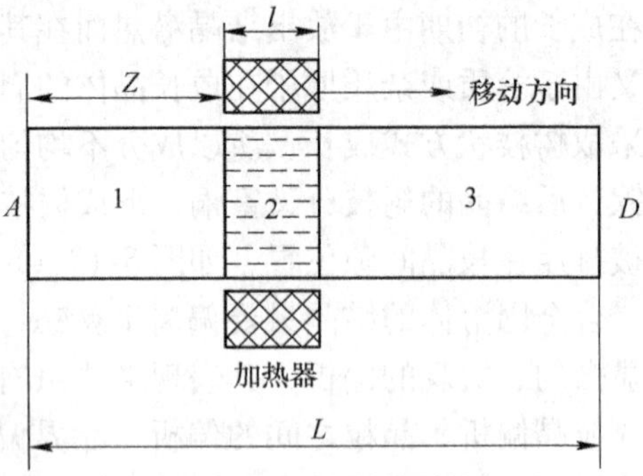

图5-21　区域熔炼示意图

5.4.6　成分过冷在固溶体结晶中的作用

在物理化学中，常采用过饱和浓度的概念来判断溶液能否发生沉淀或结晶。所谓过饱和浓度是指溶液中溶质浓度超过其溶解度的程度，溶质浓度超过溶解度越多，溶液的过饱和度越大，越容易发生结晶或沉淀，这一概念也可用到合金液体中。对于液态合金的结晶，过饱和度和过冷度有很相似的作用。如对给定的合金来说，二者有着一定的比例关系，能相互进行换算。

对于同分结晶的金属或合金来说，由于它们都具有单一的熔点（或凝固点），所以只要知道了液体的实际温度，就可以判断液体是否过冷以及过冷度有多大。而对于异分结晶的合金，由于它的熔点温度随成分而变化，即随溶质浓度的增加而增加或降低，并且结晶又是在一个温度范围，所以判断这类合金的液体是否过冷以及过冷度的大小，不但要考虑液体的实际温度，而且要考虑液体的实际成分。但是液体的成分在结晶过程中是随结晶的进行以及其与界面的距离而变化的，这就注定了这类合金结晶时，液相过冷度具有复合的二重性，一方面是由于温度真正降低而引起的过冷，其过冷度取决于实际温度的分布，这样的过冷称为温度过冷或热温过冷；另一方面是由于液相中溶质浓度的分布发生变化，改变了液相的熔点（即液相线所决定的温度），虽是在实际温度为某一分布情况下也能表现出过冷，呈现出液相的过冷状态，这种由液相成分变化与实际温度分布两个因素共同对结晶起实际作用，并决定结晶过程的过冷，称为成分过冷，亦称组成过冷或本质过冷。如果说温度过冷是决定同分结晶过程以及结晶后组织的关键性因素，那么成分过冷则是影响异分结晶以及结晶后组织的关键性因素之一。决定成分过冷度大小及其分布的基本因素是结晶时液-固相界面附近液相中溶质浓度分布和实际温度的分布状况。

成分过冷区在一定的实际温度分布曲线中，是一个两边小而中间大的区域（见图 5-22）。显然，这个成分过冷区的出现，使结晶界面具备了向液相纵深方向突出的有利条件，促进了晶体生长。但是，应当注意，成分过冷区也是随外界条件而变化的，如果液-固相界面前沿的液体中浓度梯度一定（及熔点曲线 T_L一定）时，成分过冷区将随温度梯度 $\frac{dT}{dx}$ 而变化。若实际温度分布曲线 T 越平缓，即温度梯度越小，则成分过冷区便越大、越宽；反之实际温度分布曲线 T 越陡，及温度梯度越大，则成分过冷区便越小、越窄；当实际温度分布曲线 T 的斜率超过熔点曲线 T_L 在界面处的斜率时，就不会出现成分过冷区（图 5-23）。

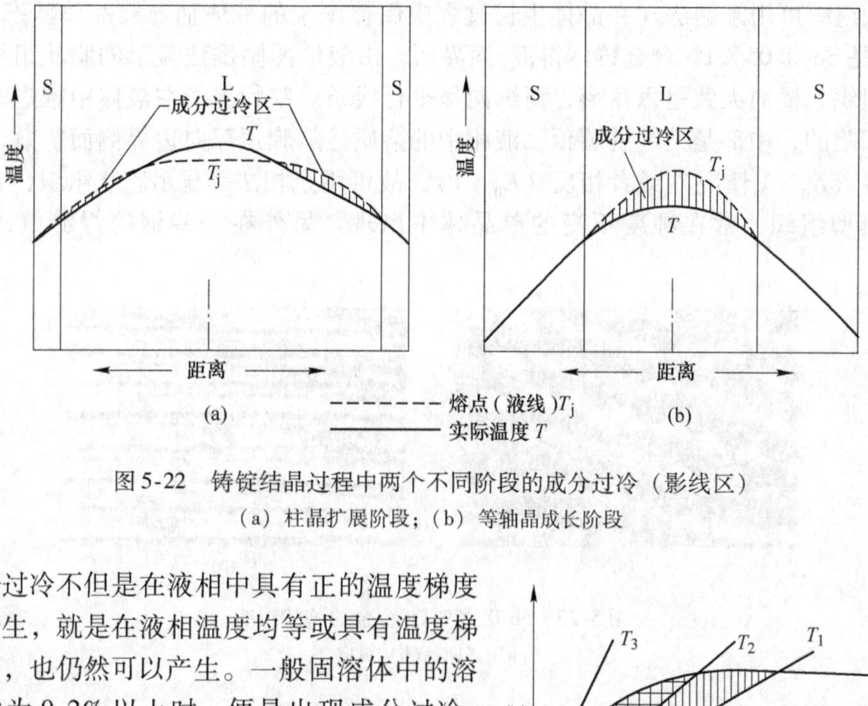

图 5-22　铸锭结晶过程中两个不同阶段的成分过冷（影线区）
（a）柱晶扩展阶段；（b）等轴晶成长阶段

成分过冷不但是在液相中具有正的温度梯度条件下产生，就是在液相温度均等或具有温度梯度条件下，也仍然可以产生。一般固溶体中的溶质含量约为 0.2% 以上时，便易出现成分过冷，实际上，成分过冷是合金结晶的现象，它对于晶体生长的状态、铸件的宏观组织等都有重要的影响。

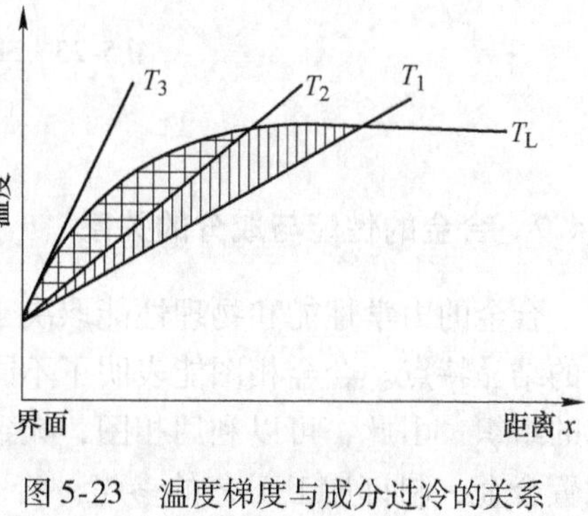

图 5-23　温度梯度与成分过冷的关系

固熔体结晶时。若不出现成分过冷，晶体生长状态基本上与纯金属相似。当界面外的液体中存在成分过冷时，将引起界面的稳定，如果此时固体界面上偶然出现一个凸起，它将进入连续过冷地区，更快的生长，并更为突出，当然，突出部分所能表达的最远距离是在连续过冷区之内，一般约有 0.01 ~0.1cm。生长的凸出向其前面和其侧面排出溶质（或杂质），在其外围液体中的溶质含量增高到相应温度下的平衡浓度时，这和凸出部分就达到了稳定形态。然而，在一个平滑的固体表面可能生长出一阵列的凸出部分，各个凸起部分大小约同，使界面形成规则的六角形胞状组织。如果界面前沿的成分过冷区甚大。则凸起部分就能继续伸向过冷液相中而不断生长。同时在其侧面产生出分枝，以树枝状方式生长，形成树枝状组织，合金结晶时若无成分过冷，晶体以平面台阶式生长，形成规则的多面体晶粒；若成分过冷度小，晶体以胞状生长方式成长，形成胞状组织；若成分过冷度大，晶体以树枝状方式生长，形成树枝状组织。上述情况可综合概括于图 5-24 中。

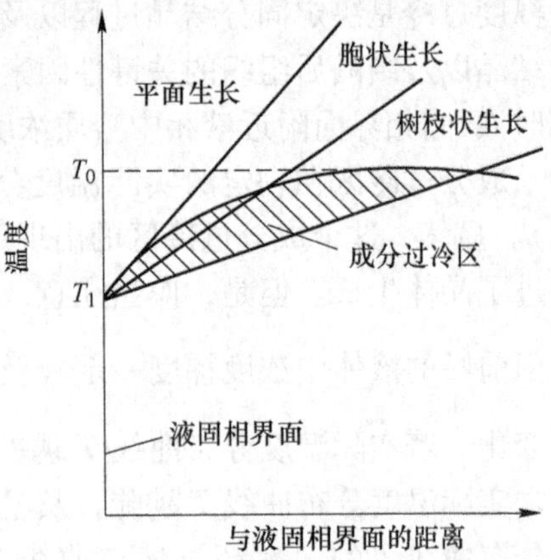

图 5-24　成分过冷对组织形态的影响

胞状组织可用倾倒法（在晶体生长过程中倒掉剩余的液体而显露晶体状态）显示。图 5-25 是 Sn-0.05% Pb 合金铸体得液-固界面，由液体的倾倒法显示的胞状组织，规则的胞状组织，横向大致呈六角形，而纵向呈平行线条。胞状界面在液体中推进时，胞间边界时凹陷的，中部是凸起的圆顶，液相中的溶质是从胞顶部向边界侧面扩散，溶质富集于边界（$K_0<1$ 情况）或者相反（$K_0>1$），故可用金相法等显示胞状组织，它是稀固溶体的典型组织，常在纯度不高的单晶体中出现。另外在一些钢的焊缝组织中也有出现。

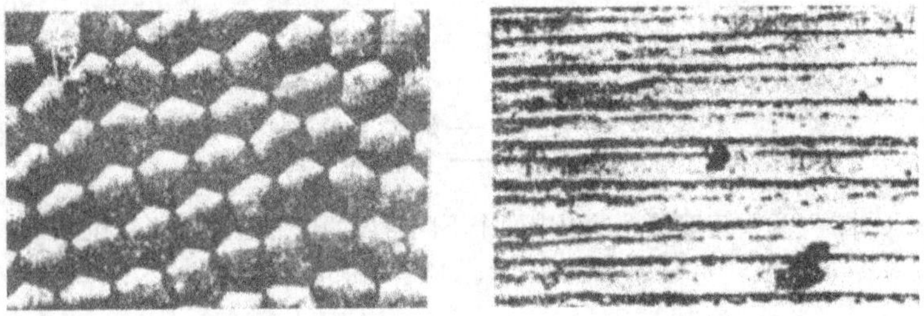

(a)　(b)

图 5-25　Sn-0.05% Pb 合金的胞状组织

（a）横向；（b）纵向

5.4.7　合金的性能与成分的关系

合金的力学性能和物理性能取决于合金的成分和组织，而合金的工艺性能则取决于合金的结晶特点。合金相图能表明了不同成分的合金的结晶特征和基本的结晶过程以及其平衡的组织，由此，可以利用相图，大致判断不同成分的合金可能具有的性能，作为选用或配置合金、制订加工工艺的参考。合金固溶体在固溶强化的同时，还有较高的韧性和塑性，因而具有优良的加工性能，可以承受热、冷态的压力加工，进行轧制、锻造和拉丝等，但在切削加工时，其切屑又不易砍断，切削长，增加了切屑刀具的磨损，即加工时的能量损耗，且表面光洁程度较低，因此合金固溶体的切屑加工性能较差。

5.5 共晶相图

两组元在液态时无限互溶，在固态时有限互溶，并发生共晶转变形成的二元合金相图，称为共晶相图。具有此类化合物的合金系主要有：Pb-Sn、Pb-Sb、Cu-Ag、Pb-Bi、Sn-Cd、Zn-Sn 等；某些金属元素与这些化合物之间如 Cu-Cu_2Mg、Al-$CuAl_2$ 等也构成这类相图。在 Mg-Al 及 Fe-C 合金相图中也包含有共晶相图的部分。现以 Pb-Sn 合金为例，对共晶相图进行研究。

5.5.1 相图分析

Pb-Sn 合金相图如图 5-26 所示，Pb 和 Sn 在液态时完全无限互溶形成均一液相，Sn 在 Pb 中和 Pb 在 Sn 中均形成有限溶解的置换固溶体。Sn 溶于固态 Pb 中形成的固溶体称为 α 相，Pb 溶于固态 Sn 中形成的固溶体称为 β 相。

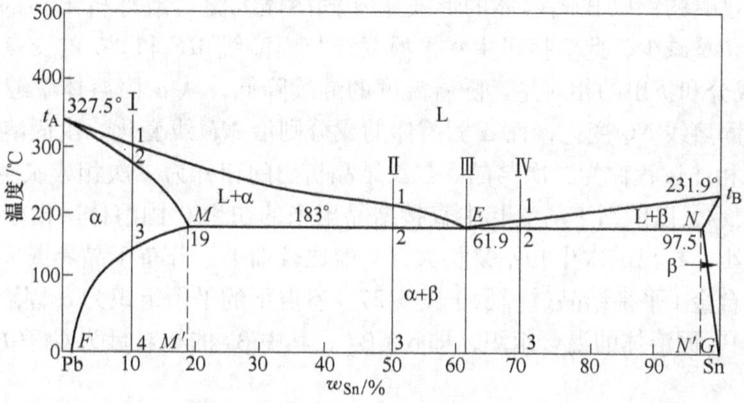

图 5-26 Pb-Sn 合金二元相图

相图中 t_AE 为液相线，t_AMENt_B 为固相线，MF 线为 Sn 在 α 相中的溶解曲线（又称为固溶线），NG 线为 Pb 在 β 相中的溶解度曲线（固溶线），α 相和 β 相在共晶温度下的溶解度最大，分别是 19% Sn 和 2.5% Pb，α 相和 β 相的溶解度均随温度下降而减小。相图中有三个单相区，即 L、α、β。相图中还有三个两相区，即 t_AEMt_A 为 L + α，t_BNEt_B 为 L + β，$MENGFM$ 为α + β 的两相区。此外，还有一个三相共存的平面（温度）线，在这条水平线对应的温度下，成分为 E 点的液相（L_E）将同时结晶出成分为 M 点相对应的固溶体（α_M）和成分为 N 点相对应的固溶体（β_N），形成由 α 和 β 组成的两相混合物。这种转变可表示为 $L_d \xrightleftharpoons{t_E} \alpha_M + \beta_N$。由相率得知，在二元合金中发生这种三相平衡转变时，其自由度 $f = 2 - 3 + 1 = 0$，因此，这种转变必须是在一个确定成分的液相中发生的恒温过程。在一定温度下，由一定成分的液相同时结晶出一定成分的两个固相的转变，称为共晶转变（或共晶反应），而 d 点则称为共晶点。成分对应于共晶点 d 的合金称为共晶合金；成分位于共晶点 d 左边、c 点右边的合金称为亚共晶合金；成分位于共晶点 d 右边、e 点左边的合金称为过共晶合金。d 点所对应的温度（t_E）称为共晶温度。cde 线称为共晶线。

5.5.2 合金的平衡结晶及其组织

5.5.2.1 锡含量小于19%的Pb-Sn合金

选择Pb-10%Sn合金1进行分析。该合金由液态极其缓慢地冷却到表象线与液相线的交点1（t_1）时，开始结晶出α固溶体，其成分为t_1水平温度线与固相线t_AM的交点所对应的浓度（图中未标出），此时$L_{(10\%Sn)}$ - 100%，α = 0%。随着温度的降低，结晶出的α固溶体数量不断增加，而液相的数量相应减少，各温度下结晶出的α固溶体的成分沿固相线t_AM变化，而结晶出的α固溶体的液相成分则沿液相线t_AE变化。当合金冷却到表象线与固相线的交点2（t_2）时，结晶出成分为10%Sn的α固溶体，且α = 100%，L = 0%，结晶过程至此全部结束，此时的组织为原始合金成分（10%Sn）的单相α固溶体晶粒。继续冷却到2～3点间的温度范围内，表象线处于单相α固溶体相区内，合金状态不发生变化。当冷却到3点时，即表象线与固溶线*MF*相交的温度，此时Sn在Pb中的溶解度达到该温度下的饱和溶解度，在饱和状态，温度再降到3点以下温度，固溶体变为过饱和状态，则会发生过剩的锡以β固溶体的形式从α固溶体沉淀（或称析出）的过程，同时α固溶体中的锡含量减少，此变换可由水平温度线与固溶线*MF*和*NG*的交点来确定固溶体（α和β）的成分和析出的相对量。随着温度的继续降低，从α固溶体中继续析出β固溶体，其成分沿固溶线*NG*变化，而α固溶体的成分则沿*MF*线变化。由固溶体中沉淀（析出）另一个固相的过程称为二次结晶。二次结晶析出的相称为二次相或次生相。次生的β固溶体用$β_t$表示，以区别于从液相中直接结晶出来的初生β固溶体。由于固体状态下原子的扩散能力小，析出的次生相不易长大，一般比较细小，分布于晶界或固溶体。锡含量10%的Pb-Sn合金I平衡结晶过程示于图5-27。室温下的平衡组织为α固溶体基体上分布着大量细小的$β_{II}$固溶体的混合组织，即α + $β_{II}$，其中$β_{II}$的相对量为*G4/GF*，显微组织示于图5-28。

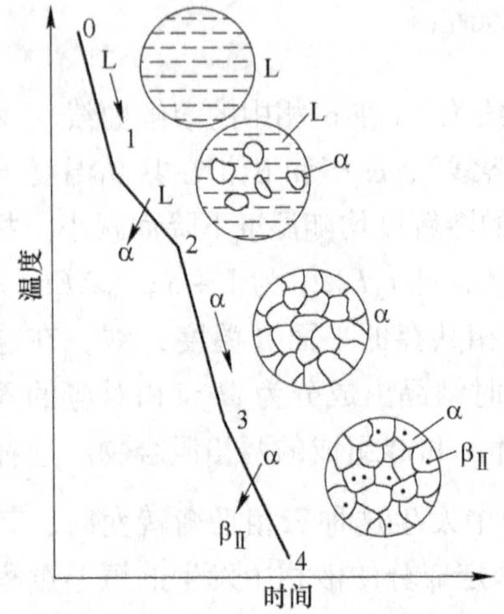

图5-27 10%Pb-Sn合金平衡结晶过程示意图

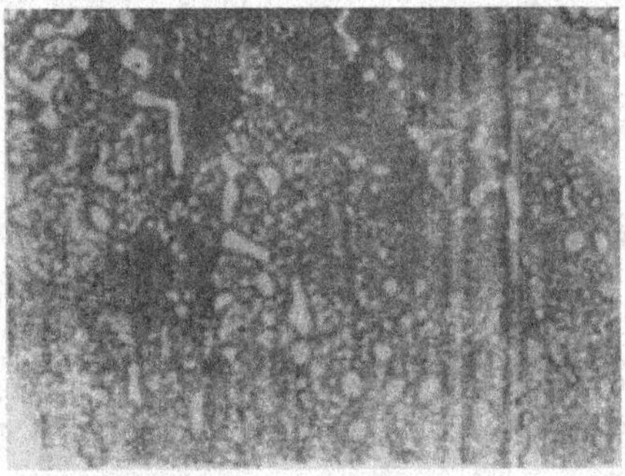

图5-28 10%Pb-Sn合金的显微组织

成分位于*M*点和*F*点之间的其他合金的平衡结晶过程与上述合金相同，其显微组织都是$\alpha+\beta_{\text{II}}$，仅只是α与β_{II}的相对量不相同。成分越接近M点，其组织的β_{II}量越多。成分位于$N\sim G$点之间的合金的平衡结晶过程也与Pb-10%Sn合金相似，所不同的是，它们首先从液相中结晶出来的是β固溶体，在固态下析出的是α_{II}固溶体，即室温下的平衡组织是β固溶体基体上分布着大量细小的α_{II}固溶体的混合物（$\beta+\alpha_{\text{II}}$），合金成分越靠近N点，其所含的α_{II}量越多。

5.5.2.2　共晶合金

共晶点E点成分（Pb-61.9%Sn）的合金Ⅱ由高温液态极缓慢冷却到共晶温度t_E时，液态合金对α和β固溶体同时处于饱和状态，随着停留时间的增长，将发生共晶转变，同时结晶出M点成分的α固溶体和N点成分的β固溶体，即$L_E \xrightarrow{t_E} \alpha_M+\beta_N$，二元合金中的共晶转变是一个恒温转变，它在共晶温度下的一定时间开始，一直进行到液相完全消失为止。结晶终了后，合金的显微组织完全为α_M和β_N组成的两相混合物（又称为共晶组织），这种共晶组织中α_N和β_M的相对量为$\alpha_M=\dfrac{EN}{MN}=\dfrac{97.5-61.9}{97.5-19}\times100\%\approx45.4\%$，$\beta_N=\dfrac{ME}{MN}=\dfrac{61.9-19}{97.5-19}\times100\%\approx54.6\%$。当合金完成共晶转变后继续冷却时，共晶组织中的$\alpha_M$和$\beta_N$固溶体也分别沿固溶线$MF$和$NG$改变成分，并从$\alpha_M$中析出$\beta_{\text{II}}$和从$\beta_N$中析出$\alpha_{\text{II}}$，即$\alpha_M\to\alpha+\beta_{\text{II}}$和$\beta_N\to\beta+\alpha_{\text{II}}$，由于从共晶组织中析出的次生相$\beta_{\text{I}}$和$\alpha_{\text{I}}$固溶体常与共晶组织中的$\alpha$和$\beta$固溶体混在一起，因而在显微镜下很难单独分辨出共晶组织中的次生相，故常把共晶组织中的固溶体析出过程忽略不计，而不影响对合金显微组织的分析。图5-29为Pb-Sn共晶合金平衡结晶过程的示意图。图5-30为Pb-Sn共晶合金的室温平衡组织，图中黑色为α相，白色为β相，呈细小分散并交错分布的层状特征。二元合金中的共晶组织常见这种细致分散并交错排列的层片状两相的混合物的形貌特征。

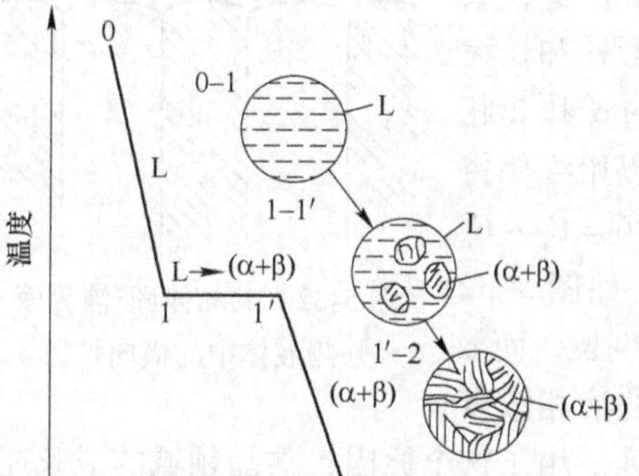

图5-29　Pb-Sn共晶合金平衡结晶过程的示意图

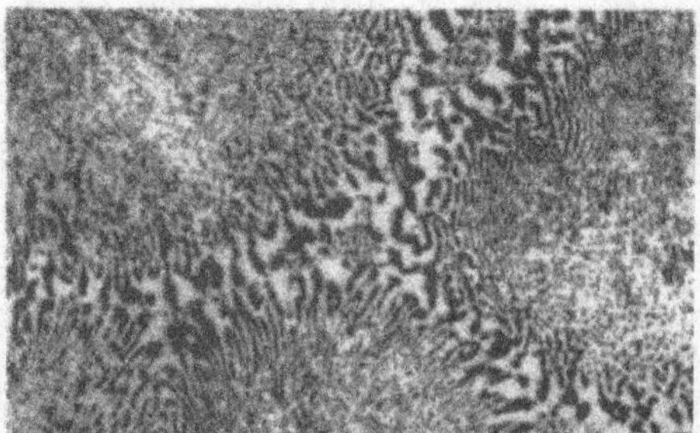

图5-30　Pb-Sn共晶合金的室温平衡组织

合金中的共晶转变也需要达到一定的过冷度（$\Delta T\neq0$）才会开始，见图5-31。设E点成分的共晶合金从液相过冷到开始转变的温度$t_{E'}$，时间和理论的分析都表明，这时的相平衡关系可用液、固相线的延伸线来表示和讨论（如图中的虚线所示）。此时合金（即E'点）同时处于两条液相线t_AE和t_BE延线以下，它对α和β固溶体均同时处于过冷状态，二者过冷度是一样，但其过饱和度却不一样。如果暂不考虑其他条件，那么α和β相应同时都具有形核和长大的机会，而两个组成相中总有一相要作为领先相从液相中结晶出来，设由液相中首先结晶出α（即领先相为α）相，它的成分应相当于固相线 $t_A M$ 延线上的点 M' 所对应的浓度 C_M，而与α成平衡关系的液相成分应为液相线 $t_A E$ 延线上的点 b 对应的浓度 C_b，这说明，一旦α相出现，其附近液相成分便可立即向着对β相增大过饱和度的方向而迅速变化，这就有利于β相在α附近形核和长大。如果已形成的α相本身又能对β相的形核起基底作用（非均匀形核），那么就更有利于β相沿α相周围形核和长大。此时，在β相界面附近的液相，其成分相当于 $t_B E$ 延线上的点 a 对应的浓度 C_a，这就又增大了液相对α相的过饱和度，又有利于α相的形核，α将依附于β相的表面形核并长大，如此继续交替形核及长大。所以共晶合金结晶的一大特点是两种及两种以上的固相能够从液相中互相促进、交替形核和并肩长大。这里共晶体中的两个组成α和β的相对量是相近的，它们在液相中形核和长大的机会也是近于均等的。因此，一旦某一相的核心形成，另一相的核心便立即随之形成，而后它们以层片状态形式相互促进并排地向液相中成长，一直到由不同位相的核心相似成长而成的各个区域相互连接在一起，液相也完全消失，结晶过程即告完成，则在整个合金中完全形成了α相和β相片层相间的层片状共晶组织。凡由一个共晶核心所形成的那个区域称为一个共晶领域，几个共晶领域可以组成一个共晶集团，一起成长。这些集团有时虽呈球状，所以也称球团。因此，共晶合金的结晶也可以说是共晶领域或共晶球团的形核和长大过程。共晶结晶的另一种特点是由液相中结晶出的α和β相的成分虽与液相差异很大，但液相的平均成分可以始终保持恒定。α相前沿液相成分为 C_b（富集B组元），$\Delta C = C_b - C_a$（$\Delta C \neq 0$），从而引起液相中原子横向短程扩散，如图5-32所示。它既促进了α相的生长，又促进了β相的生长，而α和β相的平均成分正好为 $C_{E'}$，所以离界面较远的液相浓度以及处于α和β相交接处的液相浓度即可保持不变。由于这个原因，共晶领域的成长速度较单相晶粒的成长要快得多。过冷度增大，结晶出α和β相的前沿液相中的浓度梯度也显著增大（因为 $C_b - C_a$ 之差显著加大），即是说液相分别对α和β相的过冷度和过饱和度都同时显著增大了，这意味着α和β相交替形核和长大的周期会随着温度的下降而缩短，α和β相都变薄了，或者说相邻的两片α或两片β相之间的距离λ缩短了。通常用 $1/\lambda$ 表示共晶组织的分散度，λ越小，共晶的分散度便越大，即共晶组织越细。总之，共晶结晶时随着过冷度的增大，结晶速度增大，共晶领域的尺寸减小，共晶的分散度增大，但各相的成分却可能与平衡态相差越来越远了。近年来，人们发现在不少情况下，一个共晶领域内的α和β相都各自具有一致的取向，而且表面上看来，那些以层状或片状相互隔开的α

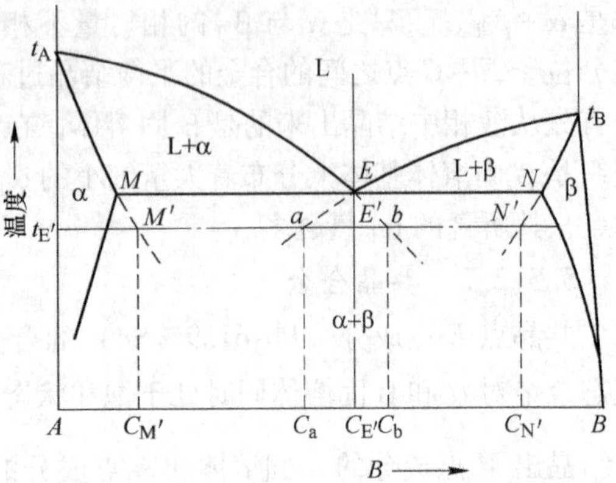

图5-31　共晶转变时各相的成分

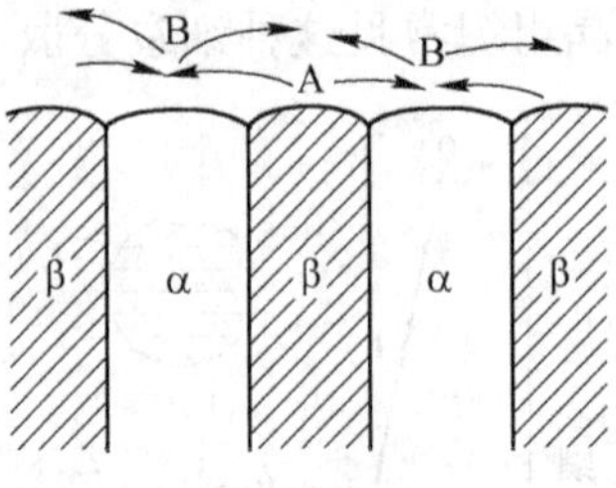

图5-32　共晶体固-液界面外侧液体中的横向扩散

和 β 相在内部却有一些地方是以“搭桥”的方式相互贯通着，如图 5-33 所示。所以一个共晶领域实际上就是由两个晶核 α 和 β 起始而后相互穿插成长起来的，故有时又将共晶领域称为共晶晶粒，不过这是一种特殊晶粒，它是由一双异相的核心成长起来的。但是，这也不完全排除共晶交替形核和成长的可能性。

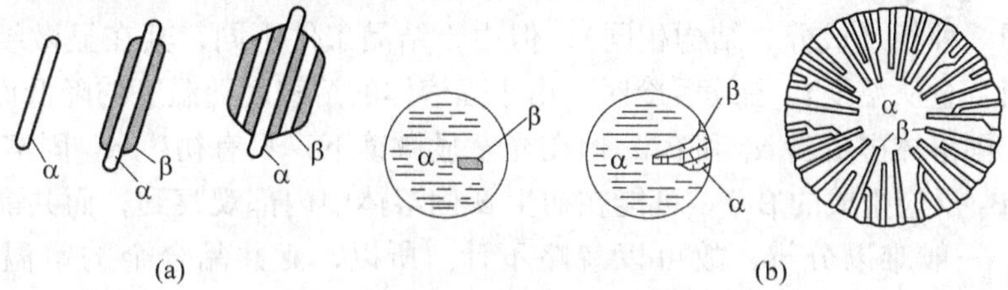

图 5-33 层片状共晶的形核与生长示意图
（a）层片状交替形核生长；（b）搭桥机构

由于合金系中组元的性质、两相的表面张力、两相的相对量、两相的热导率等不同，共晶组织的形态可以是多种多样的，除以上列举的规则的层状（Cu-Zn、Pb-Sn、Al-CuAl 等）外，还有不规则的片状（Fe-C、Al-Si 等），以及规则或不规则的棒状（Al-Al_3Ni）、球状（Al-Sn）、螺旋状（Zn-MgZn）和其他复杂形式（如 β-Pb-Bi）。当然，每一种组织形态都有它自己具体的形成过程。如果根据共晶组织中 α 和 β 两相相对分布的整齐与不整齐来分类，则共晶组织大致可以分为三类：（1）规则整齐的，两相或其中之一其外形具有明确的走向，如 Pb-Sn 共晶；（2）不规则不整齐的，如 Fe-C 共晶；（3）前两种的混合型，如 Al-Ge 共晶。实验发现这三类共晶组织大多与晶体成长时晶体界面是否粗糙或平滑这一特征有密切的关系，概括于表 5-9。

表 5-9 共晶组织与其中各相成长时晶体界面特征的关系

共晶组织	共晶中两相成长时晶体界面的特征	例证
规则型	粗糙界面/粗糙界面	Sn-Pb，Al-Zn
不规则型	粗糙界面/平滑界面 平滑界面/平滑界面	Al-Si，Fe-C
混合型	粗糙界面/平滑界面	Al-Ge，Sn-Bi

5.5.2.3 亚共晶合金

成分位于图 5-26 相图中 M 与 E 点之间的合金称为亚共晶合金，锡含量为 50% Pb-Sn 合金Ⅰ即为一种亚共晶合金。Pb-50% Sn 合金极缓慢冷却到 1 点温度时（即表象线与液相线相交点），开始从液相中结晶出 α 固溶体，随着温度的降低，结晶出的 α 固溶体量不断增多，而液相量则相应减少，α 固溶体成分沿 t_AM 线变化，液相成分沿 t_AE 线变化。当温度降低到 2 点温度（t_E）时，α 固溶体的成分相当于 M 点，而剩余液相的成分相当于 E 点，其相对量为：$\alpha_E = \frac{E2}{ME} = \frac{61.9-50}{61.9-19} \times 100\% \approx 27.8\%$，$L_E = \frac{M2}{ME} = \frac{50-19}{61.9-19} \times 100\% \approx 72.7\%$。在 t_E 温度下，成分相当于 E 点的液相发生共晶转变：$L_E \rightarrow \alpha_M - \beta_N$，这一转变一直进行到剩余液相全部转变为 $\alpha_M + \beta_N$ 的共晶组织为止，即 $\alpha_M - \beta_N = L_E = \frac{M2}{ME} = \frac{50-19}{61.9-19} \times 100\% \approx 72.7\%$。共晶转变结束后，亚共晶合金的组织由初生 α 固溶体（α_M）与共晶组织（α_M，β_N）所组成，前者称为先共晶 α 固溶体。初生 α 固溶体与共晶中的 α 固溶体虽为同一种相（成分、结构相同），但由于结晶条件不同，其在显微组织中的形态也不相同。当合金从温度 t_E 继续缓冷时，由于固溶体的溶解度随温度的降低而减小，将从 α 固溶体和 β 固溶体中析出 α_1 和 β_1，但在光学显微镜下，只有初生 α_M 固溶体中析出 β_1（即 $\alpha_M \rightarrow \alpha + \beta_1$ 反应生成的 β_1），可能在初生 α 固溶体中内部观察到，而共晶组织内部析出的 α_1 和 β_1 一般难以分辨，故可以忽略不计。所以，亚共晶合金的室温平衡组织为 $\alpha + \beta_1 + (\alpha + \beta)$。图 5-34 为 Pb-Sn 系亚共晶合金的平衡结晶过程示意图。图 5-35 为 Pb-Sn 系亚共晶合金的室温平衡组织，其中黑色树枝状晶体为初生 α 固溶体，黑色相之间分布的是（α + β）共晶体，α 枝晶内的白色细小颗粒（隐约可见）为 β_1。在 Pb-50% 的 Sn 合金的室温平衡组织中，初生 α 固溶体的相对量为 $\left(\frac{E2}{ME} \times \frac{GM'}{FG}\right) \times 100\%$，从初生 α 固溶体中析出的 β_1 相对量为 $\left(\frac{E2}{ME} \times \frac{M'F}{FG}\right) \times 100\%$，（α + β）共晶体的相对量为 $\frac{M2}{ME} \approx 72.7\%$。

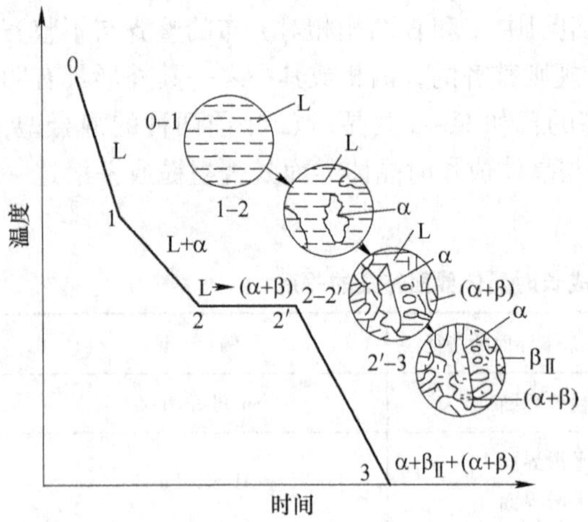

图 5-34　Pb-Sn 亚共晶合金平衡结晶过程

图 5-35　Pb-Sn 亚共晶合金室温平衡组织

所有成分位于 $M \sim E$ 点之间的合金，其平衡结晶过程都与上述合金类似，其显微组织均为初生 α 固溶体与 β_1 及共晶（α + β）组织。只是当合金成分不同时，初生 α 与共晶（α + β）的相对量有所不同，合金成分越靠近 E 点，组织中共晶（α + β）所占的相对量越多，初生 α 固溶体越少。

5.5.2.4　过共晶合金

成分位于相图（图 5-26）中 $E \sim A$ 点之间的合金称为过共晶合金，图 5-26 中 Pb-70% Sn 合金从高温液态缓慢冷却时，冷至表象线与液相线交于点 1 的温度，开始从液相中结晶出初生 β 固溶体（又称先共晶相 β 固溶体），随着温度的下降，液相继续结晶出 β 相，β 相数量增多，液相数量减少，液相成分沿液相线 $t_B E$ 变化，β 相成分比沿固相线 $t_B N$ 变化，当温度降到2点温度（t_E）时，β固溶体的成分相当于N点，而剩余液相的成分相当于E点，其相对量为$\beta_N = \frac{2E}{NE} = \frac{70-61.9}{97.5-61.9} \times 100\% \approx 22.8\%$，$L_E = \frac{N2}{NE} = \frac{97.5-70}{97.5-61.9} \times 100\% \approx 77.2\%$，在$t_E$温度下，成分相当于$E$点的液相发生共晶转变：$L_E \xrightarrow{t_E} \alpha_M + \beta_N$，这一转变一直进行到剩余液相全部转变成$\alpha_M + \beta_N$的共晶组织为止，即相对量为（$\alpha_M + \beta_N$）$= L_E = \frac{N2}{NE} \approx 77.2\%$。共晶转变结束后，过共晶合金的组织由初生$\beta_N$固溶体和（$\alpha_M + \beta_N$）共晶体组成。当合金从温度$t_E$继续缓冷时，由于固溶体的溶解度随温度的降低而减小，将从β固溶体中析α_1，从α固溶体中析出β_1。由于共晶组织的固溶体析出，可以忽略不计，故仅能观察到初生β固溶体内的析出，即$\beta_N \rightarrow \beta + \alpha_1$，所以过共晶合金在室温下的平衡组织为$\beta + \alpha_1 + (\alpha + \beta)$，如图5-36所示，其中白色的部分为初生β固溶体，β固溶体内的黑色细小颗粒为α_1，黑白相间分布的是（α+β）共晶体。在Pb-70% Sn合金的显微组织中，初生β固溶体的相对量为$\left(\frac{2E}{NE} \times \frac{N'F}{FG}\right) \times 100\%$，从初生β固溶体析出的$\alpha_1$相对量为$\left(\frac{2E}{NE} \times \frac{N'G}{FG}\right) \times 100\%$，（α+β）共晶体的相对量为$\frac{N2}{NE} \approx 77.2\%$。所有的成分位于$E \sim N$之间的合金，其平衡结晶过程与上述类似。合金成分越靠近E点，组织中共晶体（α+β）的相对数量越多，初生β固溶体量就越少。

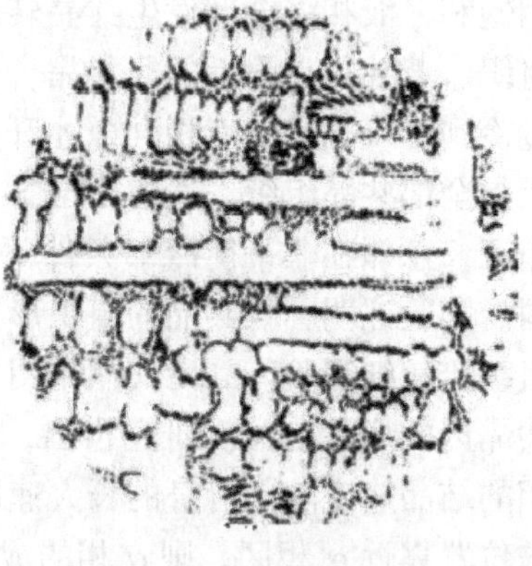

图5-36 Pb-Sn过共晶合金组织

总结以上各类合金的结晶过程，可将Pb-Sn合金结晶后平衡组织与锡含量之间的关系归纳成表5-10。组织中的α、β、α_{II}、β_{II}及（α+β）在显微镜下有着各自的特征形貌，并能清楚地予以区别，是组成显微组织的独立部分，通常把它们称为合金的组织组成物。但是，尽管成分位于$F \sim G$点之间的合金结晶后的显微组织各不相同，而它们均由α相和β相两个相组成，所以把组成组织α相和β相分别称为合金的相组成物。

表5-10 Pb-Sn合金组织组成物与锡含量的关系

合金名称	锡含量/%	组　织
固溶体	<19	$\alpha + \beta_{II}$
亚共晶	19 ~ 61.9	$\alpha + (\alpha + \beta) + \beta_{II}$
共晶	61.9	$(\alpha + \beta)$
过共晶	61.9 ~ 97.5	$\beta + (\alpha + \beta) + \alpha_{II}$
固溶体	>97.5	$\beta + \alpha_{II}$

5.5.3 合金非平衡结晶及其组织

5.5.3.1 伪共晶

在平衡结晶条件下，只有共晶成分的合金在结晶后才能获得100%的共晶组织，然而在非平衡结晶时，成分在共晶点附近的亚共晶或过共晶合金也可能获得全部共晶组织，这种由非共晶组织所得到的共晶组织称为伪共晶。

如图5-37所示，亚共晶合金Ⅰ在非平衡条件下结晶，若冷却速度较快，将是从液相中结晶出初生α相的结晶过程。因α相的形核和长大所需的组元原子扩散不能充分进行而使α相的结晶受到抑制不能形成，液相即被过冷到两液相线延伸线所共辖的影线区的某一温度 t_1，此时合金处于影线区内，同时为α和β两相饱和，液相将全部发生共晶转变形成（α+β）共晶组织。若共晶点附近的非共晶合金均以较快速度冷却，过冷到影线区结晶液相合金才开始全部发生共晶转变，获得全部共晶组织，通常称图5-37中的影线区为伪共晶区，意即在非平衡冷却条件下，可能形成全部共晶组织（即为共晶）的成分、温度范围。实验证明，伪共晶的组织形态与平衡结晶的共晶组织完全相同，仅是其分散度较大，组织比较细密些。二元共晶相图中，在非平衡结晶条件下可能获得伪共晶的合金范围与伪共晶区的形状有关。研究指出，伪共晶的形状与α、β两相的各自结晶速有关，而α、β相的结晶速度除与自身的长大速度有关而外，还与相图中共晶点的位置有关，如果共晶点的位置靠近α相区，则α相的成分与共晶成分的差别比β相小，通过扩散，使液相达到α相的成分比达到β相的成分更容易。因此在液相中α相的结晶速度将大于β相。如果α相本身的长大速度也较快，则α相将优先生长，成为初生相，这样即使是共晶成分的合金也可能不会得到全部共晶组织，这种情况在相图中，伪共晶区偏向β一方，如图5-38（a）所示。如果共晶点虽靠近α相，但α相本身的长大速度就较慢，则伪共晶区就将大体上与共晶点对称，如图5-38（b）所示。若情况是上诉两者的中间状态，伪共晶区形状将如图5-38（c）所示。

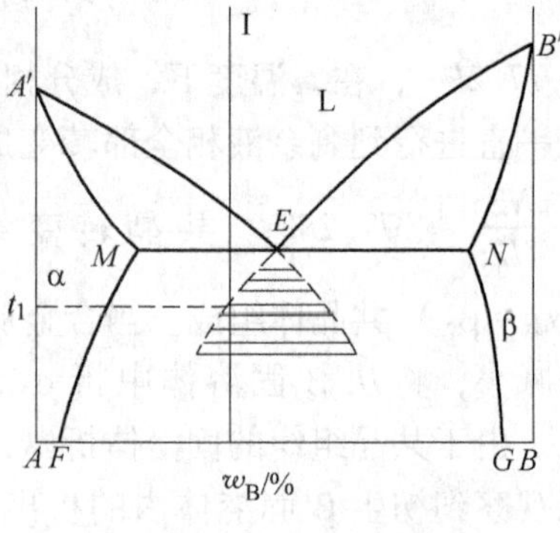

图5-37　伪共晶示意图

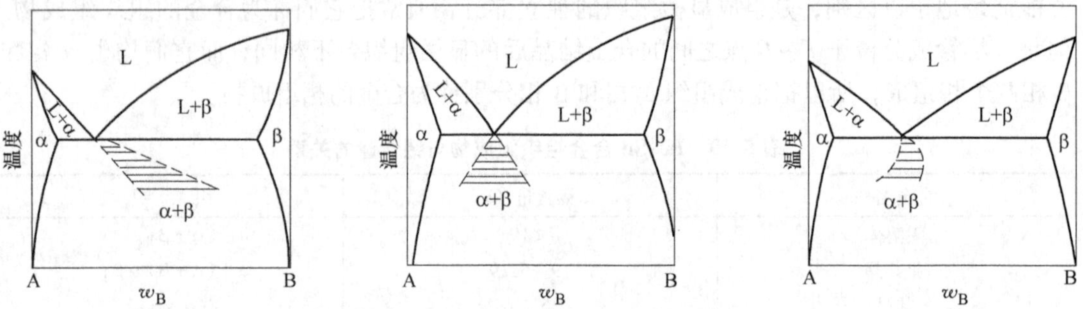

图5-38　三种伪共晶区相图

伪共晶区在相图中的位置，可用于解释合金中出现的不平衡组织形成原因。如在Al-Si系中，共晶成分的Al-Si合金在快速冷却条件下得到的结晶组组织不是共晶组织，而是亚共晶组织，即初生的α(Al)固溶体和细小的（α+Si）共晶体，伪共晶区偏于Si一边，像是共晶点发生了右移，因此Al-Si共晶合金得以形成亚共晶组织。同理。也可说明Al-Si

合金在快冷时可能获得共晶或亚共晶组织。

5.5.3.2 离异共晶

如图5-39所示，设合金Ⅰ在非平衡条件下结晶，首先由于冷却速度较快，α固溶体内的组元原子扩散未能充分进行，而达不到其平衡浓度，因而其平均成分线将偏离平衡固溶线，而图中的虚线变化（虚线位置随冷却速度变化）。当合金Ⅰ冷却到表象线与平衡固相线的交点温度时，结晶过程并未全完成，而在冷却到共晶温度以下的温度 t_1 时，还剩有少量液体尚未结晶，在略低于 t_1 温度下，这部分剩余液体将会发生共晶转变，形成共晶组织。当合金初生α固溶体的数量大大超过共晶组织时，α固溶体可能依附于初生α固溶体而长大，两者互相混在一起，从而使共晶组织中的β固溶体只能在α固溶体间形成一个薄层，故在显微镜下只能看到α固溶体晶粒及其晶粒边界上的β固溶体，这种α+β两相混合物的共晶组织，不具有典型共晶的层片状α+β两相混合物的形貌特征，像是α、β两相被分开来，称为离异共晶。

Al-4% Cu合金在实际铸造条件下，会出现离异共晶，如图5-40所示。

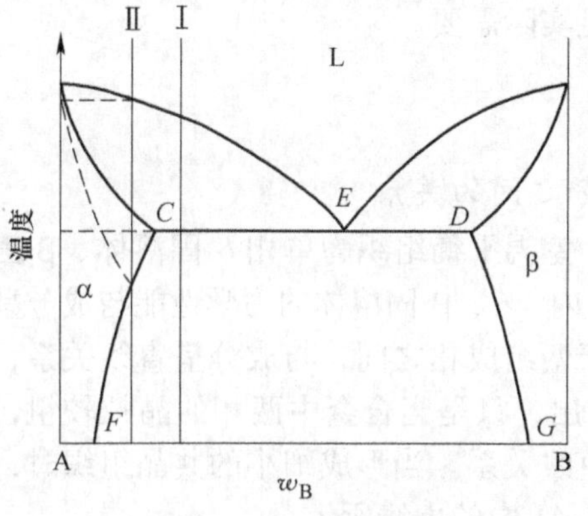

图5-39 离异共晶示意图

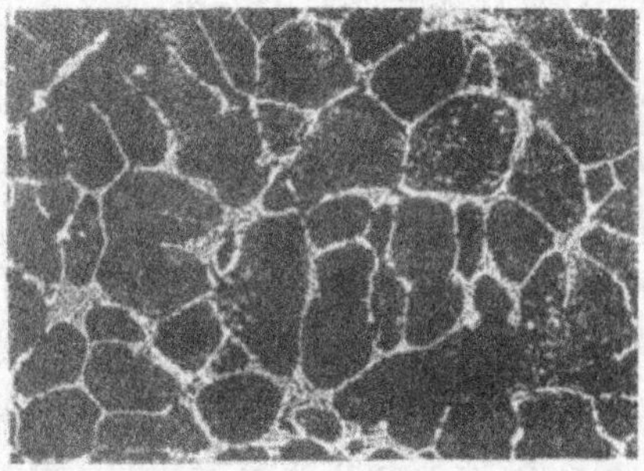

图5-40 Al-4% Cu合金中的离异共晶组织

5.5.4 密度偏析或区域偏析

液态合金结晶时，如结晶出来的固相的密度与剩余液相的密度相差较大，这些固相晶体便会在液体中上浮或下沉，从而导致合金的上、下部分化学成分不一致，这种因密度不同而造成的化学成分不均现象称为密度偏析。在共晶相图中，当亚共晶或过共晶合金结晶时，若形成的初生固相的密度与液相密度相差很大，则初生固相将集中于上部或下部，形成密度偏析。合金组元的密度偏析相差很大，相图的结晶成分间隔越大，即初生相与剩余液相的成分差越大，则初生固相与剩余液相的密度差也越大，因而合金的密度偏析越严重。此外，结晶时的冷却速度越小，相图的结晶温度间隔越大，则初生固相在液相中有更多的时间上浮或者下沉，这也将增加密度偏析的程度。密度偏析使合金铸件各部分性能不同，甚至造成剥落现象，影响合金铸件的使用性能与加工性能。密度偏析一旦出现，是不能通过热处理方法或其他方法消除的，只能在结晶过程中采取适当措施来减轻或消除。一般来说，可用增加结晶时的冷却速度，使初生固相来不及上浮或下沉，有时也用加入某些合金元素的办法，使其形成与液相密度相近的高熔点化合物，它在结晶时从液相中先结晶出来，形成树枝状或针片状骨架，阻止初生相的上浮或者下沉，以减轻密度偏析。在 Pb-Sb 轴承合金中加入一定量的 Cu 使其先形成 Cu_2Sb 化合物骨架，可减轻或消除 Pb-Sb 轴承合金的密度偏析。在生产中，有时也利用密度偏析来除去合金中的杂质和提纯贵重金属。

在合金铸锭过程中，由于铸锭模壁的定向散热，使结晶过程不是在铸锭（件）的整个截面上同时进行，而是在与铸模壁接触的外层最开始结晶，铸锭中心则顺次最后结晶。由于选择结晶的特点，可能使先结晶的外层部分和后结晶的中心部分出现成分差别，这种合金铸锭（件）中存在的区域性化学成分不均匀现象，称为区域偏析。工业中生产的 Cu-Sn 合金铸锭（件）中，常出现锡含量外高内低的化学成分不均匀性，即为区域偏析的典型例子。实际上，密度偏析也是一种由于密度相差较大而形成的上、下部分化学成分不均匀的区域偏析。区域偏析倾向的大小，与相图中液相线与固相线之间的成分间隔及温度间隔以及组元在液相中的扩散速度有关。间隔越大，扩散速度越慢，区域偏析就越严重；反之，区域偏析的倾向就越小。因此，共晶合金一般不会产生区域偏析。另外，实际生产过程中的铸造工艺条件对区域偏析的倾向也有很大的影响，浇注温度越高，浇注速度越快，冷却速度越慢，铸锭（件）截面越粗大，则区域偏析的倾向也越大。区域偏析不可能通过热处理来消除，只能通过其他一些方法来补救，以满足实际需要。

5.5.5　合金性能与成分的关系

5.5.5.1　合金的力学性能、物理性能与成分之间的关系

两组元形成共晶的合金系，据其成分的不同，室温平衡组织为单相 α 固溶体、β 固溶体和 α、β 固溶体的两相混合物。在单相固溶体区内，α、β 固溶体的力学性能与成分呈曲线关系已如前述，在两相区内，合金的性能将介于两组成相之间，与成分呈直线关系，是两相性能的算术平均值，如图 5-41 所示。应当指出，只是当合金中两相的晶粒较粗，而且是均匀分布时，性能与成分的关系才完全符合直线关系。当形成细小的共晶组织时，合金的力学性能将偏离直线关系而出现高峰，如图 5-41 中的虚线所示。

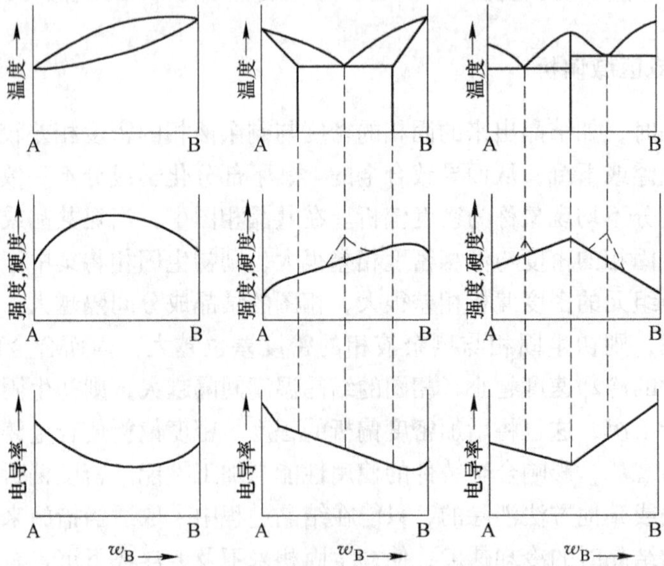

图 5-41　合金的使用性能与成分的关系

5.5.5.2 合金工艺性能与成分的关系

在形成共晶的二元合金系中，合金的铸造性能与成分的关系示于图 5-42。由图可以看出，共晶成分及接近共晶成分的合金，由于结晶温度低，结晶温度间隙小，因此它们的流动性好，热裂和偏析的倾向小，容易形成集中缩孔，不容易形成分散缩孔，铸件比较致密，易于铸造，所以大多数铸造合金都采用共晶成分或接近共晶成分的合金。

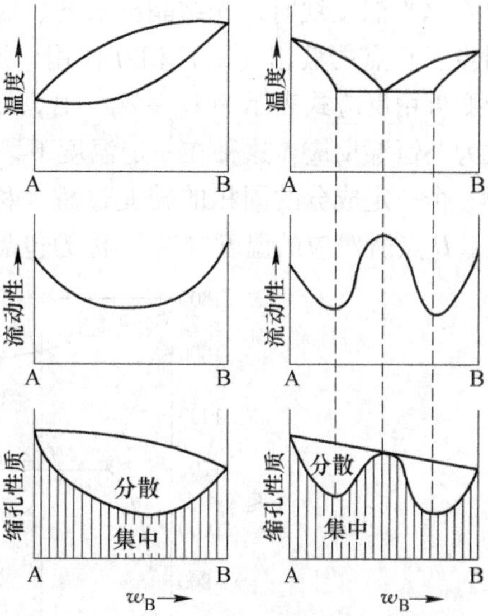

图 5-42 合金的铸造性能与成分的关系

合金成分离共晶成分越远，结晶的温度间隙就越大，形成初晶的数量就越多，树枝状晶体就越发达，因而合金的流动性越差，偏析的倾向越大，形成分散缩孔就越多，而集中缩孔就越小。合金成分离共晶成分越远，则共晶体的数量就越少，而初晶的数量就越多，因此合金的后期，为数不多的剩余共晶成分液体，最后将被挤到初生晶体的中间转变为共晶体。而分布于初生晶粒的边界上先结晶出来的初生晶体，在温度下降中收缩，因受收缩应力的作用而可能形成热裂纹，故合金产生热裂的倾向就较大。而成分靠近共晶成分的合金由于初生晶体的数量较少，其枝晶间隙将被大量的共晶成分的液体所充填，由于共晶的结晶是在恒温下进行的，故不产生收缩应力，结晶终了后，具有较多的共晶体组织，有较高的抵抗收缩应力的能力，因而减少了产生热裂纹的可能性，故热裂倾向较小。

合金具有单相固溶体组织时，有良好的塑性，适用于进行热、冷态的变形加工；而形成两相混合物组织的合金塑性不如单相固溶体，特别是当两相混合物中的一个相为硬脆相，且沿着另一相的晶界呈网状分布时，其塑性就更低。这类合金的压力加工性能远不如单相固溶体合金，但其切削性能反而比后者好。

5.6 包 晶 相 图

两组元在液态下相互无限溶解，在固态下相互有限溶解，并发生包晶转变的二元合金相图，称为包晶相图。具有包晶转变的二元合金系有 Pt-Ag、Sn-Sb、Cu-Sn、Cu-Zn 等。现以 Pt-Ag 合金系为例，对包晶相图进行研究分析。

5.6.1 相图分析

Pt-Ag 合金相图如图 5-43 所示。图中 *ACB* 为液相线，*APDB* 为固相线，*PE* 和 *DF* 分别为银溶于铂和铂溶于银中的溶解度曲线，溶质组元在溶剂组元中的溶解度均随温度的下降而减小。Pt-Ag 合金系中形成三个相：组元无限互溶的液相（L）及固体 α、β。α 相是银溶于铂中的有限固溶体，β 相是铂溶于银的有限固溶体。相图中存在三个单相区，即 L 相 α、β 相区；三个两相区，即 L + α、L + β 及 α + β 相区；还有一个三相（L、α、β）共存的水平温度线，即 *PDC* 线，固相线 *APDB* 中的 *PD* 段是水平温度线 *PDC* 中的一部分。在 *PDC* 水平温度线时，先结晶出来的、成分相当于 *P* 点的 α 固溶体（α_P）与周围的、成分相当于 *C* 点的液相（L_C）相互作用，形成一个成分相当于 *D* 点的 β 固溶体（β_D），这种转变可用反应式表示为 $L_C+\alpha_P=\beta_D$。由于转变时存有三项，其自由度数 $f=2-3+1=0$，故为一恒温反应。这种在一定温度下，有一定成分的固相与一定成分的液相作用，形成另外一个一定成分的固相的转变过程，称为包晶转变或包晶反应。相图中的 *D* 点称为包晶点，*D* 点所对应的温度（T_D）称为包晶温度，*PDC* 线称为包晶线。

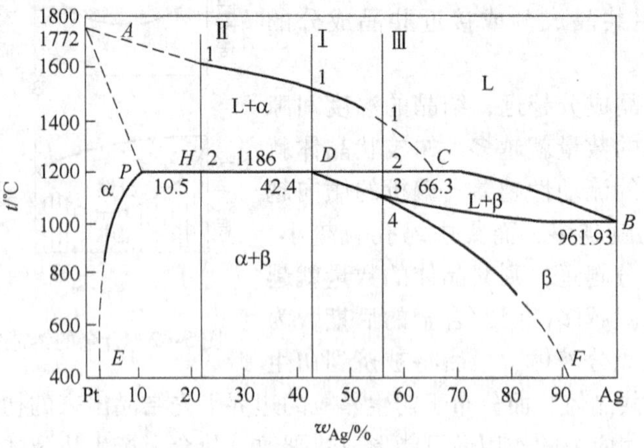

图 5-43　Pt-Ag 合金相图

5.6.2　合金的平衡结晶及其组织

5.6.2.1　银含量为 42.4% 的 Pt-Ag 合金（合金Ⅰ）

从液态缓冷到表象线与液相线的交点 1 点时，开始从液相中结晶出 α 固溶体。随着温度的降低，α 固溶体的结晶量不断增加，而液相数量则不断减少，α 固溶体的成分沿 *AP* 线变化，液相的成分相当于 *C* 点的成分，各相的相对量为：$\alpha_p=42.8\%$，$L_C=57.2\%$ 此时，在温度 T_P 下，一定数量（42.8%）的、一定成分的 α 固溶体（α_P），与一定数量（57.2%）的、一定成分的液相（L_C）共同作用，发生包晶转变，完全转变为成分相当于 *D* 点的 β 固溶体（$\beta_D=100\%$），即 $L_C(57.2\%)+\alpha_P(42.8\%)\rightarrow\beta_D(100\%)$。这一转变过程，将一直进行到液相与 β 固溶体全部消失，完全转变为新生成的 β_D 固溶体为止。新生的 β 固溶体在继续缓冷时，由于铂在 β 固溶体中的溶解度是随温度的下降而减小，因而将不断地从 β 固溶体中析出 $\alpha_{\text{Ⅱ}}$ 固溶体，即 $\beta_D\rightarrow\beta+\alpha_{\text{Ⅱ}}$，所以合金的室温平衡组织为 $\alpha_{\text{Ⅱ}}+\beta$，其 $\alpha_{\text{Ⅱ}}$ 的数量为 $\frac{F3}{FE}\times100\%$，合金Ⅱ的平衡结晶过程如图 5-44 所示。

包晶转变也需要一定的过冷度，当温度降低到略低于包晶温度 T_P 时，L_C 与 α_P 开始作用形成 β_D 固溶体。最初的 β_D 固溶体将在原有的初生 α_P 固溶体的表面形核及长大，即在 α_P 固溶体的表面形成一层 β_D 固溶体的外壳，此时 β_D 固溶体中的银含量比液相低，但比 α_P 固溶体高，其中的铂含量比 α_P 固溶体低而比液相高。由于各相的界面上存在浓度梯度，因而液体中的银原子将不断地向液相 β 固溶体扩散，并继而向 α 固溶体扩散。而 α

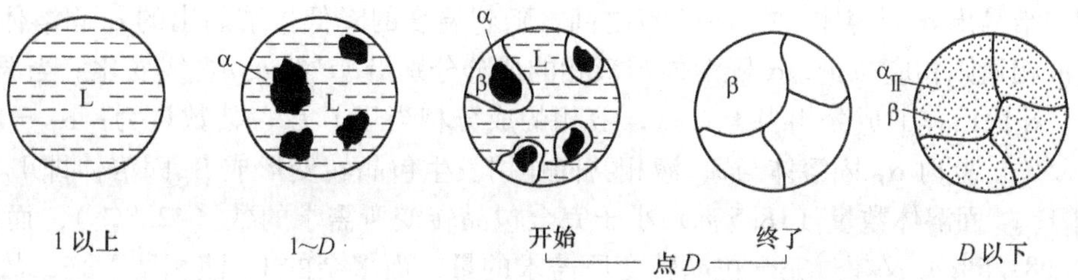

图 5-44 合金Ⅱ的平衡结晶过程

固溶体中的铂原子则不断地由α固溶体向β固溶体扩散，并继而向液相中扩散。这样，最初形成的β固溶体外壳将不断地消耗液相而向液相中生长，同时，也不断地消耗α固溶体而向内生长，直到最后把液相及α固溶体全部消耗完毕为止。在这种结晶过程中，新生β固溶体是包围着α固溶体，并不断地消耗液相及α固溶体而进行长大，故称为包晶转变。

5.6.2.2 银含量为 10.5%~42.4% 的 Pt-Ag 合金

银含量为22%的 Pt-Ag（图5-43 中合金Ⅰ）由液态缓慢冷却至1点温度时，由液相中结晶出α固溶体，在1~2之间，随着温度的降低，结晶出来的α固溶体的数量不断增加，液相数量不断减少，α固溶体成分沿 *AP* 线变化，液相的成分沿 *AC* 线变化。当温度降低至2点（t_D）时，α固溶体的成分相当于 *P* 点，液相的成分相当于 *C* 点，两者相对数量为 $\alpha_P = \dfrac{C2}{CP} \times 100\% = \dfrac{66.3-22}{66.3-10.5} \times 100\% = 79.4\%$，$L_C = 1 - \alpha_P = 20.6\%$，此时 α_P 固溶体与 L_C 液相共同作用发生包晶转变，形成 *D* 点成分的β固溶体，即 $L_C + \alpha_P \rightarrow \beta_D$，由于 α_P 固溶体的数量（79.4%）超过完全包晶转变所需要的数量（42.8%），而液相 L_C 的数量（20.6%）又小于完全包晶转变所需要的数量（57.2%），因此，在此包晶转变过程中不足以把所有数量的 α_P 固溶体全部耗尽，而多余的 α_P 固溶体剩留下来，故合金在 t_D 温度完成包晶转变后，除了新形成的 β_D 固溶体外，还有剩余的 α_P 固溶体，即包晶转变后合金组织为 $\alpha_P + \beta_D$，其数量为：$\beta_D = \dfrac{2P}{DP} \times 100\% = \dfrac{22-10.5}{42.4-10.5} \times 100\% = 36.1\%$，$\alpha_P = 1 - \beta_D = 63.9\%$。由于银在α固溶体中的溶解度以及铂在β固溶体中的溶解度均随温度降低而分别沿 *PE* 线和 *DF* 线减小，因此合金在完成包晶转变后继续冷却时，将不断从β固溶体中析出 $\alpha_{\rm II}$（即 $\beta_D \rightarrow \beta + \alpha_{\rm II}$），即从α固溶体中析出 $\beta_{\rm II}$，即（$\alpha_P \rightarrow \alpha + \beta_{\rm II}$），所以合金Ⅰ在室温下的平衡组织为 $\alpha + \beta_{\rm II} + \beta + \alpha_{\rm II}$。合金Ⅱ的平衡结晶过程如图 5-45 所示。

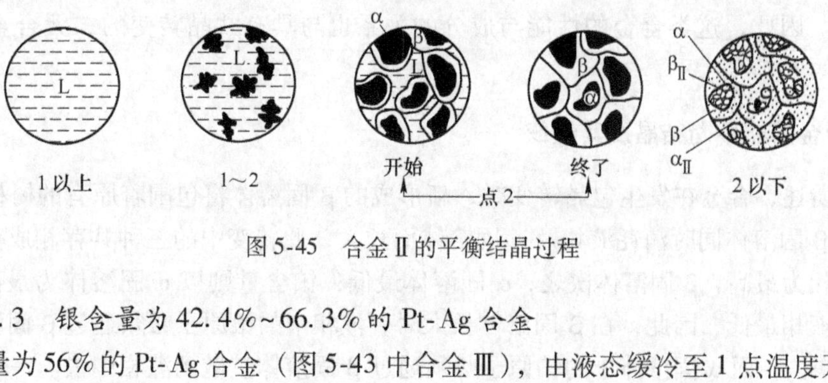

图 5-45 合金Ⅱ的平衡结晶过程

5.6.2.3 银含量为 42.4%~66.3% 的 Pt-Ag 合金

银含量为56%的 Pt-Ag 合金（图5-43 中合金Ⅲ），由液态缓冷至1点温度开始结晶，

由液相中结晶出 α 固溶体，在 1 ~ 2 点之间，随着温度的降低，结晶出的 α 固溶体量不断增加，液相量则相应减少，α 固溶体与液相的成分分别沿 *AP* 线及 *AC* 线变化。当温度降低到 t_D时，α 固溶体的成分相当于 *P* 点，液相的成分相当于 *C* 点，其数量为：$\alpha_P = 18.5\%$，$L_C = 81.5\%$。此时 α_P 固溶体与 L_C 液相共同作用发生包晶转变形成 β_D固溶体即 $L_C + \alpha_P \rightarrow \beta_D$。由于 α_P 固溶体数量（18.5%）小于完全包晶转变所需求的数（42.8%），而液相 L_C 的数量（81.5%）又超过完全包晶转变所需求的量，而多余的 L_C 液相留下来，故在完成包晶转变后，除了新形成的 β_D固溶体外，还有剩余的 L_C 液相，即包晶转变完成后的合金处于 $L_C + \beta_D$两相共存状态，其数量为：$\beta_D = \dfrac{C2}{CD} \times 100\% = \dfrac{66.3 - 56}{66.3 - 42.4} \times 100\% = 43.1\%$，$L_C = 1 - \beta_D = 56.9\%$。由于包晶转变后的剩余液相，此时正好处于从液相结晶出 β 固溶体的液相线 *CB* 线上，即 L_C，此时正好为 β 固溶体所饱和。当温度从 2 点继续缓冷时，剩余的液相 L_C将继续结晶出 β 固溶体，其成分相当于固相线 *DB* 与水平温度线的交点，在 2 ~ 3 点温度之间，随着温度的降低，结晶出的 β 固溶体量继续增加，而液相量则相应减少，β 固溶体的成分沿 *DB* 线变化，液相成分沿 *CB* 线变化，在温度降低到 3 点，即表象线与固相线 *DB* 的交点，剩余液相全部结晶为 β 固溶体，结晶过程完结。在 3 ~ 4 点的温度范围内，合金表象线处于 β 固溶体相区内，故合金组织不发生变化，为单相 β 固溶体。当冷却到 4 点时，表象线与溶解度线 *DF* 相交，此时铂在 β 固溶体中溶解量达到饱和状态，温度再降低，将从 β 固溶体中析出 α_1。在 4 点温度以下，β 和 α_{II} 固溶体成分将分别沿 *DF* 线及 *PE* 线变化，并分别析出 α_{II} 及 β_{II}。由于 β_{II} 的数量极少，难于观察，故合金Ⅲ在室温平衡组织中只能观察到 $\beta + \alpha_{II}$，合金Ⅲ的平衡结晶过程如图 5-46 所示。Pt-Ag 合金系中银含量小于 *P* 点及大于 *C* 点成分的合金，其平衡结晶过程与匀晶相图中所述相同。

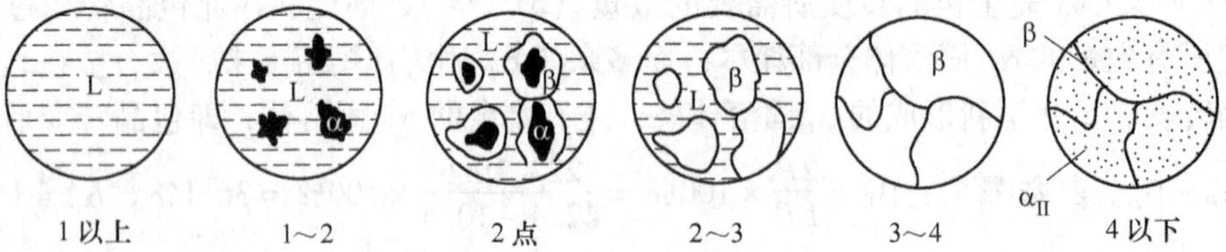

图 5-46　合金Ⅲ的平衡结晶过程

综上所述，有包晶转变的二元合金系的室温平衡组织有三种类型，即两边为单相 α 固溶体或单相溶体 β，中间为 α 和 β 固溶体的两相混合物，这与 5.5 节所述晶相图有类似的特征。因此，这类合金的性能与成分的关系也与具有共晶转变的二元合金系类似的特征。

5.6.3　合金的非平衡结晶及其组织

如上所述，合金在发生包晶转变时，新形成的 β 固溶体将包围着原有的树枝状 α 固溶体，然后 β 固溶体同时消耗液相及 α 固溶体而长大，此转变中的三种共存相成分不同，银含量以液相为最高，β 固溶体次之，α 固溶体最低；铂含量则以 α 固溶体为最高，β 固溶体次之，液相最低，因此，在 β 固溶体长大时，液相中的银原子必须通过 β 固溶体扩散到 α 固溶体中去，而 α 固溶体中的铂原子必须通过 β 固溶体扩散到液相中去。一般来说，原子在固相中的扩散速度要比在液相中的速度慢得多，因而包晶转变的速度是非常缓慢的。在实际条件下，冷却都较快、扩散往往来不及进行或进行的不充分、不完全，故包晶转变实际上很难充分进行，因而将得不到平衡的组织，只得到非平衡的组织。这类合金的非平衡组织与其平衡组织相比，其特点是：组织中保留较多的 α 固溶体（包晶反应相）或者是保留了本应消失的 α 固溶体；且 α 固溶体仍保持初生相的树枝状形态：组织中的 β 固溶体（包晶生成相）称为平衡组织。β 固溶体中存在着较大成分的偏析。这种因包晶转变不能充分进行而产生的化学成分不均匀现象称为包晶偏析。生产中采用结晶后进行的长时间的扩散退火（均匀化处理）使原子得以充分扩散以减小或消除包晶偏析。

5.6.4 包晶转变的细化晶粒作用

由于包晶转变时，新相（生成相）大多是依附在原有固相（反应相）表面上形核、长大的，因此可以利用包晶转变的这种特点，以原有固相作为结晶核心，促进形核，从而达到细化晶粒的效果。在铝合金中加入少量钛，就是利用包晶转变来细化晶粒的一个例子。Al-Ti 系合金富铝部分相图如图 5-47 所示。Al 与 Ti 在富铝部分形成两个固相，即 Ti 溶解在 Al 中形成的面心立方结构的 α 固溶体和 Al、Ti 形成的金属化合物 Al_3Ti（又称为 β 相），钛含量大于 0.15% 的合金在 665℃ 发生包晶转变：$L_{(0.15\%Ti)} + Al_3Ti \rightleftharpoons \alpha$。

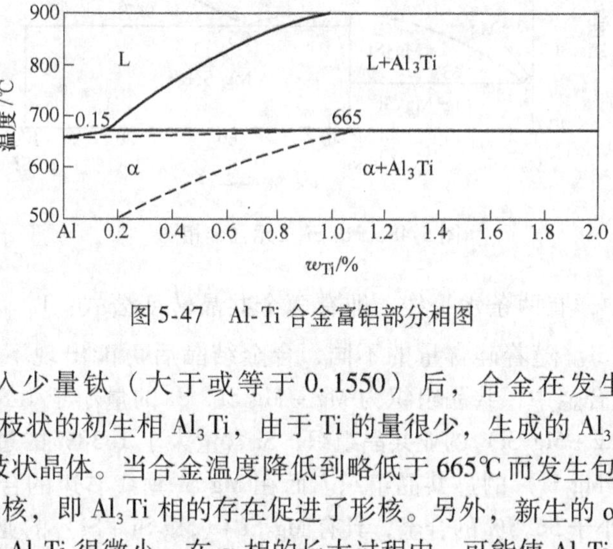

图 5-47 Al-Ti 合金富铝部分相图

在铝合金中加入少量钛（大于或等于 0.1550）后，合金在发生包晶转变前（ > 665℃）先结晶出树枝状的初生相 Al_3Ti，由于 Ti 的量很少，生成的 Al_3Ti 数量也很少，只形成一些微小的树枝状晶体。当合金温度降低到略低于 665℃ 而发生包晶转变时，α 相将依附于 Al_3Ti 表面形核，即 Al_3Ti 相的存在促进了形核。另外，新生的 α 相将消耗 Al_3Ti 并向 Al_3Ti 生长，由于 Al_3Ti 很微小，在 α 相的长大过程中，可能使 Al_3Ti 树枝状的细小薄弱部分断开，从而增加了形成 α 相的数目。这样，铝及铝合金将获得细小的晶粒。铜及铜合金中加入少量的镁或铁，在镁合金中加入少量的锆和锆的盐类，也可以利用上述包晶转变的作用，从而获得较细的晶粒。

5.7 形成金属化合物的相图

在一些二元合金系中，组元间可能形成金属化合物，它们可能是稳定的，也可能是不稳定的。

5.7.1　形成稳定化合物的相图

稳定化合物是指有一定的熔点，且在熔点以下能保持其自身固有结构而不发生分解的金属化合物。

Mg-Si 二元合金相图就是这类稳定化合物的相图的典型例子，如图 5-48 所示。在 Mg-Si 二元合金系中，Mg 与 Si 能形成稳定化合物 Mg_2Si。Mg_2Si 是一个成分固定的正常价化合物，其中 Si 含量为 36.65%（质量分数），Mg 和 Si 之比为 1.732，熔点是 1087℃，在熔点以下能保持其固有的结构而不分解。Mg 与 Si 以一定质量比形成稳定化合物 Mg_2Si 后，不能再溶解 Mg 和 Si 形成以化合物为基础的固溶体，因而在相图中表示为 Mg_2Si 的单相区，不是一个区域而是一条在特定成分的（硅含量为 36.6%）位置上的垂线（表象线），它把相图分成两个，垂线的左边可以看成是由 Mg（Mg 与 Si 互不溶解）与 Mg_2Si 组成的共晶相图，垂线的右边可以看成是 Mg_2Si 与 Si 组成的共晶相图，这样，可以把稳定化合物看作是一个独立的组元，把相图分成几个简单的相图来分析研究。

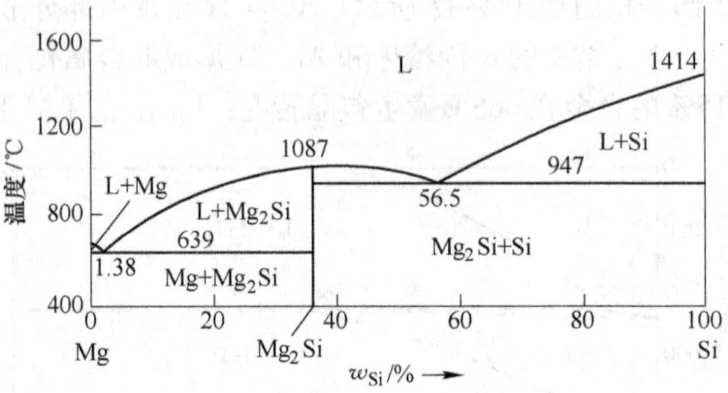

图 5-48　Mg-Si 二元合金相图

在 Mg-Si 相图中，有两条水平线，即有两个共晶转变公式：$L_{1.38\%Si} \xleftrightarrow{638.8℃} Mg + Mg_2Si$；$L_{56.5\%Si} \xleftrightarrow{946.7℃} Mg + Mg_2Si$。随着硅含量的不同，合金结晶后可能出现不同的共晶组织。在 Mg_2Si 垂线的左边的合金中，共晶组织为 $Mg + Mg_2Si$。Si 的量小于 1.38% 的亚共晶合金，结晶后具有 $Mg + (Mg + Mg_2Si)$ 的亚共晶组织；Si 含量大于 1.38% 的过共晶组织，结晶后具有 $Mg_2Si + (Mg + Mg_2Si)$ 的过共晶组织。而在 Mg_2Si 垂线右边的合金中，共晶组织为 $Mg_2Si + Si$。Si 含量小于 56.5% 的合金，具有 $Mg_2Si + (Mg_2Si + Si)$ 的亚共晶组织；Si 含量大于 56.5% 的合金，具有 $Si + (Mg_2Si + Si)$ 的过共晶组织。若二组元可以形成多于一个的稳定化合物，则可以将相图分成更多个简单的相图来加以分析。若组元形成的稳定化合物与组成该合金系的组元间有一定的溶解度，那么这个成分在一定范围内的稳定化合物就不是一条垂线，而是一个相区了。此时，可以通过该相的最高熔点做虚（线）垂线，此垂线把原单相分开，可把它看成为两个在化合物中溶有一定数量组元的固溶体（以化合物为基础的固溶体）相区。Mg-Cu 合金中能形成 Mg_2Cu、$MgCu_2$ 两个稳定化合物，故可将相图（图 5-49）分成三个简单共晶相图来研究，即 α-$MgCu_2$、Mg_2Cu-$MgCu_2$、$MgCu_2$-β 三个简单共晶相图，其中原 γ 相区则可以看作是以 $MgCu_2$ 为基础的固溶体相区。除 Mg-Si、Mg-Cu 合金外，能形成稳定化合物的合金系还有 Mg-Sn、Fe-Zr、Fe-P、Fe-B 等。

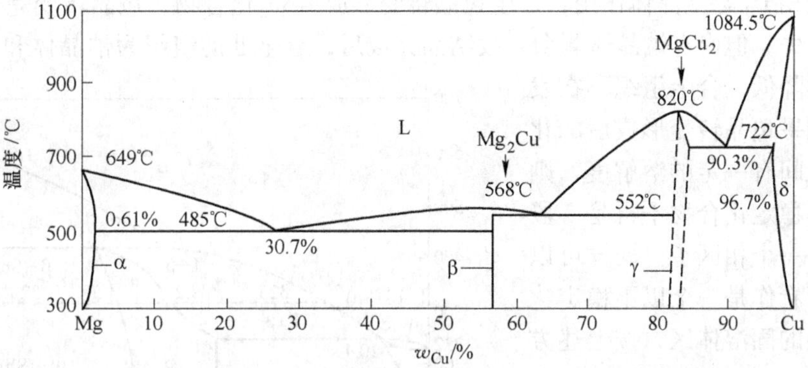

图 5-49 Mg-Cu 二元合金相图

5.7.2 形成不稳定化合物的相图

不稳定化合物是指加热时能发生分解的那些化合物。K-Na 合金相图是一种形成不稳定化合物的简单相图，如图 5-50 所示。K-Na 合金在一定成分时形成不稳定化合物 KNa_2，它在 6.9℃以下是稳定的，加热到 6.9℃则分解为液相和钠晶体。图 5-50 中，*AE*、*BDE* 线为液相线，*AG*、*GEH*、*CF*、*FB* 为固相线，*GP* 为 α 固溶体的溶解度线。*DCF* 线为包晶线，在 6.9℃成分相当于 *D* 点的液体与 Na 晶体作用生成化合物 KNa_2，即包晶转变：$L_D + Na \leftrightarrow KNa_2$。*GEH* 线为共晶线，在 -12.63℃时，成分相当于 *E* 点的液相结晶出 *G* 点成分的 α 相（α_G）与化合物 KNa_2 晶体的两相混合物，即共晶转变：$L_E \leftrightarrow \alpha_G + KNa_2$。

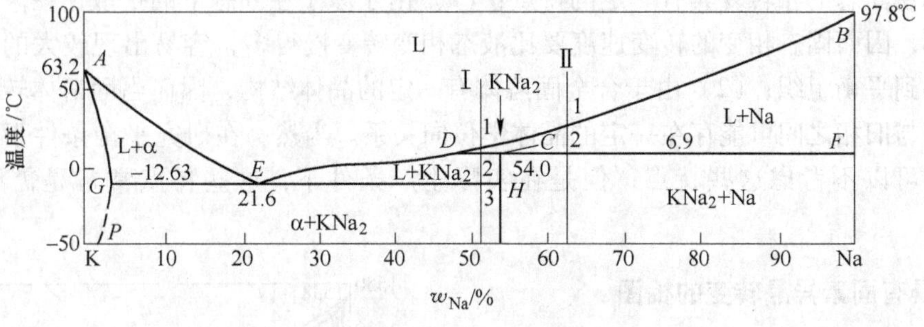

图 5-50 K-Na 合金相图

图 5-50 中的合金Ⅰ从液态缓冷到Ⅰ点时，开始结晶出钠晶体，在 1～2 点之间，随温度的降低，钠晶体不断增多，液相量相应减少，结晶出纳晶体后的液相成分沿液相线 *BD* 线变化。温度降低到 2 点时，液相具有相当于 *D* 点的成分，此时液相与钠晶体作用发生包晶转变形成化合物 KNa_2，即 $L_D + Na \leftrightarrow KNa_2$。由于包晶转化后 L_D 尚未耗尽，故 $L_D + KNa_2$ 两相共存状态中的 L_D 相正好处在结晶出 KNa_2 的液相线 *DE* 线上，所以在 2～3 点之间，随着温度的降低，从液相中继续结晶出化合物 KNa_2，其量继续增加，液相继续减少。在温度降低到 3 点时，液相成分沿 *DE* 线变化到 *E* 点，成分相当于 *E* 点的液相，此时将发生共晶转变，即 $L_E \leftrightarrow \alpha_G + KNa_2$，形成共晶体，结晶完成。最后合金Ⅰ具有 $KNa_2 + (\alpha + KNa_2)$ 的过共晶组织。合金Ⅱ在 2 点以上的结晶过程与合金Ⅰ相同，即由液体中结晶出钠晶体。

在2点时液相 L_D 与钠晶体作用，发生包晶转变形成 KNa_2 化合物，包晶转变完成时，液相全部耗尽消失，但尚有钠晶体剩余，故结晶完成后，合金Ⅱ的组织为钠晶体和 KNa_2 晶体，温度将继续降低，合金组织不在发生变化。如果包晶转变形成后的化合物与组元间有一定的溶解度，则在相图上不稳定化合物不再是一段垂线，而是一个相区了。同样可以把这个相区看作是一个以不稳定化合物为基础的固溶体区，按上述方法进行分析。Sn-Sb 合金相图即为这类相图，如图 5-51 所示。此外，还有 Al-Mn、Al-Ni、Be-Ce、Cu-Ce、Fe-Ce、Mo-Si 等二类合金中都能形成不稳定的化合物。

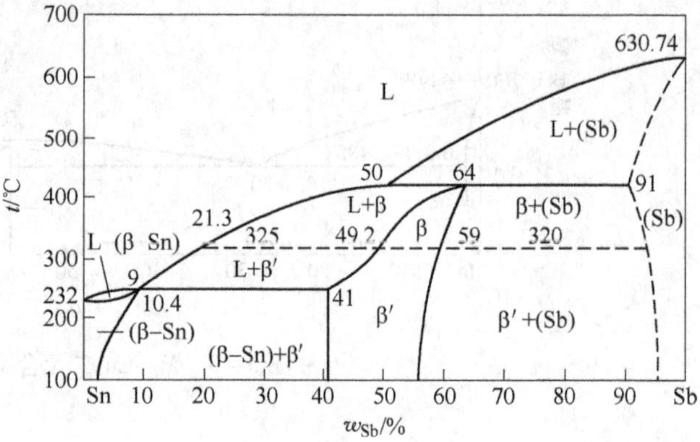

图 5-51　Sn-Sb 合金相图

5.8　具有固态相变的相图

通常，在从液态缓慢冷却时，分别发生匀晶、包晶、共晶等转变而结晶成固态。还有些合金在固态下不发生转变，而有些合金在液体结晶完毕后继续降温时，在固态下还会发生各类形式的相转变，常见的有同素异晶转变，包析转变，有序、无序转变及固溶体脱溶等。合金在固态的相转变具有一定的特点：（1）由于原子在固态下的扩散比在液相中的扩散慢得多，因而固态相变的转变速度要比液态相变转变慢得多，容易出现较大的过冷，而且不易得到平衡组织；（2）由于合金固溶体有一定的晶体结构，因而当固溶体转变为新相时，新相与旧相之间可能存在一定的晶体学位向关系。当然，在研究平衡条件下的固态相变时，可以不考虑这些特点，但是在实际生产条件下，这些特点常常是需要加以考虑的。

5.8.1　具有同素异晶转变的相图

当合金中的组元具有同素异晶转变时，以该组元为基础的固溶体也要在一定的成分范围内发生同素异晶转变。铁是具有同素异晶转变的金属，铁与其他组元形成的合金相图也具有同素异晶转变，如图 5-52 中的 Fe-Ni 合金相图。铁在不同温度下具有三种形态，即体心立方的 α-Fe 和 δ-Fe，以及面心立方的 γ-Fe；镍没有同素异晶转变，为面心立方结构。镍能溶解在铁中形成 α、δ、γ、三种（Fe-Ni）固溶体。相图的左上部（液态结晶）为包晶相图部分，合金降温达到 1517℃时，

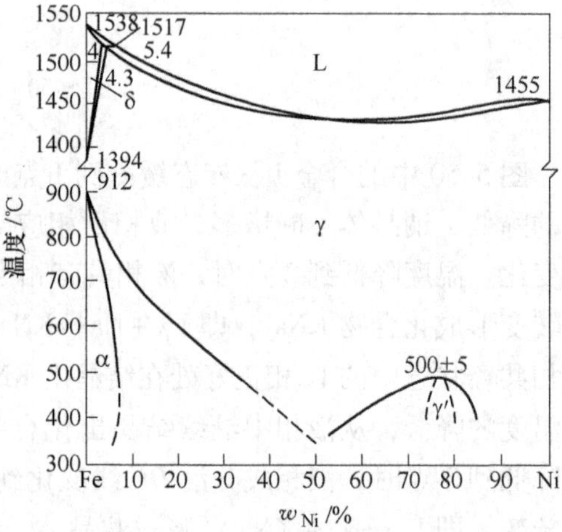

图 5-52　Fe-Ni 合金相图

先结晶出的一定成分的δ固溶体与一定成分的液相作用发生包晶转变，形成一定成分的γ固溶体，即 $L_{(5.4\%Ni)}+\delta_{(4.0\%Ni)}\rightleftharpoons\gamma_{(4.3\%Ni)}$。相图的左下部有两条固态转变线，在冷却时上面一条曲线为γ固溶体转变为α固溶体的转变开始线（即单相γ固溶体相区边界线），下面一条曲线为γ固溶体转变为α固溶体的转变终了线（即单相α固溶体相区边界线），两线之间为α+γ两相共存区。相图右下部的曲线为γ固溶体转变为中间相γ（$FeNi_3$）的转变线。由于Ni与γ-Fe均为面心立方结构，原子半径相差很小，在周期表中的位置也很靠近，故Ni与γ-Fe能形成无限溶解的固溶体，因此随着Ni含量的增加，γ相区将不断扩大，同时γ固溶体转变为δ固溶体的温度范围不断升高，γ固溶体转变为α固溶体的温度范围不断降低。当Ni含量超过一定数值后，合金中不再有同素异晶转变，合金结晶后就一直为单相γ固溶体组织。Fe-Co、Fe-Mn等合金相图与Fe-Ni合金相图类似。

5.8.2　具有共析转变的相图

合金在完成液态结晶并形成固溶体后，继续冷却到一定温度时，将有一定成分的固溶体转变为某一定成分的两相混合物，这种由均匀一致的固相同时转变为两种成分和晶体结构完全不同的新固相的转变过程称为共析转变。同共晶转变相似，共析转变是一个恒温转变过程，也具有与共晶转变类似的共析点和共析线。共析转变产物（两相混合物）称为共析体，其组织称为共析组织。最简单的具有共析转变的合金相图如图5-53所示。图中A和B代表两组元，α是A与B的无限固溶体，α是以A为基础溶解B组元的有限固溶体，β是以B为基础溶解A组元的有限固溶体。*S*为共析点，*PSK*线（水平温度线）为共析线（共析温度），成分相当于*S*点的合金为共析合金，成分相当于*PS*之间的合金为亚共析合金，成分相当于*SK*之间的合金为过共析合金。成分在*PK*之间的合金，当缓冷到共析线*PSK*对应的温度时，均会发生共析转变，即 $\gamma_S\rightleftharpoons\alpha_P+\beta_K$，形成一定数量的共析体（α+β）。

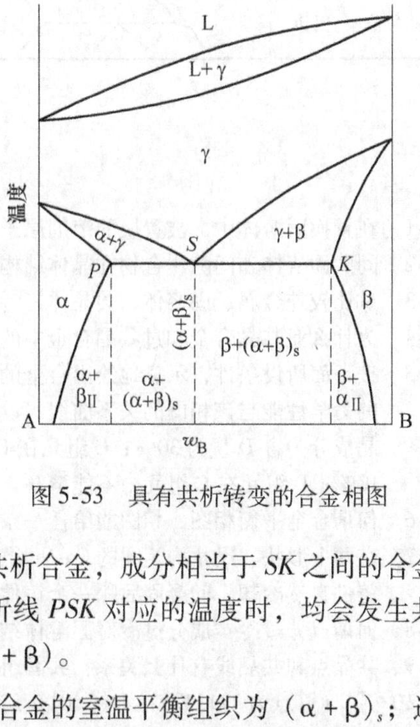

图5-53　具有共析转变的合金相图

亚共析合金的室温平衡组织为 $\alpha+(\alpha+\beta)_s$；共析合金的室温平衡组织为 $(\alpha+\beta)_s$；过共析合金的室温平衡组织为 $\beta+(\alpha+\beta)_s$。合金中组织组成物和相组成物的相对量均可按杠杆定律加以计算。常见的Fe-C合金中也有共析转变，它对钢的热处理有很重要的作用。

5.8.3　具有包析转变的相图

合金在固态的一定温度时，有两个一定成分的固相相互作用而形成第三种一定成分的新固相的转变，称为包析转变，所以不同的是包析转变为两个固相作用形成另一种固相，而包晶转变是由一个液相与另一个固相作用形成另一个固相，如Ni-Zn合金相图。

以上分析了二元合金相图的几种基本类型。在工业上常用的合金中，有些相图是比较复杂的，但是，那些复杂的合金相图的基本类型也只是匀晶、共晶、包晶三大类，我们都可以将其分解成这几个基本类型的相图来加以研究。匀晶、共晶、包晶转变的特征综合列于表 5-11 中。

表 5-11　二元合金相图的分类及特征

序号	名称	图形特点	反应特点	合金举例
1	匀晶		L→α	Cu-Ni
2	共晶		L→α + β	Pb-Sn
3	包晶		L + α→β	Pt-Ag
4	共析	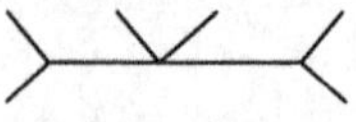	γ→α + β	Cu-Al
5	包析		α + β→γ	Fe-W

习题与思考题

5-1　在置换固溶体中，被置换的溶剂原子哪里去了？

5-2　间隙固溶体和间隙化合物在晶体结构与性能上区别何在？试举例说明。

5-3　试比较纯金属、固溶体、共晶体三者在结晶过程和显微组织上的异同之处。

5-4　为什么亚共晶合金和过共晶合金中的共晶转变温度均与共晶合金的共晶转变温度相同？

5-5　按下面所设条件，示意地绘出合金的相图，并填出各区域的相组成物和组织组成物，以及画出合金的力学性能与该相图的关系曲线。设 C、D 两组元在液态时能互相溶解，在固态时能形成共晶，共晶成分为含 D 量为 30%；C 组元在 D 组元中有限固溶，溶解度在共晶温度时为 15%，在室温时为 10%；D 组元在 C 组元中不能溶解。D 组元的硬化比 C 组元高。

5-6　何谓合金平衡相图，相图能给任一条件下合金的显微组织吗？

5-7　有两个形状、尺寸均相同的 Cu-Ni 合金铸件，其中一个铸件的 $w_{Ni}=90\%$，另一个铸件的 $w_{Ni}=50\%$，铸件自然冷却。问凝固后哪一个铸件的偏析严重？为什么？找出消除偏析的措施。

5-8　何谓成分过冷？成分过冷对固溶体结晶时晶体长大方式和铸锭组织有何影响？

5-9　共晶点和共晶线有什么关系？共晶组织一般是什么形态？如何形成的？

5-10　铋（熔点为 271.5℃）和锑（熔点为 630.7℃）在液态和固态时均能彼此无限互溶，$w_{Bi}=50\%$ 的合金在 520℃时开始凝固出成分为 $w_{Sb}=87\%$ 的固相。$w_{Bi}=80\%$ 的合金在 400℃时开始凝固出成分为 $w_{Sb}=64\%$ 的固相。根据上述条件要求：

（1）绘出 Bi-Sb 相图，并标出各线和各相区的名称。

（2）从相图上确定 $w_{Sb}=40\%$ 合金的开始结晶和结晶终了温度，并求出它在 400℃时的平衡相成分及其含量。

5-11　假定需要用 $w_{Zn}=30\%$ 的 Cu-Zn 合金和 $w_{Sn}=87\%$ 的 Cu-Sn 合金制造尺寸、形状相同的铸件，参照 Cu-Zn 和 Cu-Sn 二元合金相图，回答下述问题：

（1）哪种合金的流动性好？

（2）哪种合金形成缩松的倾向大？

（3）哪种合金的热裂倾向大？

（4）哪种合金的偏析倾向大？

6 铁碳合金相图

钢和铸铁是现代工业中不可缺少的重要材料，它们是以铁碳为基本组元的合金。铁碳合金相图是一个较复杂的二元合金相图，它全面概括了钢铁材料的组织结构、成分及温度之间的关系，是研究钢铁材料、制订热加工工艺的依据。在铁碳合金中，铁与碳可以形成 Fe_3C、Fe_2C、FeC 等一系列化合物，因此整个 Fe-C 相图可以看成是由 Fe-Fe_3C、Fe_3C-Fe_2C、Fe_2C-FeC、FeC-C 等二元相图组成。由于碳含量超过5%的铁碳合金性能很脆，没有实用价值，所以在铁碳合金相图中，仅研究 Fe-Fe_3C 部分。因此一般所说的铁碳合金相图，实际上是 Fe-Fe_3C 相图，Fe_3C 是组成 Fe-Fe_3C 相图的一个独立组元。

铁碳合金相图是人类经过长期生产实践并进行大量科学实验总结出来的。自从首次发表铁碳相图至今，已有百年的历史。百余年来金属学工作者采用各种方法对此相图不断地进行日益精细的测定和校核，使相图愈来愈精确。由于研究者们所用的仪器设备、实验材料和方法等方面的差异，实验所得数据也不完全相同，因此不同书刊中，这个相图的某些点、线的位置是略有差别的。

6.1 铁碳合金的基本相

Fe 和 Fe_3C 是组成 Fe-Fe_3C 相图的两个基本组元。铁与碳既可形成固溶体，亦可形成金属化合物。属于固溶体相的有铁素体和奥氏体，属于金属化合物相的有渗碳体。

6.1.1 铁素体

纯铁在912℃以下为具有体心立方晶格的 α-Fe。碳溶于 α-Fe 中的间隙固溶体称为铁素体，以符号 F 表示。由于 α-Fe 是体心立方晶格结构，它的晶格间隙很小，因而溶碳能力极差，在727℃时溶碳量最大，可达0.0218%。随着温度的下降溶碳量逐渐减小，在600℃时溶碳量约为0.0057%，在室温时溶碳量几乎等于零。因此其性能几乎和纯铁相同，其数值如下：

抗拉强度	250~350MPa
屈服强度	100~170MPa
伸长率	30%~50%
断面收缩率	70%~80%
冲击韧性	160~200J/cm^2
硬度 HB	80~120

由此可见，铁素体的强度、硬度不高，但具有良好的塑性和韧性。由于体心立方晶格的铁存在于912℃以下和1394~1538℃之间两个温度范围内，所以铁素体也就存在于这两

个温度范围内。为了便于区别，将低温区域存在的铁素体称α铁素体或低温铁素体，高温区域存在的铁素体称为δ铁素体或高温铁素体。在1495℃时，碳在δ-Fe中最大溶解度为0.09%。合金元素可以置换铁素体中的铁原子，形成合金铁素体，使铁素体产生固溶强化。在显微镜下，铁素体呈明亮的等轴多边形状，如图6-1所示。有时由于各晶粒的位向不同，受腐蚀程度略有差别，因而稍显明暗不同。铁素体在770℃以下具有铁磁性，在770℃以上则失去铁磁性。

6.1.2 奥氏体

碳溶于γ-Fe中的间隙固溶体称为奥氏体，以符号A表示。由于γ-Fe是面心立方晶格结构，它的晶格致密度虽然高于体心立方晶格的α-Fe，但由于其晶格间的最大空隙要比α-Fe大，故溶碳能力较大。在727℃时溶碳量为0.77%，而在1148℃时可达2.11%。奥氏体存在于727~1495℃的温度范围内。高温下奥氏体的显微组织如图6-2所示，其晶粒呈多边形，与铁素体的组织近似，但晶粒边界较铁素体平直，且晶粒内常有孪晶出现。奥氏体强度不大，塑性高，伸长率为40%~50%，硬度为HB170~220，与γ-Fe一样，奥氏体无铁磁性。

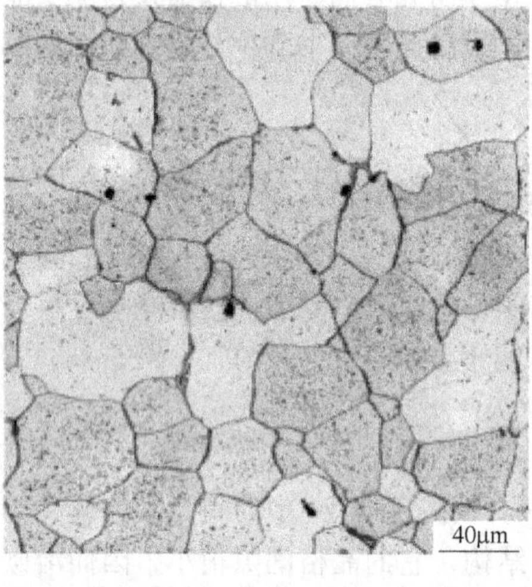

图6-1 铁素体的显微组织（200×）

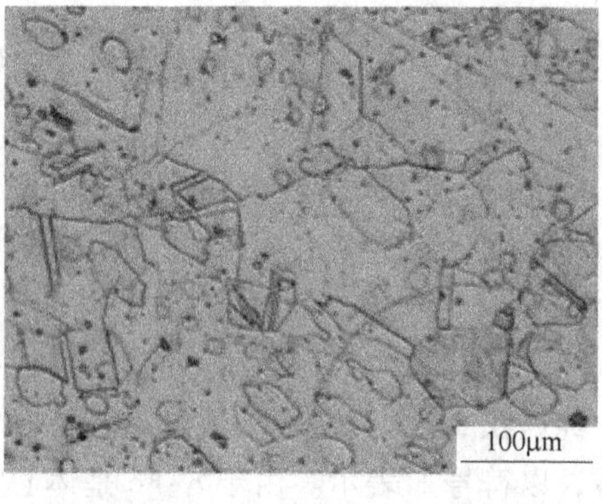

图6-2 奥氏体的显微组织（400×）

6.1.3 渗碳体

Fe与C能形成Fe_3C、Fe_2C、FeC等碳化物，比较稳定和有实际意义的是Fe_3C。铁和碳的化合物Fe_3C称为渗碳体，其碳含量为6.69%。在铁碳合金中，当碳的含量超过碳在铁中的溶解度时，多余的碳便形成Fe_3C。渗碳体的晶体结构见图5-9。铁原子之间的结合为金属键，铁碳原子之间的结合键的性质还不完全清楚，很可能是一种特殊类型的化学键，既有金属键的性质，又具有离子键的特点，但以金属键为主。在Fe_3C晶格中，Fe和C都正离子化，如同一般金属，所以Fe_3C具有明显的金属特性，能导电和有金属光泽等。Fe_3C的结构决定了它极硬（可以刻划玻璃）和极脆，是铁碳合金中的硬组元。主要力学性能如下：

抗拉强度	35MPa
伸长率和收缩率	0
冲击韧性	0
硬度 HB	800~820

渗碳体的熔点未确切测定，因为加热时易分解，根据计算约为1227℃。渗碳体无同素异晶转变，但也有磁性转变，它在230℃以下具有弱铁磁性，而在230℃以上则失去铁磁性，其密度为7.82g/cm³。渗碳体相对于石墨来说是一个亚稳定相（介稳定相），在一定的条件（高温、长期保温）下将分解成铁和石墨：

$$Fe_3C \longrightarrow 3Fe + C\ (石墨)$$

这一分解过程对铸铁具有重要意义。因此铁-渗碳体相图又称介稳定系相图，而铁-石墨相图称为稳定系相图。渗碳体中的碳原子可被其他非金属元素原子（氮、氧、硼等）所置换，形成$Fe_3(C, N)$、$Fe_3(C, B)$等间隙化合物，而铁原子则可被其他金属元素原子（锰、铬、钼、钨等）置换，形成以渗碳体晶格为基的固溶体，称为合金渗碳体，如$(Fe, Cr)_3C$、$(Fe, Mn)_3C$等。渗碳体不被硝酸、酒精腐蚀，在显微镜下呈亮白色，在碱性苦味酸钠腐蚀下，被染成黑色。在钢和铸铁中与其他相共存时可以片状、粒状、网状或板状出现。渗碳体是钢中主要的强化相，它的形状与分布对钢的性能有很大的影响。

6.2 相图分析

铁碳合金相图如图6-3所示。组成$Fe\text{-}Fe_3C$相图的基本相有4个：液相L、铁素体F（高温时以δ表示）、奥氏体A和Fe_3C，它们存在于5个单相区内。铁碳合金相图中各特征点的温度、成分及其含义如表6-1所示。

表6-1 铁碳合金相图中的特征点

特征点	温度/℃	碳含量/%	特征点含义
A	1538	0	纯铁熔点
B	1495	0.53	包晶转变液相成分
C	1148	4.3	共晶点
D	1227	6.69	渗碳体的熔点
E	1148	2.11	碳在奥氏体的最大溶解度
F	1148	6.69	共晶渗碳体的成分点
G	912	0	α-Fe↔γ-Fe同素异晶转变点
H	1495	0.09	碳在δ-Fe中最大溶解度
J	1495	0.17	包晶点
K	727	6.69	共析渗碳体的成分点
N	1394	0	γ-Fe↔δ-Fe同素异晶转变点
P	727	0.0218	碳在铁素体中的最大溶解度
S	727	0.77	共析点
*Q*①	600	0.0057	碳在铁素体中的溶解度

①有的资料，介绍在200℃时，碳在铁素体中溶解度仅达7×10^{-7}%。

铁碳合金相图看上去很复杂，实际上它是由左上角的包晶转变、右边的共晶转变以及左下角的共析转变三部分构成，因此把铁碳合金相图分成包晶相图、共晶相图和共析相图等简单类型的相图来进行分析就比较容易掌握。

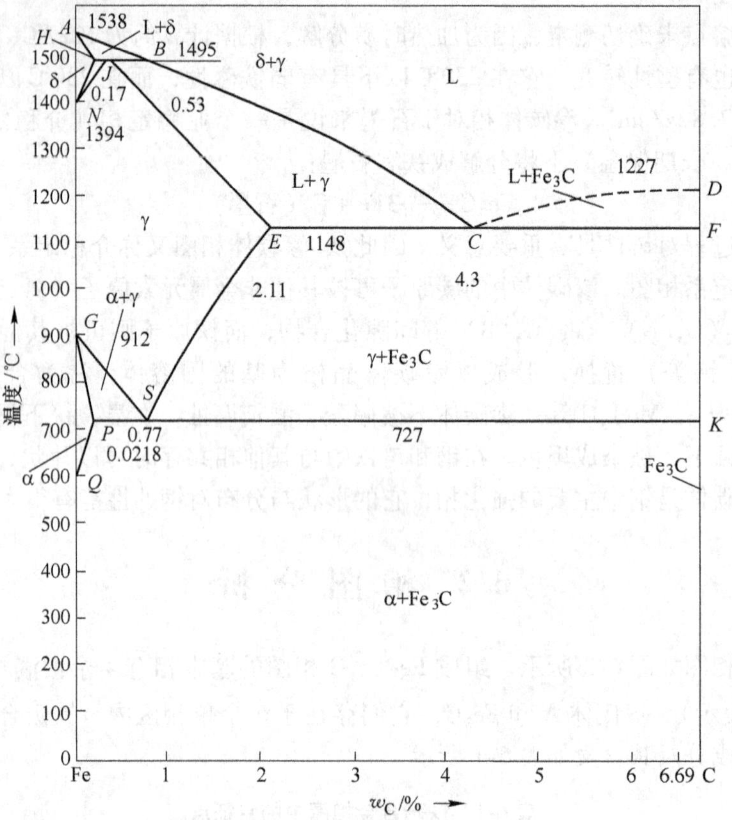

图 6-3 铁碳合金相图

铁碳合金相图中的特性线是各不同成分合金具有相同意义的临界点的连线。图中有三条水平线，表示三种等温转变线。

6.2.1 包晶转变线

1495℃的 *HJB* 水平线为包晶转变线，*J* 点为包晶点，即从液相 L 中析出的初晶 δ 固溶体（δ 铁素体）与剩余液相共同作用而生成 γ 固溶体（奥氏体），即

$$\delta_{0.09} + L_{0.53} \xleftrightarrow{1495℃} A_{0.17}$$

包晶转变的产物是奥氏体。凡含碳为 0.09%~0.53% 的铁碳合金缓慢冷却到 *HJB* 线上均发生包晶转变。

6.2.2 共晶转变线

1148℃的 *ECF* 水平线是共晶转变线，*C* 点为共晶点，即具有共晶成分 4.3% C 的液相

L 在共晶温度 1148℃时，要同时析出奥氏体（碳含量为 2.11%）和渗碳体组成的共晶混合物，即：

$$L_{43} \xleftrightarrow{1148℃} (A_{2.11} + Fe_3C)$$

共晶转变的产物（$A + Fe_3C$）称为莱氏体，以符号 L_d 表示。凡是碳含量超过 2.11% 的铁碳合金，在 *ECF* 线上均发生共晶转变。

6.2.3 共析转变线

727℃的 *PSK* 水平线是共析转变线，*S* 点是共析点，即具有共析成分 0.77% C 的奥氏体在共析温度 727℃时，要析出铁素体和渗碳体组成的两相细密混合物，即：

$$A_{0.77} \xleftrightarrow{727℃} (F_{0.0218} + Fe_3C)$$

共析转变产物（$F + Fe_3C$）称为珠光体，常用符号 P 表示。珠光体的力学性能较好，其数值如下：

抗拉强度	770MPa
伸长率	20%~35%
冲击韧性	30~40J/cm^2
硬度 HB	180

凡是碳含量超过 0.0218% 的铁碳合金，在 *PSK* 水平线上均发生共析转变。珠光体也有不同的形式，片状的称为片状珠光体，球状的称为球状珠光体等。由于原子在固溶体中扩散比在液相中困难，因此共析体的细密程度比共晶体更大。

6.2.4 其他重要曲线

ES、*PQ*、*GS* 亦为铁碳合金相图中较重要的三条曲线。*ES* 线是碳在奥氏体中的饱和溶解度曲线。从该线可以看出，碳在奥氏体中的最大溶解度是在 *E* 点，而当温度降低时，溶解度降低。*ES* 线上任一点代表相应温度下碳在奥氏体中的饱和溶解度。因此在一定温度下，当奥氏体中碳含量大于奥氏体在该温度的饱和溶解度时，多余的碳将从奥氏体中以渗碳体形式析出。为了区别自液态合金中直接析出的一次渗碳体（$Fe_3C_{Ⅰ}$），将奥氏体中析出的渗碳体称为二次渗碳体（$Fe_3C_{Ⅱ}$）。*PQ* 线是碳在铁素体中的饱和溶解度曲线，当温度自 727℃降至室温时，铁素体中碳的饱和溶解度自 *P* 沿 *PQ* 线降至 *Q*，因此，在一定温度下，当铁素体中含碳量大于铁素体在该温度的饱和溶解度时，多余的碳将从铁素体中以渗碳体形式析出，称为三次渗碳体（$Fe_3C_{Ⅲ}$）。*GS* 线是冷却时奥氏体开始析出铁素体的转变线和加热时铁素体转变成奥氏体的终了线。奥氏体与铁素体之间的转变是溶剂金属（铁）发生同素异晶转变的结果，故也称为固溶体的同素异晶转变。不过纯铁是在一定温度下产生同素异晶转变的，而铁中溶入了碳后，其同素异晶转变温度则是随着溶碳量的变化而变化的。另外，相图中 770℃以下，铁素体呈铁磁性；在 770℃以上，铁素体的铁磁性消失。因此，含有铁素体组织的铁碳合金，其铁磁性的变化温度界线就是 770℃。另一条水平虚线是 230℃，是渗碳体的磁性转变线。在 230℃以上，渗碳体将失去铁磁性。

铁碳合金相图的特性线及其含义归纳于表 6-2。

表 6-2 铁碳合金相图中的特性线及其含义

特 性 线	特性线含义
ABCD	铁碳合金的液相线
AHJECF	铁碳合金的固相线
HN	δ-Fe→γ-Fe 转变开始温度线
JN	δ-Fe→γ-Fe 转变终了温度线
GS	奥氏体向铁素体转变开始温度线
GP	奥氏体向铁素体转变终了温度线
PQ	碳在铁素体中的溶解度线
ES	碳在奥氏体中的溶解度线
HJB	包晶转变线
ECF	共晶转变线
PSK	共析转变线
MO	铁素体的磁性转变线

上述各条特性线把铁碳相图分成 5 个单相区和 7 个两相区，5 个单相区为：L、δ、A、F 和 Fe_3C 相区；7 个两相区为：L + δ、L + A、L + Fe_3C、δ + A、A + Fe_3C、A + F 和 F + Fe_3C。

6.3 典型合金的结晶及其组织

根据相变特征和室温组织的不同，可将铁碳合金相图上的各种合金分成工业纯铁、钢和白口铸铁三种。

（1）工业纯铁是碳含量小于 0.0218% 的铁碳合金。

（2）钢是含碳在 0.0218%~2.11% 的铁碳合金。其特点是高温固态组织为塑性很好的奥氏体，因而可以热压力加工。根据室温组织的不同，钢又分为三种：

共析钢——碳含量为 0.77%；

亚共析钢——碳含量小于 0.77%；

过共析钢——碳含量大于 0.77%。

（3）白口铸铁是碳含量在 2.11%~6.69% 的铁碳合金，其特点是液态结晶时，都有共晶转变，液态合金的流动性好，因而铸铁都具有良好的铸造性能。但因其共晶转变产物是以渗碳体为基的莱氏体组织，所以性能很脆，不能锻造。它的断口有白亮光泽，固又称白口铸铁。根据室温组织的不同，白口铸铁又分为三种：

共晶白口铸铁——碳含量为 4.3%；

亚共晶白口铸铁——碳含量小于 4.3%；

过共晶白口铸铁——碳含量大于 4.3%。

6.3.1 工业纯铁的结晶过程及组织转变

以含碳 0.01% 的合金（即图 6-4 中（1）合金）为例研究其结晶过程。液相合金冷却到1点开始结晶出δ铁素体，至2点结晶结束，合金全部为δ铁素体。δ铁素体冷却到3点时，开始发生固溶体的同素异晶转变δ→A。转变时，A的晶核优先在δ相的晶界上形成，然后长大。到4点合金全部变为单相奥氏体A。奥氏体冷到5~6点间又发生同素异晶转变A→F。同样，铁素体也是在奥氏体的晶界上优先形核而后长大。到6点合金组织全部为铁素体F。铁素体冷却到7点时，碳在铁素体中的溶解度达到饱和，温度再下降析出三次渗碳体。三次渗碳体也是在铁素体的晶界上析出的，由于数量很少，一般沿铁素体晶界呈断续片状分布。由于渗碳体的析出，铁素体中的碳含量沿 *PQ* 线变化，至室温时，几乎降到零，如图6-5所示。图6-6为工业纯铁缓冷到室温后的显微组织：铁素体+三次渗碳体。

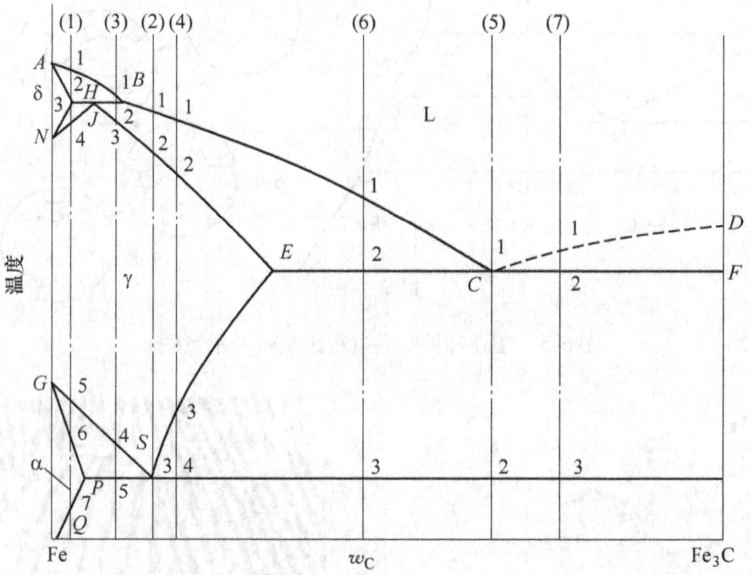

图6-4　典型铁碳合金在 $Fe-Fe_3C$ 相图中的位置

含碳为0.0218%的合金，冷却到室温时析出的三次渗碳体的量最多，可运用杠杆定律来计算：

$$Q_{Fe_2C_{Ⅲ}最大} = \frac{0.0218}{6.69} \times 100\% \approx 0.33\%$$

6.3.2　共析钢（碳含量0.77%）的结晶过程及组织转变

共析钢（即图6-4中（2）合金）的结晶过程如下：液相合金冷至1点时，开始结晶出奥氏体。1~2点间是按匀晶转变结晶的。奥氏体开始以树枝状生长，最后得到多面体的奥氏体晶粒。在继续冷却时，具有0.77%C成分的奥氏体冷到 *S* 点（727℃）时就发生共析转变 $A_{0.77} \xrightarrow{727℃} (F_{0.0218} + Fe_3C)$，转变在恒温下进行，至 *S* 点转变结束，得到珠光体组织。珠光体一般呈片状，其显微组织见图6-7。珠光体中的渗碳体称为共析渗碳体。

珠光体中的铁素体和渗碳体相对量，可用杠杆定律求得：

$$Q_F = \frac{6.69 - 0.77}{6.69 - 0.0218} \times 100\% \approx 89\%$$

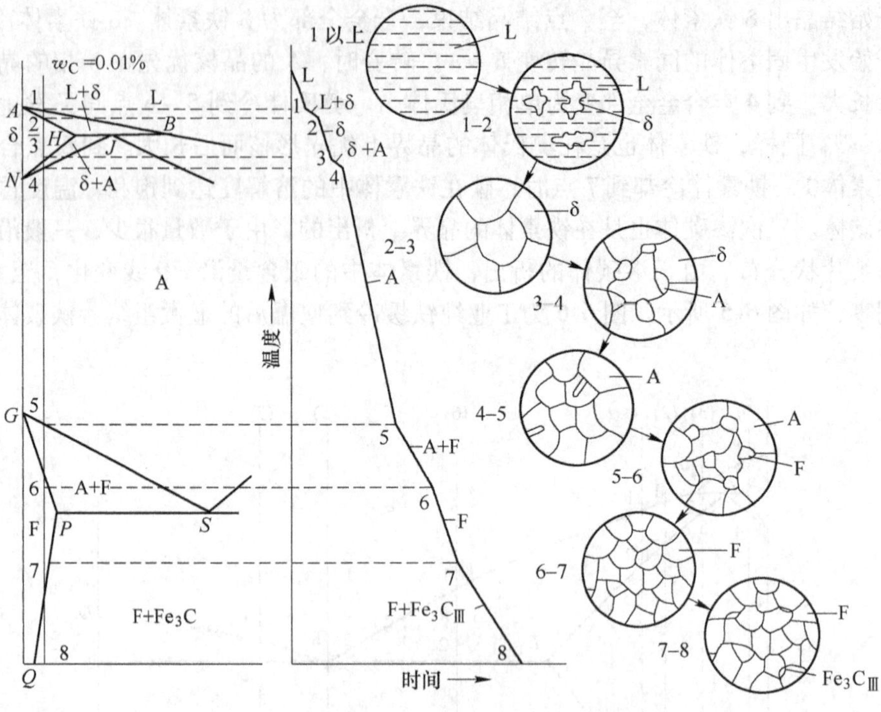

图 6-5　工业纯铁结晶过程组织转变示意图

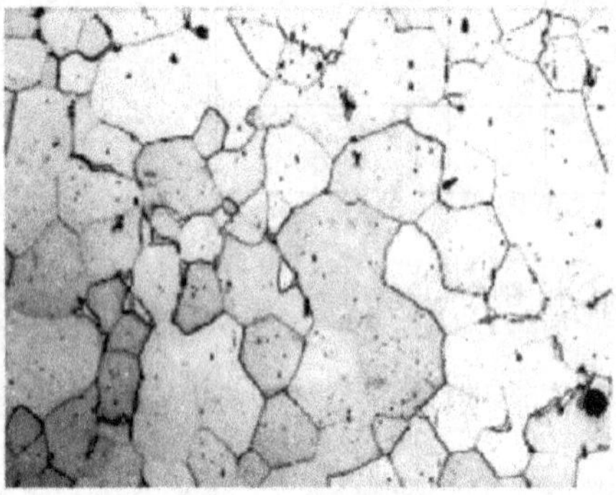

图 6-6　铁素体 + 三次渗碳体的显微组织（400 ×）

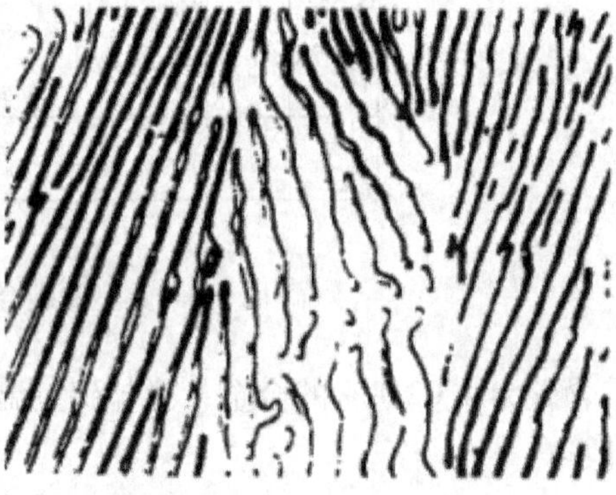

图 6-7　珠光体的显微组织

$$Q_{Fe_3C} = 1 - Q_P \approx 11\%$$

由于珠光体中渗碳体数量较铁素体数量少，因此片状珠光体中渗碳体形成窄条，铁素体形成宽条。在腐蚀金相试样时，铁素体和渗碳体的相界面被腐蚀成凹坑，在直射光的照射下，变成了黑色线条。当放大倍数较大时，可以看到渗碳体四周有一圈黑线围着。若放大倍数较低，显微镜的鉴别能力又小于渗碳体片层厚度的时候，只能看出一条黑线，这条黑线就代表渗碳体边缘的两条边界线，也表示渗碳体相。同理，如果放大倍数更小或珠光体很细密时，甚至其中的铁素体与渗碳体也无法分辨，珠光体只是灰暗的一片。

6.3.3　亚共析钢的结晶过程及组织转变

以碳含量为 0.45% 的合金（即图 6-4 中的（3）合金）为例研究其结晶过程。合金在

1～2点间结晶出δ固溶体。冷到2点（1495℃）时，δ固溶体的碳含量为0.09%，液相的碳含量为0.53%。此时液相和δ固溶体发生包晶转变 $\delta_{0.09}+L_{0.53}\xrightarrow{1495℃}A_{0.17}$，转变在恒温下进行。由于合金的碳含量（0.45%）大于包晶点 *J* 点的碳含量（0.17%），所以包晶转变结束时，除了δ固溶体和部分液相转变为奥氏体外，还剩余有一定量的液相，这些液相在2～3点的温度间继续结晶出奥氏体，其成分沿 *JE* 线变化。而原来包晶转变产物，即成分为0.17%C的奥氏体，其成分也沿 *JE* 线变化。冷至3点，合金全部由含碳为0.45%的奥氏体所组成。当奥氏体冷到4点时，开始从奥氏体中析出铁素体，称为先共析铁素体（或游离铁素体）。在4～5点间，由于低碳成分的铁素体不断析出，奥氏体量不断减少，而剩余奥氏体的碳含量不断升高，沿 *GS* 线从4点向 *S* 点变化，而先共析铁素体的碳含量沿着 *GP* 线向点 *P* 变化。当温度冷到5点（727℃）时，先共析钢铁素体的碳含量达0.0218%，而剩余奥氏体的碳含量到达0.77%，因此剩余奥氏体就要发生共析转变，生成珠光体。此时合金组织为珠光体和铁素体，其相对量也就是在共析转变前奥氏体和铁素体的相对量，可用杠杆定律求得：

$$Q_{F0.0218}=\frac{0.77-0.45}{0.77-0.0218}\times100\%=42.7\%$$

$$Q_{P0.77}=A_{0.77}=\frac{0.45-0.0218}{0.77-0.0218}\times100\%=57.3\%$$

在5点以下冷却时，不论是先共析铁素体还是珠光体中的铁素体，其碳含量均沿 *PQ* 线降低，多余的碳以三次渗碳体形式析出，但数量少，显微组织中辨认不出，可以忽略。所以含0.045%C的亚共析钢的室温组织是铁素体和珠光体。亚共析钢的结晶过程见图6-8。

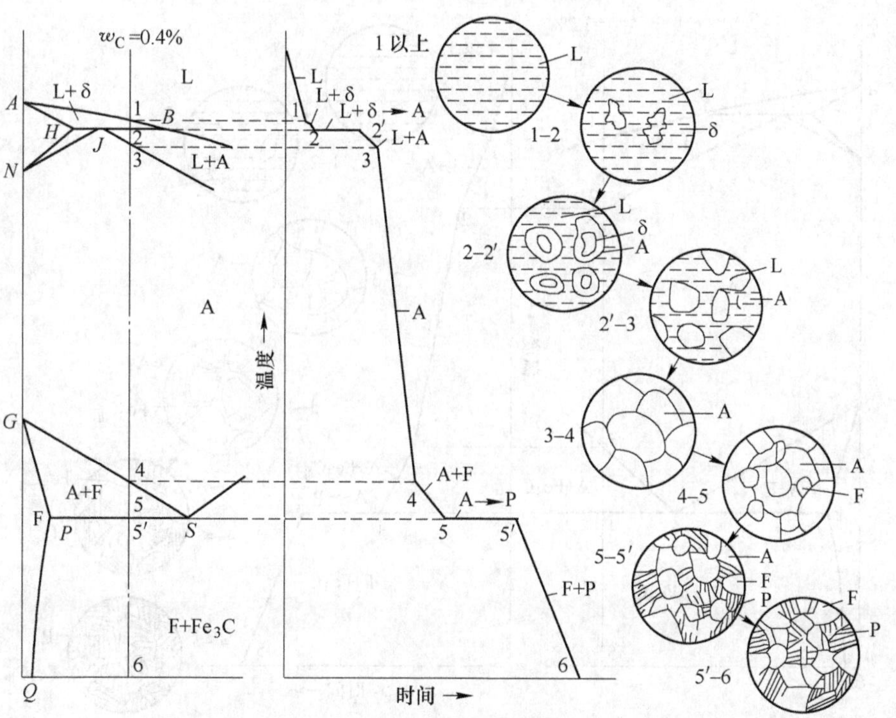

图6-8 亚共析钢结晶过程

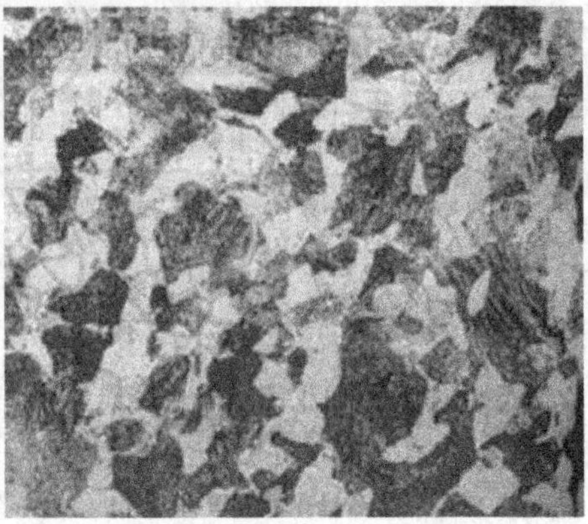
图6-9　0.4%亚共析钢的显微组织

凡是碳含量在0.09%~0.53%的亚共析钢的结晶过程，在液态结晶时都有包晶转变。含碳大于0.53%的亚共析钢，没有包晶转变，是由液相中直接结晶出奥氏体，以后的结晶过程与上述相似。所有亚共析钢冷到室温后，均由铁素体和珠光体组成。钢的碳含量越高，则珠光体量越多而铁素体量越少。因此通常可以近似地根据亚共析钢的显微组织来估计它的碳含量：钢的碳含量≈$P\times 0.77\%$，式中P为珠光体在显微镜的视场中所占的面积百分比。亚共析钢显微组织如图6-9所示。

6.3.4　过共析钢的结晶过程及组织转变

以含碳1.2%的合金（即图6-4中（4）合金）为例研究其结晶过程。合金冷到1点后，由液相中结晶出奥氏体。到2点，全部凝固为奥氏体晶粒。当冷到3点时，奥氏体中碳含量达到饱和，温度再下降就开始析出二次渗碳体，它是沿奥氏体晶界析出的，所以在显微组织上呈网状分布。由于渗碳体的析出，剩余奥氏体的碳含量沿ES线变化而逐渐减少。冷到4点（727℃）时，奥氏体碳含量达到0.77%。此时，奥氏体就发生共析转变而形成珠光体，至4点转变结束，温度再下降组织基本不变，最后得到珠光体和二次渗碳体的组织，见图6-10。其室温时的显微组织如图6-11所示。此时珠光体和二次渗碳体的相

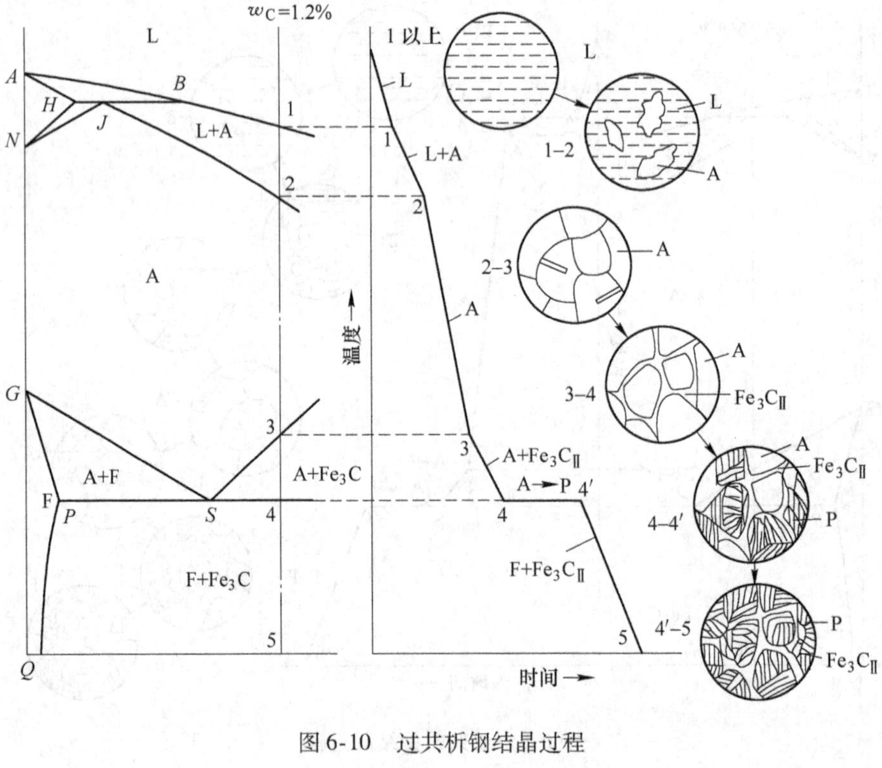

图6-10　过共析钢结晶过程

对量，也就是在共析转变前奥氏体和二次渗碳体的相对量，可用杠杆定律求得：

$$Q_{FeC_{II}}=\frac{1.2-0.77}{6.69-0.77}\times100\%=7.3\%$$

$$Q_{P0.77}=A_{0.77}=1-Q_{Fe_3C_{II}}=92.7\%$$

在过共析钢中，二次渗碳体的含量随钢中碳含量的增加而增加，当碳含量达到2.11%时，二次渗碳体量达到最大，其值可由杠杆定律求得：

$$Q_{Fe_3C_{II最大}}=\frac{2.11-0.77}{6.69-0.77}\times100\%=22.6\%$$

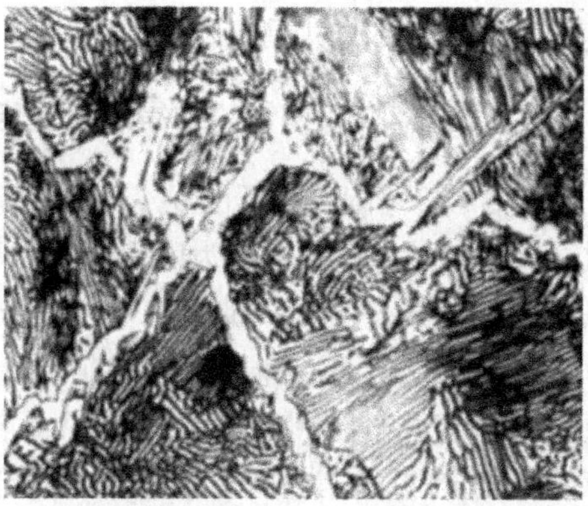

图6-11 过共析钢的显微组织

6.3.5 共晶白口铸铁（含4.3%C）的结晶过程及组织转变

以图6-4中（5）合金为例研究其结晶过程。含碳4.3%的液相合金冷到*C*点（1148℃）时，在恒温下发生共晶转变$L_{4.3}\xrightarrow{1148℃}(A_{2.11}+Fe_3C)$。到*C*点共晶转变结束，得到莱氏体组织，其中奥氏体（含碳2.11%）和渗碳体的相对量应为：

$$Q_{A2.11}=\frac{6.69-4.30}{6.69-2.11}\times100\%=52\%$$

$$Q_{Fe_3C}=\frac{4.30-2.11}{6.69-2.11}\times100\%=48\%$$

即莱氏体中奥氏体和渗碳体大体各占一半。莱氏体的形态一般是点条状奥氏体均匀分布在渗碳体基体上，这种渗碳体又称共晶渗碳体。当冷却到*C*点以下时，奥氏体中碳的溶解度沿*ES*线降低而析出二次渗碳体，所以渗碳体总量（包括共晶渗碳体和二次渗碳体两种）增加。当温度降到2点时，莱氏体中的奥氏体和渗碳体的相对量变为：

$$Q_{A0.77}=\frac{6.69-4.30}{6.69-0.77}\times100\%=40\%$$

$$Q_{Fe_3C}=\frac{4.30-0.77}{6.69-0.77}\times100\%=60\%$$

即合金从共晶温度降到共析温度时，奥氏体的量从50%减少到40%，而渗碳体由50%增加到60%。由于当温度降到2点（727℃）时，奥氏体的碳含量降至0.77%，所以奥氏体在恒温下发生共析转变，至2点转变结束，得到珠光体组织。共晶白口铸铁的最后组织由珠光体、二次渗碳体和共晶渗碳体组成，它们的相对含量亦如上所述，即珠光体占40%，Fe_3C占60%。为了区别起见，将高温下的莱氏体（$A+Fe_3C_{II}+Fe_3C_{共晶}$）称为高温莱氏体，以符号Ld表示；而在共析温度以下的莱氏体（$A+Fe_3C_{II}+Fe_3C_{共晶}$）称为低温莱氏体，以L′d表示。图6-12所示为共晶白口铸铁的显微组织，图中黑色部分为珠光体，白色基体为渗碳体，

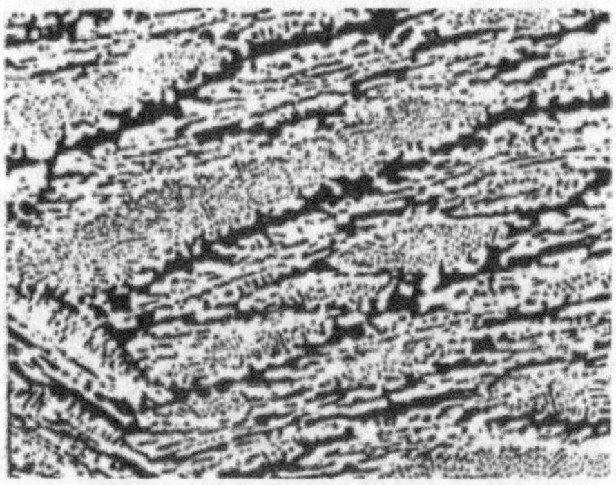

图6-12 共晶白口铸铁的显微组织

其中二次渗碳体与共晶渗碳体连在一起，两者本质一样，不易分辨。

6.3.6 亚共晶白口铸铁的结晶过程及组织转变

以含碳3%的合金即图6-4中（6）合金为例研究其结晶过程。当液相合金冷至1点时，开始结晶出奥氏体，为区别于共晶奥氏体，称之为初生奥氏体。初生奥氏体在液相中以树枝状成长，在1~2点间，初生奥氏体碳含量沿*JE*线变化，而液相的碳含量由1点沿*BC*线向*C*点变化。当温度达到2点（1148℃）时，初生奥氏体碳含量使剩余液相的碳含量达到4.3%，此时剩余液相发生共晶转变，至2点转变结束，形成莱氏体。共晶转变结束时，合金的组织为初生奥氏体和莱氏体，即$A_{2.11}+Ld\ (A_{2.11}+Fe_3C_{共晶})$，它们的相对含量为：

$$Q_{A2.11}=\frac{4.30-3.00}{4.30-2.11}\times100\%=59\%$$

$$Q_{Ld}=\frac{3.00-2.11}{4.30-2.11}\times100\%=41\%$$

在2点以下冷却时，共晶渗碳体不发生变化，而初生奥氏体和共晶奥氏体的含碳量都要沿*ES*降低，从奥氏体中析出二次渗碳体。随着温度的下降，析出的二次渗碳体量越来越多。在2~3点间合金的组织为：初生奥氏体A、二次渗碳体Fe_3C_{II}和莱氏体$Ld(A+Fe_3C_{II}+Fe_3C_{共晶})$。当温度到达3点（727℃）时，合金中奥氏体的碳含量到达0.77%，所有的奥氏体都要发生共析转变，至3点转变结束，生成珠光体。所有室温下亚共晶白口铸铁的组织为：珠光体P+二次渗碳体Fe_3C_{II}+低温莱氏体L_d（$P+Fe_3C_{II}+Fe_3C_{共晶}$），如图6-13所示。图中黑色粗大块状是由初生奥氏体转变成珠光体，它保留了初生奥氏体的枝晶形态。在它的周围是由初生奥氏体中析出的二次渗碳体，白底黑点形态的是低温莱氏体。从初生奥氏体和共晶奥氏体中析出的二次渗碳体和共晶渗碳体一样，均是亮白色，无分界线，在显微组织上不易分辨。组织中各组成物的相对含量为：

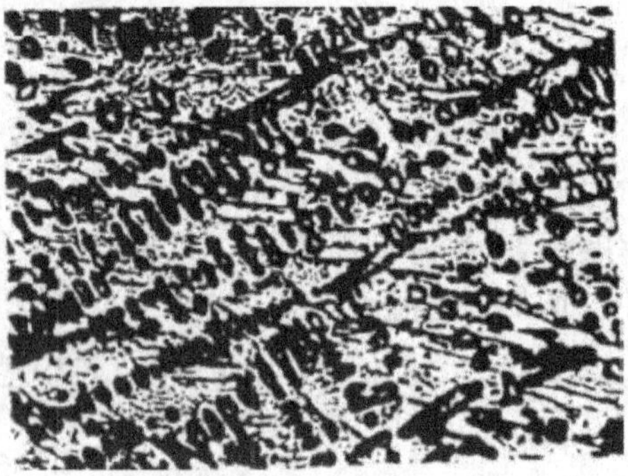

图6-13 亚共晶白口铸铁的显微组织

$$Q_{Ld}=41\%\ （见前述）$$

$$Q_{P}=\frac{6.69-2.11}{6.69-0.77}\times59\%=46\%$$

$$Q_{Fe_3C_{II}}=\frac{2.11-0.77}{6.69-0.77}\times59\%=13\%$$

所有亚共晶白口铸铁的结晶过程与最后组织皆与上述相同，只是碳含量越接近共晶成分的合金，最后组织中莱氏体量越多，大块珠光体量越少。

6.3.7 过共晶白口铸铁的结晶过程及组织转变

以含碳5%的合金即图6-4中（7）合金为例研究其结晶过程。液相合金冷却到1点开始结晶出初生渗碳体，以 $Fe_3C_Ⅰ$ 表示。随着渗碳体的结晶，剩余液相的碳含量不断减少，其碳含量沿 1*C* 线变化。至 2 点（1148℃）初生渗碳体结束，而剩余液相成分达 4.3% C，于是便发生共晶转变，至 2 点共晶转变结束，形成莱氏体。继续冷却过程中初生渗碳体不发生变化，莱氏体中的奥氏体析出二次渗碳体，到 3 点（727℃），奥氏体转变为珠光体，至 3 点转变结束。温度下降组织基本不变，所以过共晶白口铸铁的室温组织为：初生渗碳体 $Fe_3C_Ⅰ$ + 低温莱氏体 L′d（P + $Fe_3C_Ⅱ$ + $Fe_3C_{共晶}$），显微组织如图 6-14 所示。图中亮白色的长条状（板状）为初生渗碳体，基体为低温莱氏体，其中黑点为珠光体，白色部分为渗碳体。初生渗碳体与低温莱氏体的相对含量为：

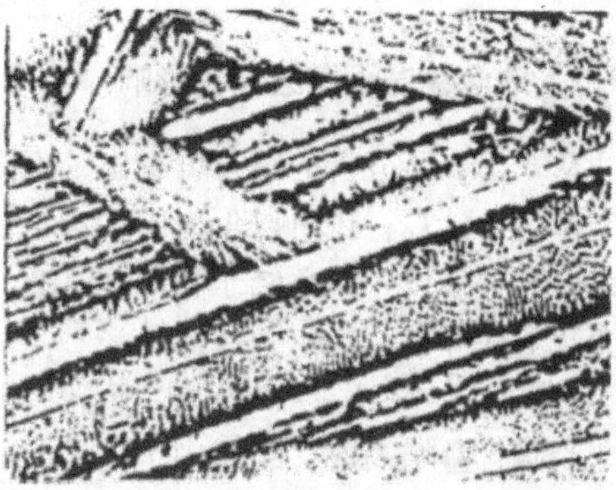

图 6-14　过共晶白口铸铁的显微组织

$$Q_{Fe_3C_Ⅱ} = \frac{5.00 - 4.30}{6.69 - 4.30} \times 100\% = 29\%$$

$$Q_{L'd} = \frac{6.69 - 5.00}{6.69 - 4.30} \times 100\% = 71\%$$

所有过共晶白口铸铁的结晶过程和最后组织皆与上述相同，只是当合金碳含量越接近 6.69%，组织中莱氏体数量越少，初生渗碳体量越多。将上述各类铁碳合金结晶过程中的组织变化，填入铁碳合金相图中，则得到按组织分区的铁碳合金相图（图 6-15）。

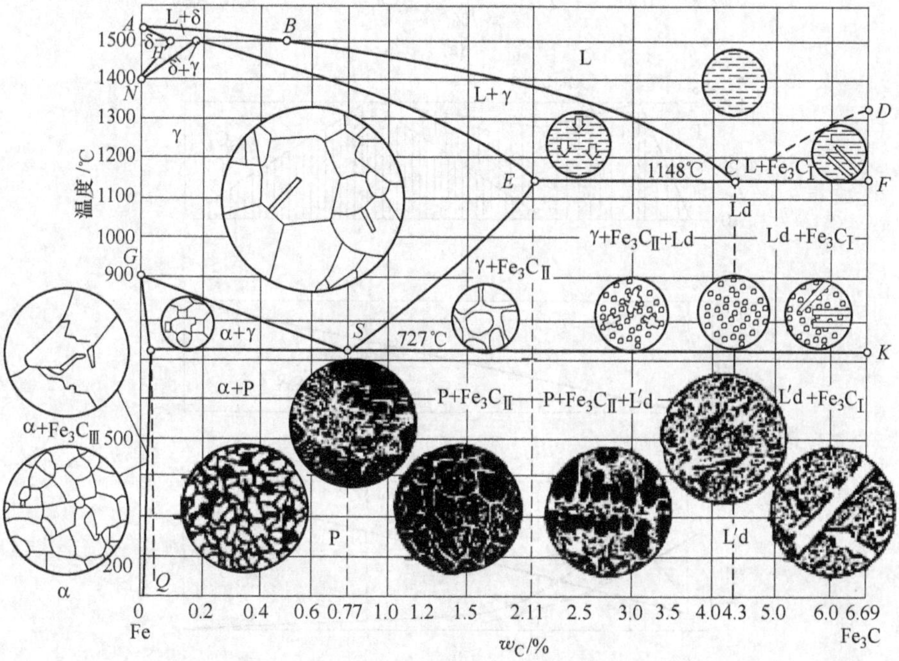

图 6-15　标注组织的铁碳相图

6.4 碳含量对铁碳合金平衡组织和性能的影响

6.4.1 碳含量对平衡组织的影响

从6.3节所分析的结果可看出，不同种类的铁碳合金的室温组织是不同的。如运用杠杆定律进行计算，还可以求得碳含量与铁碳合金缓冷后的组织组成物及相组成物间的定量关系，其关系可归纳总结于图6-16中。由该图可以看出，随碳含量的增加，合金室温组织变化顺序如下：

$$F \to F + P \to P \to P + Fe_3C_{II} \to P + Fe_3C_{II} + L'd \to L'd \to L'd + Fe_3C_{I}$$

当碳含量增高时，组织中不仅 Fe_3C 的数量增加，而且 Fe_3C 的存在形式也在变化，由分布在铁素体的基体内（如珠光体）变为分布在奥氏体的晶界上（Fe_3C_{II}），最后当形成莱氏体时，Fe_3C 已作为基体出现。这就是说，不同碳含量的钢铁具有不同的组织，这也正是决定它们具有不同性质的原因。

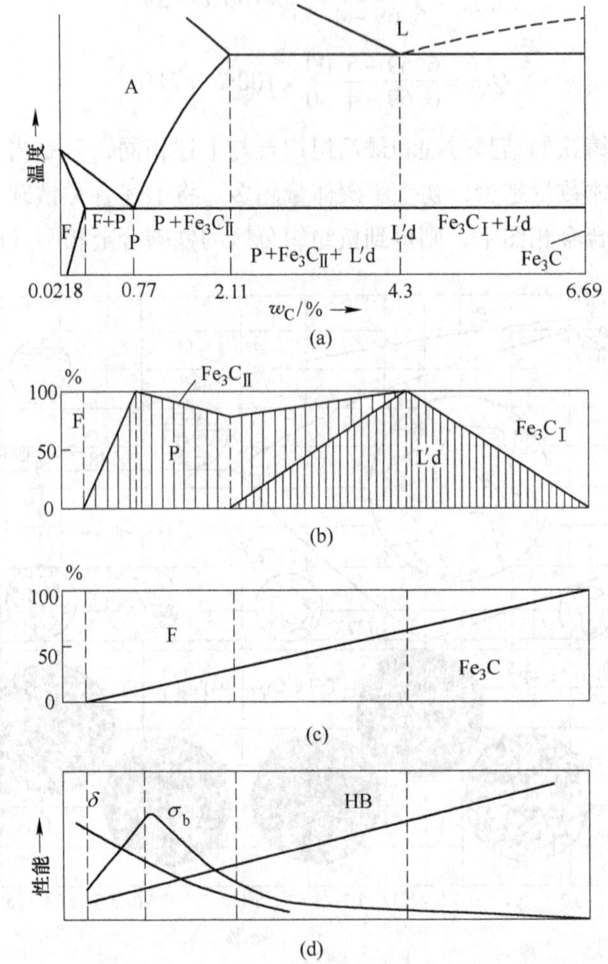

图6-16 铁碳合金的成分-组织-性能的关系

6.4.2 碳含量对力学性能的影响

在平衡状态下，室温时铁碳合金中主要相组成物及组织组成物的力学性能归纳总结于表6-3中。

表6-3 铁碳合金室温时平衡状态下主要相及组织组成物的力学性能

名称	σ_b/MPa	HB	α_K/J·cm^{-2}	δ/%
铁素体	250~350	80~120	160~200	30~50
渗碳体	35	800~820	0	0
珠光体	770	180	30~40	20~35

在铁碳合金中，一般认为 Fe_3C 是一种强化相。当它与铁素体构成层片状珠光体时，合金的强度和硬度得到提高，故合金中珠光体量愈多时，其强度和硬度愈高，而塑性、韧性相应降低。但过共析钢中渗碳体明显地以网状分布在晶界上，特别是在白口铸铁中渗碳体是作为基体或以板条状分布在莱氏体基体上时，不仅将使铁碳合金的塑性和韧性大幅度下降，而且强度也随之降低，这就是高碳钢和白口铸铁脆性高的主要原因。图6-17所示为碳含量对碳钢力学性能的影响。由图可见，当钢的碳含量小于0.9%时，随着钢中碳含量的增加，钢的强度、硬度直线上升，而塑性、韧性不断降低；当钢中碳含量大于0.9%时，因沿晶界形成的二次渗碳体网趋于完整，不仅使钢的塑性、韧性进一步降低，而且强度也明显下降。为了保证工业上使用的钢具有足够的强度，并具有一定的塑性和韧性，钢中碳含量一般都小于1.3%~1.4%。碳含量大于2.11%的白口铸铁，由于具有较多的渗碳体，在组织中已连片成为基体，故在性能上特别硬而脆，难以切削，因此应用不广。

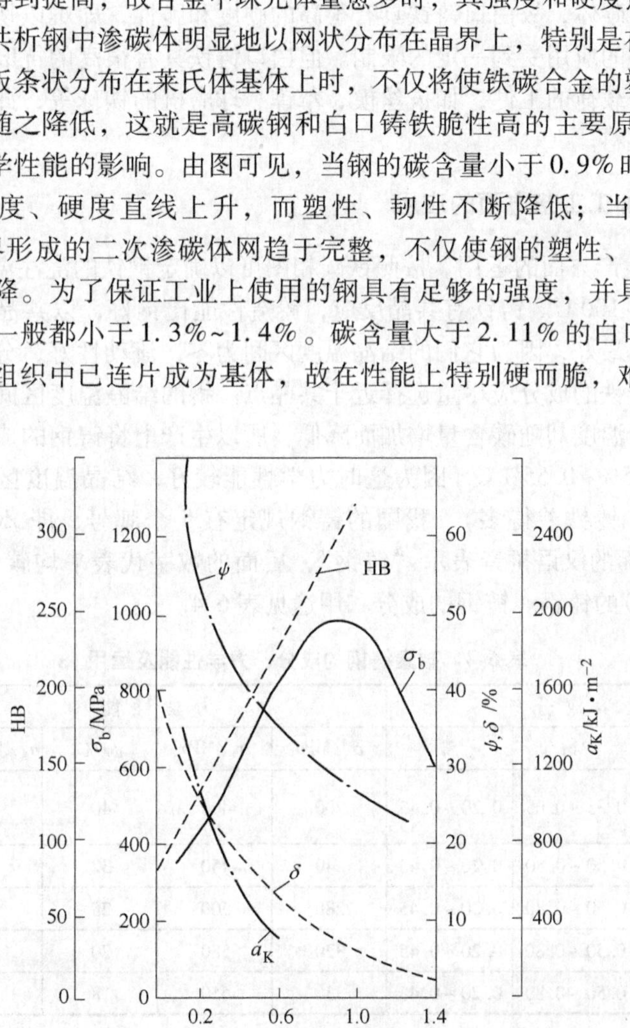

图6-17 碳含量对碳钢的力学性能的影响

6.5 铁碳相图的运用

铁碳相图反映了钢铁的组织随温度和成分变化的规律，因此为工程上解决钢铁的各种热加工工艺和选用材料问题，提供了重要的依据。

6.5.1 在钢铁选材方面的应用

根据成分-组织-性能的规律，若需要塑性、韧性高的材料应选用低碳钢（0.10%~0.25%C）；需要强度、塑性及韧性都较好的材料应选用中碳钢（0.25%~0.60%C）；需要硬度高、耐磨性好的材料应选用高碳钢（0.60%~1.30%C）。一般低碳钢和中碳钢主要用来制造机器零件或建筑结构，高碳钢用来制造各种工具。由于白口铸铁中存在莱氏体组织，含有大量的渗碳体，故白口铸铁具有很高的硬度和脆性，即难以切削加工，也不能锻造，因此白口铸铁的应用受到一定的限制。但白口铸铁具有很高的抗磨损能力，可用作需要耐磨而不受冲击载荷的工件，如拔丝模、犁铧、球磨机的铁球等，此外，白口铸铁也是可锻铸铁的原始胚料。

6.5.2 在制订热加工工艺方面的应用

（1）在铸造生产方面的运用。按照铁碳相图可以确定钢铁的浇注温度。浇注温度一般在液相线以上50~100℃。铸铁有共晶反应，铸造性能比钢好，以共晶成分的白口铸铁和纯铁的铸造性能为最好，因为它们的结晶温度区间为零，流动性好，分散缩孔少，因为铸件质量好，所以铸铁的成分应尽量选择近于共晶点。钢的结晶温度区间随碳含量的增加而增大，但结晶开始温度却随碳含量增加而降低，所以生产上将铸钢的成分规定在适当的范围内，一般为0.15%~0.55%C，因为这时力学性能较好，结晶温度区间相对较小，铸造性能也较好（但比铸铁差得多）。我国的铸钢规定有5个牌号，即ZG15、ZG25、ZG35、ZG45、ZG55。前面的汉语拼音表示“铸钢”，后面的数字代表平均碳含量，如ZG45，表示碳含量为0.45%的铸钢。铸钢的成分和用途见表6-4。

表6-4 碳素铸钢的成分、力学性能及运用

钢号	化学成分/%			力学性能				运用举例
	C	Mn	Si	σ_s/MPa	σ_b/MPa	ψ/%	a_K/J·cm^{-2}	
ZG15	0.12~0.22	0.35~0.65	0.20~0.45	200	400	40	60	变速箱、机座、箱体
ZG25	0.22~0.32	0.50~0.80	0.20~0.45	240	450	32	45	飞轮、机架
ZG35	0.32~0.42	0.50~0.80	0.20~0.45	280	500	25	35	气缸、齿轮
ZG45	0.42~0.52	0.50~0.80	0.20~0.45	320	580	20	30	起重运输机的齿轮
ZG55	0.52~0.62	0.50~0.80	0.20~0.45	350	650	18	20	

（2）在压力加工工艺方面的应用。钢在奥氏体状态时，强度较低，塑性较好，便于塑性变形，因此钢材的轧制或锻造必须选择在单相奥氏体区的适当温度范围内进行。其选择原则是开始轧制或锻造温度不得过高，以免钢材氧化严重和发生奥氏体晶界熔化，一般变

形开始温度控制在固相线以下100～200℃范围内。而变形终止温度也不能过低，以免钢材因温度低而塑性差，导致产生裂纹，因此亚共析钢的变形终止温度应稍高于 *GS* 线。低碳钢由于塑性较好，变形终止温度可在800℃左右。对于过共析钢，为了得到细小的奥氏体，以及冷却时渗碳体不致呈网状，变形终止温度为750～850℃。具体温度要根据情况合理地确定。各种碳钢的合适的压力加工温度范围如图6-18所示。

（3）在热处理方面应用。各种热处理方法的加热温度也与 $Fe\text{-}Fe_3C$ 相图有密切的关系，有关情况将在后续章节中介绍。必须指出，使用 $Fe\text{-}Fe_3C$ 相图时还要考虑多种杂质或合金元素的影响，而且还应指出，相图反映的是平衡（即非常缓慢加热和冷却）的组织状态，所以实际的钢铁材料在生产和加工过程中，当冷却和加热速度较快时，不能完全用 $Fe\text{-}Fe_3C$ 相图来分析问题，还必须借助其他的理论知识。

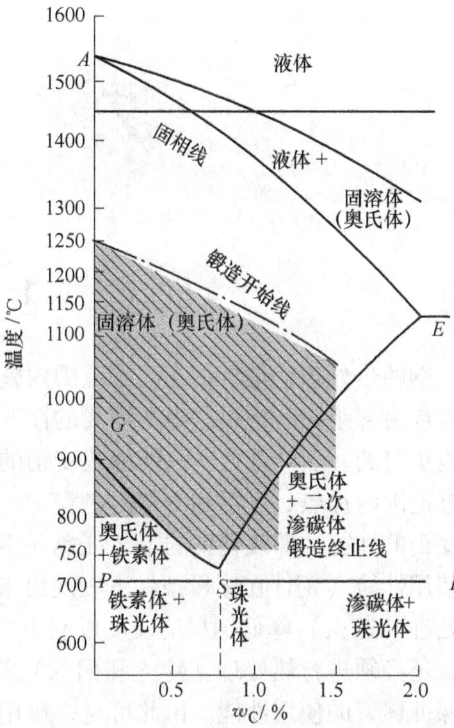

图6-18　碳钢合适的锻造温度范围

习题与思考题

6-1　分析一次渗碳体、二次渗碳体、三次渗碳体、共晶渗碳体、共析渗碳体的异同之处。

6-2　合金中相与组织组成物区别何在？指出亚共析钢与亚共晶白口铁中相与组织组成物，以及碳钢与白口铸铁在固态下相组成的异同之处。

6-3　画出 $Fe\text{-}Fe_3C$ 相图中的钢部分相图，并进行以下分析：

（1）标注出相图中空白区域的组织组成物与相组成物。

（2）分析碳含量分别为0.4%的亚共析钢的结晶过程及其在室温下组织组成物与相组成物的相对重量。

（3）指出碳含量分别为0.2%、0.6%、1.2%的钢在1400℃、1100℃、800℃时奥氏体中的碳含量。

6-4　什么是共析转变和共晶转变？试以铁碳合金为例说明这两种转变过程及其显微组织的特征。

6-5　现有两种铁碳合金，其中一种合金的显微组织为珠光体量占75%，铁素体量占25%；另一种合金的显微组织为珠光体量占92%，二次渗碳体占8%。问这两种合金各属于哪一类合金？其碳含量各为多少？

6-6　计算铁碳合金中二次渗碳体和三次渗碳体的最大的重量百分数。

6-7　已知铁素体硬度为HB80，渗碳体硬度为HB800，根据两相混合物的合金性能变化规律，计算珠光体的硬度，并回答：为什么实际测得的珠光体硬度都要比计算结果高？

7 钢的热处理

7.1 概 述

钢的热处理就是将钢在固态范围内施以不同的加热、保温和冷却制度，通过改变钢的表面或内部组织结构以获得所需要的性能的一种综合热加工工艺。钢的性能是由钢的组织结构决定的。热处理之所以能够改变钢的性能，是通过改变钢的组织结构来实现的。钢在固态范围内加热、保温和冷却的过程中，会发生一系列组织转变。热处理的主要目的在于改变钢的性能，即改善钢的工艺性能（钢在冷、热加工过程中表现出来的性能）和提高钢的使用性能（钢件在服役条件下表现出来的性能）。例如用 T12 钢制造锉刀，必须先进行热处理（退火）降低钢材的硬度以利于切削加工（退火后硬度小于 HB207），加工成锉刀后，还必须进行热处理（淬火和回火）提高锉刀的硬度和耐磨性（硬度为 HRC62～64），以保证锉刀的使用性能。由此可见，运用不同的热处理方法，可以有效地改善钢材的工艺性能和提高工件的使用性能。热处理是一种重要的金属加工工艺，它是改善和强化金属材料性能的重要手段之一，在机械制造工业中占有十分重要的地位。例如，现代机床工业中有 60%～70% 的零件，汽车、拖拉机工业中有 70%～80% 的零件需要热处理；飞机零件几乎全部都需要进行热处理；滚动轴承和各种工具则需要 100% 进行热处理。如果把原材料的预先热处理也包括进去，则几乎所有的零件都需要热处理。热处理工艺的种类很多，根据加热和冷却方法不同，通常可分为以下几类：

（1）普通热处理。包括退火、正火、淬火和回火。

（2）表面热处理。包括表面淬火（感应加热表面淬火、火焰加热表面淬火和其他表面加热淬火）和化学热处理（渗碳、氮化、碳氮共渗、渗硫、渗硼、渗金属等）。

（3）其他热处理。包括可控气氛热处理、真空热处理以及形变热处理等。

热处理种类虽多，但任何一种热处理工艺都是由加热、保温和冷却三个阶段所组成的，通常用热处理工艺曲线来表示，图 7-1 所示为最基本的热处理工艺曲线。要了解各种热处理方法对钢的组织和性能的影响，就必须研究钢在加热（包括保温）和冷却过程中的相变规律。

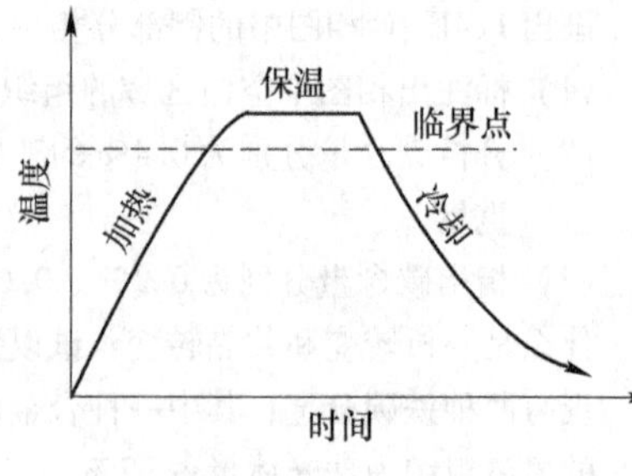

图 7-1 热处理工艺曲线

7.2 钢在加热时的转变

由 $Fe\text{-}Fe_3C$ 相图得知，碳钢在缓慢加热或冷却过程中，经过 *PSK* 线、*GS* 线和 *ES* 线时，其组织都要发生变化。因此任意碳含量的碳钢，在缓慢加热或冷却时，其固态组织转变的临界点都可以由 *PSK* 线（A_1点）、*GS* 线（A_3点）和 *ES* 线（A_{cm}点）来确定。A_1、A_3、A_{cm}都是平衡临界点，即新相与旧相平衡的温度。根据相变热力学条件，组织转变的推动力是新相与旧相之间的自由能差。各相的自由能又与温度有关。

由图 7-2 可看出，当温度为A_1点（727℃）时，两条自由能曲线相交，此时奥氏体与珠光体自由能相等，两相处于平衡状态。温度高于A_1点时，奥氏体的自由能比珠光体的自由能低，这时珠光体处于不稳定状态，将自发地转变为奥氏体；相反温度低于A_1时，珠光体的自由能比奥氏体的自由能低，奥氏体处于不稳定状态，也将自发地转变为珠光体。因此，只有温度高于或低于A_1点时，珠光体与奥氏体两相之间才能出现自由能差，促使相向新相转变。但在热处理生产实际中，加热或冷却都不可能是非常缓慢的，因此组织转变都偏离相图中的平衡临界点，即出现所谓过热（加热时）或过冷（冷却时）现象，而且加热或冷却速度越大，偏离的程度也越大。为了区别于平衡临界点，通常将实际加热转变点标以“c”，实际冷却转变点标以“r”。碳素钢的这些临界点在 $Fe\text{-}Fe_3C$ 相图上的位置示于图 7-3。这几个实际转变临界点的物理意义如下：

A_{c1}：实际加热时珠光体向奥氏体转变的开始温度；

A_{r1}：实际冷却时奥氏体向珠光体转变的开始温度；

A_{c3}：实际加热时游离铁素体全部转变为奥氏体的终了温度；

A_{r3}：实际冷却是奥氏体开始析出游离铁素体的温度；

A_{ccm}：实际加热时二次渗碳体全部融入奥氏体的终了温度；

A_{rcm}：实际冷却时奥氏体开始析出二次渗碳体的温度。

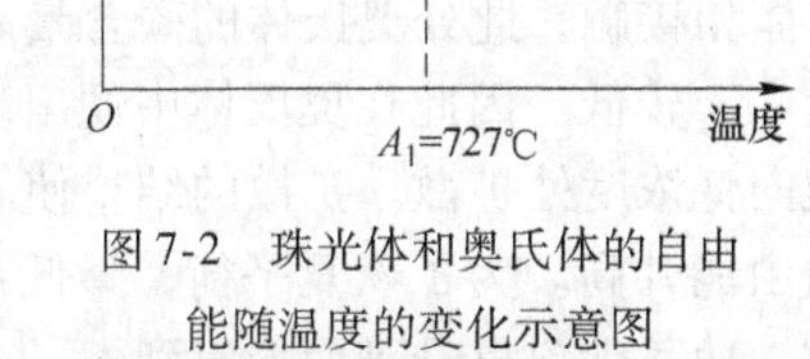

图 7-2　珠光体和奥氏体的自由能随温度的变化示意图

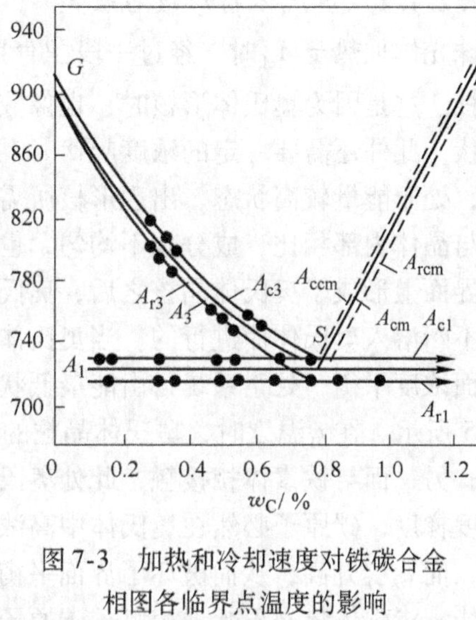

图 7-3　加热和冷却速度对铁碳合金相图各临界点温度的影响

7.2.1　共析钢的奥氏体化

碳钢在室温下的组织为铁素体加珠光体（亚共析钢）、珠光体（共析钢）或珠光体加二次渗碳体（过共析钢）。钢加热到A_1温度以上，都要发生珠光体向奥氏体的组织转变。

一般将加热时获得单一奥氏体组织的过程称为完全奥氏体化，而获得奥氏体加先共析相（铁素体或二次渗碳体）的过程称为不完全奥氏体化。下面介绍共析钢的奥氏体化过程。共析钢加热到A_{c1}温度时，珠光体便向奥氏体转变，这一转变可表示为：

$$P(F + Fe_3C) \longrightarrow A$$

珠光体是由含碳极微并呈体心立方晶格的铁素体和含碳高达6.69%并呈复杂斜方晶格的渗碳体所组成的两相混合物，而奥氏体是含碳0.77%的具有面心立方晶格的固溶体。显然固溶体向奥氏体转变是由成分相差悬殊、晶格截然不同的两相混合物转变为另一种晶格的单相固溶体的过程，因此在转变过程中必然要进行碳的重新分布和铁的晶格的改组，而这两者只有通过铁原子和碳原子的扩散才能完成。研究表明，珠光体向奥氏体的转变，即奥氏体的形成过程也遵循金属结晶的一般规律，即形核和长大的规律。其具体转变可大体分为以下几个阶段，如图7-4所示。

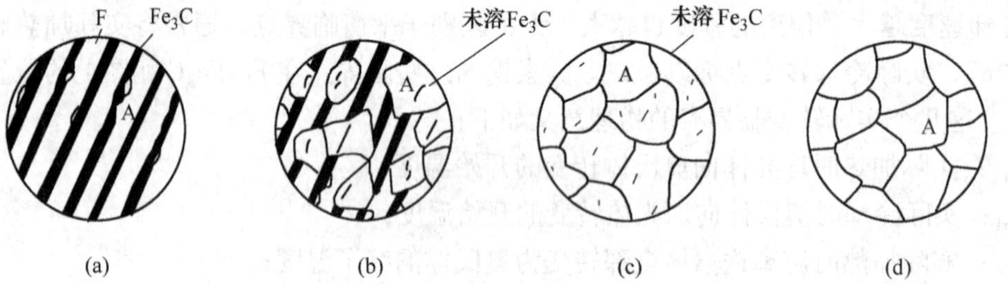

图7-4 共析钢中奥氏体形成过程示意图

（a）A形核；（b）A长大；（c）残余Fe_3C溶解；（d）A均匀化

7.2.1.1 奥氏体的形核与长大

珠光体加热至A_{c1}时，经过一段孕育期，首先在铁素体与渗碳体的相界面上形成奥氏体晶核。这是因为奥氏体形核时，也像液态金属结晶形核一样，需要一定的结构起伏和能量起伏，此外还需要一定的浓度起伏。在相界面上，原子排列较不规则，存在一定的结构缺陷，处于能量较高状态，出现形核所需的结构起伏和能量起伏的概率也大；同时，相界面处与晶体内部相比，成分也不均匀，也容易出现形核所需的浓度起伏。在铁素体与渗碳体相界面上形成了奥氏体晶核之后，奥氏体晶核的长大是依靠铁素体向奥氏体的转变和渗碳体不断溶入奥氏体而进行的。当奥氏体晶核刚形成时，奥氏体与铁素体和渗碳体便建立起界面浓度平衡，处于系统自由能最低状态。界面平衡浓度可由Fe-Fe_3C状态图确定，如图7-5所示。在t_1温度时，奥氏体晶粒的一面与渗碳体相接触，此处奥氏体的碳含量c_{A-C}较高；另一面与铁素体相接触，此处奥氏体的碳含量c_{A-F}较低。因此在奥氏体中便出现了碳浓度梯度，碳原子必然在奥氏体中高浓度处不断地向低浓度处扩散。扩散的结果使c_{A-C}降低，而c_{A-F}升高，从而破坏了界面平衡，使系统自由能升高。为了恢复平衡，降低系统自由能，渗碳体势必不断地溶解，碳原子溶入奥氏体，使其碳含量升高而恢复到c_{A-C}。与此同时，奥氏体中的碳原子向铁素体中扩散，促使这部分铁素体转变为奥氏体，并使其碳含量降低而恢复到c_{A-F}。这种碳浓度的破坏和恢复的过程如此反复进行，就使奥氏体不断地向铁素体和渗碳体两个方向长大。奥氏体的形核与长大过程是连续不断地进行的。在先形成晶核长大的同时，又有新的晶核在其他界面处形成并长大，直到各个奥氏体晶粒都彼此接触，珠光体消失，这一阶段才告结束。

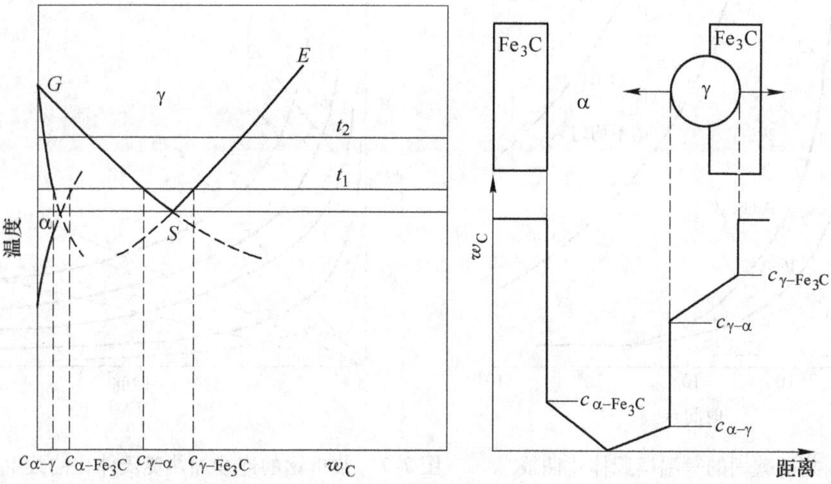

图 7-5 共析碳钢加热时奥氏体中碳浓度的分布

7.2.1.2 残余渗碳体的溶解

实验表明，铁素体向奥氏体转变的速度，往往比渗碳体向奥氏体中的溶解速度快。当铁素体全部消失后，仍有一部分残余渗碳体存在。残余在奥氏体中的渗碳体颗粒，随着保温时间的延长，通过原子的扩散逐渐溶入奥氏体中，使奥氏体的碳浓度逐渐趋近共析成分。一旦渗碳体全部消失，这一阶段便告结束。

7.2.1.3 奥氏体的均匀化

当残余渗碳体刚溶解完毕时，奥氏体的成分是不均匀的，原来是渗碳体的地方浓度仍较高，而原来是铁素体的地方碳浓度仍较低，只有经过较长时间的碳原子扩散，才能使奥氏体逐渐均匀化，最后得到均匀的单相奥氏体。到此，奥氏体化过程便全部完成。

7.2.2 影响奥氏体化的因素

7.2.2.1 加热温度及加热速度的影响

图 7-6 所示为共析碳钢的等温奥氏体化曲线。图中曲线 1 表示珠光体向奥氏体转变开始，曲线 2 表示奥氏体形核和长大阶段完成，曲线 3 表示残余渗碳体溶解阶段完毕，曲线 4 表示奥氏体均匀化结束。由图可见，转变要在 A_1 以上温度才能进行，而且转变需要经过一段孕育期以后才开始，温度越高，孕育期越短。图中还表明，加热温度越高，奥氏体的形成速度越快，转变所需时间越短。在连续升温加热时，加热速度对奥氏体的形成也有很大影响，图 7-7 所示为共析钢的连续加热奥氏体化曲线。图中各曲线的意义与图 7-6 相同。由图可见，转变过程是在一个温度区间内完成的，加热速度越快（$v_1 < v_2 < v_3$），转变开始和终了温度越高，转变所需的时间越短，反之，加热速度越慢，转变温度越低，转变所需时间越长。若加热速度极其缓慢时，则转变开始和终了曲线与 A_1 线在无限远处相交，此时，转变在恒温下进行，这就是 $Fe-Fe_3C$ 相图上珠光体向奥氏体平衡转变的情况。

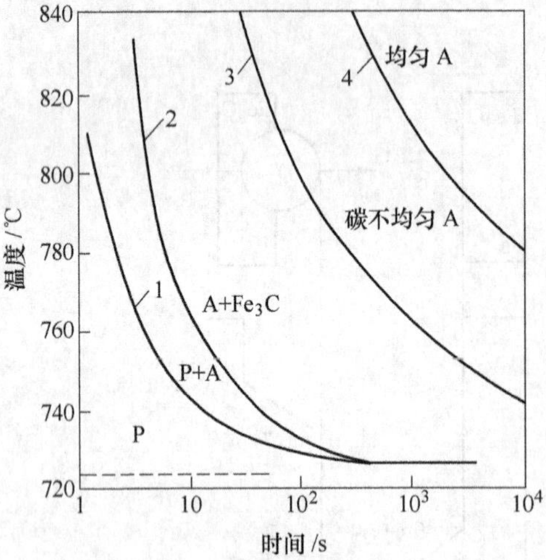

图 7-6 共析碳钢的等温奥氏体化曲线

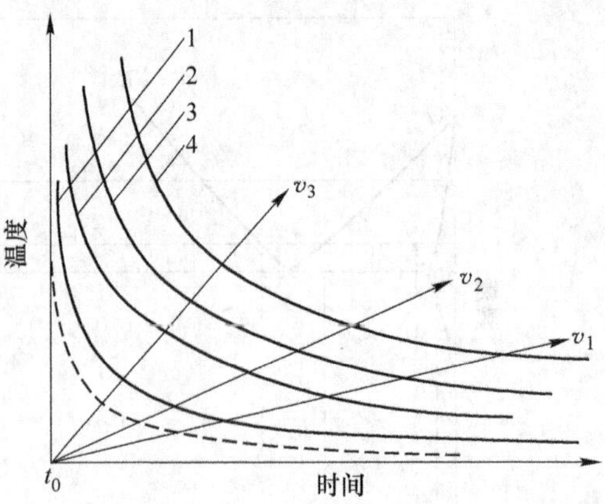

图 7-7 共析钢的连续加热奥氏体化曲线（$v_1 < v_2 < v_3$）

7.2.2.2 碳及合金元素的影响

钢中碳含量越高，渗碳体的数量越多，铁素体与渗碳体的相界面也越多，这将使奥氏体的形核基底增多，从而使奥氏体形核速度加快。钢中加入合金元素，并不改变奥氏体形成的基本过程，但显著影响奥氏体的形成速度，一般都使之减慢。合金元素会影响碳和Fe的扩散速度，除 Co、Ni 等能加快碳的扩散，Si、Al、Mn 等影响不大外，其他合金元素如 Cr、Mo、W、V、Ti 等都显著减慢碳的扩散。强烈碳化物形成元素，如 Ti、V、Zr、Nb、Mo 和 W 等会形成特殊碳化物，其稳定性比 Fe_3C 高，很难分解或溶入奥氏体中。合金元素在钢中的分布是不均匀的，合金钢奥氏体化时，除了必须进行碳的扩散重新分布外，还必须进行合金元素的重新分布，而合金元素的扩散速度比碳原子慢得多，所以合金奥氏体的均匀化要慢得多。总之，合金钢的奥氏体化速度一般都比碳钢慢，特别是高合金钢更要慢得多。

7.2.2.3 原始组织的影响

奥氏体晶核主要在铁素体和渗碳体相界面处形成，故成分相同的钢，其原始组织愈细，则因相界面的面积愈大，形成奥氏体晶核的概率愈高，奥氏体化的速度就愈快。因此，细片状珠光体比粗片状珠光体的奥氏体化速度要快；片状珠光体比粒状珠光体的奥氏体化速度要快。

7.2.3 奥氏体晶粒的长大

7.2.3.1 奥氏体的晶粒度

晶粒度是表示晶粒大小的尺度，通常采用晶粒度等级来表示。标准晶粒度共分 8 级，1 级晶粒度晶粒最粗大，8 级晶粒度最细小，如图 7-8 所示。评定晶粒大小通常是在放大 100 倍的金相显微镜下，与标准晶粒度等级图比较来评级的。知道了晶粒度等级 N，便可用下列公式计算出每平方英寸面积中的晶粒数目 n：

$$n = 2^{N-1}$$

例如 8 级晶粒度，放大 100 倍时，每平方英寸（6.45cm^2）面积内所含晶粒个数为

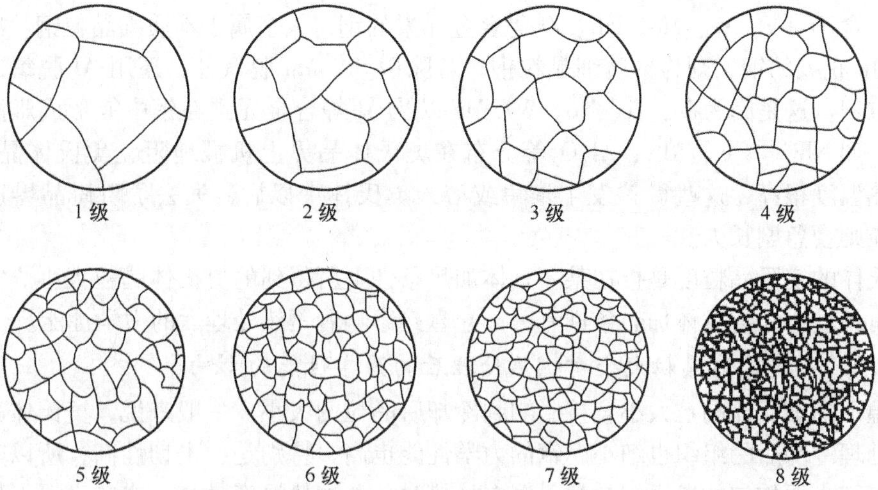

图7-8　奥氏体的晶粒度

128。对于更细小或更粗大的晶粒，晶粒度等级还可以向两边拓展，只要符合上述公式即可，例如比1级更粗大的有0、－1、－2、－3级等，比8级更小的有10、11、12、13、14、15、16级等。工具钢淬火后的实际晶粒度就比8级要细小。珠光体向奥氏体的转变刚刚完成时，所得到的奥氏体晶粒是比较细小的，此时的奥氏体晶粒大小成为奥氏体的起始晶粒度。随着加热温度的升高和保温时间的延长，奥氏体晶粒就容易长大。这是因为在较高温度下，原子的扩散能力增强，使晶界迁移，晶粒互相吞并，使晶粒表面积减少，从而引起系统的自由能降低。因此，晶粒长大是个自发的过程。对于不同牌号的钢，在相同的加热条件下，随着温度的升高，奥氏体晶粒便迅速长大；而有些钢则不易长大，只有加热到更高温度时，晶粒才开始迅速长大，如图7-9所示。凡是奥氏体晶粒容易长大的钢称为“本质粗晶粒钢”。由图7-9可看出，随着加热温度升高，本质粗晶粒钢的奥氏体晶粒长大较快，逐渐粗化。本质细晶粒钢则不然，在一定温度以下加热时，晶粒长大很缓慢，一直保持细小晶粒，只有温度在900～950℃以上才显著长大。因此，本质晶粒度仅表明钢在加热时奥氏体长大倾向，而不表示钢在具体加热条件下的晶粒大小。本质晶粒度都是根据冶金部的部颁标准YB27—77的规定来测定的，即把钢加热到（930±10)℃，保温3～8℃，冷却后测得的奥氏体晶粒度。通常是在100倍的金相显微镜下与标准晶粒度等级图（图7-8）进行比较评级。评定钢材时，把晶粒度为1～4级的钢定为本质粗晶粒钢，5～8级的定为本质细晶粒钢。本质细晶粒钢的化学成分与冶炼时的脱氧方

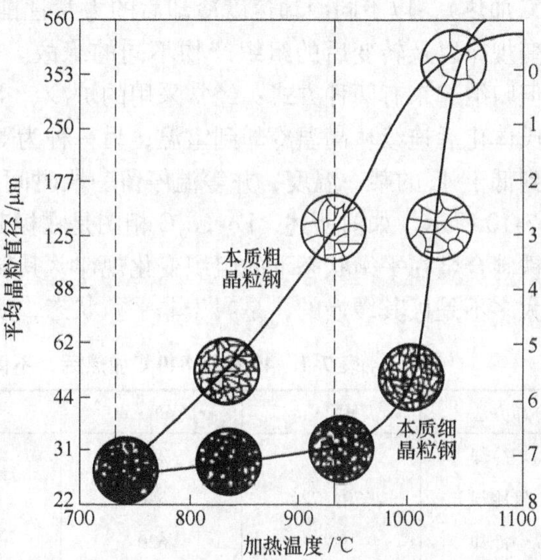

图7-9　钢的本质晶粒示意图

法有关。含 Ti、V、W、Mo、Nb、Zr 等合金元素的钢，大多属于本质细晶粒钢。冶炼时只用 Si、Mn 脱氧的钢，则为本质细晶粒钢；若除用 Si、Mn 脱氧外，还用 Al 脱氧，则为本质细晶粒钢。这是因为 V、Ti、Nb、W、Mo 以及 Al 等合金元素在钢中能形成难溶的化合物微粒，如 NbC、TiC、AlN、Al_2O_3等分布在奥氏体晶界上机械地阻止奥氏体晶粒长大。但当加热温度很高，这些微粒发生聚集或溶入奥氏体中以后，失去了阻碍晶界迁移的作用，晶粒则会急剧长大。

奥氏体的实际晶粒度是指在某一具体加热条件下所得到的奥氏体晶粒大小。它除与本质晶粒有关外，还与具体加热条件有关，它直接影响着钢热处理后的力学性能。

7.2.3.2 奥氏体晶粒大小对钢热处理后的力学性能的影响

高温下的奥氏体晶粒大小直接影响到冷却后晶粒的大小。一般来说，奥氏体晶粒细小时，热处理冷却后的组织也细小，钢的力学性能也高，特别是冲击韧性高，所以热处理时希望获得细小而均匀的奥氏体晶粒。钢在加热时，如加热温度过高，或在高温下保温时间过长，造成奥氏体晶粒显著粗化的现象称为“过热”。粗大的奥氏体晶粒往往会使钢在冷却后的力学性能降低，特别是冲击韧性变化，甚至在淬火时严重变形和开裂，这是热处理加热中的一种缺陷。对于本质细晶粒钢，因奥氏体晶粒不易长大，所以淬火加热温度较宽；同时它可以在较高温度下轧压、锻造，而不会产生粗大晶粒组织。此外，本质细晶粒钢可在930~984℃以下加热渗碳后直接淬火。对本质粗晶粒钢，则必须严格控制加热温度，防止过热。

7.3 钢在冷却时的转变

冷却过程是钢热处理的关键工序，它对控制钢在冷却后的组织与性能具有决定性的意义。实践表明，同一种钢在相同的加热条件下获得了奥氏体组织，但以不同的冷却条件（冷却速度）冷却以后，钢的力学性能明显不同。表 7-1 为 45 钢在同样奥氏体化条件下（840℃加热），以不同冷却速度冷却后的力学性能，这是因为在不同冷却速度下，钢的组织转变规律以及转变后的组织产物不同的缘故。实际生产过程中的冷却方式是多种多样的，但归纳起来有两种方式：经常采用的炉冷、空冷、油冷、水冷等皆为连续冷却，即将钢奥氏体化后连续从高温冷却到室温；另一种为等温冷却，即将奥氏体化的钢迅速由高温冷却到低于A_{r1}的某一温度，并等温停留一段时间，使奥氏体发生转变，然后再冷到室温，如图 7-10 所示。如前所述，Fe-Fe_3C 相图是在极其缓慢加热或冷却条件下建立的，它仅反映了铁碳合金在平衡状态下的组织变化规律，其转变产物为平衡组织。热处理和热加工的冷却大多不是极其缓慢的，是属于非平衡状态，所得组织大多是非平衡组织。为了研究实

表 7-1 45 钢经 840℃加热后，不同条件冷却后的力学性能

冷却方法	σ_b/MN·m^{-2}	σ_s/MN·m^{-2}	δ/%	ψ/%	HRC
随炉冷却	530	280	32.5	49.3	15~18
空气冷却	670~720	340	15~18	45~50	18~24
油中冷却	900	620	18~20	48	40~50
水中冷却	1100	720	7~8	12~14	52~60

际热处理中奥氏体的冷却转变规律，有必要根据上述两种冷却方式分别测出过冷奥氏体等温转变曲线和过冷奥氏体连续转变曲线，这两种曲线能正确说明奥氏体在冷却时的冷却条件与相变间的关系，因此是热处理的重要依据。

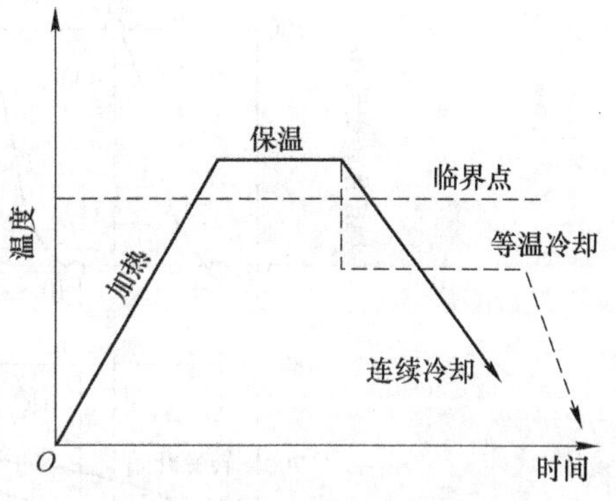

图 7-10　钢奥氏体化后的冷却方式

7.3.1　过冷奥氏体等温转变

由 $Fe\text{-}Fe_3C$ 相图可知，奥氏体在临界点 A_1 以上为稳定相，一旦冷却到 A_1 以下，就会变成不稳定相，处于不稳定状态，经过一定孕育期后，就会开始转变，这种在孕育期暂时存在的，处于不稳定状态的奥氏体称为“过冷奥氏体”。在 A_1 以下，过冷奥氏体将会发生三种不同类型的转变，各个温度下的转变速度也不同，反映这些等温转变动力学的实验曲线，就称为过冷奥氏体等温转变曲线。

7.3.1.1　共析钢过冷奥氏体等温转变曲线的建立

测定过冷奥氏体等温转变曲线的方法有多种，无论哪一种方法，都是以过冷奥氏体等温转变过程中钢的组织和物理、力学性能变化为依据的。现以金相硬度法测定共析钢过冷奥氏体等温转变为例，来说明奥氏体等温转变曲线的建立过程，其具体步骤如下：

（1）首先制备许多共析钢薄片试样（ϕ10mm×1.5mm），并分为若干组，每组有几个试样。

（2）先取一组试样放入高于 A_{c1} 的某一温度的炉中奥氏体化。

（3）将该组试样全部取出迅速投入 A_1 点以下的某一温度（例如 650℃）的等温浴槽中，使过冷奥氏体进行等温转变。

（4）每隔一定时间取出一块试样急速淬入水中，使在等温浴槽中尚未转变的奥氏体在水中冷却时转变为马氏体。

（5）在金相显微镜下进行金相分析，观察各种试样冷却后的显微组织。凡等温时未转变的奥氏体，水冷后就变为马氏体和残余奥氏体，它们在显微镜下呈亮白色。而等温转变的产物则原样不动保留下来，在显微镜下呈暗黑色。

（6）找出过冷奥氏体转变的开始时间和终了时间，一般以转变量为 1% 的时刻作为转变开始时间，而以转变量为 99% 的时刻作为转变终了时间。

（7）把其他各组试样同样加热到奥氏体化后，迅速投入 A_1 以下的不同温度（如 600℃、550℃、500℃、450℃、…）的等温浴槽中等温，按上述方法测出在各个温度下的奥氏体转变的开始时间和终了时间。

（8）将各个温度下奥氏体转变的开始时间和终了时间绘在“温度-时间”坐标图上，把所有转变开始点连接起来，成为转变开始线；把所有转变终了点连接起来，成为转变终了线。这样便绘成了过冷奥氏体等温转变图，如图 7-11 所示。

由于曲线形状与“C”字相似，故过冷奥氏体等温转变曲线又称“C 曲线”，也称“S 曲线”。根据英文名称字头，又称“TTT 曲线”。若把已加热奥氏体化了的试样迅速冷却到

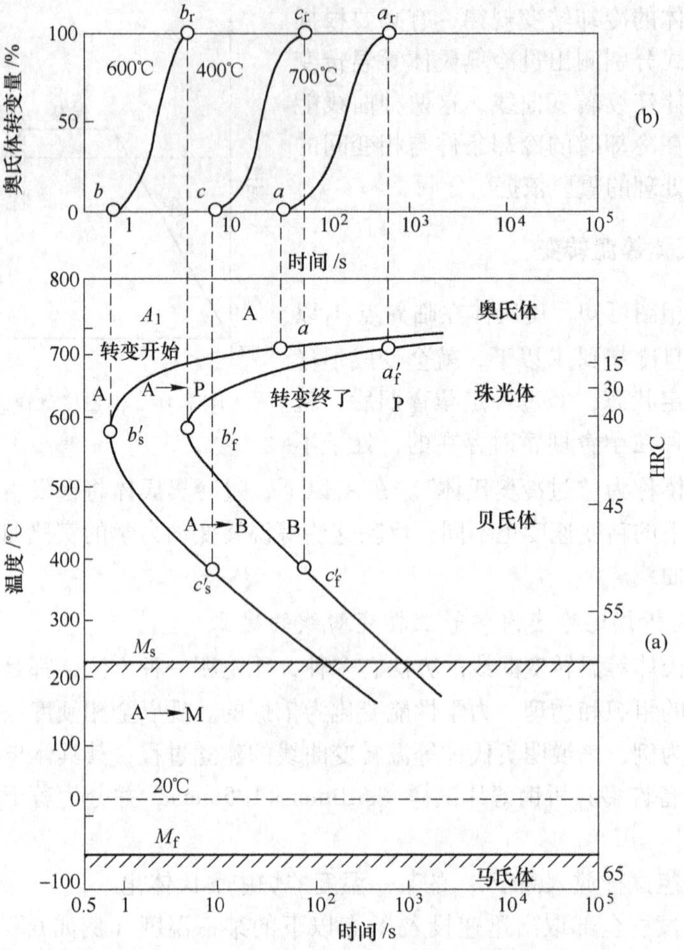

图 7-11 过冷奥氏体等温转变图的建立

（a）过冷奥氏体等温转变图；（b）不同温度等温转变动力学曲线

约230℃时，过冷奥氏体则发生马氏体转变。这一温度称为马氏体开始转变温度，用 M_s 表示，如图 7-12 所示。随着温度降低，马氏体转变终了，此温度称为马氏体转变终了温度，用 M_f 表示。

7.3.1.2 过冷奥氏体的等温转变曲线分析

图 7-12 为共析钢过冷奥氏体等温转变图。图中左边一条曲线为等温转变开始线，右边一条曲线是等温转变终了线。M_s 和 M_f 是马氏体开始转变和终了线。在纵坐标与等温转变开始线、A_1 线与 M_s 线之间的区域称为过冷奥氏体区。等温转变终了线右方为转变产物区，转变开始线和终了线之间为过冷奥氏体与转变产物共存区。由图 7-12 可看出，奥氏体过冷到 A_1 以下的各个温度的等温转变不是立刻就开始的，而是要经过一段“孕育期”。孕育期的长短（即纵坐标与开始线的水平距离）随转变温度（过冷度）不同而变化。越靠近 A_1 线，过冷度越小，孕育期越长。随着过冷度的增大，孕育期变短，大约在 550℃ 达到极小值。此后，孕育期又随过冷度的增大而变长。孕育期的长短反映了奥氏体稳定性的大小，孕育期最短处，过冷奥氏体最不稳定，转变最快。这里被称为 C 曲线图的“鼻尖”。

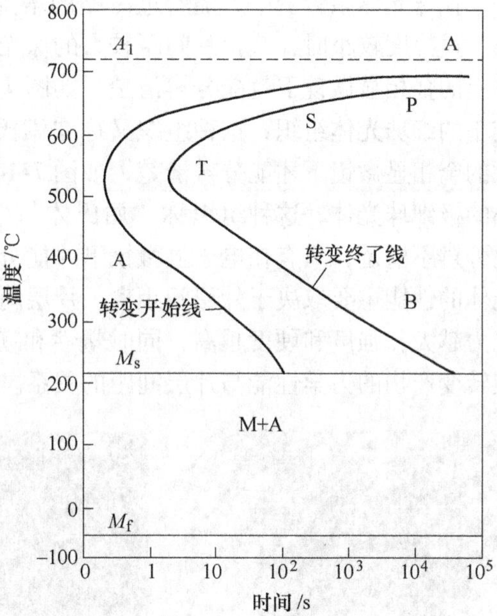

图 7-12 共析钢过冷奥氏体的等温冷却转变曲线

而在靠近 A_1 和 M_s 线的温度处，孕育期较长，过冷奥氏体稳定性较大，转变速度也较慢。

研究表明，共析成分的过冷奥氏体在 A_1 以下三个不同温度区间，可发生三种不同类型的转变。A_1 点至 C 曲线鼻尖区间为高温转变，其转变产物为珠光体，故又称珠光体型转变；C 曲线鼻尖至 M_s 点区间为中温转变，其转变产物为贝氏体，故又称贝氏体型转变；在 M_s 点以下为低温转变，其转变产物为马氏体，故称为马氏体型转变。

7.3.1.3 过冷奥氏体等温转变产物的组织与性能

A 珠光体型转变

共析成分的奥氏体过冷到 A_1 ~ 550℃ 温度范围内等温停留时，将发生共析转变，形成珠光体。共析转变可用下式表示：

$$A \xrightarrow{A_1 \sim 550℃} P(F + Fe_3C)$$

显然，珠光体转变是由一个单相固溶体分解为成分相差悬殊、晶格类型截然不同的两相混合组织的过程，因此，转变必须进行碳的重新分布和铁的晶格的改组。这两个过程是通过碳原子和铁原子的扩散来完成的，所以珠光体转变是一种扩散性相变。

图 7-13 示出了片状珠光体的等温形成过程。过冷奥氏体向片状珠光体的转变也是由形核和核长大两个基本过程组成的。珠光体晶核首先在奥氏体晶界处形成，然后向晶粒内部长大。珠光体晶核是由铁素体晶核和渗碳体晶核共同组成的。近年来研究表明，铁素体领先形核或渗碳体领先形核都是可能的。

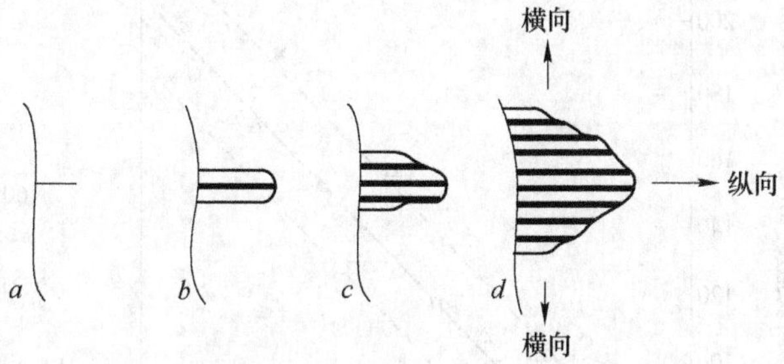

图 7-13 片状珠光体形核与长大机理示意图

假定在奥氏体晶界上首先形成一个 Fe_3C 晶核，因为 Fe_3C 的碳含量比奥氏体高得多，它们的形成和长大必然要从奥氏体中吸收碳原子而造成周围奥氏体局部贫碳，促使铁素体在 Fe_3C 两侧形核，即形成一个珠光体晶核，并随即向晶粒内部长大。珠光体的纵向长大是依靠 Fe_3C 片和铁素体片向前增长，横向长大是依靠两者的交替形核与增厚进行的。Fe_3C 片的侧向增厚使相邻奥氏体贫碳，促使铁素体形核和增厚；铁素体侧向增厚又使相邻奥氏体富碳，促使 Fe_3C 片的形核与长大。如此反复进行就形成了由铁素片和 Fe_3C 片相间组成的片状珠光体团（域）。一个珠光体晶核长大的同时，在其侧面或奥氏体晶界的其他地方又有新的珠光体晶核产生并长大。如此不断形核和长大，直至各个珠光体彼此相遇，奥氏体消失，转变即完成，如图 7-13 所示。

在珠光体系转变中，随着过冷度的增加，珠光体中铁素体与渗碳体片间距离越来越小。过冷度较小时，获得片间距较大的珠光体组织，用符号“P”表示，它在放大400倍以上的金相显微镜下就能分辨清楚，如图7-14（a）所示。过冷度较大时，获得片间距离较小的细珠光体组织，这种组织又称“索氏体”，用符号“S”表示，它在放大1000倍以上的金相显微镜下才能分辨清楚，如图7-14（b）所示。过冷度更大时，获得片间距离更小的极细珠光体，这种组织称“屈氏体”，用符号“T”表示，它在最高倍金相显微镜下也分辨不清楚，只有在电子显微镜下才能分清其片状形态，如图7-14（c）所示。片状珠光体的性能主要取决于片层间距离。片层间距离越小，相界面越多，则珠光体的塑性变形抗力越大，强度和硬度越高，同时塑性和韧性也有所改善。图7-15所示为共析钢珠光体型转变产物的力学性能与片层间距的关系。

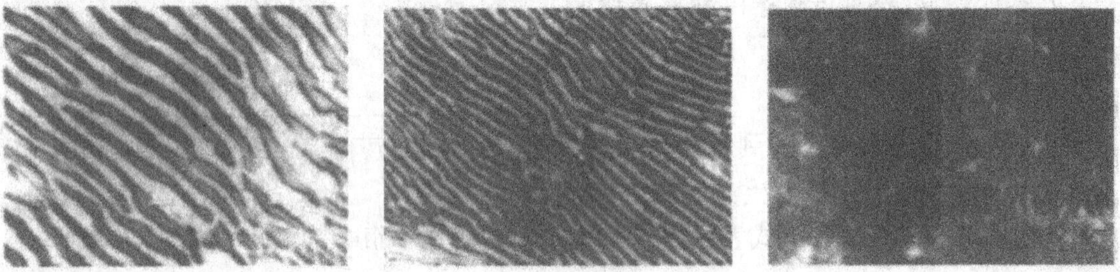

(a) 1000×　(b) 10000×　(c) 10000×

图7-14　普通片状珠光体（a）、索氏体（b）及屈氏体（c）的显微组织

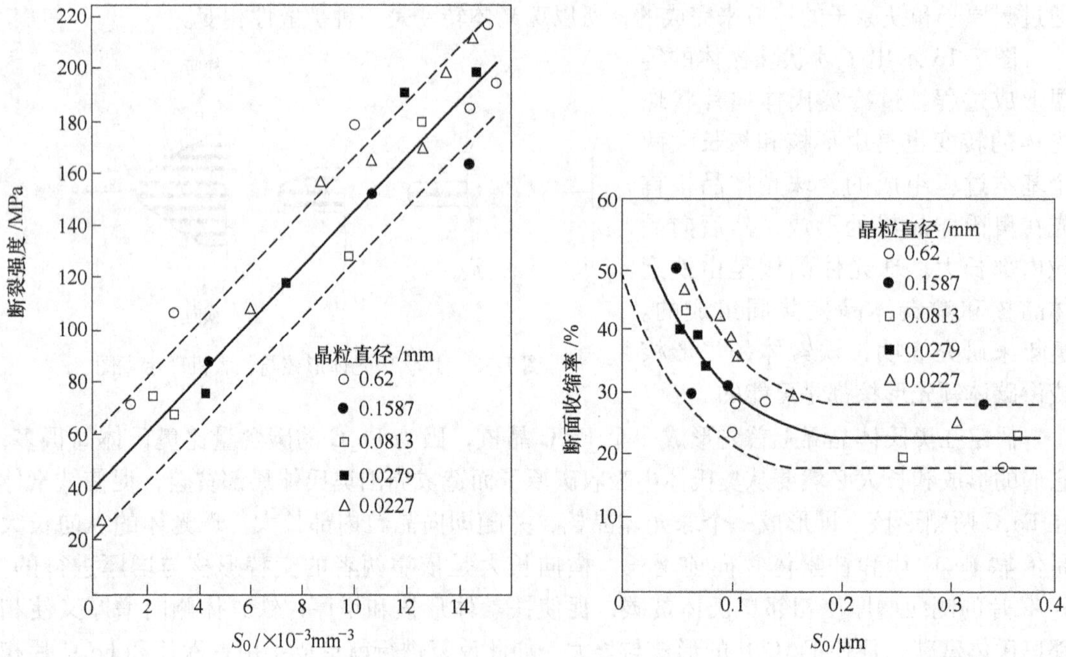

(a)　(b)

图7-15　共析钢珠光体型转变产物的断裂强度（a）、断面收缩率（b）与片层间距的关系

珠光体中的渗碳体除了以片状形态存在外，还可以呈粒（球）状形态分布于铁素体中，这种组织称为粒状珠光体（或球状珠光体），其金相组织如图 7-16 所示。片状珠光体只能由过冷奥氏体直接分解而成，不可能由任何其他组织转变得到。而粒状珠光体则不然，其形成机理完全不同于片状珠光体，它既可以由过冷奥氏体直接分解而成，也可以由片状珠光体球化而成，还可以由淬火组织回火而成。形成粒状珠光体的原始组织不同，其形成机理也各自不同。

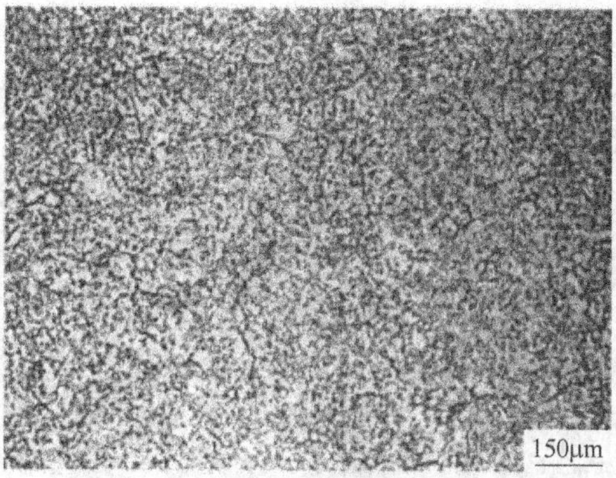

图 7-16　粒状珠光体显微组织

碳含量相同的钢材，在一般退火的情况下，粒状珠光体比片状珠光体具有较低的硬度和强度，而塑性较高，这是因为后者比前者具有较多的相界面。高碳工具钢切削加工和淬火之前的组织常常为粒状珠光体，这种组织状态不仅提高了高碳工具钢的切削加工性能，而且可以减小钢件淬火变形及开裂的倾向。中碳钢和低碳钢的冷挤压形成加工，也要求具有粒状碳化物的原始组织，因为它具有较高的塑性。

B　贝氏体型转变

共析成分的奥氏体过冷到 C 曲线鼻尖至 M_s线之间的区域，即 550 ~ 230℃的中温区停留时，将发生奥氏体向贝氏体的转变，形成贝氏体，用符号“B”表示。贝氏体是由含碳过饱和的铁素体与渗碳体（或碳化物）组成的两相混合物。因此，贝氏体转变也要进行铁的晶格改组和碳的重新分配，其转变过程也是通过固态形核和长大来完成的。贝氏体转变温度较低，此时铁原子已不能扩散，仅做很小的位移，碳原子也只能进行短距离扩散，因而贝氏体转变的机理、转变产物的组织形态与性能都不同于珠光体。钢中的贝氏体形态是多种多样的，下面介绍三种常见的贝氏体组织形态。

（1）上贝氏体是过冷却奥氏体在 550 ~ 305℃温度范围内的转变产物，用符号“$B_上$”表示。在金相显微镜下呈羽毛状，如图 7-17（a）所示。电子显微镜下的上贝氏体组织为一排排含碳过饱和的铁素体呈板条状由晶界伸向晶内，铁素体条之间断断续续地分布着细条状渗碳体，如图 7-17（b）所示。

（2）下贝氏体是过冷奥氏体在 350℃ ~ M_s温度范围内的转变产物，用符号“$B_下$”表示。在金相显微镜下呈暗黑色针状或竹叶状，如图 7-18（a）所示。电子显微镜下的下贝氏体中过饱和的铁素体呈针片状，周围分布着析出的极细的碳化物（ε-$Fe_{2.4}C$）颗粒或薄片，碳化物薄片平行分布，与铁素体片的长轴呈 55° ~ 60°取向，如图 7-18（b）所示。

上、下贝氏体的组织特征，可用图 7-19 表示。珠光体、贝氏体都是铁素体与渗碳体（碳化物）的两相混合物，但珠光体中的渗碳体是呈片状连续分布，而贝氏体中的渗碳体呈颗粒状或薄片状连续分布。另外，贝氏体中的铁素体碳浓度高于珠光体中铁素体的碳浓度，呈过饱和固溶体状态。

（3）在低碳钢和低碳、中碳合金钢中，还会形成一种粒状贝氏体，如图 7-20 所示。它的形成温度稍高于上贝氏体的形成温度，大约在 500℃以上的范围内。在粒状贝氏体中，

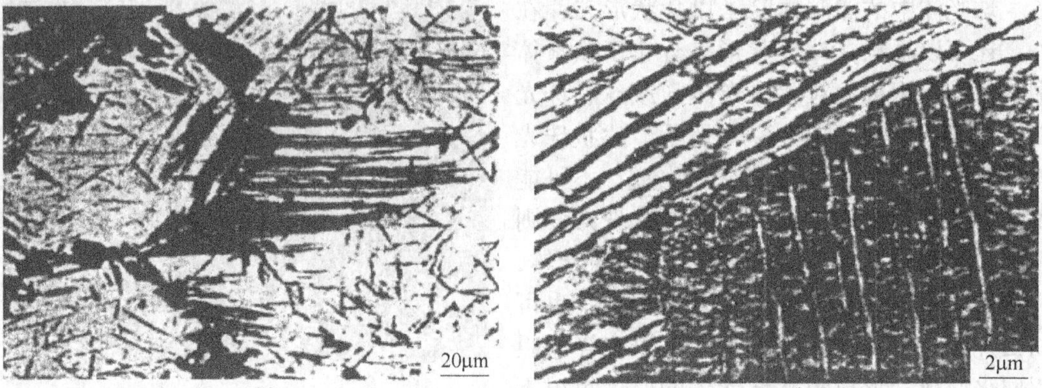

(a)　　(b)

图 7-17　上贝氏体组织

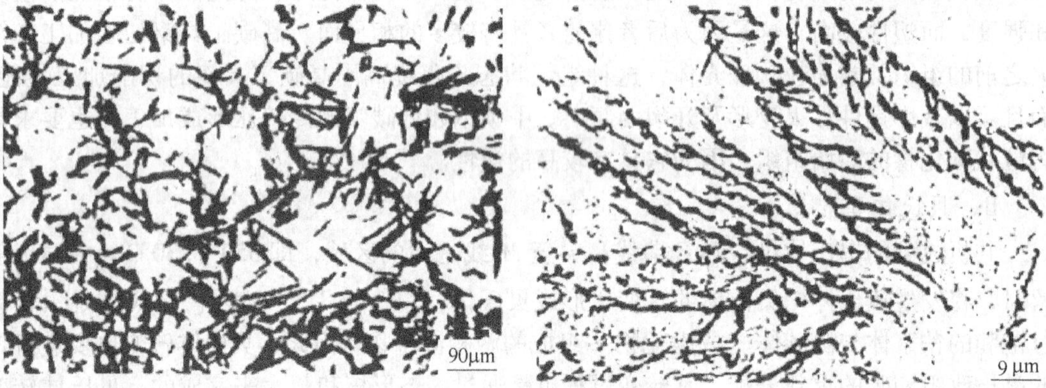

(a)　　(b)

图 7-18　下贝氏体组织

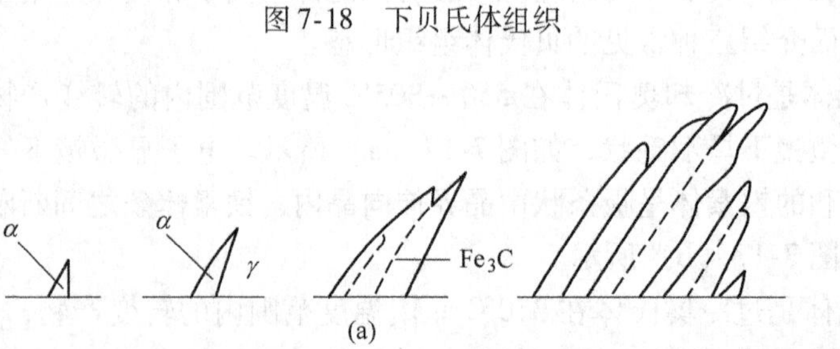

图 7-19　上、下贝氏体组织特征

（a）上贝氏体；（b）下贝氏体

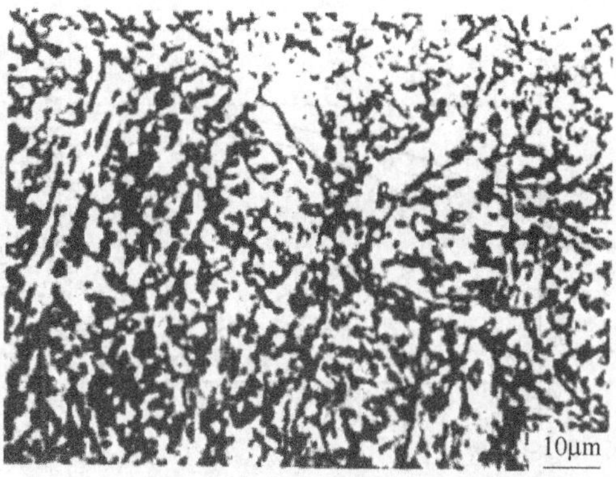

图 7-20 粒状贝氏体组织

铁素体呈不规则大块状，上面分布着许多粒状或条状的“小岛”。它们原是富碳的奥氏体小区域，随后有的分解为铁素体和渗碳体，有的转变成马氏体，也有的不变化而残存下来，因而粒状贝氏体的形态多变，很不规则。

不同组织形态的贝氏体，具有不同的力学性能。与上贝氏体比较，下贝氏体不仅具有较高的硬度和耐磨性（共析碳钢下贝氏体硬度为HRC45～55，上贝氏体硬度为HRC40～45），而且下贝氏体的强度、韧性和塑性均高于上贝氏体，不仅如此，同一种钢材在较低温度下等温淬火得到的下贝氏体组织，其韧性和疲劳强度均高于普通淬火和用等温淬火相同的温度进行回火的组织。因此，生产中采用等温淬火都是为了得到下贝氏体组织。

C 马氏体型转变

当奥氏体过冷到 M_s 以下，即发生马氏体转变，其产物为马氏体，用符号“M”表示。因为马氏体转变一般是在极快的连续冷却过程中进行的，故马氏体转变的详细内容将在过冷奥氏体的连续冷却转变一节中讨论。

7.3.1.4 亚共析钢与过共析钢过冷奥氏体的等温转变

A C 曲线的形状与位置

图 7-21 所示是亚共析钢、共析钢与过共析钢 C 曲线的比较。由图可见，与共析钢 C 曲线相比，亚共析钢 C 曲线图中多了一条线，即共析铁素体析出线，而过共析钢则多了一条先共析渗碳体（二次渗碳体）析出线。它表明，亚共析钢或过共析钢等温冷却过程中在发生奥氏体向珠光体转变之前，先要由奥氏体中析出铁素体或渗碳体，这一析出过程称为先共析转变。

在正常的热处理条件下，亚共析钢的 C 曲线随着碳含量的增加向右移，过共析钢的曲线随着碳含量的增加向左移，故在碳钢中共析钢 C 曲线的鼻尖离纵坐标最远，其过冷奥氏体也最稳定。

B 先共析相的量与形态

由图 7-21（b）、（c）可看出，随着过冷度增加，亚共析钢和过共析钢的先共析铁素体或先共析渗碳体的量在逐渐减少，当过冷度达到一定程度后，这种先共析相便不再析出，而由过冷奥氏体直接转变成极细的珠光体（屈氏体），这时珠光体中的碳含量已不是共析成分（0.77% C）。这种非共析成分的珠光体称为伪共析体（伪珠光体）。

奥氏体的碳浓度、奥氏体晶粒度和冷却时转变温度（冷却速度）的不同，亚共析钢和过共析钢中先析相的组织形态也将有所不同。对于亚共析钢，当奥氏体晶粒较细小、等温转变温度较高、冷却速度较慢时，析出的铁素体往往呈等轴晶粒或称块状铁素体。若奥氏体晶粒比较粗大、冷却速度又较快，对于碳含量低于 0.6% 的亚共析钢，先共析铁素体往往沿着奥氏体的一定晶面呈针片状析出，这种组织称为魏氏组织，如图 7-22 所示。实验

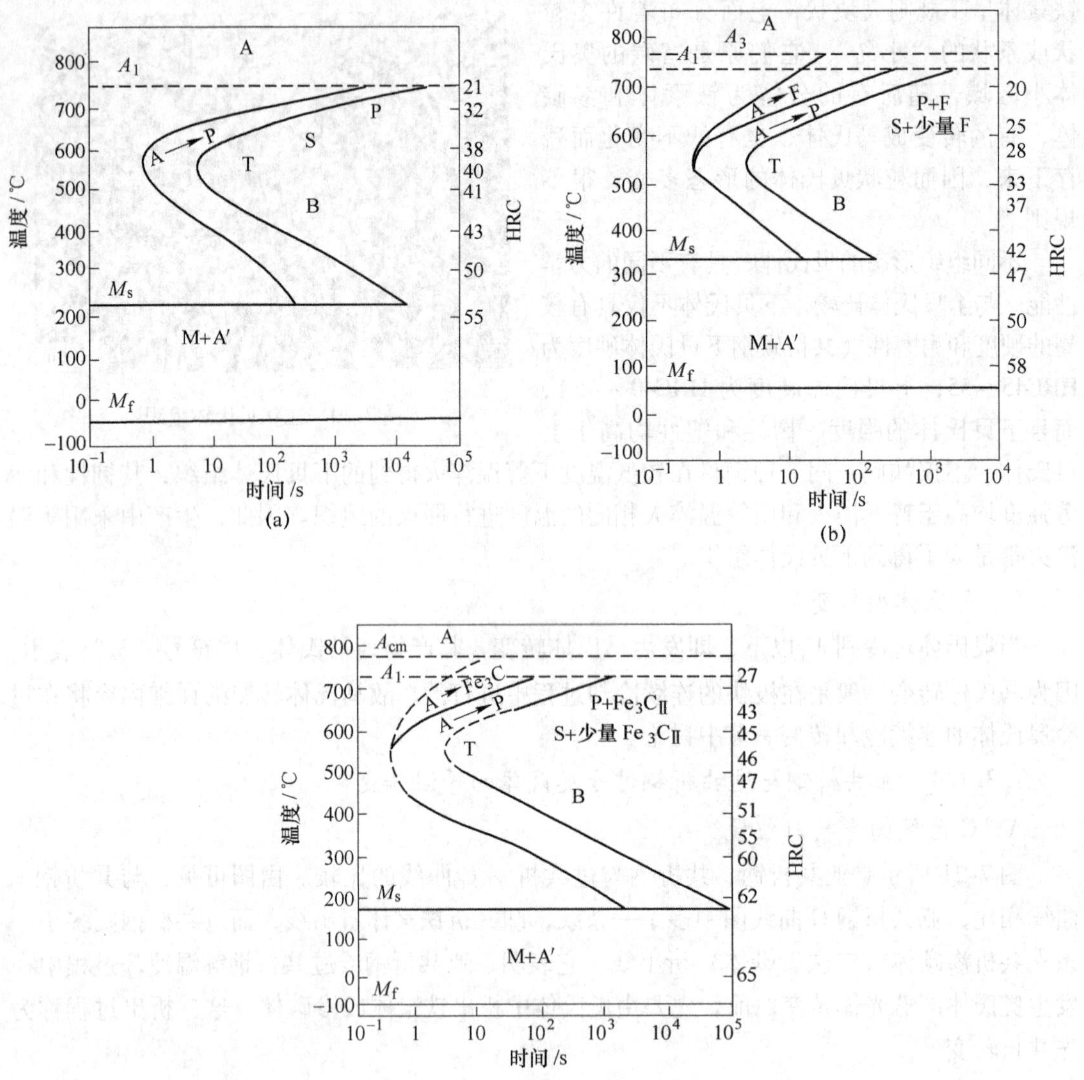

图 7-21　共析钢、亚共析钢和过共析钢的 C 曲线比较

（a）共析钢；（b）亚共析钢；（c）过共析钢

和使用证明，钢中存在轻微的魏氏组织并不降低钢的力学性能，只有当奥氏体晶粒粗大，出现大的魏氏组织严重切割基体时，才会降低钢的力学性能，尤其是对冲击韧性的影响更大。

过共析钢中先共析渗碳体（二次渗碳体）一般呈网状沿奥氏体晶界析出。对于碳含量大于 1.2% 的过共析钢，若奥氏体晶粒粗大，冷却不当，也会使先共析渗碳体呈针片状析出形成魏氏组织。

经铸造、锻轧、焊接的中碳、低碳钢奥氏体晶粒往往很粗大，在空冷后最易出现魏氏组织。钢中出现的魏氏组织通常可采用退火或正火的方法予以消除。

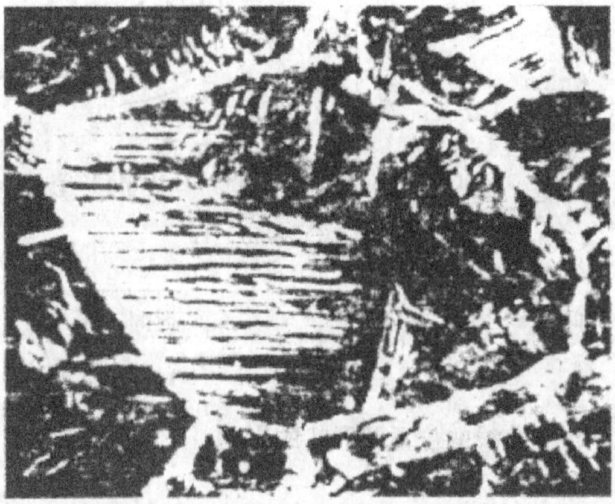
(a)

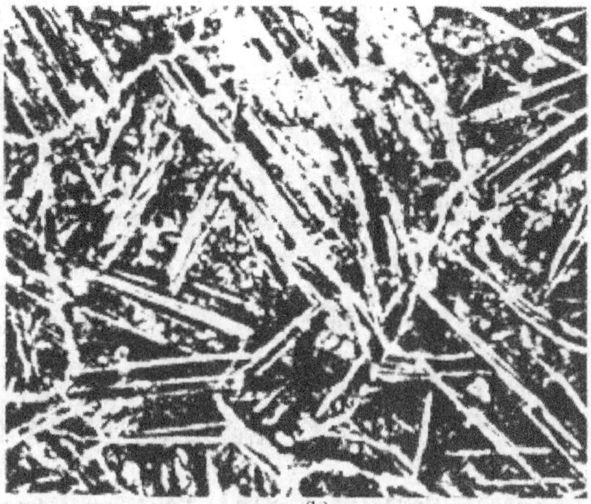
(b)

图 7-22 魏氏组织
(a) 铁素体魏氏组织；(b) 渗碳体魏氏组织

7.3.2 影响奥氏体等温转变的因素

影响奥氏体等温转变的因素较多。各种因素对奥氏体等温转变的影响，都会反映在C曲线上，具体来说，会使C曲线的位置和形状发生变化。其主要影响因素有奥氏体的化学成分、奥氏体温度、奥氏体晶粒度等。

(1) 奥氏体碳含量的影响。在正常热处理加热条件下，亚共析钢中过冷奥氏体的稳定性，随碳含量的增加而增大，即C曲线向右移。但当碳含量超过共析成分后，过共析钢中过冷奥氏体的稳定性，在珠光体转变温度范围内，随着碳含量的增加而下降，即C曲线向左移。由图7-21可看出，碳钢中共析钢过冷奥氏体最稳定，这是由于先共析铁素体或先共析渗碳体的析出，对奥氏体的分解起到非自发晶核的作用，因而加速了奥氏体的分解过程。此外，奥氏体的碳含量越高，M_s点温度越低。亚共析碳钢M_s点温度一般在300℃以上，而过共析碳钢的M_s点温度已经低到200℃以下了。

(2) 奥氏体中合金元素的影响。合金元素的加入对C曲线的影响比较复杂，可概括为两种情况：一种是只改变其位置；另一种是除改变其位置外，还能明显地改变其形状。

合金元素对C曲线的影响总规律是：除个别元素如Co、Al（>2.5%）外，所有合金元素都将使C曲线不同程度地向右移动，即增加过冷奥氏体的稳定性，如图7-23所示。其中尤其是B（硼），当其含量为0.001%~0.004%时，就显著地使C曲线向右移动。某些碳化物的合金元素如Cr、Mo、W、V、Ti等，不仅使C曲线向右移，而且使C曲线呈两个“鼻子”，即将珠光体转变与贝氏体转变分开，中间出现一过冷奥氏体稳定性极大的区域，如图7-23（b）、（c）所示。

大多数合金元素均使M_s点温度降低，只有Co和Al使M_s点升高。应该指出，合金元素只有溶入奥氏体中才能增加过冷奥氏体的稳定性。若以未溶的第二相存在，如某些未溶碳化物微粒存在，不但不能增加过冷奥氏体的稳定性，反而作为非自发晶核会加速过冷奥氏体的分解。

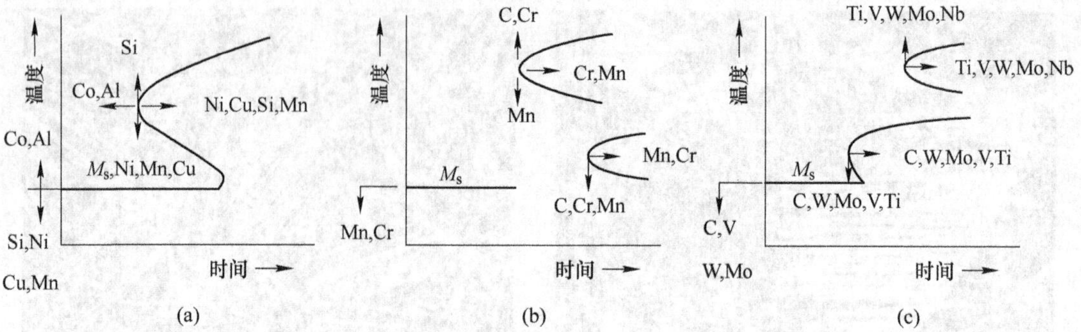

图 7-23 合金元素对过冷奥氏体等温转变曲线的位置及形状的影响

(3) 加热温度和保温时间的影响。加热温度越高，保温时间越长，过冷奥氏体越稳定，C 曲线向右移动。这是因为加热温度越高，保温时间越长，奥氏体成分越均匀，晶粒越粗大，未溶碳化物质点和杂质越少，从而使新相形核的界面和非自发晶核越少的缘故。

同一成分的钢，加热温度或原始组织的晶粒度不同，所测得的 C 曲线也有较大区别。因此，文献资料中钢的 C 曲线都注明了成分、加热温度和原始晶粒数。

7.3.3 过冷奥氏体的连续冷却转变

许多热处理工艺是在连续冷却过程中完成的，如炉冷退火、空冷退火、水冷或油冷淬火等。钢在铸造、锻造、轧制、焊接之后，也大多采用空冷、坑冷等连续冷却方式。因此建立过冷奥氏体的连续冷却转变规律，对于指导生产实践具有重要意义。

7.3.3.1 共析钢过冷奥氏体连续冷却转变曲线的建立

测定过冷奥氏体连续冷却转变曲线的方法有许多，其中最基本的还是金相法，其原理如图 7-24 所示。它是将若干小组小圆片试样经同样奥氏体化后，每组各以一个恒定速度冷却，每隔一段时间取出一个试样淬入水中，将高温分解的状态固定到室温，然后进行金相测定，分别求出各组试样在不同冷却速度下奥氏体转变开始和转变终了的温度和时间。再将这些数据综合绘在“温度-时间”对数坐标中，并把所有转变开始点和转变终了点分别连接起来，便得到过冷奥氏体连续冷却转变曲线，如图 7-24 所示。

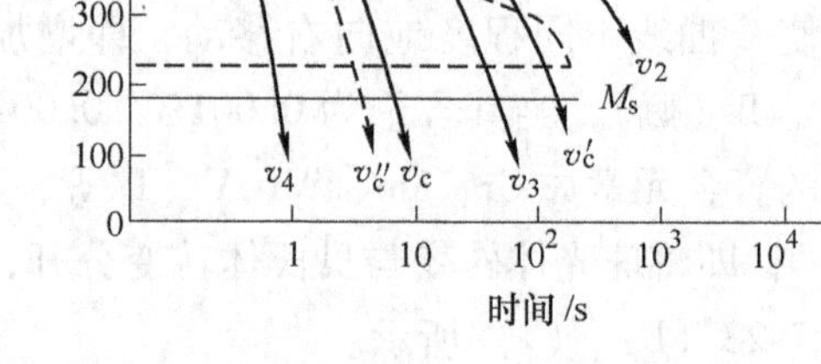

图 7-24 共析钢过冷奥氏体连续冷却转变曲线

如前所述，过冷奥氏体等温转变曲线称为“C 曲线”，或称“TTT 曲线”。相应地，过冷奥氏体连续冷却转变曲线则称为“连续冷却 C 曲线”或“CCT 曲线”。

7.3.3.2 共析钢过冷奥氏体连续冷却转变曲线分析

共析钢过冷奥氏体连续冷却C曲线最简单，只出现珠光体转变区和马氏体转变区，而无贝氏体转变区。这是因为共析钢的碳含量高，使贝氏体转变的孕育期大大延长，连续冷却时温度下降很快，过冷奥氏体来不及向贝氏体转变，其温度就降低到M_s点以下而转变为马氏体。共析钢过冷奥氏体连续冷却C曲线上珠光体区由三条曲线构成：左边一条是转变开始线，右边一条是转变终了线，下边一条是珠光体型转变终止线，即冷却曲线碰到此线时，过冷奥氏体就不再发生珠光体型转变，而一直保留到M_s点以下，直接转变为马氏体。

如图7-24所示，当以v_1的冷却速度冷却时，冷却曲线与珠光体转变开始线相交时，便发生了A→P转变；与终了线相交时，转变即告结束，最后全部得到珠光体组织。冷却速度为v_2时，转变情况如前，形成全部珠光体组织，只是转变开始和终了温度都降低，所得珠光体组织较细。冷却速度增大到v_3时，则冷却曲线只与转变开始线相交，不再与转变终了线相交，而与转变中止线相交，这时奥氏体只有一部分转变为珠光体，冷却曲线一旦与转变终止线相交时，剩余奥氏体就不再转变，直到M_s线以下才发生马氏体转变，最终组织为珠光体和马氏体。当冷速增大至v_4时，冷却曲线不再与珠光体转变开始线相交，即奥氏体不再发生珠光体转变，而全部被过冷到M_s线以下发生马氏体转变，最终形成马氏体组织。冷速大于v_c时，转变情况完全与v_c时相同。

图中v_c为奥氏体过冷到M_s线以下全部转变为马氏体的最低冷却速度，称为上临界冷却速度，一般称为临界淬火冷却速度。低于v_c的冷速，将使冷却后的组织中出现非马氏体产物，显然，v_c越小，钢淬火时得到马氏体越容易，或者说钢接受淬火的能力越强。v_c'是奥氏体连续冷却时全部转变为珠光体的最大冷却速度，称为下临界冷却速度，超过v_c'的冷速将使冷却后的组织中出现马氏体。由此可知，钢在淬火时的冷速应大于v_c'，而在退火时的冷速不应大于v_c'。

过共析钢连续冷却C曲线与共析钢相比，除了多出一条先共析渗碳体的析出线外，其他基本相似。但亚共析钢的连续冷却C曲线与共析钢却大不相同，它除了多出一条先共析铁素体的析出线外，还出现了贝氏体转变区，因此，亚共析钢在连续冷却后可以出现由更多不同产物组成的混合组织，如图7-25所示。例如45钢奥氏体化后，经油冷后的组织便是铁素体+屈氏体+贝氏体+马氏体混合物。

7.3.3.3 过冷奥氏体等温转变曲线在连续冷却中的应用

由于过冷奥氏体连续冷却曲线在测试上比较困难，所以迄今还有许多实用较为广泛的钢种的连续冷却转变曲线尚未测定。但测定钢的等温转变曲线比较容易，并绘制了大量的等温转变图。因此目前生产技术中还常应用过冷奥氏体等温转变曲线定性地、近似地来分析奥氏体在连续冷却中的转变。可以利用等温冷却C曲线估计连续冷却时的组织转变，其方法是将不同冷却速度曲线绘在等温连续转变曲线上，根据其交点位置估计出组织转变情况，如图7-25所示。v_1冷速相当于炉冷，根据与等温转变曲线相交的位置，可以判断其发生了珠光体转变，最终组织为珠光体；v_2冷速相当于空冷，根据它与等温转变曲线相交的位置，可估计其转变产物是索氏体；v_3冷速相当于油中淬火，将有一部分奥氏体转变为屈氏体，剩余奥氏体冷到M_s点以下变成马氏体，最后获得屈氏体和马氏体混合组织；v_4冷速

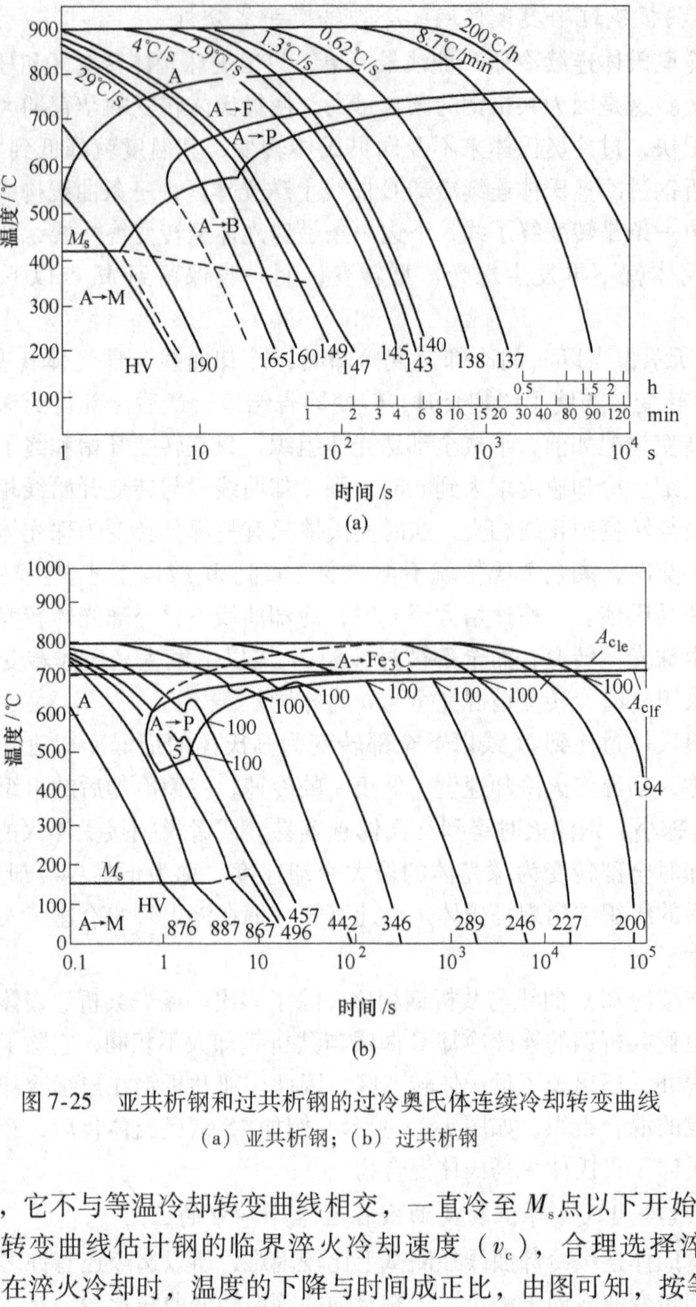

图 7-25 亚共析钢和过共析钢的过冷奥氏体连续冷却转变曲线

（a）亚共析钢；（b）过共析钢

相当于水中淬火，它不与等温冷却转变曲线相交，一直冷至 M_s点以下开始转变成马氏体。还可以利用等温转变曲线估计钢的临界淬火冷却速度（v_c），合理选择淬火介质。如图 7-26 所示。假定在淬火冷却时，温度的下降与时间成正比，由图可知，按等温转变曲线计算的 v_c为：

$$v_c' = \frac{A_1 - t_m}{\tau_m}$$

式中 A_1——钢的临界温度；

t_m——等温转变曲线的鼻端温度；

τ_m——等温转变曲线的鼻端孕育时间。

若连续转变冷却曲线的临界淬火冷却速度为 v_c，因为 CCT 曲线总是在 TTT 曲线的右下方，故上面算出的 v_c' 一般是 v_c的 1.5 倍，即 $v_c \approx v_c'/1.5$。

7.3.4 马氏体转变

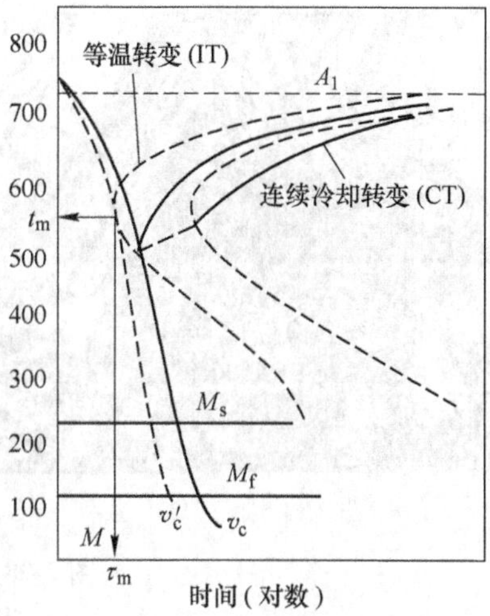

图 7-26 确定淬火临界冷却速度（v_c）示意图

当奥氏体的冷却速度大于淬火临界冷却速度（v_k），并过冷到 M_s点以下时，就发生马氏体转变，获得马氏体组织。马氏体转变是钢件热处理强化的主要手段。由于马氏体转变温度较低，过冷度很大，马氏体形成速度极快，铁原子和碳原子的扩散速度皆被抑制，奥氏体向马氏体转变只发生了 γ-Fe→α-Fe 的晶格改组而没有碳原子的扩散，因此这种转变也称非扩散性转变。马氏体中的碳含量就是原奥氏体中的碳含量。由 $Fe-Fe_3C$ 相图可知，α-Fe 最大溶碳能力只有 0.0218%（727℃），室温下其溶碳能力更低，因此马氏体实质上是碳在 α-Fe 中的过饱和固溶体。

7.3.4.1 马氏体的晶体结构

马氏体是碳在 α-Fe 中的过饱和固溶体，碳位于 α-Fe 晶格中的间隙处。由于碳的过饱和溶解，导致 α-Fe 晶格由体心立方变为体心正方晶格，使 c 轴的晶格常数大于其他两个 a 轴的晶格常数，即 $c > a$，如图 7-27 所示。比值 c/a 称为马氏体的正方度。马氏体的碳含量越高，其正方度越大。

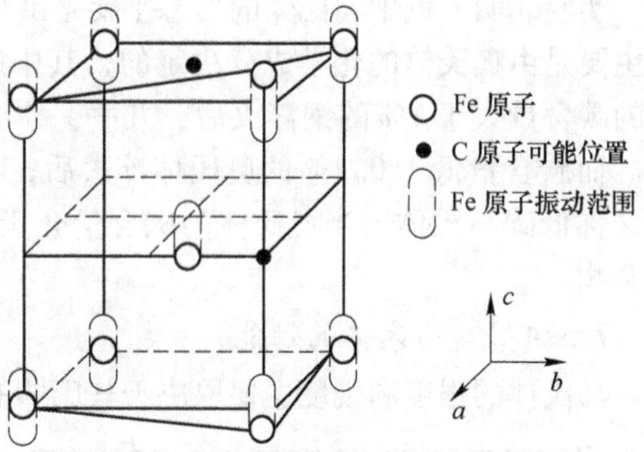

图 7-27 马氏体体心立方晶格示意图

因为钢中奥氏体比容最小，马氏体比容最大，而且马氏体正方度越大，比容也越大，因此由奥氏体转变为马氏体时的体积变化也越大，引起的内应力也越大，这就是高碳钢淬火时容易变形和开裂的原因之一。

7.3.4.2 马氏体的组织形态

淬火钢中马氏体的组织形态主要有两种基本类型：一种是片状马氏体；另一种是板条状马氏体。

片状马氏体的立体形态是双凸透镜状。在显微镜下所看到的则是金相试样磨面上的马氏体的界面形态，故呈针状或竹叶状，如图 7-28（a）所示。电镜研究表明，片状马氏体的亚结构主要是孪晶，因此，片状马氏体也称孪晶马氏体。此外，片状马氏体中存在大量显微裂纹，这种显微裂纹在应力作用下会逐渐扩展，互相连通，发展成宏观裂纹，导致工件开裂，这也是高碳钢淬火后脆性大的原因之一。

板条状马氏体的立体形态呈椭圆形截面的细长条状。它是由相互平行的、尺寸大致相同的一束束长条状晶体所组成，这些相互平行的长条状晶体构成了一个马氏体域（马氏体群）。一个奥氏体晶粒内可以形成几个不同位向的马氏体域。因此，显微镜下可看到一束束位向不同的马氏体域，如图 7-28（b）所示。

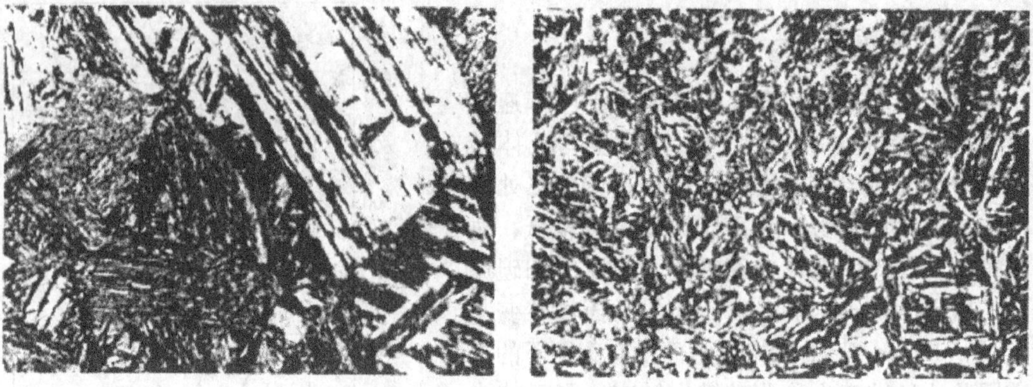

图 7-28 两种基本的马氏体组织形态

（a）板条马氏体；（b）透镜片状马氏体

电镜研究表明，条状马氏体内存在大量位错，这些位错分布不均匀，形成胞状亚结构，所以条状马氏体也称位错马氏体。

实验表明，钢中马氏体的形态主要是由马氏体转变温度决定的，而马氏体的转变温度又主要是由奥氏体的化学成分决定的，其中碳浓度影响最大，如图 7-29 所示。当奥氏体中的碳含量大于 1% 的钢淬火后，几乎只形成片状马氏体，故片状马氏体又称高碳马氏体。而碳含量低于 0.2% 的奥氏体淬火后，几乎全部形成板条状马氏体，故板条状马氏体又称低碳马氏体。当奥氏体的碳含量介于 0.2%~1.0% 之间时，则形成两种马氏体的混合物。

7.3.4.3 马氏体的性能

马氏体的强度和硬度主要取决于马氏体的碳含量，如图 7-30 所示。

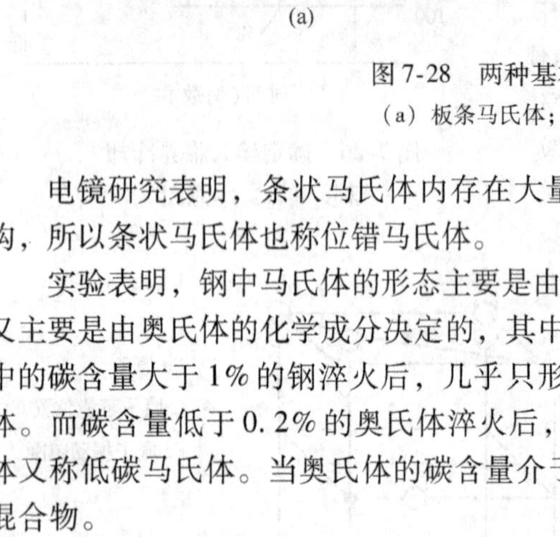

图 7-29 奥氏体的碳浓度对马氏体形态的影响

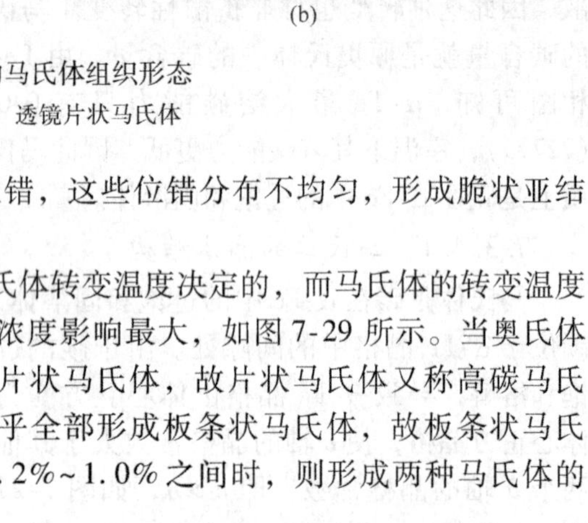

图 7-30 碳质量分数对马氏体和淬火钢硬度及残余奥氏体的影响

1—马氏体硬度；2—A_{c1} ~ A_{ccm} 之间淬火；3—高于 Ac_{cm} 淬火

随着马氏体中碳含量的增加，其强度与硬度也随之增高。碳含量为0.2%的低碳钢马氏体硬度为HRC50左右，碳含量提高到0.4%，硬度可达HRC60左右。碳含量较低时，强度和硬度增高比较明显；但碳含量超过0.6%以后就趋于平缓。马氏体强化是钢热处理强化的主要手段。马氏体强化的原因目前认为主要有下列几个方面：首先是过饱和的碳原子使晶格正方畸变，产生了固溶强化；其次是马氏体转变时在晶体内产生了大量微观缺陷（高密度位错和微细孪晶等），使得马氏体强化，即相变强化；最后马氏体析出弥散碳化物也能引起弥散强化。马氏体的塑性和韧性主要取决于它的亚结构类型。高碳孪晶马氏体的塑性和韧性低、脆性大，这是因为高碳孪晶马氏体中存在大量孪晶亚结构，同时碳在马氏体中过饱和程度大，晶格畸变严重，并存在着较大的淬火内应力的缘故。低碳位错马氏体则不然，它具有较高的塑性和韧性。表7-2所示为含0.10%~0.25%碳的碳钢淬火形成的板条状马氏体的性能；为了比较还列出了含碳0.77%的碳钢淬火形成的片状马氏体的性能。由表7-2可看出，片状马氏体硬度高且脆性大，而板条状马氏体不仅具有较高的强度和硬度，同时也具有良好的塑性和韧性，即板条状马氏体是一种具有高的强韧性的组织。因此，近年来将低碳合金钢强烈淬火获得低碳马氏体的热处理工艺得到了广泛的应用。

表7-2　板条马氏体与片状马氏体的性能比较

淬火钢碳含量/%	马氏体形态	R_m/MN·m^{-2}	R_{eL}/MN·m^{-2}	HRC	A	z	a_K/J·cm^{-2}
0.16~0.25	板条状	1020~1530	820~1330	30~50	9~17	40~65	60~180
0.77	片状	2350	2040	66	约1	30	10

7.3.4.4　马氏体转变的特点

马氏体转变和其他相变一样，也是由形核和长大两个基本过程组成的。但转变温度低，过冷度极大，与其他相变比较，又具有以下几个特点：

（1）无扩散性。马氏体转变温度低，过冷度极大（M_s点以下），故奥氏体中的铁、碳原子都不能进行扩散，转变只发生γ-Fe→α-Fe的晶格改组。因此，马氏体转变是无扩散性相变。

（2）共格切变性。马氏体转变是晶体切变过程，在切变过程中完成晶格重构，即靠新相与旧相界面上的原子以协同的、定向的、有次序的方式从旧相向新相中移动来实现转变，相邻原子间的相对移动不超过一个原子间距，故这一过程称为切变。

在切变过程中，新相与旧相晶格间始终保持着严格的位向关系，即新、旧相之间一定的晶面和晶向相互平行，这种关系称为共格关系。例如，在马氏体转变之前如将试样经过抛光，表面非常平坦，则转变之后，由于发生了切变过程，试样表面会出现凸起的浮凸现象，如图7-31所示。

（3）在不断降温的条件下形成。当奥氏体过冷到M_s点以下时，就开始马氏体转变，随着温度的降低，马氏体转变量愈来愈多，冷却中断，转变很快停止，只有继续冷却，马氏体才能继续形成。当温度降低到M_f点时，马氏体转变便结束。

实验表明，M_s和M_f点的位置与冷却速度无关，主要取决于奥氏体的化学成分。奥氏体的碳含量越高，M_s和M_f点温度越低，如图7-32所示。合金元素Mn、Cr、Ni、Mo、V、W等使M_s点下降，而Co、Al等使M_s点温度升高，如图7-33所示。

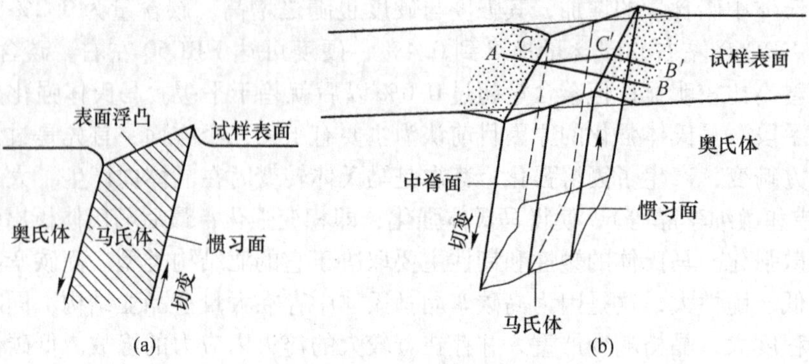

图 7-31　马氏体表面浮凸现象

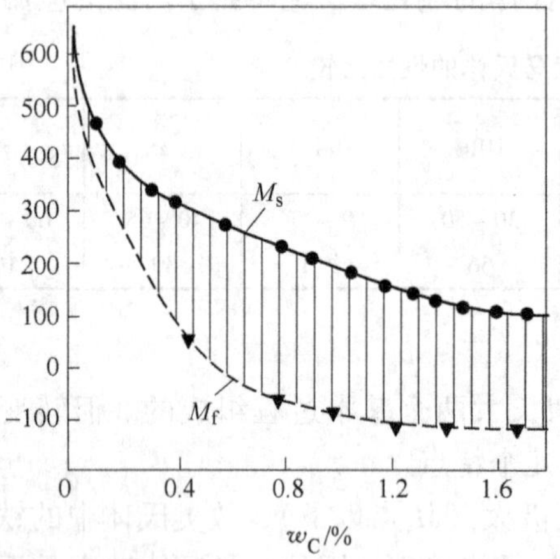

图 7-32　碳含量对碳钢 M_s、M_f 点的影响

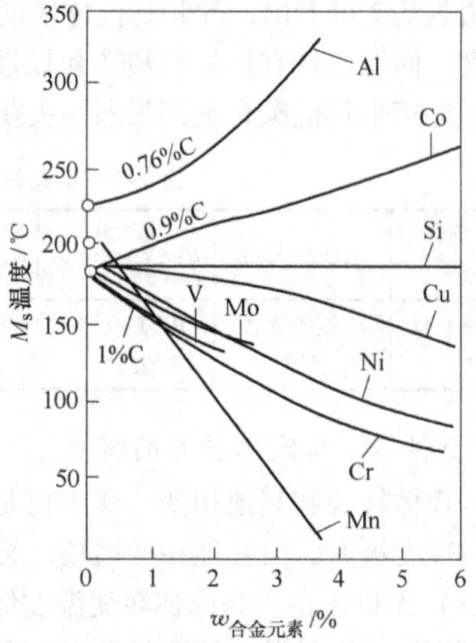

图 7-33　合金元素种类及含量对 M_s 点的影响

(4) 马氏体转变速度极快。由于马氏体转变过冷度极大，相变驱动力很大；同时其转变是以共格切变方式进行的，原子只需做不超过一个原子间距的近程迁动，故长大激活能很小。因此，马氏体转变速度极快，一般不需要孕育期，瞬时形核，瞬时长大。高碳马氏体的长大速度为（1~1.5）×10^5cm/s，每片马氏体的形成时间极短，大约只需 10^{-7}s，故在通常情况下看不到马氏体的长大过程。马氏体量的增加不是靠已经形成的马氏体的不断长大，而是靠新的马氏体片的不断形成。

由于马氏体形成速度极快，马氏体片生成可能是因相互撞击作用而形成裂纹或断裂，这就是片状马氏体中显微裂纹形成的原因。

(5) 马氏体转变的不完全性。马氏体转变不能进行到底，或多或少总有一部分未转变的奥氏体残留下来，这部分奥氏体称为残余奥氏体，以 γ′或 A′表示。由图 7-32 可知，当奥氏体的碳含量超过 0.5% 时，M_f点已低于室温，淬火到室温时，将有一部分奥氏体残留下来。残余奥氏体的数量主要取决于 M_s 和 M_f点的位置，即取决于奥氏体的化学成分。凡是使 M_s 和 M_f点位置降低的化学元素都使残余奥氏体数量增多。

必须指出，即使奥氏体过冷到 M_f点以下，组织中仍然得不到百分之百的马氏体，总有少量的残余奥氏体被保留下来，这就是马氏体转变的不完全性。这是因为马氏体形成时伴随着体积膨胀，对尚未转变的奥氏体产生了多向的压应力，从而阻碍了奥氏体向马氏体继续转变。

一般低、中碳钢淬火到室温后，约有1%~2%的残余奥氏体；高碳钢淬火到室温后，残余奥氏体量可达10%~15%；高合金工具钢淬火后残余奥氏体量更多，如高速钢淬火后残余奥氏体量高达25%~30%。这不仅降低淬火钢的硬度和耐磨性，而且在工件长期使用过程中残余奥氏体会转变，引起工件尺寸和形状变化。因此，用高速钢制作的刃具，为了提高其硬度、红硬度和耐磨性，必须经过多次回火以消除残余奥氏体。对于一些高精度的工件（如精密量具、精密丝杠、精密轴承），生产中采用冷处理，即淬火冷却到室温后，随即向零度以下温度继续冷却的方法以减少残余奥氏体的数量。

7.4 钢的退火与正火

退火和正火是应用非常广泛的热处理工艺。它主要用于钢的预热处理，多安排在铸造或锻造之后，切削（粗）加工之前，用以消除前一工序所带来的某些组织缺陷及内应力，为随后的切削加工即热处理做好组织和性能上的准备。

对于一些普通铸件、焊接件以及某些不重要的热加工工件，退火和正火也可作为最终热处理工序。

7.4.1 退火

退火是将钢加热到临界点 A_{c1}或 A_{c3}以上，保温后缓慢冷却（炉冷、坑冷、灰冷），获得珠光体型组织的热处理工艺。

对于亚共析钢、过共析钢来说，退火的实质是使奥氏体进行先共析转变和珠光体转变。退火的主要目的：(1) 降低硬度，提高塑性，改善冷压和切削加工性能；(2) 细化晶粒，改善组织，以提高钢的力学性能，为最终热处理（淬火和回火）做好组织上的准备；(3) 消除残余应力，稳定零件尺寸，防止零件变形和开裂。

根据钢的成分和退火目的不同，退火操作一般可分为完全退火、等温退火、球化退火、扩散退火和去应力退火等。

7.4.1.1 完全退火

完全退火又称重结晶退火，主要用于亚共析成分的碳钢和合金钢铸、锻件及热轧型材，有时也用于焊接结构件，一般常作为一些不重要工件的最终热处理，或作为某些重要零件的预先热处理。其目的是细化晶粒，消除内应力与组织缺陷，降低硬度，提高塑性，为随后的切削加工和淬火做组织准备。

完全退火工艺是将钢件加热到 A_{c3}以上 20 ~60℃，保温一定时间，随炉缓冷（或埋在砂中或石灰中冷却）至6000℃以下，再出炉至空气中冷却。

一般碳钢和合金钢加热时，其加热速度可不加限制，钢材入炉后可随炉升温，也可高温入炉。对于某些导热性差的高合金钢和大截面工件，通常应低温入炉，并用较小的加热速度（100~120℃/s）升温，以防止在加热过程中变形与开裂。完全退火的保温时间与钢的成分、原始组织、装炉量、装炉方式以及加热炉的类型等有关，故目前尚无统一的确切计算方法，大多是根据具体条件和经验通过实际实验加以确定。

保温后的冷却速度要缓慢，以保证奥氏体在 A_1 ~6500℃之间的转变。碳钢的冷却速度应为100~200℃/h；一般合金钢应为50~100℃/h；高合金钢应为10~50℃/h。

7.4.1.2　等温退火

完全退火虽然能满足对工件组织和硬度的要求，但是这种退火工艺生产周期长，尤其是某些奥氏体稳定性比较大的合金钢，其退火周期往往长达数十小时，因此生产中常采用等温退火来代替完全退火。

等温退火的加热工艺与完全退火相同，但钢经奥氏体化后，以较快速度冷却到 A_1 以下某一温度，等温一段时间，使奥氏体在等温中发生珠光体转变，然后又以较快冷速（一般为空冷）冷至室温。因此，等温退火可大大缩短整个退火周期，而且由于工件都在同一温度下发生组织转变，故能获得的组织与性能比较均匀。

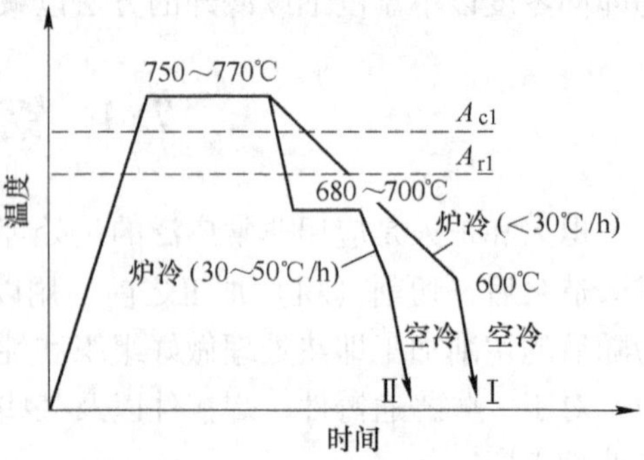

图7-34　高速钢普通退火与等温退火的工艺曲线

等温退火主要用于要求较高的合金钢工件。图7-34 所示为高速钢普通退火与等温退火的工艺比较。普通退火时间需要 15~20h 以上，而等温退火所需时间大大缩短。

7.4.1.3　球化退火

球化退火主要用于共析或过共析成分的碳钢和合金钢，其目的是为了降低硬度，改善切削加工性能，并为淬火做好组织准备。

过共析钢经热轧、锻造后，组织中会出现片状珠光体和网状二次渗碳体，这不仅使钢的硬度增加，切削性能变坏，而且淬火时易变形开裂。为了克服过共析钢的这一缺点，可采用球化退火，使珠光体中的层状渗透体和网状二次渗碳体都发生球化退火，变成球（粒）状的渗碳体。这种铁素体和球状渗碳体的机械混合物组织称为球状珠光体。球状珠光体的硬度较层片状珠光体与网状二次渗碳体组织的硬度低。

普通球化退火是将钢件加热到 A_{c1} 以上 20~30℃，保温 2~4h，然后以 $v_{冷}=50\sim100$℃/h 的速度随炉缓冷到600℃以下再出炉空冷，如图 7-34 中冷却曲线Ⅱ所示。

当片状珠光体加热到 A_{c1} 以上 20~30℃时，渗碳体开始溶解，但又未完全溶解，此时片状渗碳体逐渐断开为许多细小的链状或点状渗碳体，弥散地分布在奥氏体基体上；同时由于低温短时加热，奥氏体的成分也极不均匀，故在随后的缓冷或等温过程中，或以原有的细小渗碳体质点为核心，或以奥氏体中碳富集的局部微小区域产生的新的碳化物为晶核，成长为均匀的粒状碳化物。同时由于球状表面能最小，故在缓冷或等温过程中，渗碳体发生自发球化和聚集长大，形成球状（粒状）渗碳体。这就是球化退火的原理。

为了便于球化过程的进行，对网状渗碳体严重的过共析钢，应在球化退火之前进行一次正火，以消除网状渗碳体。

球状珠光体除了由过冷奥氏体直接分解而成之外，还可以由片状珠光体在略低于A_1的温度加热球化而得；还可以由马氏体或贝氏体高温回火而得。这里不再一一介绍。

7.4.1.4 扩散退火

扩散退火主要用于合金钢铸锭和铸件，目的是消除铸造结晶过程中产生的枝晶偏析，使化学成分均匀化，改善性能，故扩散退火又称均匀化退火。扩散退火加热温度为A_{c3} +（150～250℃），通常为1000～1200℃。钢中合金元素含量越高，加热温度越高。为了防止过烧，加热温度一般要低于固相线100℃左右。扩散退火加热温度经验数据：碳素钢铸件：950～1000℃；低合金钢铸件：1000～1050℃；高合金钢铸件：1050～1100℃。

扩散退火时间一般都在15～20h。时间过长，工件烧损严重，耗能过多，成本增高。由于加热温度高，时间长，扩散退火后的组织严重过热，因此必须再一次进行完全退火或正火来细化晶粒，消除过热缺陷，改善工件性能。图7-35为两次退火工艺曲线。

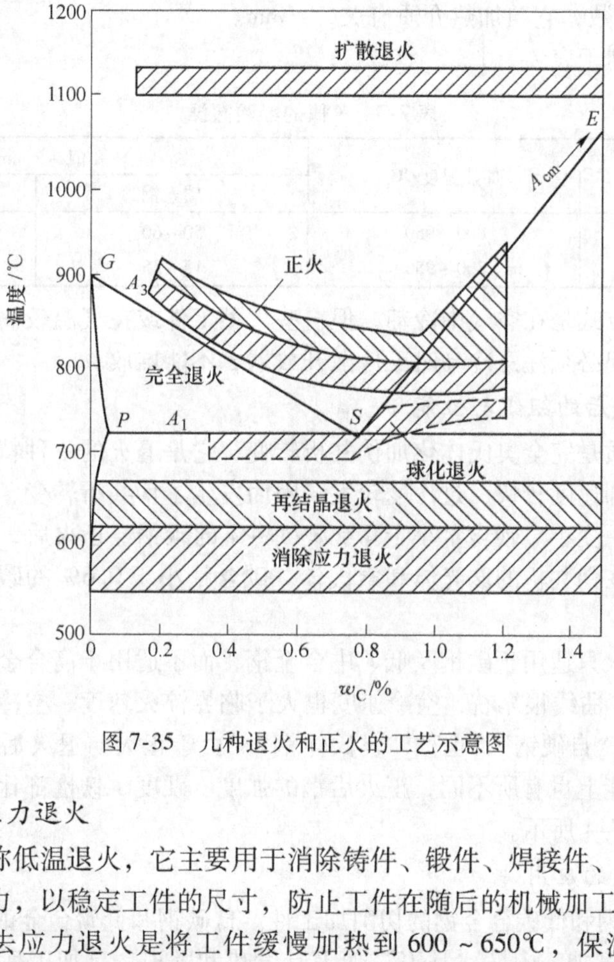

图7-35 几种退火和正火的工艺示意图

7.4.1.5 去应力退火

去应力退火又称低温退火，它主要用于消除铸件、锻件、焊接件、冷冲压件以及机加工工件中的残余应力，以稳定工件的尺寸，防止工件在随后的机械加工或以后长期使用过程中变形或开裂。去应力退火是将工件缓慢加热到600～650℃，保温一定时间（一般1mm厚保温3min)，然后随炉缓慢冷却（≤100℃/h）至200℃再出炉空冷。

去应力退火的加热温度低于A_1，故钢在去应力退火中组织不发生变化，低温残余应力的消除是通过塑性变形或蠕变变形产生的应力松弛来实现的。采用更高温度退火（如完全退火)，虽然应力消除得更彻底，但钢的氧化、脱碳较严重，甚至会产生高温变形，故对只要求消除残余应力的工件，一般都进行去应力退火。

7.4.2 正火

将钢加热到临界点（A_{c3}、A_{ccm}）以上，进行完全奥氏体化，然后在空气中冷却（夏天时需吹风或喷雾），这种热处理工艺称为正火，也称“常化”。

7.4.2.1 正火工艺

正火的加热温度与钢的化学成分有关。一般低碳钢的加热温度为A_{c3}以上100~150℃；中碳钢加热温度为A_{c3}以上50~100℃；高碳钢加热温度为A_{ccm}以上30~50℃。保温时间可用经验公式

$$\varepsilon = K \cdot D$$

式中 D——工件有效厚度，mm；

K——加热系数，它与加热介质有关，s/mm。

工厂经验数据列于表7-3中。

表7-3 K值的经验数据

加热设备	加热温度/℃	K值/s·mm^{-1}	
		碳素钢	合金钢
箱式炉	800~950	50~60	60~70
盐浴炉	800~950	15~25	20~30

最常用的冷却方式是在空气中冷却，但一些大型工件或在气温较高的夏天，也可采用吹风或喷雾冷却。但必须注意冷却时工件散开放置，不能堆放。

7.4.2.2 正火后的组织与性能

正火过程的实质是完全奥氏体化加伪共析转变，它是退火的一种特例。两者不同之处主要在于正火的冷却速度较快，过冷度较大，因而发生了伪共析转变，使组织中的珠光体量增多，且片层间距变小。碳含量小于0.6%~1.4%的碳钢经正火后，组织中一般不会出现先共析相，只存在伪共析的珠光体和索氏体。碳含量小于0.6%的碳钢，正火后还会出现铁素体。

应该指出，正火只适用于碳钢及低、中合金钢，而不适用于高合金钢。因为高合金钢的奥氏体很稳定，C曲线很靠右，空冷速度也大于临界淬火速度，空冷也能淬火。这类钢称为“空冷钢”或“自硬钢”，也称“马氏体钢”。由于正火与退火后钢的组织存在上述差别，故反映在性能上也有所不同，正火后钢的强度、硬度、韧性都比退火后的高，且塑性也不降低，如表7-4所示。

7.4.2.3 正火的应用

（1）改善低碳钢和低碳合金钢的切削加工性。低碳钢和低碳合金钢退火后硬度一般都在HB160以下，切削加工中易“粘刀”使刀具发热和磨损，且加工后零件表面光洁程度也很差，通过正火，由于珠光体量增加和片层间距变小，使硬度提高，从而改善了切削加工性能（一般认为硬度在HB160~230范围内的金属，其切削加工性较好）。

（2）作为普通结构零件和某些大型或形状较复杂零件的最终热处理。因为正火可细化晶粒，提高力学性能（表7-4），能满足普通结构零件的性能要求，而大型或复杂零件淬

火时可能有开裂危险，往往用正火代替淬火和回火，而作为这类零件的最终热处理。

表 7-4 45 钢铸、锻后与退火、正火状态的力学性能比较

状态	R_m/MN·m^{-2}	A/%	A_K/J·cm^{-2}	HB	组织与特点
铸态	490~588	2~5	11.8~19.6	~220	晶粒粗大，成分不均
锻后	588~686	5~10	19.6~39.2	~230	晶粒较粗，成分不均
退火后	637~686	15~20	39.2~58.8	~180	晶粒细化，组织均匀
正火后	686~785	15~20	49.0~78.4	~220	比退火更细更均匀

(3) 作为中碳结构钢支座的较重要零件的预备热处理，这类钢正火后硬度在 HB160~230 范围内，消除了热加工所带来的组织缺陷，故不仅具有良好的切削加工性能，而且还能减少零件淬火时的变形与开裂，提高淬火质量。同时也可代替调质处理，为以后高频表面淬火做好组织准备。

(4) 用于消除铸钢件中的魏氏组织。魏氏组织一般会使钢的塑性，特别是韧性大大降低。铸钢件和低碳钢焊缝中常存在这种组织，也可通过正火（也可退火）消除这种组织。

(5) 用于消除过共析钢中的网状二次渗碳体。高碳工具钢机加工和淬火之前一般要进行球化退火，获得球状珠光体组织，正火时，由于冷却速度较快，二次渗碳时来不及沿奥氏体晶界呈网状析出，二次渗碳体网在正火后被破碎，因而有利于球化退火时渗碳体的球化。

以上介绍了常用的几种退火和正火工艺，现将它们的加热温度范围示意地绘于图 7-35 中。

7.5 钢的淬火

钢的淬火是把钢加热到临界点（A_{c1}或A_{c3}）以上，经保温后快速冷却（超过该钢的临界淬火冷却速度），使奥氏体转变为马氏体的一种热处理工艺。淬火的实质是奥氏体化后进行马氏体转变，其目的主要是为了获得马氏体组织。淬火和不同温度的回火相配合，使钢获得不同的马氏体分解产物，从而具有不同的力学性能。淬火和回火相配合，是提高结构零件的强韧性，提高工具的硬度和耐磨性的主要手段。

7.5.1 淬火工艺

淬火工艺规范主要是指加热规范和冷却规范。前者主要是确定加热温度和加热时间，而后者主要是选择冷却介质和冷却方式。

7.5.1.1 淬火加热温度的选择

各种钢的淬火加热温度主要依据钢的原始组织类型及临界点（A_{c1}、A_{c3}）的位置来确定。图 7-36 所示为各种碳素钢的淬火加热温度范围。

对于亚共析钢，试样的淬火加热温度为：$A_{c3}+(30\sim50)$℃；对于共析钢、过共析钢，试样的淬火加热温度则为：$A_{c1}+(30\sim50)$℃。亚共析钢应加热到A_{c3}以上完全奥氏体化淬火。如果在$A_{c1}\sim A_{c3}$之间加热，组织中必然有一部分先共析铁素体残存，随后淬火冷却中，由于铁素体不发生变化而被保留下来，得到马氏体加铁素体组织，使淬火组织中出现软点，降低了淬火钢的硬度。同时，由于这种组织上的不均匀性，还会影响回火后的力学性能。但若加热温度超过A_{c3}过高时，钢的氧化脱碳严重，奥氏体晶粒粗化，淬火后马氏体粗大，使钢的性能变坏。过共析钢应在A_{c1}～A_{ccm}之间加热，进行不完全退火。过共析钢在淬火加热之前，已进行球化退火，其原始组织为球状珠光体加粒状渗碳体。在A_{c1}～A_{ccm}之间加热时，其组织为奥氏体和一部分未溶的细粒状渗碳体。淬火后，奥氏体转变为马氏体，未溶渗碳体颗粒被保留下来。由于渗碳体硬度较高且呈颗粒状均匀分布，它不但不会降低淬火钢的硬度，而且还可提高它的耐磨性。如果加热温度选择在A_{ccm}以上，此时由于渗碳体完全溶于奥氏体中，使其碳含量增加，M_s降低，故淬火后残余奥氏体量增多，结果反而降低了钢的硬度和耐磨性。在A_{ccm}以上加热，奥氏体晶粒粗化，淬火后马氏体粗大，显微裂纹增多，使钢的脆性大大增加；此外，淬火应力增大，从而使工件的变形和开裂倾向增加。合金钢的淬火加热温度的选择同样可根据其临界点确定。但考虑到大多数合金元素都有细化晶粒的作用，淬火加热温度一般都高于上述数值。尤其是高合金工具钢，其淬火加热温度应接近A_{ccm}点，这是因为合金碳化物难溶于奥氏体中，为了保证奥氏体具有尽可能高的合金浓度，所以淬火加热温度比较高。

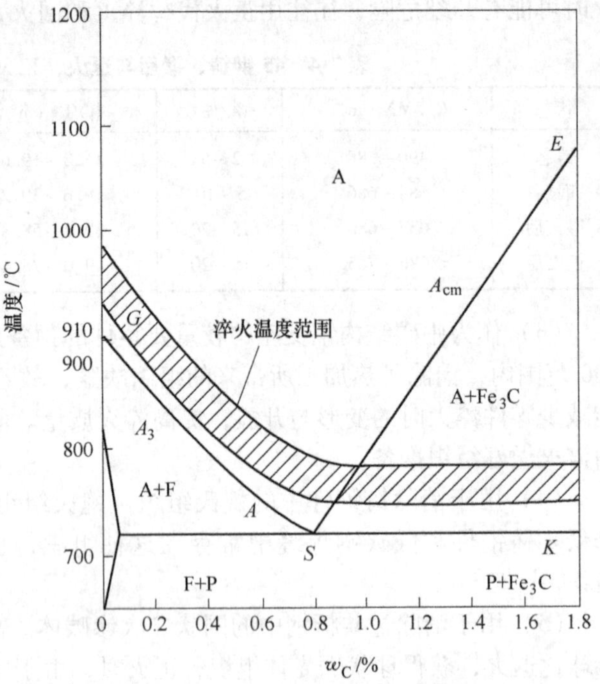

图 7-36　碳素钢的淬火加热温度范围

应该指出，淬火加热温度的选择，除了与钢的临界点有关外，还与工件的形状与尺寸、淬火冷却介质以及淬火方法等有关，故在实际生产中必须全面考虑各种因素的影响，结合具体的情况和实际实验来确定淬火加热温度。

7.5.1.2　加热时间的选择

加热时间应包括升温时间、工件透烧时间和组织转变时间，它与钢的化学成分、原始组织、工件形状和尺寸、加热介质、装炉方式和炉温等因素有关，因此要确切地计算加热时间是比较复杂的。生产中常根据工件有效厚度、加热系数来简便地计算加热时间，该时间是按工件入炉后指示温度达到指定温度时开始计算的：

$$\tau = \alpha \cdot D$$

式中　τ——加热时间，min；

α——加热系数，min/mm；

D——工件有效厚度，mm。

加热系数 α 表示单位有效厚度所需的加热时间，其值大小主要与钢的化学成分、工件尺寸和加热介质有关，如表 7-5 所示。工件的有效厚度是指能够保证工件得到良好加热条件的厚度。

表 7-5 常用钢的加热系数 (min/mm)

钢的种类	工件直径/mm	<600℃ 箱式炉中预热	750～850℃ 盐浴炉中加热或预热	800～900℃ 箱式炉或井式炉加热	1100～1300℃ 高温盐浴炉中加热
碳钢	≤50		0.3～0.4	1.0～1.2	
	>50		0.4～0.5	1.2～1.5	
合金钢	≤50		0.45～0.5	1.2～1.5	
	>50		0.5～0.55	1.5～1.8	
高合金钢		0.35～0.40	0.3～0.35		0.17～0.20

应指出，淬火加热时间应根据生产实际情况，综合考虑上述各个影响因素，并通过实验才能合理选定。

7.5.1.3 淬火冷却介质

淬火时为了得到马氏体组织，工件在淬火介质中的冷却速度必须大于临界冷却速度，但又要减少变形和防止开裂。因此正确选择冷却介质是关系到淬火质量好坏的关键。

A 理想淬火冷却速度

从碳钢的奥氏体等温转变曲线可以看出，要获得马氏体组织，并不需要在整个冷却过程中都进行快速冷却。关键是过冷奥氏体最不稳定的C曲线鼻尖附近，即在650～550℃的范围内要快速冷却，而在其他温度区间并不需要快冷，尤其是在 M_s 点以下的马氏体转变区更不需要快冷。否则工件截面上的内外温差增大，再加上马氏体转变将使工件的体积胀大，这样就使马氏体转变不能同时进行而造成组织应力。冷却速度愈大，组织硬度也愈大。而且马氏体转变温度已较低，钢的塑性已降低，因而在马氏体转变过程中容易引起变形与开裂。根据上述要求，钢在淬火时最理想的冷却速度（冷却曲线）如图 7-37 所示。能满足这种理想冷却速度要求的淬火介质则称为理想淬火介质。但到目前为止，还没有发现这种理想的淬火介质。

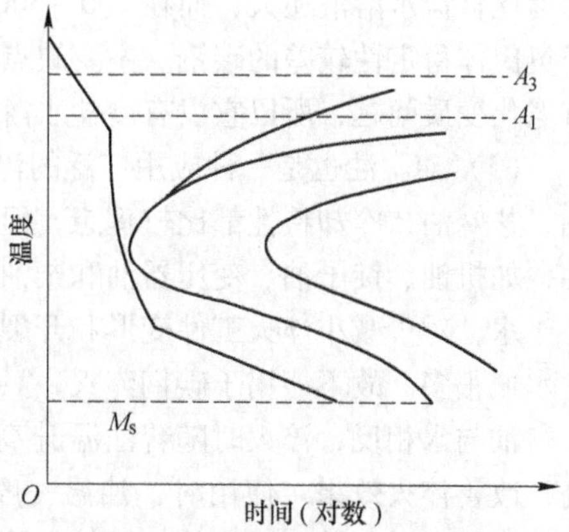

图 7-37 理想淬火介质冷却曲线

B 常用淬火冷却介质

目前生产中应用较广泛的冷却介质有水、油及盐或碱的水溶液。表 7-6 中为常用淬火冷却介质及其冷却特性。

(1) 水。水是生产中常用的淬火冷却介质，但由表 7-6 可见，水的冷却特性很不理想。因为在需要快冷的650～500℃范围内，它的冷却速度低，而在300～200℃区间需要慢冷时，它的冷却速度反而增大，故水淬时，工件容易发生变形和开裂；另外，水的冷却能力随水温的升高而降低，而且对应最大的冷却速度的温度移向低温，故淬火时水的温度一般不超过40℃。然而到目前为止，水仍然是应用最广泛的淬火冷却介质，这是因为水价廉易得，使用安全，无燃烧、腐蚀等危险，且具有较强烈的冷却能力。水作为奥氏体稳定性较小的碳钢的淬火冷却介质比较合适。

表 7-6 常用淬火冷却介质及其冷却特性

淬火冷却介质	最大冷却速度时		平均冷却速度/℃·s^{-1}	
	所在温度/℃	冷却速度/℃·s^{-1}	500～650℃	200～300℃
静止自来水 20℃	340	775	135	450
静止自来水 60℃	220	275	80	185
10% NaCl 水溶 20℃	580	2000	1900	1000
15% NaOH 水溶 20℃	560	2830	2750	775
10 号机油 20℃	430	230	60	65
10 号机油 80℃	430	230	70	55

（2）盐或碱的水溶液。水中加入少量（5%～10%）的盐或碱可提高其淬火冷却能力，常用的是食盐水溶液和苛性钠水溶液两种。食盐水溶液常用的浓度为10%左右。最大冷却速度所在温度正好处在500～650℃温度范围（表7-6），其冷却能力为水的10倍。但在200～300℃温度范围的冷却速度过大，使淬火工件中组织应力增大，且食盐水溶液对工件还有一定的锈蚀作用，淬火后工件必须清洗干净。使用温度一般应在60℃以下，否则冷却性能要变坏。苛性钠水溶液常用的浓度为10%或50%。它在500～650℃温度范围内冷却速度比食盐水溶液还大，而在200～300℃温度范围内冷却速度比食盐水溶液稍低。它适用于奥氏体稳定性较差的碳钢。主要缺点是腐蚀性大，对工件、设备和操作者都有影响，还有老化变质问题，所以它没有食盐水溶液用得广泛。

（3）油。油也是一种应用广泛的淬火冷却介质，有植物油和矿物油两类：植物油如豆油、芝麻油，冷却特性都比较理想，但易老化，寿命短，价格高，故目前几乎全部为矿物油，如机油、锭子油、变压器油和柴油等所代替。油在200～300℃温度范围内冷却速度远小于水，对于减小淬火工件变形和开裂是很有利的。它在500～650℃温度范围内冷却速度比水低很多，故不能用于碳钢淬火，只能用于过冷奥氏体稳定性较大的合金钢的淬火。

油与水相反，淬火时随着油温升高会使油变稀而增加流动性，使其冷却能力反而提高，改善淬火效果。使用时，油温一般控制在60～80℃，最高不超过100～120℃，以避免油温过高引起着火。另外，工件在油中淬火后还需清洗，以及淬火油长期使用以后会出现老化现象，这些都是它的不足之处。

除了上述常用的淬火介质之外，近年来工厂中还试用过一些效果比较好的新的水溶液淬火介质，如水玻璃—碱（或盐）水溶液、氯化钠—碱水溶液、过饱和硝盐水溶液，以及以聚乙烯醇为主的合成淬火冷却介质等。总之，寻找或研究理想的淬火介质，对于保证淬火质量，防止工件变形或开裂是十分重要的。

7.5.2 淬火方法

实际生产中淬火介质并不能完全满足淬火质量的要求，因此，在热处理工艺方面还必须采取正确的淬火冷却方式，进行正确的淬火操作。下面介绍几种常用的淬火方法。

7.5.2.1 单液淬火法

把奥氏体化的工件投入到一种淬火冷却介质中冷至室温的操作方法，称为单液淬火法。例如碳钢在水和水溶液中淬火，合金钢在油中淬火等均为单液淬火法，如图7-38（a）所示。这种方法虽然有易变形、开裂的缺点，但它的操作简单，容易实现机械化、自动化，故应用广泛。

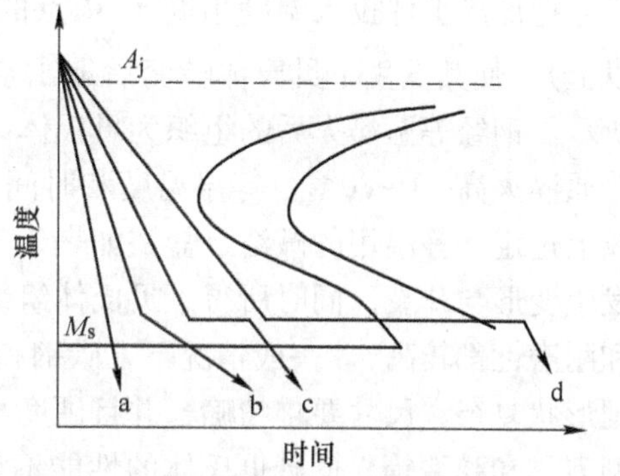

图7-38 各种淬火方法示意图

a—单液淬火；b—双液淬火；c—分级淬火；d—等温淬火

7.5.2.2 双液淬火法

先把加热的工件投入到冷却能力较强的介质中冷却到稍高于M_s点温度，然后立即转入到另一种冷却能力较弱的介质中，以获得马氏体组织，这种淬火方法称为双液淬火法。如图7-38（b）所示。例如碳钢常用先水淬后油冷的方法；合金钢常采用先油冷后空冷的方法进行双液淬火。双液淬火法主要用于形状较复杂的碳钢工件。工件在冷却能力较强的介质中快速冷却以抑制过冷奥氏体分解，然后转入冷却能力较弱的另一介质中进行马氏体转变，主要是既保证了获得马氏体组织，同时又减小了淬火应力，防止工件变形开裂。双液淬火法的关键在于控制工件在第一种介质中的停留时间，目前生产中是根据工件尺寸凭经验确定。

7.5.2.3 分级淬火法

把加热的工件先投入温度在M_s点附近的盐浴或碱浴槽中，停留2~3min，然后取出空冷，以获得马氏体组织的淬火，称为分级淬火法，如图7-38（c）所示。分级冷却的目的是为了使工件内、外温度较为均匀，减少淬火应力，防止变形开裂。分级温度以前都定在略高于M_s点，工件均温后进入马氏体区，现在改为略低于M_s点的温度分级。实践表明，在M_s点以下分级更好，因为温度稍低些，能增加工件在盐浴中的冷却速度，可以获得更深的淬硬层。分级时间不要过长，工件内、外达到均温即可，一般只要2~5min。分级法和等温淬火法常用的碱浴、盐浴的成分、熔点及其使用温度如表7-7所示。

表7-7 常用碱浴、硝盐浴的成分、熔点及使用温度

介质	成分	熔点/℃	使用温度/℃
碱浴	80% KOH +20% NaOH，另加6% H_2O	130	140~250
	35% KOH +65% KOH	155	170~350
硝盐浴	80% KOH +40% $NaNO_2$ +7% $NaNO_3$，另加3% H_2O	100	110~350
	55% KOH +45% $NaNO_2$，加3%~5% H_2O	130	150~200
	55% KOH +45% $NaNO_2$	137	150~500
	55% KOH +45% $NaNO_3$	218	230~550

由于盐浴或硝盐浴的冷却能力较小，容易使过冷奥氏体稳定性较小的钢在分级过程中形成珠光体，故此法只适用于截面尺寸不大、形状复杂的碳钢及合金钢工件。

7.5.2.4 等温淬火法

把加热工件投入温度稍高于 M_s 点的盐浴或碱浴槽中，保温足够时间（一般为 30min 以上），使其发生下贝氏体转变后取出空冷，这种方法称为等温淬火法，如图 7-38（d）所示。钢经等温淬火后的组织为贝氏体，故又称贝氏体淬火。等温淬火的加热温度最好比普通淬火高 30～80℃。等温温度和时间主要依据工件的组织与性能要求，从该钢的 C 曲线上选定。等温用的碱浴、盐浴如表 7-7 所列。等温淬火的工件产生的内应力很小，不易发生变形与开裂，同时所得下贝氏体组织又具有良好的综合力学性能（硬度、强度、韧性和耐磨性都较高）。一般情况下，碳钢和低合金钢等温淬火后不再进行回火，故常用来处理形状复杂、尺寸要求精确，并且硬度与韧性都要求较高的工件，如各种冷、热冲模，成型刀具和弹簧等。低碳贝氏体的性能不如低碳马氏体好，故低碳钢一般不进行低温淬火。等温淬火适于中碳以上的钢。

7.5.3 淬火缺陷及防止方法

在热处理生产中，由于操作控制不当，常给零件带来某些缺陷，特别是在淬火时，更应当注意避免或减少缺陷产生。这是因为淬火加热温度高，冷却速度快，最易产生缺陷，而且这时零件尺寸经切削加工已基本达到要求，致使缺陷在随后的加工中不易排除或校正。常见的淬火缺陷有以下几种：

（1）过热与过烧。钢在加热时，因加热温度过高，或加热时间过长而引起奥氏体晶粒过分粗大（淬火后得到粗大马氏体组织）的现象称为过热。过热影响零件热处理后的性能，特别是降低冲击韧性，而且也容易引起淬火变形和开裂。过热可以通过退火或正火并重新淬火来补救。加热温度过高，造成钢的晶界严重氧化或融化的现象则称为过烧。过烧会严重降低钢的力学性能，使零件报废，而且不能用其他办法补救。防止过热或过烧的主要措施是严格控制淬火加热温度和加热时间。

（2）氧化与脱碳。工件在淬火加热时，若加热炉中介质控制不好，或工件表面无有效涂料保护，则工件表面就会产生氧化与脱碳缺陷。钢在氧化性介质（O_2、CO_2 和 H_2O）中加热时，铁原子和合金元素原子会与氧发生作用而被氧化。钢的氧化分为两种：一种是表面氧化。在钢的表面生成氧化膜。另一种是内氧化。在一定深度的表面层发生晶界氧化。钢在脱碳性气氛中加热时，气氛中的 O_2、CO_2、H_2O 和 H_2 等便与钢表层中的固溶碳发生化学反应，生成气体溢出钢外，使钢的表层碳浓度降低，即发生脱碳。脱碳严重时，可以使表层变成铁素体。淬火时的氧化与脱碳不但影响工件的尺寸和造成钢材大量损耗，而且使工件的表面硬度和疲劳强度降低，极大地缩短工件的使用寿命，同时还会增加淬火开裂危险，磨削时造成磨削裂纹。

在箱式电炉或井式电炉中淬火加热，如无有效的保护，氧化和脱碳往往是不可避免的。工件在盐浴炉内加热，不与空气直接接触，但这种方法只能减轻氧化和脱碳的程度，不能完全避免。

减少或防止淬火加热时的氧化与脱碳可采取如下措施：采用脱氧良好的盐浴炉加热。在空气为介质的炉中加热时，可在工件表面涂上一层防氧化脱碳涂料，或往炉中加入适量木炭、滴入煤油等物质，或将工件装入铸铁箱中充以木炭或铸铁屑。在可控气氛炉中加热，控制炉内气氛，使工件表面既不氧化、不脱碳，也不渗碳。在真空炉中加热不仅能防止工件氧化与脱碳，还能使工件表面去气净化，提高性能。

（3）变形与开裂。工件在淬火过程中发生体积和形状的变化而产生的变形为淬火变形。变形是淬火工艺中较难解决的问题，要完全不变形，特别是对尺寸大的工件是不可能的。一般要把变形量控制在一定范围内，超过变形量时，可用校正方法校正。开裂是要绝对避免的，因为开裂的工件无法挽救，只有报废。

淬火中工件变形与开裂主要是淬火时形成的内应力引起的。淬火内应力有热应力和组织应力两种。热应力是由于工件在加热和冷却时内、外温度不均匀，造成工件截面上热胀冷缩的先后不一致所产生的。组织应力是由于奥氏体和马氏体的比容不同，以及工件淬火时各部位马氏体转变先后不一致引起体积膨胀不均匀所产生的。淬火时工件的变形与开裂是这两种淬火内应力综合作用的结果。显然，当淬火内应力超过钢的屈服强度时，工件就会发生塑性变形；淬火内应力超过钢的强度极限时，工件就会开裂。

影响淬火变形的因素很多。奥氏体的化学成分、钢的淬透性、淬火加热温度和冷却速度、原始组织和淬火前的残余应力大小及分布、工件的形状以及不正确的操作等都可能引起工件淬火变形与开裂。为了控制与减小变形，防止开裂，可采取如下措施：

1）合理进行零件结构设计。尽量减少零件截面厚薄相差悬殊和形状的不对称性，避免薄边尖角和棱角，尽量采用对称、封闭结构和组合结构，以避免应力集中引起的变形和开裂。

2）采用合理的锻造和预先热处理。合理的锻造可使某些组织缺陷消除，粉碎网状碳化物和块状共晶碳化物，使其呈弥散均匀分布。淬火前进行预先热处理（退火与正火）不但可为淬火做好组织准备，而且还可消除前道工序带来的内应力。这些对减少淬火变形和开裂都是很有效的。

3）合理制订淬火工艺。正确选定淬火加热温度和加热时间，避免奥氏体晶粒粗化。对形状复杂的或导热性差的高合金钢工件，应缓慢加热或多次预热，以减小加热时的热应力；选择合适的淬火介质和淬火方法，以减小冷却中的热应力和组织应力。

4）淬火后应及时回火，以减小淬火应力和稳定组织。

5）采用正确的操作方法，这也是减小变形与开裂的有效措施之一。

7.6 钢的回火

将淬火钢重新加热到 A_1 点以下某一温度，保温一定时间，然后冷却到室温的热处理工艺为回火。它是紧接淬火之后的一道热处理工序。

7.6.1 回火的目的

钢经淬火后一般都需要进行回火处理。回火决定了钢在使用状态下的组织和性能，也可以说是决定了工件的使用性能和寿命，是很重要的热处理工序。回火的主要目的是：

（1）降低脆性、减小或消除内应力。淬火组织虽具有高的硬度和耐磨性，但脆性大，缺乏足够的韧性，同时淬火钢中存在较大的内应力，如不及时回火，往往会使钢件发生变形，甚至开裂。

（2）稳定组织、稳定尺寸。淬火马氏体和残留奥氏体都不是稳定组织，它们具有自发地向稳定组织转变的趋势，因此将引起工件形状与尺寸的改变。淬火的残余应力也会由于自动平衡，使工件变形。通过回火使淬火组织转变为稳定组织，并消除淬火残余内应力，从而保证工件在使用过程中不再发生形状和尺寸的变化。

（3）获得工件所需的组织和性能。通常，钢的淬火组织为淬火马氏体和少量残余奥氏体，具有较高的强度与硬度，但塑性和韧性差。为了满足各种工件的不同组织和性能要求，可以通过适当回火的配合来改变组织，调整硬度，减小脆性，以获得工件所需要的组织和性能。

此外，回火还可以用于某些难以软化的合金钢。在淬火（或正火）之后采用高温回火，使钢中碳化物适当聚集，可降低硬度，以利切削加工。

7.6.2 淬火钢的回火转变

钢淬火后的组织主要是由马氏体和少量残余奥氏体组成，这种组织状态并不稳定，它们在回火过程中会向稳定的组织状态转变。对淬火碳钢来说，其回火过程一般分为下列几个阶段：

（1）回火第一阶段（≤200℃）。在100℃以下温度回火时，碳原子扩散能力较小，不可能在短时间内进行较长距离的扩散聚集，碳化物难以形核成长。在这种情况下，碳原子只能短距离扩散迁移，在一些微小局部区域内形成偏聚状态。过饱和碳原子的偏聚，为低温碳化物的析出，即为马氏体的分解做好了准备。

回火温度升高到100℃以上时，马氏体便发生分解，即从过饱和的α固溶体中析出ε碳化物。由于温度较低，还不能直接析出Fe_3C。ε碳化物呈密排六方晶格，其化学式可表示为$Fe_{2.4}C$，是一种亚稳定碳化物，它在马氏体中碳原子偏聚区形核长大，以高度弥散形式析出，并与母相保持共格关系（所谓“共格关系”是指两相界面上的原子恰好位于两相晶格的共同结点上）。由于ε碳化物的析出，马氏体的碳浓度降低，过饱和程度下降，马氏体的正方度也在减小。回火温度越高，马氏体分解得越快，马氏体碳浓度降低得也越多，其正方度逐渐接近1。马氏体的分解对于碳钢来说，一直延续到350℃左右才基本结束。对于某些高合金钢甚至可延续到600℃左右。这阶段回火组织是由过饱和α固溶体与其晶格相联系的高弥散的ε碳化物所组成，这种组织称为回火马氏体。由于回火马氏体中ε碳化物极为细小，弥散度极高，而且α固溶体仍是过饱和固溶体，所以在回火第一阶段中钢的硬度并不降低。但由于ε碳化物的析出，晶格畸变降低，淬火内应力却有所减小。

这里必须指出，对于碳浓度低于0.2%的板条状马氏体，在淬火过程中已经自回火，碳原子绝大部分偏聚在高密度的位错线附近，处于自由能较低状态。因此，在200℃以下回火时并不析出ε碳化物。这一点与碳浓度高于0.2%的马氏体不同。

（2）回火第二阶段（200～300℃）。残余奥氏体于200℃开始分解，至300℃基本结束。残余奥氏体的转变与过冷奥氏体等温冷却时的转变的本质相同，转变温度区间也相同，所以这一阶段残余奥氏体转变为下贝氏体。随着温度继续升高，下贝氏体将进一步转变为铁素体与渗碳体的二相混合物，即珠光体型产物。应当指出，在回火第一阶段中马氏体分解尚未结束，所以在回火第二阶段中，在残余奥氏体转变为下贝氏体的同时，马氏体的分解还在继续。马氏体的继续分解虽然会使钢的硬度降低，但同时由于较软的残余奥氏体转变为较硬的下贝氏体，故钢的硬度并没有明显降低，但淬火应力进一步减小。

对于某些高合金钢，残余奥氏体不仅数量较多，而且非常稳定，即使在高温回火时也不发生或不能完全分解，而在回火冷却过程中转变为马氏体，使钢的硬度明显升高，这被称为“二次淬火”。

(3) 回火第三阶段（300~400℃）。马氏体在低温下析出的ε碳化物是一亚稳相，在这一阶段回火时，ε碳化物将转变为稳定的 Fe_3C 相。转变过程或以ε碳化物重新溶入α固溶体而稳定相 Fe_3C 不断析出的方式进行，或是以在原来析出的ε碳化物的基础上发生成分变化和点阵重构的方式进行。随着ε碳化物变为 Fe_3C，ε碳化物与α相的共格联系被破坏，最初转变的 Fe_3C 相呈细小片状，随着温度升高，Fe_3C 不断长大。碳浓度低于0.2%的马氏体，在这一阶段回火时，直接由过饱和的α固溶体中析出 Fe_3C，不经过ε碳化物转变为 Fe_3C 的过程。

淬火碳钢经过回火的第三阶段转变后，α固溶体中的碳含量几乎已降到平衡含碳量，正方度 c/a 已接近1，钢的硬度降低，而淬火应力基本消除，此时钢的组织是由铁素体和颗粒状渗碳体所组成的混合物。

(4) 回火第四阶段（>400℃）。随着回火温度的升高，渗碳体颗粒将逐渐聚集长大。聚集长大过程是通过小颗粒渗碳体不断融入α相（铁素体），而α相中碳原子通过扩散不断地向大颗粒渗碳体上沉积的方式来实现的。回火温度越高，成长的渗碳体颗粒也越大，弥散度越小，钢的强度、硬度也越低。

经回火第三阶段后，钢的组织虽然已是铁素体和颗粒状渗碳体，但α相（铁素体）仍然保留着原来马氏体的板条状或片状形态。随着回火温度升高到500~600℃以上时，α相逐渐发生再结晶，使铁素体形态由原来的板条状或片状变成多边形等轴状晶。如果回火温度继续升高，接近700℃以上，则得到球化组织。

由上述可知，回火过程是一个较复杂的过程，整个回火过程是一个连续的组织转变过程，四个阶段的组织转变不是截然分开的，而是有机地结合在一起，一种转变还未结束，另一种转变已经开始。这四个阶段的转变，马氏体的碳含量、残余奥氏体量、淬火内应力及渗碳体颗粒尺寸等随回火温度的变化可用图7-39表示。

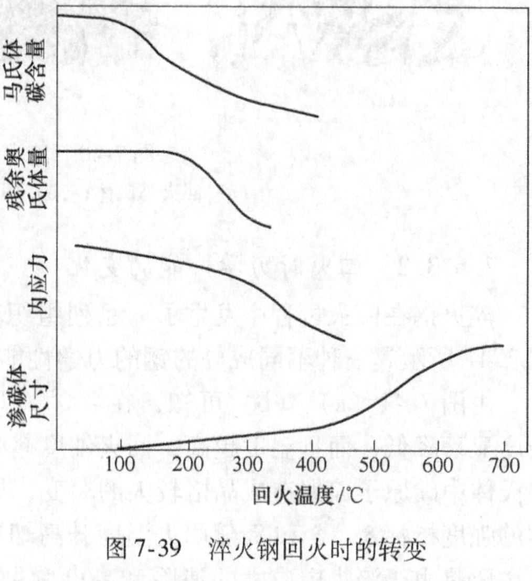

图7-39 淬火钢回火时的转变

7.6.3 回火转变产物的组织与性能

7.6.3.1 回火后的组织

通常按淬火钢回火后的组织特征，将回火产物分为以下四种：

(1) 回火马氏体（150~250℃回火产物）。它是由过饱和α固溶体和与其保持共格联

系的 ε 碳化物组成。回火马氏体仍保留着原来马氏体的片状或板条状形态。但由于在过饱和 α 固溶体上分布着大量高度弥散的 ε 碳化物，它比淬火马氏体容易被腐蚀，故在光学显微镜下呈暗黑色。图 7-40（a）所示为 45 钢回火马氏体显微组织。

（2）回火屈氏体（300～500℃回火产物）。它是由尚未发生再结晶的铁素体（针状或条状）与弥散分布的细小渗碳体颗粒组成的混合物。由于铁素体尚未发生再结晶，仍保留着原来马氏体的形态，光学金相显微镜下尚不能分辨其粒状渗碳体，只有电子显微镜下才能分辨清楚，如图 7-40（b）所示。

（3）回火索氏体（500～600℃回火产物）。它是由已再结晶的多边形晶粒的铁素体与均匀分布的细粒状渗碳体组成的混合物。由于铁素体已发生了再结晶，故失去了原来马氏体的片状或板条状的形态。同时渗碳体聚集长大，故渗碳体颗粒比在回火屈氏体中大，弥散度较小，如图 7-40（c）所示。

（4）回火珠光体（650℃～A_1点回火产物）。它是由多边形铁素体与较大粒状的渗碳体组成，也称球化珠光体。其硬度、强度较低，塑性较高，一般不作最终热处理组织应用。

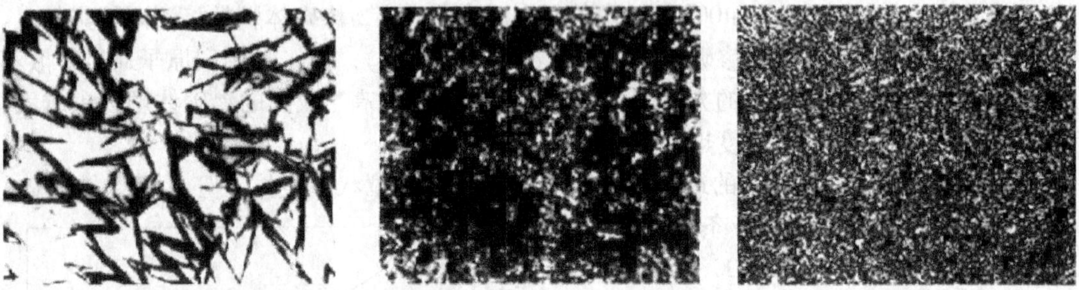

(a)　(b)　(c)

图 7-40　淬火钢回火后的组织

（a）回火马氏体；（b）回火屈氏体；（c）回火索氏体

7.6.3.2　回火时力学性能的变化

淬火钢在回火过程中发生了一系列组织变化，必然引起其力学性能发生相应的变化。图 7-41 所示是三种不同成分的钢的力学性能与回火温度的关系。

由图 7-41（a）、（b）可知，在 200℃以下回火时硬度降低很少，超过 200℃回火时，硬度显著降低，而且温度越高，回火硬度越低。高碳钢在低温回火（＜100℃）时，由于马氏体中碳原子偏聚造成晶格较大的畸变，因而硬度不仅没有下降，反而略有升高。淬火钢的强度指标 δ_h、δ_s和 S_K随回火温度升高却逐渐降低，只是在 200℃以下回火时略有升高，这主要是由于淬火内应力的消除和高度弥散的极细 ε 碳化物的强化作用。弹性极限 δ_t呈“山”形变化，在 300～400℃左右达到最大值，温度继续升高，δ_t将逐渐下降。钢的塑性（δ、φ）和韧性（α_K）都随回火温度升高而逐渐提高，在 400℃以上回火时提高得最为明显。在 600℃左右回火时韧性达最大值，某些钢在一定的温度范围内回火时，钢的冲击韧性不仅没有提高，反而显著下降，即产生了回火脆性，这一内容将在回火脆性一节中讨论。

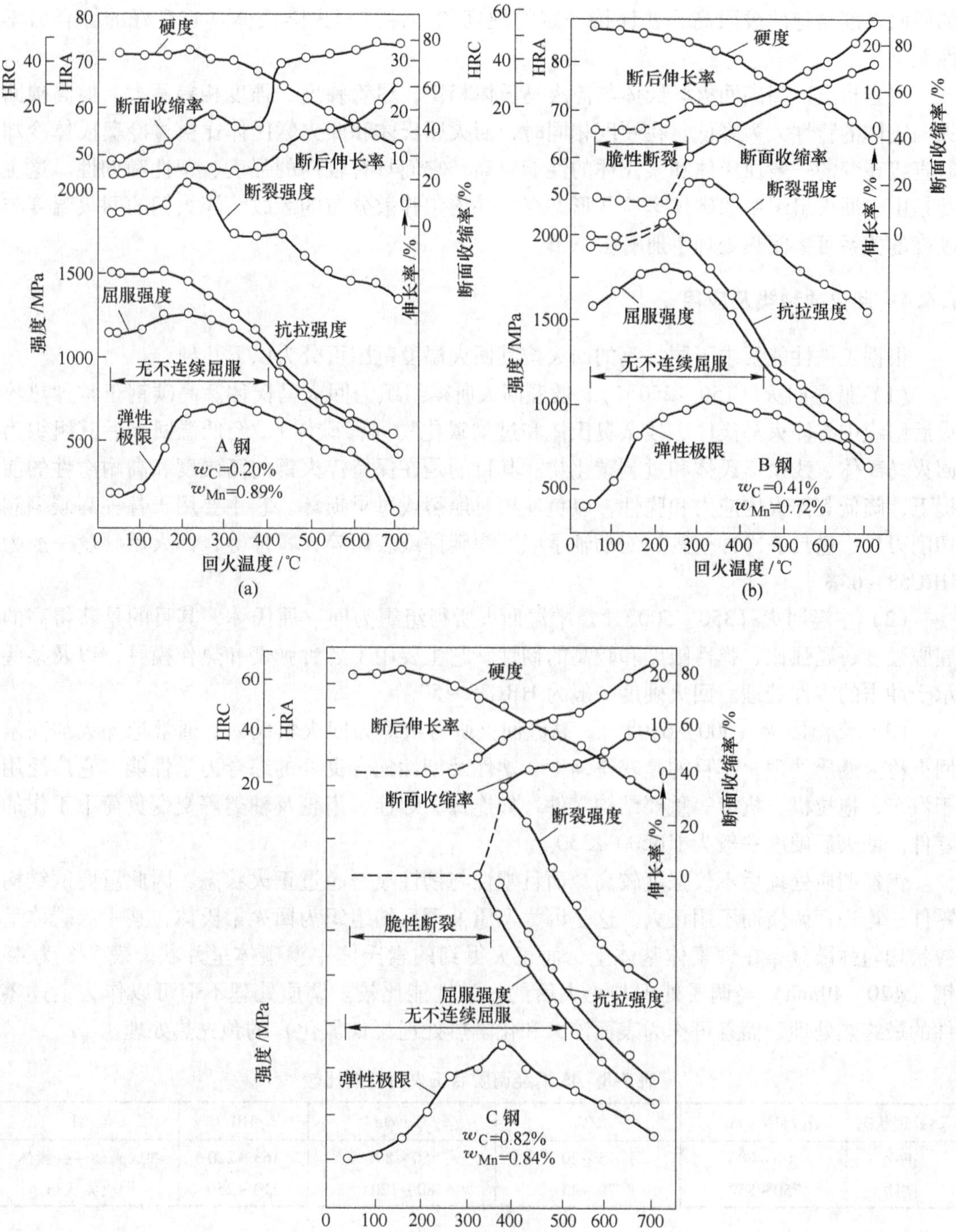

图 7-41 回火温度对三种碳钢力学性能的影响

（a）低碳钢；（b）中碳钢；（c）高碳钢

由图 7-41（c）可看出，高碳钢回火马氏体的强度、硬度高，而塑性、韧性很差，钢易脆断。低碳钢回火马氏体则具有高的强度与韧性，而硬度与耐磨性也较好。回火屈氏体的屈服强度与弹性极限高，并保持一定的硬度和韧性。回火索氏体具有良好的综合力学性能。

应当指出，高碳回火马氏体与淬火马氏体相比，尽管硬度、强度相差不大，但高碳回火马氏体的脆性大为降低。在硬度相同时，回火屈氏体和回火索氏体比由过冷奥氏体冷却时直接转变的一般屈氏体和索氏体的性能要高，它们具有较高的强度、塑性和韧性。这主要是由于回火组织中渗碳体呈粒状形态存在并均匀弥散分布的缘故。淬火钢的回火温度与硬度的关系可参阅热处理手册有关章节。

7.6.4 回火的种类及应用

根据工件性能要求不同，钢的回火按其回火温度范围可分为以下几种：

(1) 低温回火（150~250℃）。低温回火所得组织为回火马氏体。高碳钢正常加热淬火后组织中有淬火马氏体、残余奥氏体和过剩碳化物（渗碳体），经低温回火后其组织为回火马氏体、残余奥氏体和过剩碳化物。其目的是在保持淬火钢的高硬度和高耐磨性的前提下，降低其淬火内应力和脆性，以免使用时崩裂或过早损坏。它主要用于各种高碳钢制切削刃具、量具、冷冲模具、滚动轴承以及渗碳件或表面淬火零件等，回火后硬度一般为HRC58~64。

(2) 中温回火（350~500℃）。中温回火所得组织为回火屈氏体，其目的是获得高的屈服强度、屈强比、弹性限度和较高的韧性。它主要用于各种弹簧和热作模具，以及某些承受冲击的零件处理。回火硬度一般为HRC35~50。

(3) 高温回火（500~650℃）。高温回火所得组织为回火索氏体。通常把淬火加高温回火称为调质处理，其目的是获得强度、塑性及韧性配合良好的综合力学性能。它广泛用于汽车、拖拉机、机床等重要结构零件，如连杆、螺栓、齿轮及轴类等交变负荷下工作的零件。回火后硬度一般为HB200~330。

钢经调质处理后不仅强度较高，而且塑性与韧性显著超过正火状态，因此重要的结构零件，均进行调质而不用正火。这是因为调质处理后的组织为回火索氏体，其中渗碳体呈粒状均匀弥散分布在铁素体基体上，而正火得到的索氏体中渗碳体呈片状。表7-8为45钢（ϕ20~40mm）经调质处理与正火后的力学性能比较。调质处理不但可以作为上述零件的最终热处理，而且可作为表面淬火和化学热处理（如氮化）的预先热处理。

表7-8 45钢经调质后正火后性能比较

热处理状态	σ_b/MN·m^{-2}	δ/%	a_K/J·cm^{-2}	HB	组织
正火	700~800	15~20	50~80	163~220	细珠光体+铁素体
调质	750~850	20~25	80~120	210~250	回火索氏体

高碳高合金钢（如高速钢、高铬钢）的回火温度一般高达500~600℃。在此温度范围内回火将产生二次硬化作用。为促使残余奥氏体的转变并消除回火过程中奥氏体向马氏体转变所产生的内应力，往往需进行多次回火。由于淬火组织中含有大量合金元素，稳定性很高。经高温回火后其组织仍然为回火马氏体，不是回火索氏体。回火温度是决定工件回火后硬度的主要因素，但随着回火时间的增长，工件硬度也将下降。确定回火时间的基本原则是保证工件透热以及组织转变能够充分进行。实际上，组织转变所需时间一般不大

于30min，而透热时间随温度、工件的有效厚度、装炉量及加热方式等的不同而波动较大，但为了避免重新产生内应力，一般采用在空气中缓慢冷却，但对具有高温回火脆性的合金钢工件，高温回火后应进行水冷或油冷，以防止回火脆性的产生。

7.6.5 回火脆性

淬火钢回火时，随着回火温度的升高，钢的硬度降低，而塑性和韧性提高。但钢的韧性并不是随回火温度升高而简单地增加，在某些温度区间回火后，韧性反而大大降低，这种现象称为回火脆性，如图7-42所示。

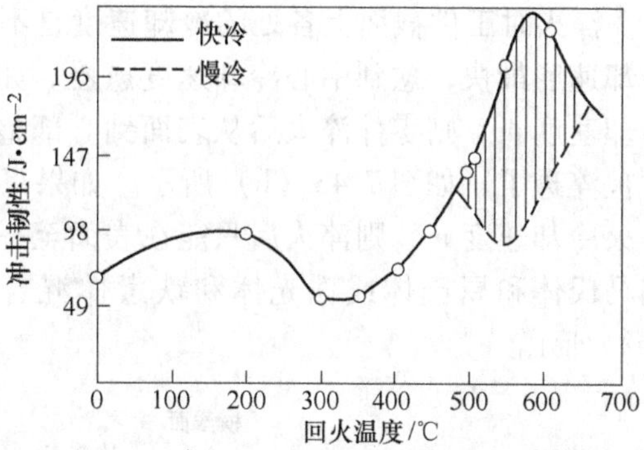

图7-42 回火温度对Cr-Ni淬火钢韧性的影响

7.6.5.1 低温回火脆性

在250～400℃温度范围内回火出现的脆性称为低温回火脆性，也称为第一类回火脆性。几乎所有淬成马氏体的钢在300℃左右回火后都存在这种脆性。回火后的冷却速度对这种脆性没有影响，如将已经产生这种脆性的工件，在更高的温度回火后脆化消除，再在300℃左右回火，脆性不再出现，故又称不可逆回火脆性。低温回火脆性产生的原因，一般认为是由于在250℃以上温度ε碳化物转变为极细的薄片状碳化物χ-Fe_5C_2或θ-Fe_3C，并沿板条马氏体的板条、束的边界或片状马氏体的孪晶带和晶界上析出造成的。此外，残余奥氏体的分解也会加重这种回火脆性，但不是主要原因。无论碳素钢还是合金钢，也不论碳含量高低，只要在低温回火脆性区内回火都会脆化。只要避开这一脆性温度区回火，才能避免这种回火脆性。

7.6.5.2 高温回火脆性

某些合金钢，尤其含Cr、Ni、Mn等元素的合金钢，在450～650℃温度范围内回火后出现的脆性称为高温回火脆性，也称第二类回火脆性。这种脆性与加热和冷却条件有关，若加热至600℃以上缓冷通过450～550℃脆化区，将出现脆性，如果快冷将抑制脆性出现。如在450～550℃脆化区长期停留后，即使快冷也将出现回火脆性。将已脆化的工件重新加热至600℃以上然后快冷，则可消除这类脆性。但如果再加热后缓冷，或在450～550℃长期停留，脆性又复出现，故这类脆性也称可逆回火脆性。

产生高温回火脆性的原因，一般认为主要是P、As、Sb、Sn等微量杂质在晶界上偏聚和析出使晶界变脆所造成的。钢中含有Mn、Cr、Ni等合金元素时，更容易出现高温回火脆性，因Cr、Ni不但促使上述微量杂质在晶界上偏聚，同时Cr、Ni本身也发生晶界偏聚，增大了回火脆化倾向。

生产中采用回火后快速冷却（油冷或水冷），或在钢中加入少量的W和Mo等合金元素能消除或防止高温回火脆性。快速冷却可以抑制上述杂质元素在晶界的偏聚和析出。Mo能抑制Sb等杂质元素向晶界偏聚，其本身也不向晶界偏聚。此外，采用在A_1～A_3之间加热淬火（亚温淬火），使组织中残存少量铁素体，P、As、Sb、Sn等杂质优先进入铁素体中，而不进入奥氏体中，淬火马氏体几乎不含这些脆性杂质，因此也可减轻高温回火脆性的危害。

7.7　钢的淬透性

7.7.1　淬透性的概念

淬火时工件截面上各处的冷却速度是不同的，以圆棒试样为例，淬火冷却时其表面冷却速度最快，愈到中心冷却速度愈慢。如果零件心部的冷却速度大于该钢的临界淬火冷却速度 v_c，则零件淬火后从表面到心部整个截面上都得到单一的马氏体组织，整个工件被淬透了，如图7-43（b）所示。如果只是从表面到一定深度处的冷却速度大于临界淬火冷却速度 v_c，则淬火后只能在表面至一定深度内得到单一马氏体组织，而心部将得到马氏体和屈氏体或珠光体和铁素体混合组织，此时零件就没有被淬透，如图7-43（a）所示。

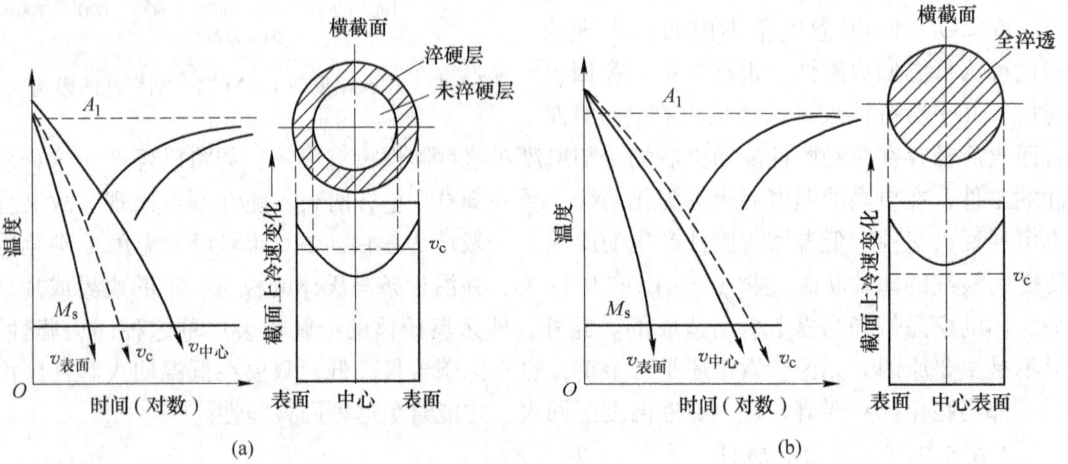

图7-43　工件淬透性与冷却速度的关系
（a）未淬透；（b）淬透

实验表明，用不同钢种制作的形状和尺寸相同的工件，由于其淬火临界速度 v_k 不同，因此，在同样条件下淬火，工件所得的马氏体层深度是不相同的。所谓钢的淬透性，就是钢在淬火时能够获得马氏体的能力，它是钢本身固有的一个属性，是一种重要的热处理工艺性能。

淬透性的大小是以一定淬火条件下淬透层深度来表示。淬透层深度从理论上来讲应该是完全淬成马氏体的区域，但在未淬透情况下，由于马氏体组织中混入少量（5%~10%）非马氏体组织时，无论在显微镜下或采用硬度测量都难以分辨出来，因此，实际上采用自零件表面向里深入到半马氏体层（即50%马氏体+50%屈氏体或其他分解产物）的距离作为淬透层深度。半马氏体层很容易用显微镜或硬度计区分。半马氏体组织的硬度主要取决于钢的碳含量，如图7-44所示。利用测定截面硬度分布便可求出淬硬层深度。

在这里，必须区分钢的淬透性和钢的淬硬性这两个完全不同的概念。钢的淬硬性也称可硬性，是指钢在淬火以后能够达到的最高硬度，它主要取决于马氏体的碳含量。淬透性好的钢，它的淬硬性不一定高。如高碳工具钢的淬硬性高，但淬透性很差；而低碳合金钢的淬硬性不高，但淬透性相当好。两者没有必然的联系。

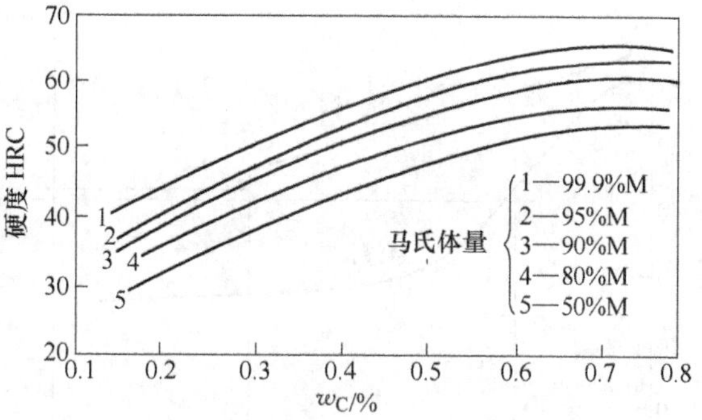

图 7-44 马氏体硬度与碳含量的关系

7.7.2 影响淬透性的因素

凡使过冷奥氏体稳定性增加的因素，或者说凡使 C 曲线位置右移，减小临界冷却速度的因素，都使钢的淬透性提高；反之，则降低钢的淬透性。故如前所述，奥氏体的化学成分和奥氏体条件将是影响其淬透性的主要因素。

7.7.2.1 奥氏体的化学成分

已知碳浓度越接近共析成分，过冷奥氏体越稳定，C 曲线越右移，淬火临界冷却速度越小，则淬透性越高；反之，碳浓度越远离共析成分，则淬透性越低。溶入奥氏体的合金元素，除 Co 和 Al（>2.5%）以外，都增加过冷奥氏体的稳定性，降低淬火临界冷却速度，使钢的淬透性提高。发展合金钢的主要目的之一就是提高钢的淬透性。

7.7.2.2 奥氏体化条件

奥氏体化温度越高，保温时间越长，则奥氏体晶粒越粗大，成分越均匀，残余渗碳体或碳化物的溶解也越多，使过冷奥氏体越稳定，C 曲线越右移，淬火临界冷却速度越小，故钢的淬透性越好。

在这里必须指出，钢的淬透性与具体淬火条件下具体工件的淬硬层深度是有区别的，下面一段将讨论影响淬硬层深度的因素。

7.7.3 影响淬透层深度的因素

钢的淬透性是在规定的试样尺寸和条件下测得的，是钢的固有属性。而钢的淬透层深度是在具体条件下，钢件淬火后得到的淬硬层深度，它除与钢的淬透性有关外，还与工件的外形、尺寸以及淬火介质的冷却能力有关。

7.7.3.1 钢的淬透性

钢的淬透性深度与钢的淬透性密切相关。不同钢种制作的形状和尺寸相同的工件，在同样条件下淬火，其淬透层深度是不同的。淬透性高的钢制作的工件的淬透层比淬透性低的钢要深，即淬透性越高，淬透层深度越大。例如，合金钢的淬透性比碳钢好，从图 7-45 可看出，40Cr 钢的淬透层深度比 45 钢大。

7.7.3.2 零件的形状与尺寸

钢的淬透层深度还与零件的形状、尺寸有关。同一钢种在相同奥氏体化条件下和同一冷却介质中淬火时，工件截面尺寸越大，工件本身的冷却速度也就越低，因此大件要比小件淬透层浅，即工件体积越大，则淬透层深度越浅，这就是所谓“质量效应”。

7.7.3.3 淬火介质的冷却能力

同一钢种相同截面尺寸的工件，在相同的奥氏体条件下淬火，淬火介质的冷却能力越

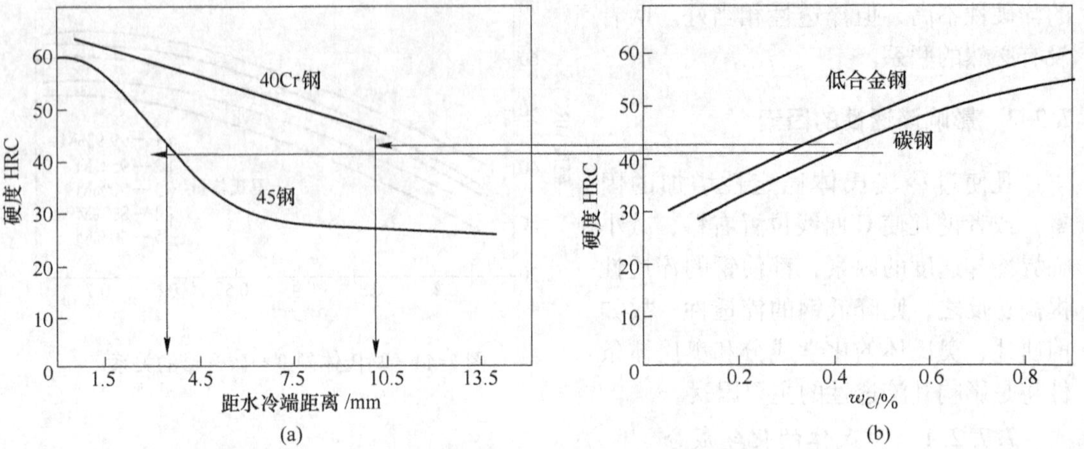

图 7-45 利用淬透性曲线比较钢的淬透性

（a）45 钢和 40Cr 钢的淬透性曲性；（b）半马氏体硬度与碳质量分数的关系曲线

强，则工件的淬透层深度越深。例如，水淬要比油淬的淬透层深。

7.7.4 淬透性的测定与表示方法

淬透性的测定方法有多种，我国国家标准中规定了两种测定方法，即断口评级法和末端淬火法，此外生产中也常采用临界淬透直径法。

7.7.4.1 断口评级法

根据《碳素工具钢淬透性试验法》（GB227—63）的规定，应在退火钢棒截面中部截取 2 ~ 3 个试样，方形试样截面尺寸为 20mm × 20mm，圆形试样截面为 ϕ22 ~ 23mm，长度为（100 ± 5）mm，试样中间一侧开一个深度为 3 ~ 5mm 的“V”形槽，以利于淬火后打断观察断口。试样分别在 760℃、800℃、840℃ 温度下加热 15 ~ 20min，然后淬入 10 ~ 30℃ 水中。通过打断试样观察断口上淬硬表层（脆断层）的深度 h，与淬透性评级图进行比较评级（GB227—63 中规定分成 0 ~ 5 级），得出该钢种的淬透性级别。

7.7.4.2 末端淬火法

末端淬火法（简称端淬试验）是目前世界上应用最广泛的淬透性试验方法。对于碳素结构钢及一般合金结构钢，国家标准 GB225—63 规定采用末端淬火法测定其淬透性，如图 7-46 所示。

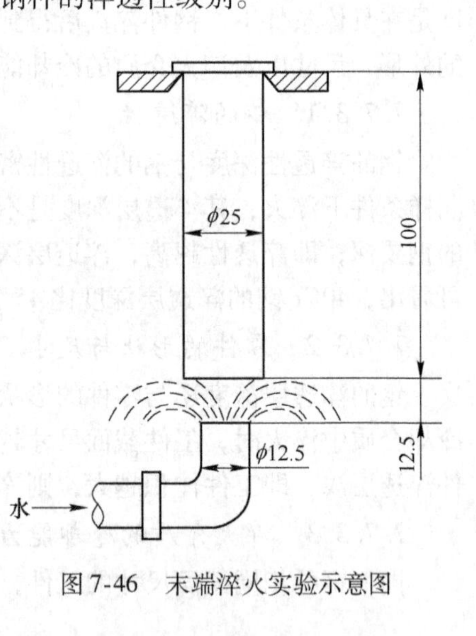

图 7-46 末端淬火实验示意图

试样尺寸为 ϕ25mm × 100mm，试样于炉中加热至规定温度后，置于支架上，然后从试样末端喷水冷却，水柱自由高度为 65mm。由于试样末端冷却最快，沿试样纵向冷却速度逐渐缓慢，所以试样末端组织为马氏体，随后为屈氏体，再逐步过渡到原始组织。测得淬火试样纵向的硬度值可绘成“淬透性曲线”，如图 7-45 所示。由于钢材化学成分的波动和晶粒度不同等原因，同一种钢测出的淬透性曲线也会在一定范围内波动，故淬透性曲线往往是一个带。图7-47为45钢的淬透带。

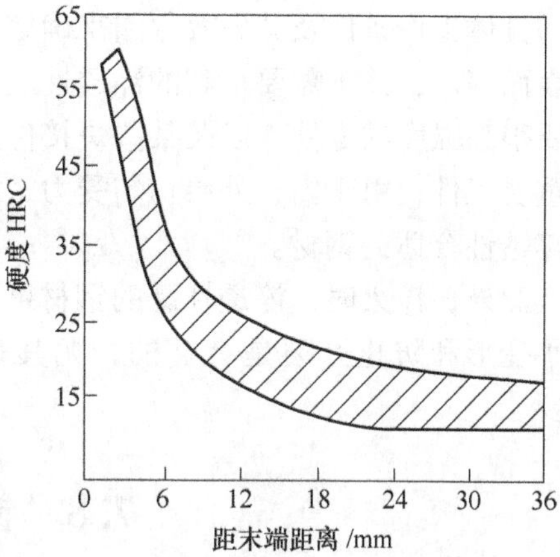

图7-47 45钢的淬透带

根据GB225—63规定，钢的淬透性值可用JHRC/d表示，其中d表示半马氏体区至试样末端的距离，HRC为该处的硬度值。例如某钢材淬透性值为J42/6，即表示半马氏体区至试样末端距离为6mm，该处硬度平均为HRC42。

生产中也常用所谓“临界淬透直径”表示钢的淬透性。临界淬透直径（D_0）是一种很直观的衡量淬透性的方法，它是指钢在某种淬火冷却介质中冷却时，其心部能淬透的最大直径。显然，在相同的冷却条件下，D_0越大，钢的淬透性也越好，同一钢种在不同的冷却介质中冷却，其临界淬透直径也不相同。表7-9列出了几种常用钢材在水和油中淬火时的临界淬透直径。

表7-9 常用钢的临界淬透直径

钢号	$D_{0水}$/mm	$D_{0油}$/mm	心部组织
45	10~18	6~8	50%马氏体
60	20~25	9~15	50%马氏体
40Mn	18~38	10~18	50%马氏体
40Cr	20~36	12~24	50%马氏体
20CrMnTi	32~50	12~20	50%马氏体
T8~T12	15~18	5~7	95%马氏体
GCr15	—	30~35	95%马氏体
9CrSi	—	40~50	95%马氏体
CrWMn	—	40~50	95%马氏体
Cr12	—	200	90%马氏体

7.7.5 淬透性的实际意义

淬透性是钢材的一种重要的工艺性能，对于合理选用钢材及正确制订热处理工艺都十分重要。淬透性对钢热处理后的力学性能影响很大。例如，将淬透性不同的两种钢材制作成直径相同的轴，调质处理后比较其力学性能，如图7-48所示。淬透性高的钢，整个截面均被淬透，高温回火后整个截面都是回火索氏体组织，沿截面的力学性能分布是均匀的；而淬透性低的钢，轴心部分未淬透，高温回火后仍然保留片状索氏体，因此，心部力学性能低，尤其是冲击韧性更低。

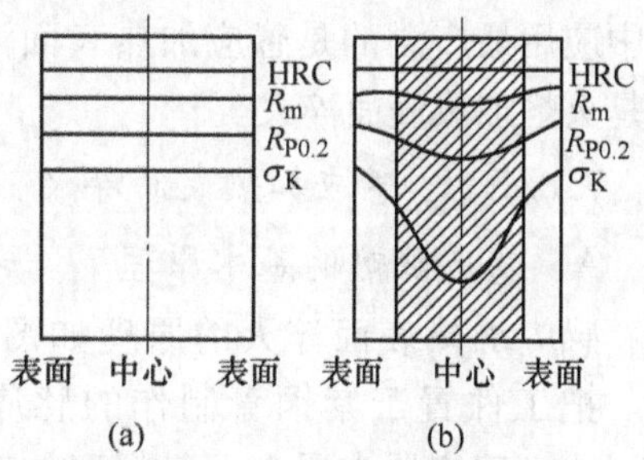

图7-48 淬透性不同的钢材调质后的力学性能

（a）淬透的钢件；（b）未淬透的钢件

钢的淬透性是选用钢材必须考虑的重要因素，并非所有工件一律要求淬透，应根据工件的具体工作条件及其失效原因来确定对钢材淬透性的要求。如某些表面淬火工件，只要求表面淬硬，并不需要很高的淬透性。又如对于最大应力主要分布于零件外表层，心部不需要很高强度的零件，以及某些焊接件，采用淬透性较小的钢材是可以的。而承受拉、压的重要工件，由于内、外层均匀受力，故要求工件被淬透。必须根据零件的具体尺寸，选用淬透性合适的钢材。

此外，淬火时，淬透性高的钢材可选用冷却能力较小的淬火介质（如油类），这对于减小变形和防止开裂是有益的，尤其是对于形状复杂和截面尺寸变化较大的零件更为重要。

7.8 钢的表面热处理

在机器中，有许多零件（如齿轮、凸轮、曲轴、活塞销、主轴等）是在弯曲、扭转等循环载荷、冲击载荷以及摩擦条件下工作的，零件的表层承受着比心部高得多的应力，而且表面不断地受到磨损。因此，它们的表层或轴颈部分应具有较高的强度、硬度、耐磨性和疲劳极限，而心部则应保持足够的塑性和韧性。对于某些在特殊情况（如在腐蚀介质或高温）中服役的机器零件，则要求其表面应具有特殊性能。在这种情况下，若单从钢材的选择和采用前述的普通热处理方法，是很难满足其要求的，这时应采用表面热处理方法来解决。目前表面热处理的种类很多，通常可概括为两大类，即表面淬火及化学热处理。

7.8.1 表面淬火

表面淬火是利用快速加热方法将钢的表面层奥氏体化，然后快速冷却，使表面层获得马氏体组织，而心部组织不发生变化的一种热处理工艺。根据加热方法的不同，表面淬火可分为感应加热表面淬火、火焰加热表面淬火、电接触加热表面淬火、电子束加热表面淬火和激光束加热表面淬火等。目前生产中应用最广泛的是感应加热表面淬火，其次是火焰加热表面淬火。

7.8.1.1 感应加热表面淬火

A 感应加热的基本原理

感应加热表面淬火的原理如图7-49所示。把工件置于紫铜管制作的感应器（线圈）内，感应器中通入一定频率的交流电以产生交变磁场，在交变磁场的作用下，工件内就会产生频率相同、方向相反且自成回路的感应电流，称为涡流。涡流在工件截面上的分布是不均匀的，表面密度大，中心密度

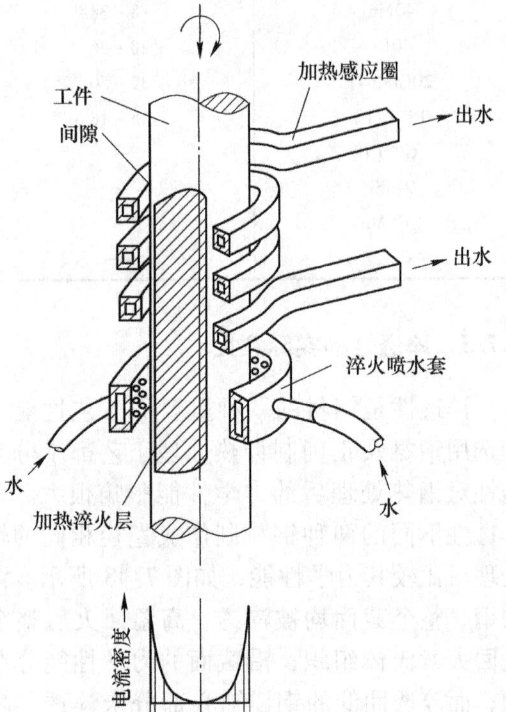

图7-49 感应加热表面淬火

小，而且感应圈的电流频率越高，涡流集中的表面层（或涡流透入工件表层的深度）越薄，这种现象称为“表面效应”或“集肤效应”。由于钢本身具有电阻，因而集中于工件表面层的涡流可使表层迅速加热到淬火温度，而心部温度仍接近室温。随后喷水或浸入水中冷却进行表面淬火。

涡流透入深度（δ）和电流频率（f）之间有着一定的关系，对中碳钢及中碳合金钢来说，在淬火状态下可采用如下经验公式

$$\delta = \frac{500 \sim 600}{\sqrt{f}}$$

式中，f的单位为Hz，δ的单位为mm。

B 感应加热表面淬火的分类及应用

感应加热透入工件表面层的深度主要取决于电流频率。生产中通过选择不同频率来达到不同要求的淬硬层深度，按电流频率的高低可做以下分类：

（1）高频感应加热表面淬火：其常用频率为200～300kHz，淬硬层深度0.5～2mm，它主要用于要求淬硬层较薄的中、小零件，如小模数齿轮、中小型轴等。高频感应加热表面淬火是应用最广泛的表面淬火法。

（2）中频加热淬火：其工作频率为500～10000Hz，常用频率为2500Hz和8000Hz，淬硬层深度一般为2～8mm。它主要用于大模数齿轮，较大尺寸的轴，钢轨轨端及轨面全长淬火。

（3）工频感应加热淬火：采用工频电流（50Hz）进行感应加热，淬硬层深度可达10～15mm以上。它主要用于大直径钢材的穿透加热和要求淬硬层深的大直径零件（如轧辊、火车车轮等）的表面淬火。

（4）超音频感应加热表面淬火：电流频率一般为20～40kHz，因高于音频（<20kHz），故称超音频，它兼有高、中频加热的优点，淬硬层略高于高频，而且沿零件轮廓均匀分布。所以它对高、中频感应加热难以实现的沿轮廓表面淬火的零件（如中小模数齿轮、花键轴、链轮等）有着重要的作用。

感应加热淬火后一般只进行低温回火，主要是为了降低脆性，但应尽量保持高硬度和高的表面残余应力。回火的方式可在炉中回火，也可采用自回火和感应加热快速回火。感应加热表面淬火最适宜的钢种是中碳钢和中碳合金钢，在某些情况下，高碳工具钢和合金工具钢零件及铸铁件也可采用感应加热表面淬火。

低淬透性钢（如55Tid、60Tid等）是感应加热表面淬火专用钢，用于制作中、小模数齿轮。由于淬透性低（比碳钢低），感应加热淬火后淬硬层沿齿轮廓分布，即所谓“仿形硬化”，而各齿的心部仍保持强韧状态，即使在较大冲击载荷作用下，也不易发生断齿。

C 感应加热表面淬火的特性

与普通加热淬火比较，感应加热表面淬火有以下主要特点：

（1）加热速度快，一般只需几秒至几十秒的时间就把零件加热到淬火温度。这样，相变过程中，铁、碳原子都来不及扩散，因而珠光体转变成为奥氏体的相变温度升高，相变温度范围扩大，故感应加热表面淬火温度要比普通加热淬火温度高几十度。

（2）加热时间短，奥氏体晶粒来不及长大，故淬火后可在表层获得极细马氏体，零件

硬度较普通淬火高 HRC2~3，且脆性较低，疲劳极限极高。另外，加热时间短，工件不易氧化和脱碳，故表面质量好。

（3）感应加热表面淬火工件表层存在残余压应力，它能部分地抵消在循环载荷作用下产生的拉应力，从而可提高疲劳极限。

（4）生产效率高，易实现机械化和自动化，适宜于大批量生产。

感应加热设备较贵，维修、调整比较困难，形状复杂的感应器不易制作，因此不适宜用于单件生产。

7.8.1.2 火焰加热表面淬火

火焰加热表面淬火是以高温火焰为热源的一种表面淬火法。常用的火焰为乙炔-氧（约1:1）、煤气-氧（约1:0.6）、天然气-氧（约1:1.2）、丙烷-氧（约1:4）。乙炔-氧火焰温度可达到3200℃，煤气-氧火焰温度可达2000℃。高温火焰通过喷嘴喷射到工件表面上，使其迅速加热到淬火温度，随即喷水快速冷却，以获得所需的表面淬硬层。图7-50为火焰加热表面淬火示意图。

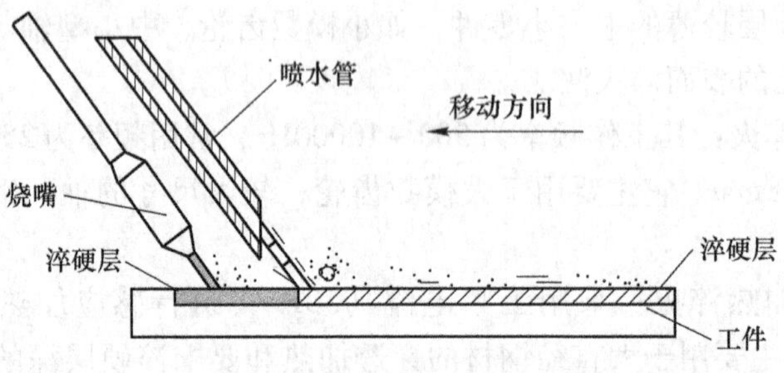

图7-50 火焰加热表面淬火

火焰加热表面淬火的淬硬层深度一般为2~6mm。这种淬火方法主要适用于中碳钢、中碳合金钢及铸铁大型工件的局部表面淬火，如大模数齿轮、大型轴类、轧辊、导轨、机床床身的滑动槽、压模等。火焰加热表面淬火方法简单，操作方便，不需要特殊设备，可以处理大尺寸的零件，也适用于单件或小批生产。但由于其加热温度不易控制，零件表面易过热，淬火效果不稳定等原因，因而限制了它的应用。

7.8.2 化学热处理

化学热处理是把钢制工件置于某种介质中，通过加热和保温，使介质解析出某些元素的活性原子渗入工件表层，从而改变工件表层的化学成分，以获得预期的组织和特殊的力学或物理化学性能的一种热处理工艺。与其他的热处理工艺比较，它的特点是除组织变化外，工件表层的化学成分也发生了变化。根据渗入元素不同，化学热处理可分为渗碳、氮化、碳氮共渗和渗金属，元素原子渗入工件表面的过程都是由分解、吸收和扩散三个基本过程组成的。

（1）渗剂的分解。渗剂在一定温度下，由分解反应生成活性原子，只有活性原子才能为工件表层所吸收。

（2）工件表面对活性原子的吸收。分解析出的活性原子被钢表面吸附后，便会进入铁的晶格中，即溶入金属基体，形成固溶体。吸附后又溶解的过程称为吸收。

(3) 原子向钢内的扩散。工件表面吸收渗入元素活性原子之后，随即由表面向内部扩散迁移，形成一定的扩散层。温度越高，扩散越快；表层活性原子浓度越高，扩散也越快。

如果渗入元素能与铁形成化合物，那么，当表面的渗入元素浓度超过该元素在铁中的固溶度时，便会在表面形成化合物层。渗入元素原子通过化合物层向内部扩散，化合物层也就增厚，这就是所谓“反应扩散”过程。钢在渗碳、氮化、渗硼、渗铝和渗铬等工艺过程中，都要发生反应扩散。

7.8.2.1 钢的渗碳

把钢置于渗碳介质中，加热到单相奥氏体状态，保温一定时间，使碳原子渗入钢表层的过程称为渗碳。

(1) 渗碳的目的及渗碳用钢。在化学热处理中，渗碳是应用最广泛的一种工艺。其目的是使零件表层具有高的硬度、耐磨性和高的疲劳程度，而心部保持一定的强度及较高的塑性和韧性。在机器制造业中，许多重要零件（如齿轮、凸轮、活塞销、摩擦片及轴类等）工作时受到严重的磨损、冲击以及弯曲、扭转等复合应力的作用，因此要求这类零件表层具有高的硬度、耐磨性及高的疲劳强度，而心部具有较高的强度和韧性。显然，高碳钢或低碳钢用普通热处理方法是不能满足上述要求的。若采用低碳钢或低碳合金钢进行渗碳，随后进行淬火和回火处理，则可很好地解决问题。渗碳用钢一般为含碳0.10%~0.25%的低碳钢和低碳合金钢，如15、20/20Cr、20CrMnTi钢等。关于渗碳钢的化学成分、性能和用途将在合金钢一章中还要详细介绍。

(2) 渗碳方法。根据所采用的渗碳剂的不同，渗碳方法可分为固体渗碳、液体渗碳和气体渗碳三种，目前生产中应用较多的是固体渗碳和气体渗碳。

1) 固体渗碳法。它是将工件置于渗碳箱中，四周填满固体渗碳剂，加盖并用耐火泥密封，如图7-51所示，然后在炉中加热到渗碳温度（900~950℃），保温一定时间后出炉。固体渗碳剂一般由木炭与碳酸盐（$BaCO_3$或Na_2CO_3等）混合组成，其中木炭是基本的渗碳介质，加入碳酸盐可加速渗碳过程，故称其为“催渗剂”。

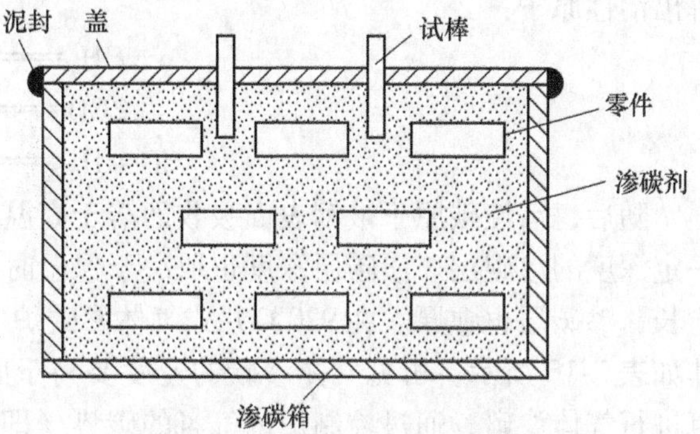

图7-51 固体渗碳法示意图

固体渗碳也是由分解、吸收和扩散三个基本过程所组成的。加热时，木炭和渗碳箱中原有的空气不完全燃烧生成CO：

$$2C + O_2 = 2CO$$

碳酸盐受热分解，并与木炭作用也生成CO：

$$Na_2CO_3 = Na_2O + CO_2$$

$$BaCO_3 = BaO + CO_2$$

$$CO_2 + C = 2CO$$

在渗碳温度下，CO与红热的零件表面接触，便分解出活性碳原子：

$$2CO = CO_2 + [C]$$

分解出来的活性碳原子进入高温奥氏体晶格中而被工件表层所吸收，并逐渐向内部扩散迁移，最后形成一定深度的渗碳层。渗碳层深度主要取决于保温时间，固体渗碳法一般保温1h，渗入深度为0.1～0.15mm。固体渗碳法设备费用低廉，操作简单，适用大小不同零件，因此，目前一些工厂仍广泛采用，但其生产效率低，劳动条件差，渗碳质量不易控制，故已逐渐被气体渗碳法所代替。

2）气体渗碳法。它是把工件置于密封的加热炉中，通入渗碳剂，并加热到渗碳温度900～950℃（常用930℃），使工件在高温的渗碳气氛中进行渗碳。气体渗碳法目前采用两类气体渗碳剂。一类是有机液体，如煤油、甲苯、甲醇、乙醇和丙酮等，使用时采用滴入法，令其在高温下分解。另一类是渗碳气体，如城市煤气、丙烷（C_3H_8）、石油液化气、丁烷（C_4H_{10}）以及天然气等，直接通入炉内在高温下分解。分解后的炉内渗碳气氛主要由CO、CO_2、H_2和CH_4等组成。图7-52为井式气体渗碳炉直接滴入煤油进行气体渗碳的示意图。

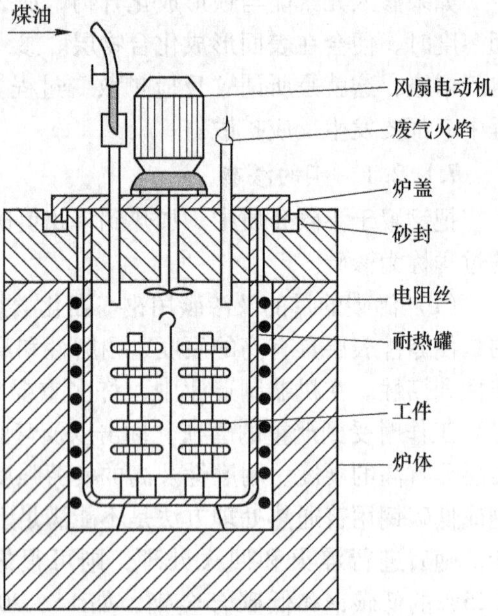

图7-52 气体渗碳法示意图

气体渗碳法也是由分解、吸收、扩散三个基本过程组成。首先是渗碳气体在高温下分解出活性原子：

$$CH_4 = 2H_2 + [C]$$
$$2CO = CO_2 + [C]$$
$$CO + H_2 = H_2O + [C]$$

随后，活性碳原子被钢表面吸收而溶于高温奥氏体中，并向钢的内部扩散迁移而形成一定深度的渗碳层。渗碳层深度也取决于保温时间长短。在一定的渗碳温度下，保温时间愈长，渗碳层也愈厚。在920℃井式气体渗碳炉中进行渗碳，渗碳层与渗碳时间的关系大体如表7-10所示。可见气体渗碳的速度要高于固体渗碳。目前，国内已广泛采用可控气氛进行气体渗碳，通过控制炉内气氛的碳势（即气氛在加热时脱碳作用和渗碳作用逐渐保持平衡时钢表面的碳含量），严格控制工件表面碳含量、碳浓度分布以及渗层深度，以确保渗碳层质量。可控气氛渗碳是目前化学热处理工艺的主要方向之一。

表7-10 920℃下渗碳时渗碳层深度与时间的关系

渗碳时间/h	3	4	5	6	7
渗碳层厚度/mm	0.4～0.6	0.6～0.8	0.8～1.2	1.0～1.4	1.2～1.6

（3）渗碳层的组织。低碳钢经渗碳后，在缓慢冷却条件下，渗碳层的组织基本与Fe-Fe_3C状态图上各相区相对应，即由表面到中心依次为过共析区（珠光体加二次渗碳体）、共析区（珠光体区）、亚共析区过渡层（铁素体加珠光体），中心即为原始组织，如图

7-53 所示。目前对渗碳层深度的标准尚无统一的规定，碳钢的渗碳层深度一般是指从表面到碳含量为 0.4% 处的深度。对于合金渗碳钢，则从表面一直测量到出现基体组织为止，即以过共析层、共析层和过渡层三者之和作为渗碳层深度。对于某种零件最适宜的渗碳层深度，只有按照具体情况通过反复实践找出规律来确定。

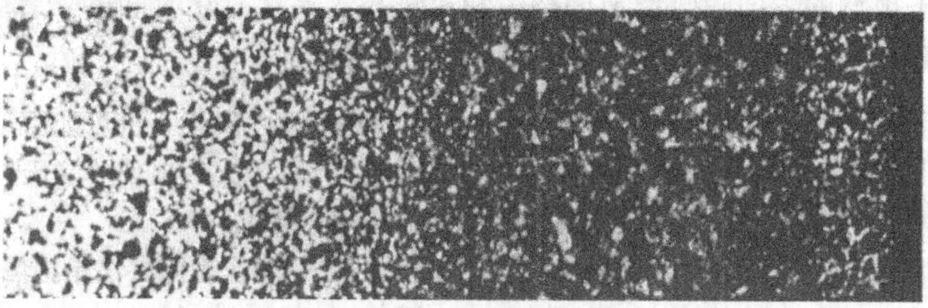

图 7-53　低碳钢渗碳层组织

（4）渗碳后的热处理。工件渗碳后提高了表面碳浓度，同时，在高温下长时间保温，往往引起奥氏体晶粒长大，因此，只有经过适当的热处理，才能有效地发挥渗碳层的作用和细化心部组织。渗碳件的热处理工艺有多种，如图 7-54 所示。

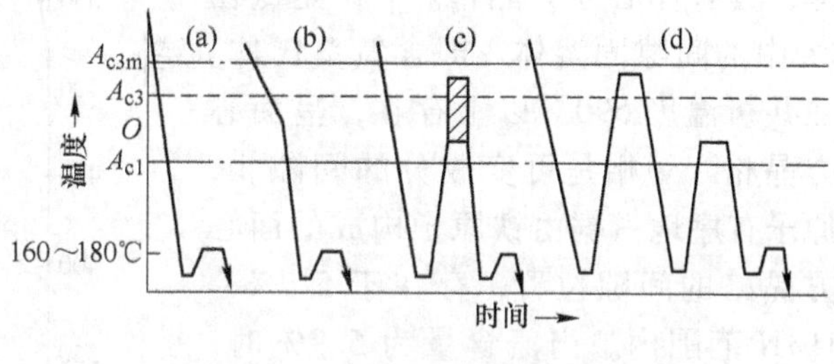

图 7-54　渗碳件的热处理工艺

（a），（b）直接淬火；（c）一次淬火；（d）二次淬火

1）直接淬火法：工件渗碳后经预冷直接淬火，如图 7-54（a）、（b）所示。此法不需要重新加热淬火，成本低、操作简便，适用于本质细晶粒钢。

2）一次淬火法：工件渗碳后出炉在空气中冷却，然后再重新加热淬火，如图 7-54（c）所示。淬火温度的选择应兼顾表层和心部，一般选在略高于心部的 A_{c3}。对不重要的、载荷较小的渗碳件，其淬火温度可选在 A_{c1} ~ A_{c3} 之间。此法也是适用于本质细晶粒钢。

3）二次淬火法：第一次淬火（或正火）是为了细化心部组织和消除表层网状渗碳体，因此加热温度应选在心部成分的 A_{c3} 以上（880 ~ 900℃）进行完全淬火。第二次淬火是为了改善渗碳层组织和性能，使其获得细片状马氏体和均匀分布的碳化物颗粒，故加热温度应选在 A_{c1} 以上（750 ~ 800℃）进行不完全淬火。二次淬火工艺曲线如图 7-54（d）所示。二次淬火法使渗碳件的表层和心部组织都能细化，表面具有高的硬度、耐磨性和疲劳强度极限，心部具有良好的强韧性和塑性。但两次加热后变形严重，渗碳层易脱碳和氧化，生产周期长，成本高，故此法仅适用于本质粗晶粒钢和使用性能要求很高的工件。

渗碳工件淬火后，都必须进行低温回火，回火温度一般为 160 ~ 180℃。工件经渗碳热处理后的最终组织，其表面为针状回火马氏体及二次渗碳体，还有少量残余奥氏体，硬度相当于 HRC58 ~ 62。心部组织随钢的渗透性而定，碳钢一般为珠光体和铁素体（硬度为 HRC10 ~ 15），合金钢一般为低碳马氏体或低碳马氏体和铁素体（硬度为 HRC30 ~ 45）。

7.8.2.2　钢的氮化

钢表面渗入氮原子的过程称为氮化。其目的是提高工件表面的硬度、耐磨性、疲劳强度、耐蚀性以及热硬性等。目前应用的氮化方法主要有气体氮化、软氮化及离子氮化等。

（1）气体氮化。它是目前生产中应用最广泛的、比较成熟的一种氮化方法。工件置于密封炉内，通入氨气并加热到500～600℃，氨气便开始分解，析出活性氮原子：

$$2NH_3 \equiv 3H_2 + 2[N]$$

活性氮原子被钢的表面吸收形成固溶体和氮化物，随着氮化时间的增长，氮原子逐渐往里扩散，而获得一定深度的氮化层。

1）氮化层的组织和性能：Fe-N相图如图7-55所示，它是研究氮化层组织、相结构及氮浓度沿渗层分布的一个重要依据。由图可见，纯铁氮化时可形成四种相，即α、γ、γ′、ε相。α相是氮在α-Fe中的间隙固溶体，也称含氮铁素体，具有体心立方晶格。γ相是氮在γ-Fe中的间隙固溶体，即含氮奥氏体。只在共析温度590℃以上存在，呈面心立方晶格。γ′相是可变成分的间隙相，氮原子有序地占据由铁原子构成的面心立方晶格的间隙位置，存在于5.7%～6.1%N范围内。当氮含量为5.9%时，其成分符合Fe_4N，呈面心立方晶格。ε相是可变成分的化合物，即以间隙化合物$Fe_{2\sim3}N$为基的固溶体，室温时氮含量介于8.25%～11.0%之间呈密排六方晶格。

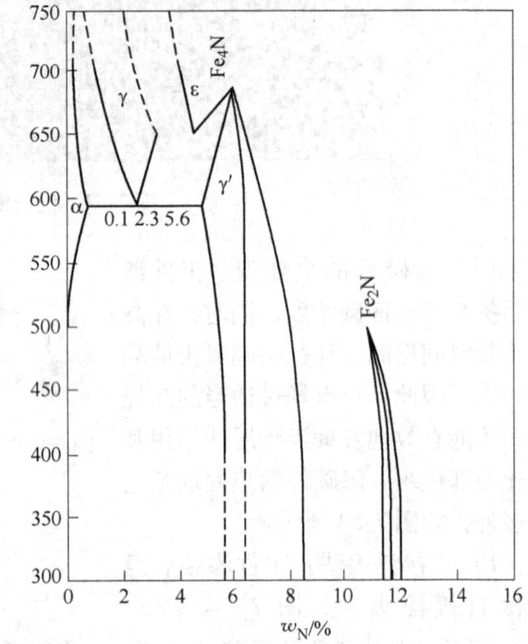

图7-55 Fe-N相图

氮化大多在590℃（共析温度）以下进行，少数在590℃以上进行。低于590℃氮化时，氮首先溶解于铁素体中，形成含氮铁素体。随着氮浓度增加，α相很快达到饱和，相继形成了γ′相和ε相。对于纯铁，氧化缓慢冷却后，由表面至里依次为ε、ε+γ′、γ′、γ′+α组织。碳钢氮化缓冷后组织也为ε、ε+γ′、γ′、γ′+α组织。只不过α相为同时含碳和氮的铁素体，γ′和ε相为含碳的氮化物罢了。

合金钢氮化后的组织与碳钢基本相同。区别在于，合金钢氮化后可形成各种高熔点、高硬度的合金氮化物，如AlN、CrN、MoN、TiN等，它们以极高的弥散度分布在氮化层中，以获得比碳钢氮化后更高的硬度和耐磨性。

氮化层与渗碳层相比，氮化层具有很高的硬度和耐磨性，硬度可达HV1000～1200（相当于HRC69以上），同时，具有很高的热硬性（即在600～650℃下加热仍然保持其硬度不变）；氮化后钢的疲劳极限可提高15%～35%，这是由于氮化层的体积增大，使工件产生了残余压应力；另外，由致密的、抗腐蚀的氮化物（ε相和γ′相）组成的氮化层具有较高的抗腐蚀能力（在水中、过热蒸汽中和在碱性溶液中耐蚀）。

由于氮化层具有上述特点，因此，氮化处理广泛用于各种高速传动的精密齿轮、高精度机床主轴（如镗杆、磨床主轴）、在循环载荷工作条件下要求疲劳极限很高的零件（如高速柴油机曲轴）以及要求变形很小和具有一定抗热、耐蚀能力的耐磨零件（如阀门等）。

2）氮化用钢和氮化方法：氮化用钢是含有 Al、Cr、Mo 等合金元素的钢，典型的氮化钢是 38CrMoAlA 钢，还有 35CrMo、18CrNiW 钢等也常用作氮化钢。近年来又在研究含 V、Ti 的氮化钢，如快速氮化钢 35MnMoAlV 钢等。Al、Cr、Mo、V、Ti 等合金元素极易与氮元素形成颗粒细密、分布均匀、硬度很高而且非常稳定的各种氮化物，这些氮化物的存在，对提高氮化层的性能起着决定性的作用。

零件氮化之前，一般要进行调质处理，以改善零件心部的力学性能。对于形状复杂的零件，在切削加工后进行一次消除应力的高温回火，以减小零件在氮化时的变形，另外，氮化前零件要除油净化，对不需氮化部分进行镀铜、镀锡或涂以防渗氮涂料等。根据氮化目的不同，氮化可分为抗磨氮化和抗蚀氮化。抗磨氮化又称硬氮化，其目的是为了获得高硬度、高耐磨性和高疲劳极限。抗磨氮化的氮化温度不宜过高，否则氮化层硬度低，一般氮化温度为 500 ~ 570℃，而且需要采用专门氮化钢，应用最多的是 38CrMoAl 钢。抗磨氮化的氮化层深度在 0.15 ~ 0.75mm 之间，氮化时间为 10 ~ 100h，早先采用 510℃等温氮化，时间很长，称为“一段氮化”。为了加快氮化速度，将一段氮化的后半期温度提高到 550℃，改进为“二段氮化”，时间大为缩短，但表层硬度有所降低。为了提高表面硬度，又将二段氮化的后期温度降低到 530℃，便形成了“三段氮化”。三种氮化工艺如图 7-56 所示。

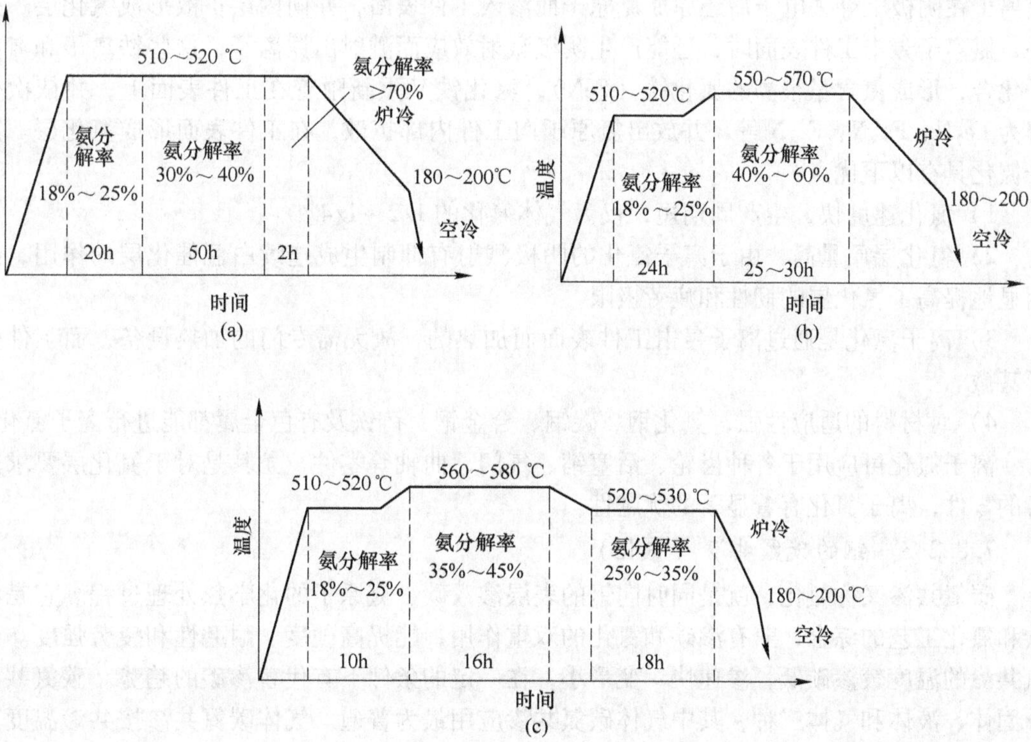

图 7-56　38CrMoAl 氮化工艺曲线

（a）一段氮化工艺；（b）二段氮化工艺；（c）三段氮化工艺

抗蚀氮化的目的是使工件表面形成一层致密耐蚀的 ε 相白亮层，以提高工件对自来水、湿空气、过热蒸汽及碱溶液的耐蚀性，但不耐酸液腐蚀。为了加速氮化过程，也为使 ε 相层致密，氮化温度可提高到 590℃ 以上，最高可达 720℃，保温 0.5 ~ 3h，可获得 0.015 ~ 0.06mm 厚的氮化层。由于不必考虑表层硬度问题，所以抗蚀氮化可以用于碳钢、低合金钢以及铸铁件等，用以代替镀镍、镀锌、法兰等。

(2) 离子氮化。离子氮化是利用稀薄空气的辉光放电现象进行氮化的，所以又称辉光离子氮化。它是近十几年发展起来的一种先进氮化方法，图7-57 为离子氮化装置示意图。

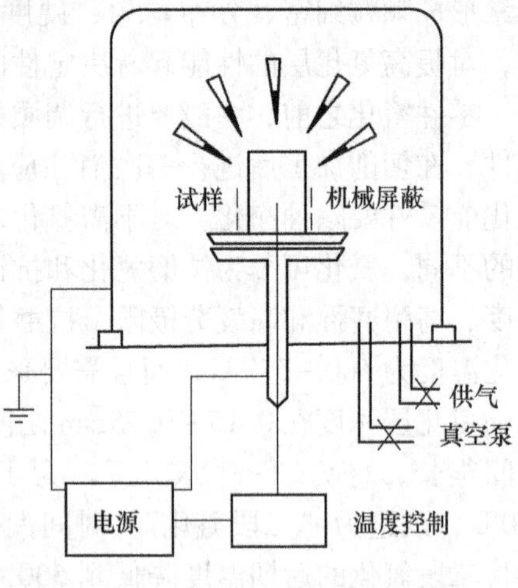

图 7-57 离子氮化装置示意图

离子氮化原理是将工件置于离子氮化炉中，氮化时，炉内真空度在 60 ~ 70Pa (5×10^{-1} mmHg) 以上，通入少量氨气，以工件为阴极，炉壁为阳极（或另设置一个与工件形状相仿的专门阳极），通过高压直流电（一般为 500 ~ 800V），稀薄的氨气被电离成氮和氢的正离子和电子，形成辉光放电（放电时可见紫色辉光）。被电离的氮离子在电场作用下，以极高的速度轰击零件表面，使工件表面温度升高到所需的氮化温度（450 ~ 650℃）；同时氮离子在阴极上夺去电子后还原成氮原子而渗入工件表面，并向内层扩散形成氮化层。另外，氮离子轰击工件表面时，还能产生阴极溅射效应而溅射出铁离子，这些铁离子和氮离子化合，形成氮含量很高的氮化铁（FeN），氮化铁又重新附着在工件表面上，并依次分解为 Fe_2N、Fe_3N、Fe_4N 等，并放出氮原子向工件内部扩散，在工件表面形成氮化层。离子氮化具有以下优点：

1) 氮化速度快，生产周期短，仅为气体氮化的 1/2 ~ 1/4。

2) 氮化层质量高，由于离子氮化的阴极溅射有抑制生成连续白色催化层的作用，故明显地提高了氮化层的韧性和疲劳极限。

3) 离子氮化是通过离子轰击工件表面而加热的，故无需专门的加热设备，而工件变形甚微。

4) 对材料的适应性强，氮化钢、碳钢、合金钢、铸铁及有色金属都能进行离子氮化。

离子氮化可应用于各种齿轮、活塞销、气门、曲轴等零件，尤其是对于氮化层要求较薄的零件，离子氮化有着显著的优越性。

7.8.2.3 钢的碳氮共渗（氰化）

碳氮共渗又称氰化，就是同时向钢的表层渗入碳、氮原子的化学热处理过程。它是渗碳和氮化工艺的综合，兼有渗碳和氮化的双重作用，能提高硬度、耐磨性和疲劳强度。碳氮共渗的温度较渗碳低，渗速快、变形小，在一定的条件下有代替渗碳的趋势。碳氮共渗分固体、液体和气体三种，其中气体碳氮共渗应用最为普遍。气体碳氮共渗按共渗温度又可分为高温气体碳氮共渗、中温气体碳氮共渗及低温碳氮共渗，目前常用的是后两种。

(1) 中温气体碳氮共渗。中温气体碳氮共渗温度大多在 840 ~ 860℃，共渗介质有多种，目前我国生产中常用的是井式气体渗碳炉中滴入煤油，同时往炉中通入氮化所需的氨气，在共渗温度下分解出活性碳、氮原子渗入工件表面形成共渗层。零件共渗后需要进行淬火及低温回火。中温气体碳氮共渗主要用于低碳及中碳结构钢零件，如汽车和拖拉机变速箱齿轮，高速大马力柴油传动齿轮等。

（2）气体软氮化。气体软氮化实质上就是以渗碳为主的低温气体碳氮共渗工艺。钢表层在氮原子渗入的同时，还有少量的碳原子渗入，与一般氮化相比，渗层硬度较低，脆性较小，故称软氮化。气体软氮化是在含有活性碳、氮原子的气氛中进行低温碳、氮共渗。常用共渗介质有尿素、甲酰胺和三乙醇胺等有机液体，在共渗温度下分解出活性碳、氮原子，同时渗入钢的表面形成共渗层。如尿素在500℃以上发生加热分解反应，产生活性碳、氮原子。

$$(NH_2)_2CO = CO + 2H_2 + 2[N]$$
$$2CO = CO_2 + [C]$$

活性碳、氮原子被工件表面吸收，通过扩散渗入工件表层。气体软氮化的温度一般在520～570℃之间，由于共渗温度较低，因而气体软氮化是以渗氮为主。气体软氮化能有效地提高零件的耐磨性、疲劳强度、抗咬合性等，且生产周期短、成本低、零件变形小，因此目前生产中气体软氮化已广泛地用于模具、量具、高速钢刀具、曲轴、齿轮、气缸套等耐磨工件的处理，并取得了良好的效果。

习题与思考题

7-1 试比较下列材料经不同热处理后硬度值的高低，并说明其原因。

（1）45 钢加热到700℃后，投入水中快冷；

（2）45 钢加热到750℃后，投入水中快冷；

（3）45 钢加热到840℃后，投入水中快冷；

（4）T12 钢加热到700℃后，投入水中快冷；

（5）T12 钢加热到750℃后，投入水中快冷；

（6）T12 钢加热到900℃后，投入水中快冷。

7-2 热处理工人在淬某些细长零件（如轴、丝杆等）时，经加热至高温的零件放入油、硝盐浴或碱浴中冷却，估计零件温度下降到200℃左右时，立即从冷却介质中取出，迅速检查零件的弯曲变形程度，并趁热将零件校直。问为什么不等零件全部冷却后再检查并校直？

7-3 有一批35 钢（含碳量0.35%）制成的螺钉，要求其头部在热处理后硬度为HRC35～40。现在材料中混入了T10（含碳量1.0%的钢）和10 钢（含0.1%C的碳钢），问由T10 钢和10 钢制成的螺钉仍按35 钢进行淬火处理时，能否达到要求？为什么？

7-4 淬火应力是怎样产生的？它与哪些因素有关？

7-5 退火与回火都可以消除钢中内应力，问两者在生产中一般能否通用？为什么？

7-6 45 钢经调质处理后硬度为HB240，若再进行200℃回火，是否可以使其硬度提高？为什么？45 钢经淬火、低温回火硬度为HRC57，若再进行560℃回火，是否可以使其硬度降低？为什么？

7-7 45 钢经调质处理后要求硬度为HB220～250，但热处理后发现硬度偏高，问能否依靠减慢回火时的冷却速度，使其硬度降低？若热处理后硬度偏低，能否依靠增加回火时的冷却速度，使其硬度提高？并说明其原因。

8 工业用钢

在工业生产和日常生活中，大部分产品都是由钢铁材料制成的，如船舶、桥梁、汽车、家电等。有别于有色金属材料，钢铁材料亦称黑色金属材料。钢铁是对钢和生铁的总称，主要由铁和碳两种元素组成，又称铁碳合金。钢与生铁的区别主要在于碳的质量分数大小，碳的质量分数小于2.11%称为钢，反之就是生铁。生铁硬而脆，塑性极差，主要用于炼钢，少部分用于铸造零件。钢不仅具有强度高、韧性好、耐高温、耐腐蚀等优良的力学和物理化学性能，而且具有良好的加工和成型性能，在工业生产中广泛应用。

工业用钢一般就是指钢铁材料中的碳素钢（简称碳钢）和合金钢。碳钢是指钢中除铁、碳外，还含有少量锰、硅、硫、磷等元素的铁碳合金，其优势在于其具备的一般性能能满足工程很多场合的需要，而且价格便宜。而在冶炼碳钢的基础上加入一些合金元素炼成的合金钢，其使用性能和工艺性能进一步得到改善。但加入合金元素，使冶炼、浇注、锻造、切削、焊接与热处理等工艺复杂化，成本增高，所以价格相对碳钢而言较为昂贵。

工业用钢在使用性能方面，有高的强度与韧性的配合，或高的低温韧性，或高温下有高的蠕变强度、硬度及抗氧化性，或具有良好的耐蚀性等；在工艺性能方面，有良好的热塑性、冷变形性、切削性、淬透性和焊接性等。

8.1 钢中的合金元素及作用

通常而言，碳钢存在淬透性低、强度低、回火稳定性差等缺点，尤其对于需要具有耐热性、耐腐蚀性、耐磨性、电性、磁性等特殊性能要求时，碳钢几乎不能满足要求。合金钢的发展弥补了碳钢的不足，当前在工业生产和生活中的用量极大。因此，合金钢是除了铁、碳元素之外，为了改善钢的组织和性能，而有意地加入了一定量其他元素（称为合金元素）的钢。除从组织、性能要求考虑外，还必须考虑资源情况，我国富产Mn、Si、Mo、W、RE（稀土）等元素，碳钢中主要加入的合金元素有：Si、Mn、Cr、Ni、Mo、W、V、Ti、Nb、Zr、Al、Co、Cu、B、Pb、RE等，某种情况下P、S、N等也可起合金元素的作用。

合金元素与铁、碳及合金元素之间的相互作用，改变了钢的组织结构，影响了各相的稳定性，并产生了许多新相。这些元素在原子结构、原子尺寸及晶体点阵之间的差异，则是产生这些变化的根源。

8.1.1 合金元素在钢中的存在形式

合金元素加入到钢中后究竟以什么状态存在呢？通常它们有以下几种存在形式：

(1) 溶于铁素体、奥氏体、马氏体中，合金元素成为铁基固溶体中的溶质。

(2) 形成强化相，如溶入渗碳体中形成合金渗碳体；或单独与碳作用形成合金碳化物；当碳含量较少时，一些元素间相互作用形成金属间化合物等。

(3) 游离态存在，有些元素如铅（Pb）和铜（Cu）既不溶于铁，也不形成化合物，在钢中以游离状态存在，高碳钢中碳有时也以自由状态（石墨（C））存在。

(4) 形成非金属夹杂物，如合金元素与钢中的氧（O）、氮（N）、硫（S）等杂质形成氧化物、氮化物和硫化物等。

在这四种存在方式中合金元素究竟以哪一种形式存在，主要取决于合金元素的本质，也就是取决于它们和铁、碳的相互作用情况。一般而言，合金钢中合金元素的存在形式以前两种为主。

8.1.1.1 铁基固溶体

溶于铁中形成铁基固溶体的合金元素对铁的同素异构转变有很大的影响，表现在合金元素在α-Fe和γ-Fe中的固溶度，以及对γ-Fe存在的温度区间的影响。因为铁在加热和冷却过程中产生如下的同素异构（多型性）转变：

$$\alpha\text{-Fe} \longrightarrow \gamma\text{-Fe} \longrightarrow \delta\text{-Fe}$$

合金元素对α-Fe、γ-Fe和δ-Fe的相对稳定性及多型性转变温度A_3、A_4都有极大的影响。当溶在α-Fe中有较大溶解度并能稳定α-Fe而使γ-Fe不稳定的合金元素，称为铁素体形成元素；而在γ-Fe中有较大溶解度并使γ-Fe稳定的元素称为奥氏体形成元素。通常也称溶于γ-Fe形成以γ-Fe为基的固溶体，溶于α-Fe或δ-Fe中形成以α-Fe为基的固溶体。

铁素体形成元素和奥氏体形成元素和铁的相互作用特点如下：

(1) 使A_3温度下降，A_4温度升高。奥氏体形成元素，如Mn、Co、Ni、C、N和Cu等，这些合金元素的加入具有开启γ相区或扩大γ相区的特点。

开启γ相区：Ni具有面心立方点阵，可与γ-Fe无限固溶，与α-Fe形成有限固溶体。Mn和Co有多型性转变特征，在一定温度范围内存在面心立方点阵，它们都使A_3温度下降，A_4温度升高，使δ和α相区缩小。如图8-1（a）所示。

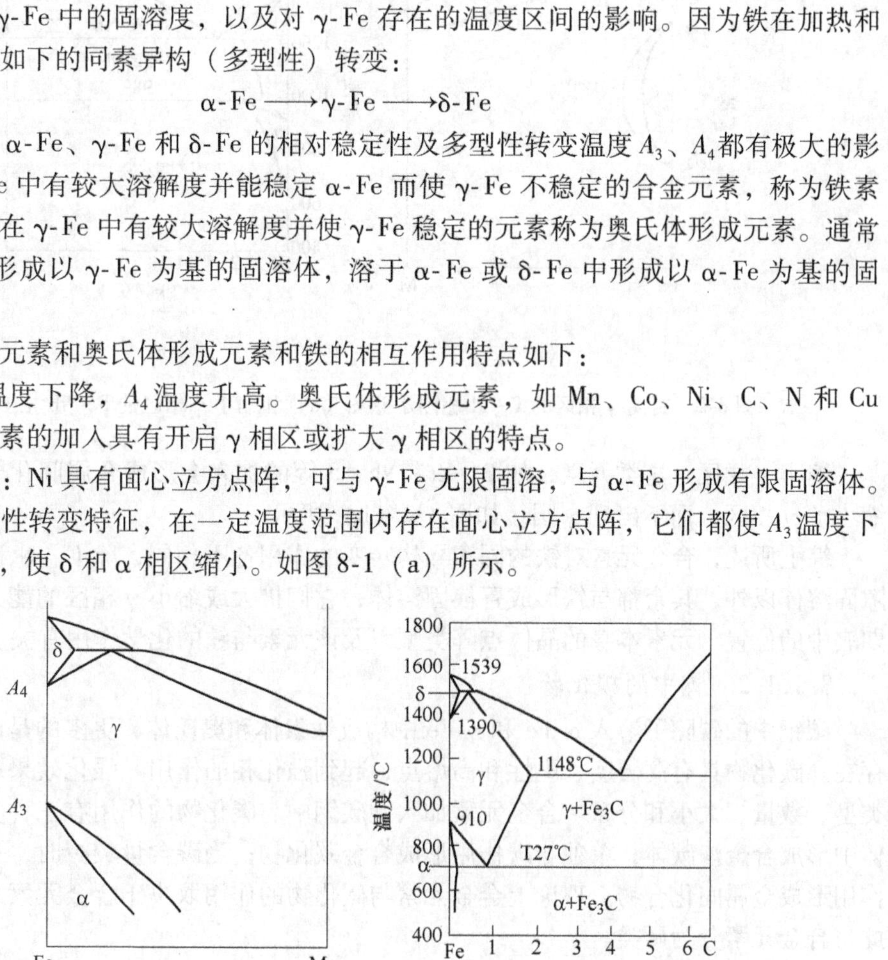

图8-1 开启γ相区和扩大γ相区的Fe-M相图示意图（a）及Fe-C相图（b）

扩大γ相区：如C、N和Cu，它们虽然使A_3点下降，A_4点升高，γ相区扩大，但与γ-Fe有限溶解。其中C、N与铁形成间隙固溶体，Cu与铁形成置换固溶体。如图8-1（b）

所示。

(2) 使A_3温度升高，A_4温度下降。铁素体形成元素，如 V、Cr、Ti、Mo、B、Zr、Nb、W 等，这些合金元素的加入具有封闭γ相区或缩小γ相区的特点。

封闭γ相区：这类元素使A_3温度升高，A_4温度下降，并在达到某一含量时A_3点与A_4点重合，γ相区被α相区封闭，在相图上形成γ圈，如图8-2（a）所示。属于这类元素的有 Si、V、Cr、Ti、Mo、W、Al、P、Sn、Sb、As 等，其中 V、Cr 与α-Fe 无限固溶，其余都与α-Fe 有限固溶。

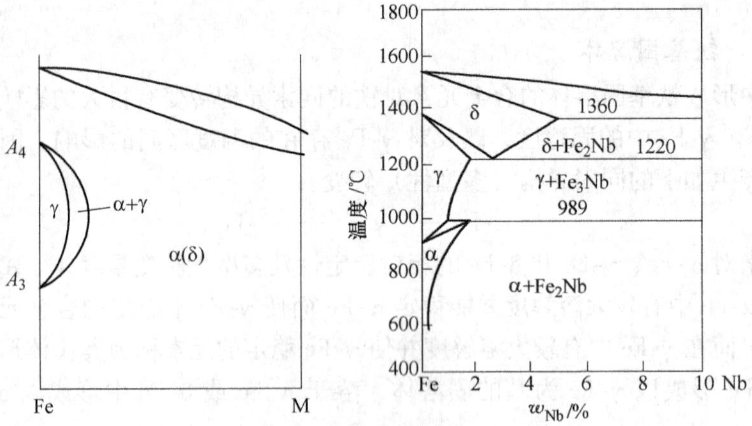

(a) (b)

图 8-2 封闭γ相区的 Fe-M 相图示意图（a）和缩小γ相区的 Fe-Nb 相图（b）

缩小γ相区：这类元素，如 B、Zr、Nb、S 等的加入会形成金属间化合物，因而只是缩小了γ相区，而不出现γ圈，如图8-2（b）所示。

综上所述，合金元素对铁的同素异构转变的作用各不相同，除 C、N 和 B 与铁形成间隙固溶体以外，其余都与铁形成置换固溶体，它们扩大或缩小γ相区的能力与该元素在周期表中的位置、元素本身的晶体点阵类型以及该元素与铁的化学作用有关。

8.1.1.2 钢中的碳化物

碳钢中的碳除了溶入α-Fe 和γ-Fe 中构成铁素体和奥氏体，更多的是以碳化物的形式存在。碳化物具有高硬度、脆性和高熔点，起到强化相的作用。强化效果取决于碳化物的类型、数量、大小和分布。合金元素加入到碳钢中与碳化物的作用有三种类型：溶入渗碳体中形成合金渗碳体；单独与碳作用形成合金碳化物；当碳含量较少时，一些元素间相互作用形成金属间化合物。理论上合金元素与碳化物的作用取决于合金元素自身的特点，由此将合金元素分为两类。

(1) 非碳化物形成元素。Ni、Si、Co、Al、Cu、B、N 等合金元素是非碳化物形成元素，常溶入铁素体或奥氏体中形成固溶体，合金元素起固溶强化的作用。也有的可能形成非金属夹杂物，即氧化物、氮化物，如 Al_2O_3、SiO_2、AlN、FeSi、Ni_3Al 等。注意当 Si 含量高时，可能会使渗碳体分解，碳呈游离状石墨存在。

(2) 碳化物形成元素。碳化物具有高硬度是共价键化合物的特征，与此同时碳化物具有正的电阻温度系数以及低温下的超导性，Mn、Cr、W、Mo、V、Nb、Zr、Ti 等过渡族元素，原子都有一个未填满的d电子层，在形成碳化物时，碳将其外层电子填入合金元素的d层，故碳化物一般具有金属键的性质，具有金属的特性。d层电子愈不满，和碳的亲和力愈大，形成碳化物的能力愈强，形成的碳化物也愈稳定。因此，碳化物兼具共价键和金属键混合的特点，但以金属键为主。按形成碳化物的稳定程度，可将合金元素按由强至弱的顺序排列：

$$Ti > Zr > Nb > V > W > Mo > Cr > Mn > Fe > Co > Ni$$

其中，Ti、Zr、Nb、V被称为强碳化物形成元素，易与碳形成最稳定的MC型碳化物；W、Mo、Cr被称为中强碳化物形成元素；Mn、Fe属于弱碳化物形成元素；Co、Ni则是非碳化物形成元素。

由于合金元素的存在，丰富了碳化物的类型。各种合金碳化物在钢中的行为与其自身的稳定性有关。根据碳原子半径 r_C 与金属原子半径 r_M 的比值，可以将碳化物分成两类，具体如下：

1）当 $r_C/r_M < 0.59$ 时，形成间隙相，亦称为特殊碳化物。有两种类型：①MC型碳化物，如VC、TiC、NbC等，具有简单面心点阵结构。该碳化物比较稳定，一般在900℃以上才开始溶解于γ-Fe中，1100℃以上才大量溶解。而在500～700℃范围析出时，具有较低的聚集长大速度，可作为强化相。② M_2C 型碳化物，如 Mo_2C、W_2C 等，具有简单六方点阵结构。该种类型的碳化物在钢中的稳定性次之，但仍可作500～650℃范围内的强化相。

2）当 $r_C/r_M > 0.59$ 时，形成间隙化合物。M_7C_3 型碳化物，如 Cr_7C_3，具有复杂六方点阵结构，该碳化物易溶解和析出，并有较大的聚集长大速度，不能作为高温强化相。$M_{23}C_6$ 型碳化物，如 $Cr_{23}C_6$，具有复杂立方点阵结构，稳定性更差。另外还有 M_3C 型碳化物，如 Fe_3C、Mn_3C，也称渗碳体，具有正交点阵结构，稳定性与 M_7C_3 相似。合金元素溶于渗碳体中即为合金渗碳体，如 $(FeCr)_3C$、$(FeMn)_3C$ 等。

综上所述，可通过获得细小、高度弥散分布、高硬度的碳化物粒子强化固溶体基体，来提高合金钢的强度。

8.1.1.3 氮化物

钢在冶炼时会吸收大气中的氮，当合金元素存在时与氮生成氮化物。氮化物具有高硬度和脆性、高熔点、正的电阻温度系数和低温下的超导性。钢中氮化物的硬度和熔点见表8-1。

表8-1 钢中氮化物的硬度和熔点

氮化物	TiN	ZrN	NbN	VN	WN	Mo_2N	CrN	Cr_2N	AlN
硬度HV/kg·mm^{-2}	1994	1988	1396	1520	—	630	1093	1571	1225～1230
$T_{熔}$/℃	2950	2980	2300	2360	800（分解）	—	1500	1650	2400

根据过渡族金属与氮的结合强度分类，Ti、Zr、Nb、V为强氮化物形成元素，W、Mo是中强氮化物形成元素，Cr、Mn、Fe属于弱氮化物形成元素。与碳化物类似，非金属氮原子半径 r_N 和过渡族金属原子的原子半径 r_M 的比值 r_N/r_M 决定了是形成简单还是复杂结构的氮化物。当 $r_N/r_M < 0.59$ 时，形成简单密排结构的间隙化合物，也称间隙相；当 $r_N/r_M > 0.59$ 时，形成复杂结构的间隙化合物。Ti、Zr、Nb、V、Al、Mo、W等均小于0.59，而

只有 Cr、Mn 等大于 0.59，这就决定了氮化物一般都形成简单间隙结构相。

形成面心立方点阵（NaCl 型）密排结构的有Ⅳ族的氮化物（如 TiN、NbN、VN 等）及某些 Mo、W、Cr、Mn、Fe 的氮化物（如 CrN）；形成六方点阵密排结构的有 TaN、WN、MoN、Cr_2N、Mn_2N 等。当钢中存在多种过渡族金属元素时，存在着复合氮化物，在满足点阵类型、电化因素和尺寸因素三个条件时，其中金属原子可互相置换，如 TiN-VN 系形成（Ti，V）N 等。氮化物和碳化物之间也可互相溶解，形成碳氮化物，如氮可置换 $(Cr, Fe)_{23}C_6$中的部分碳原子，形成 $(Cr, Fe)_{23}(C, N)_6$，含 V、Ti、Nb 微合金钢中可形成Ti(C，N)、V(C，N) 和 Nb(C，N)。

此外，冶炼中钢液用铝脱氧，因而存在铝的氮化物 AlN。铝不是过渡族金属，故 AlN 不属于间隙相，它具有 ZnS 结构的密排六方点阵，氮原子不处于铝原子之间的间隙位置。

8.1.2 合金元素对铁碳合金相图的影响

Fe-C 合金相图是研究钢热处理工艺的重要参数来源，了解合金元素的作用主要体现在以下几个方面。

8.1.2.1 合金元素对 g 相区的影响

g 相区是指 Fe-C 合金相图的奥氏体相区，扩大 g 区的元素使 A_3线下降；使 S（共析温度）点向左、向下移动，这些元素有：Ni、Mn、N、Co 等。合金元素 Mn 对 g 相区的影响如图 8-3（a）所示。如果这些合金元素含量足够高，如：$w_{Mn}>13\%$，$w_{Ni}>9\%$，g 相区扩展到室温以下，即 A_3线、S 点降至 0℃以下，钢在室温下为单相奥氏体组织，这种钢称奥氏体钢。缩小 g 区的元素使 A_4点降低，A_3线升高，使 E、S 点向左、向上（A_3点升高）移动，这些元素有：Cr、Mo、Si、Ti、V、W 等。合金元素 Si 对 g 相区的影响如图 8-3（b）所示。Cr、Si 含量高时，缩小 g 相区，甚至使其完全消失，钢在室温下为单相铁素体组织，这种钢称为铁素体钢。另外，由图 8-3 可以看出，大多数合金元素使 ES 线左移，E 点左移，使得碳含量低于 2.11% 的钢也会出现共晶莱氏体。如在 $W_w=18\%$ 的高速钢中，

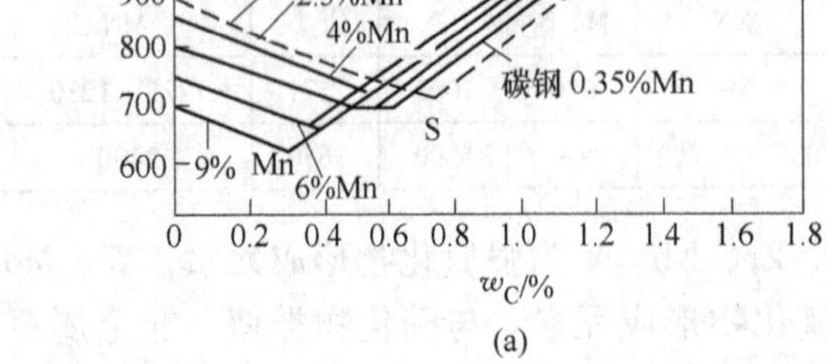

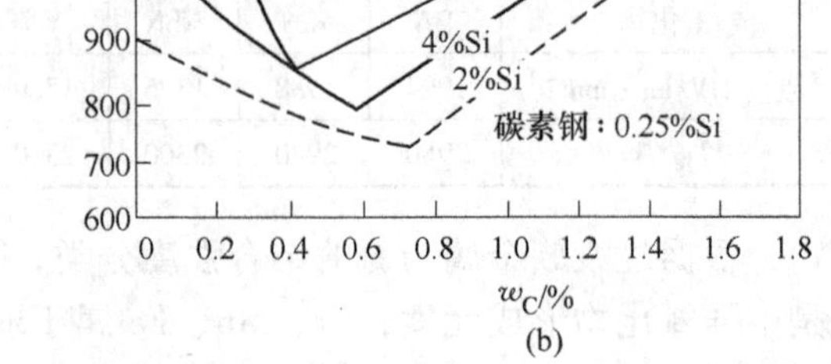

图 8-3 合金元素对铁碳相图的影响
（a）Mn 的影响；（b）Si 的影响

尽管其碳含量 $w_C=0.7\%\sim0.8\%$，但在铸态组织中已经出现莱氏体。S 点左移，意味着降低共析点的碳含量，如热作磨具钢，其含碳 0.3% 左右，本应是亚共析钢，但由于 W、Cr 的作用而成为过共析钢，如图 8-4 所示。

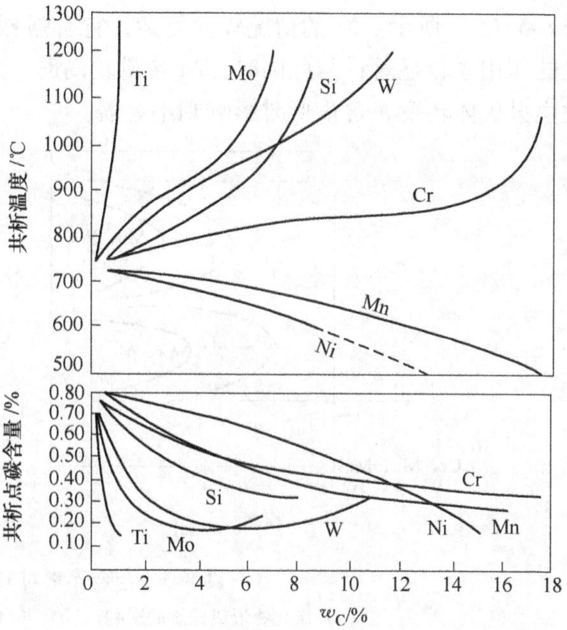

图 8-4　合金元素对钢的共析温度及共析点碳含量的影响

8.1.2.2　合金元素对相变的影响

碳钢热处理时常见的固态相变过程包括：钢加热时奥氏体的形成，冷却时过冷奥氏体的分解以及淬火马氏体回火时的转变。合金元素的影响表现在：

（1）合金元素对钢加热转变的影响。碳钢的加热过程主要完成以下三步：奥氏体的形成、奥氏体成分的均匀化和奥氏体晶粒的长大。一般情况下，是不希望得到粗晶粒的。奥氏体的形成过程表现为α-Fe 向γ-Fe 的晶型转变、Fe_3C 的溶解和碳原子的扩散，碳原子的扩散速度决定了奥氏体化进程的快慢。合金元素对钢加热转变的影响，除 Cr、Ni 外一般均降低碳的扩散系数，同时合金元素的扩散系数又远小于碳的扩散系数，所以合金元素一般减缓奥氏体的形成速度，奥氏体成分均匀化的时间也要比碳钢长很多。因此要使奥氏体成分均匀化，必须将合金钢加热到更高的温度和保温更长的时间。另外，由于奥氏体实际晶粒大小决定着冷却转变生成物的实际晶粒大小，合金元素（Mn、P、C、N 除外）对奥氏体晶粒长大有阻碍作用，这有助于获得细小的奥氏体晶粒，但影响程度有大小。如：Zr、Ti、Nb、V、Al 等元素强烈阻止奥氏体晶粒长大，W、Mo、Cr 等元素中等程度阻止奥氏体晶粒长大，而 Si、Ni、Co、Cu 等元素影响相对较弱。

（2）合金元素对钢过冷奥氏体转变的影响。溶入奥氏体中的合金元素，对过冷奥氏体等温转变 C 曲线的位置、形状有很大影响。其影响规律是，除 Co 外，所有的合金元素均使 C 曲线右移，即增加过冷奥氏体的稳定性，提高钢的淬透性。

1）碳化物形成元素：Ti、Nb、V、W、Mo 等强或中强碳化物形成元素强烈推迟珠光体转变，对贝氏体转变推迟较少；而中、弱碳化物形成元素 Cr、Mn 有强烈推迟珠光体转变和贝氏体转变的作用，不仅使 C 曲线右移，且改变了 C 曲线形状，出现了上、下两个 C 曲线。上部的 C 曲线是过冷奥氏体向珠光体的转变，下部的 C 曲线是过冷奥氏体向贝氏体的转变，只是推迟的效果各不相同，如图 8-5（a）所示。Cr、Mn 对贝氏体转变的推迟作用较大，是由于这些元素能够降低 γ→α 的转变温度，减小奥氏体和铁素体的自由能差，降低了相变的驱动力。此外，Cr、Mn 还阻碍碳的扩散，故推迟贝氏体转变的作用更为强烈。

2）非（弱）碳化物形成元素：如 Si、Al 同样增加过冷奥氏体的稳定性，相对推迟珠光体转变而言，推迟贝氏体转变的作用更显著，其对过冷奥氏体等温转变 C 曲线的影响如

图8-5（b）所示。Ni的情况较为复杂，它有强烈推迟珠光体转变的作用，主要在600℃以上的作用才较显著；与此同时，Ni含量较高时，珠光体转变完全被抑制，仅在500℃以下发生贝氏体转变，含量低时影响则不显著。

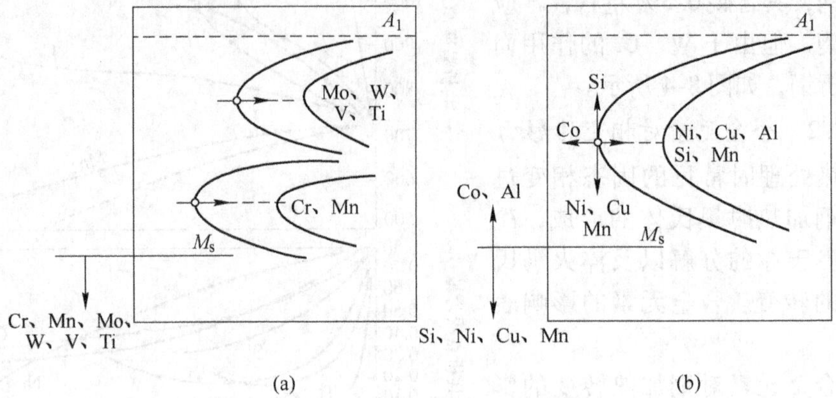

图8-5 合金元素对C曲线的影响

（a）碳化物形成元素的影响；（b）非（弱）碳化物形成元素的影响

3）非碳化物形成元素Co：和其他合金元素不同，Co在各个温度都降低过冷奥氏体的稳定性，使C曲线左移，但不改变C曲线的形状。

另外，在C曲线上，还有马氏体转变开始温度M_s，也称M_s点。马氏体转变是变温转变，由于马氏体转变终了温度M_f通常在室温以下，因而转变往往不能进行到底。合金元素溶入奥氏体中，改变了M_s与M_f点的温度范围。除Co、Al外，多数固溶于奥氏体中的合金元素均降低马氏体转变开始温度M_s，结果会增加淬火钢中的残余奥氏体量。若钢中多种元素共存时，对M_s点的影响则相互促进。由表8-2可知，碳是最强烈降低M_s点温度的元素，其按由强到弱依次顺序排列是：C > Mn > Cr > Ni > Mo > W > Si。M_s点温度降低愈强烈，室温下得到残余奥氏体的量就愈多。

表8-2 合金元素对M_s点的影响

合金元素Me	Mn	Cr	Ni	Mo	W	Si	Co	Al
每1%Me使M_s下降量/℃	-33	-17	-17	-12	-11	-11	+12	+18

合金元素会改变淬火钢中马氏体的形态，如在淬火碳钢中当碳含量不高于0.4%时，组织中主要是以板条状马氏体（亚结构是位错）为主，碳含量不低于0.6%时，组织中主要是以针状马氏体（亚结构是孪晶）为主。但加入Ni时，由于Ni降低了M_s点，合金中碳含量低于0.6%时就出现针状马氏体。在Fe-19Ni-C合金中，甚至在碳含量高于0.31%时就形成针状马氏体。

8.1.2.3 合金元素对淬火钢回火转变的影响

淬火钢的回火转变主要是指在对淬火钢进行回火时，随着回火温度的升高，发生淬火马氏体分解，残余奥氏体的分解，碳化物的析出、聚集和长大以及α相的回复再结晶。淬火马氏体中的合金元素的作用在于提高了钢的回火稳定性，使回火过程各个阶段的转变速度减慢，且推向更高的温度。

（1）合金元素对马氏体分解的影响。碳钢淬火马氏体的分解从室温一直到约300℃分解完毕。在此过程中，低于150℃时碳原子尚不能做长距离的扩散，只是在由位错组成的马氏体的晶块边界和马氏体片边界发生碳原子的偏聚并逐渐析出 ε-Fe_xC，合金元素的作用不明显。随着温度的升高，ε 碳化物继续生核并从周围的马氏体中获得碳原子而长大，碳原子需做长距离的扩散，合金元素此时通过影响碳原子的扩散而对马氏体分解产生影响。溶于马氏体中的碳化物形成元素 V、Nb、W、Cr、Mo 等与碳的亲和力强，阻碍碳从马氏体中析出，从而使马氏体分解进程减缓。例如碳钢中的碳从马氏体中的析出温度在250～300℃，但在含碳化物形成元素时，可将此过程推移至400～500℃，并且与碳亲和力越强的V、Nb等强碳化物形成元素阻碍作用越大，从而将更多的碳保留在马氏体中。非碳化物形成元素除Si外对这一过程影响不大。Si的作用比较独特，回火温度低时，Si不发生扩散，ε-Fe_xC 中的Si含量与马氏体中的Si含量持平。只有当回火温度升高时，ε-Fe_xC 溶解，渗碳体析出时，由于渗碳体中完全不溶解Si，必须Si扩散开后，渗碳体才能够在那儿形核长大。由于Si的开始扩散温度较碳高，所以Si的扩散成为含硅钢马氏体分解的制约因素。

（2）合金元素对残余奥氏体分解的影响。淬火钢回火时残余奥氏体的分解遵循过冷奥氏体相同的转变规律，只是转变的孕育期显著缩短。对合金元素含量较多的钢，过冷奥氏体在珠光体和贝氏体转变区中间有一个奥氏体中温稳定区，在残余奥氏体回火时同样也出现这一中温稳定区。如图8-6所示，如果将淬火的高合金钢（如高速钢）回火加热到500～600℃保温一定时间后冷却，则残余奥氏体发生马氏体转变，称为“二次淬火”。这是由于残余奥氏体升温过程中析出部分碳化物，残余奥氏体中的碳和合金元素含量降低，M_s 点升高，冷却时发生马氏体转变；也可能是残余奥氏体中未析出碳化物，而是出现了反稳定化现象，使 M_s 点升高，冷却时发生马氏体转变。无论如何，通过这种回火后，淬火钢的硬度不仅没有降低，反而有所升高，此现象亦称为“二次硬化”。

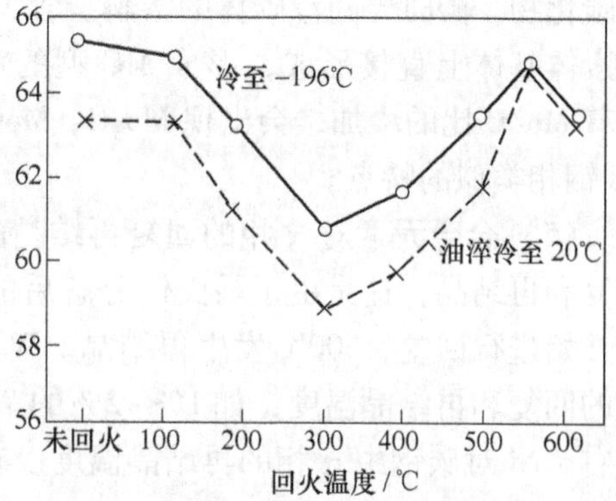

图8-6　高速钢回火时的二次硬化现象

（3）合金钢的回火脆性。回火脆性是指淬火钢在某些温度范围回火后冲击韧性会有所降低的现象。回火脆性的类型有两种：第一类回火脆性及第二类回火脆性。第一类回火脆性（也称不可逆回火脆性）是指淬火钢在250～350℃回火，不论以何种方式冷却，在碳钢和合金钢中均发生韧性下降现象。合金元素不能抑制此种脆性，合金元素的主要影响是：Cr、Mn、Si等元素单独或共同加入钢中起促进作用，但Si、Cr还使此类回火脆性的温度移向高温，例如含1%～1.5%Si钢的第一类回火脆性起始温度可从碳钢的250℃提高到300～320℃；Ni、V单独加入时几乎无影响；Mo、W、Ti、Al等有减弱作用。有些合金结构钢在450～650℃回火后缓冷，出现冲击韧性降低的现象；若在此温度区内回火后快冷，而不出现上述现象，称为第二类回火脆性，或称可逆回火脆性。合金元素对其主要影响是：Cr、Mn、Si、Ni等元素与杂质元素（如Pb、As、Sn、S等）同时存在时，则引起此类脆性，而且这类元素含量愈多或同时存在两种以上元素时，脆性愈大。合金元素W、Mo能抑制杂质元素向晶界的偏聚，因此具有抑制和减轻此类脆性的倾向。

(4) 合金元素对碳化物的析出、聚集和长大的影响。淬火钢回火过程中随回火温度升高，马氏体首先分解析出ε-Fe_xC，随后溶解并析出渗碳体，前已叙述，Si的阻碍作用较为强烈。但随后温度的升高，合金元素能够明显进行扩散，在α相和渗碳体之间进行重新分配。碳化物形成元素将向渗碳体中富集，非碳化物形成元素将离开渗碳体。与此同时，合金渗碳体将发生聚集、长大，其长大方式是通过小颗粒的溶解、碳和合金元素扩散到大颗粒的渗碳体使其长大。Si和W、V、Mo、Cr等元素对合金渗碳体的聚集长大过程起阻碍作用，Ni对其聚集长大无显著影响。

另外，在含W、V、Nb、Mo、Cr等元素较多的钢中，回火时能析出特殊碳化物。析出特殊碳化物的途径有两种：一种是原位析出，碳化物形成元素在合金渗碳体中富集到其浓度超过合金渗碳体中的溶解度时，合金渗碳体点阵就改组为特殊碳化物点阵。这种转变在Cr钢中较为常见，如铬钢的碳化物转变，从合金渗碳体（Fe，Cr$)_3$C向特殊碳化物(Fe，Cr$)_7C_3$的转变。另一种是离位析出，形成特殊碳化物的途径是在α相上直接形成特殊碳化物，同时伴随渗碳体的溶解。含V、Ti、Nb等强碳化物形成元素的钢中，其晶核在铁素体基体上直接形成，形成MC型的特殊碳化物，如NbC、VC、TiC等。在Mo钢中，随着Mo/C比的增加，会出现Mo_2C、MoC、Mo_6C等特殊类型的碳化物。在W钢中也有和Mo钢相类似的特点。

(5) 合金元素对α相的回复再结晶的影响。在特殊碳化物析出的同时还发生α相的回复和再结晶，这是由于马氏体分解后的α相具有很高的位错密度，碳钢中高于400℃α相开始进行回复，500℃发生再结晶。W、V、Nb、Mo、Cr等合金元素的影响在于提高α相的回复和再结晶温度，如1%~2%的W、Mo、Cr将α相的回复再结晶温度提高到650℃左右。Ni对碳钢中α相的再结晶温度没有影响。

8.2 钢的分类及牌号

当今我国钢铁工业发展迅速，工业生产和生活上使用的钢材品种也越来越丰富，许多产品在质量上都已经与国际接轨，国内钢材的编号也发生了较大的变化，但分类方法近些年来没有太大的改变。下面介绍几种常用的分类方法。

8.2.1 钢的分类

(1) 按钢的化学成分分类。将钢分为碳素钢和合金钢两大类。碳素钢是指钢中除铁、碳外，还含有少量锰、硅、磷、硫等元素的铁碳合金。根据碳含量的不同，可分为低碳钢（$w_C \leqslant 0.25\%$）、中碳钢（w_C为0.25%~0.60%）、高碳钢（$w_C > 0.60\%$）。合金钢按其合金元素的总量，可分为低合金钢（合金元素的总量不高于5%）；中合金钢（合金元素总量为5%~10%）；高合金钢（合金元素总量大于10%）。

(2) 按冶炼设备分类。

转炉钢：用转炉吹炼的钢，可分为底吹、侧吹、顶吹和空气吹炼、纯氧吹炼等。根据炉衬的不同，又分酸性和碱性两种。

平炉钢：用平炉炼制的钢。按炉衬材料的不同分为酸性和碱性两种，一般多为碱性。

电炉钢：用电炉炼制的钢。有电弧炉钢、感应炉钢及真空感应炉钢等。工业上大量生产的是碱性电弧炉钢。

（3）按浇注前脱氧程度分类。将钢分为：沸腾钢（脱氧不完全，浇注时在钢锭模里产生沸腾现象）、镇静钢（脱氧比较完全，浇注时在钢锭模里的钢液平静，没有沸腾现象）及半镇静钢。

（4）按钢的冶炼品质分类。

将钢分为普通钢（一般 $w_S \leqslant 0.05\%$、$w_P \leqslant 0.045\%$），优质钢（S、P 含量分别不高于 0.035%），高级优质碳素结构钢（S、P 含量分别不高于 0.030%）。合金结构钢：一般为优质钢（S、P 含量分别不高于 0.035%），高级优质合金结构钢（S、P 含量分别不高于 0.025%），特级优质合金结构钢（S 含量不高于 0.015%、P 含量不高于 0.025%）。

（5）按制造加工形式分类。钢可分为铸钢（即采用铸造方法生产出来的一种钢铸件）、锻钢、热轧钢（大部分钢材都是热轧轧成的）、冷轧钢和冷拔钢。

（6）按钢的用途分类。我国合金钢一般都是按用途分类编制的，可分为结构钢、工具钢、特殊钢、专业用钢四类。这种分类方法最为常见。

1）结构钢。用于制造各种机器零件及工程结构的钢种。结构钢可分为：①建筑及工程用结构钢：主要用于制造各种工程结构件，如桥梁、船舶、车辆、压力容器、各种建筑结构等，它包括普通碳素结构钢和普通低合金钢。这类钢大都做成钢板（如用于汽车外壳、锅炉等制造）和型钢（如角钢、螺纹钢、H 型钢、工字钢等）。②机械制造用结构钢：主要用来制造各种机器零件（如轴、齿轮、各种联结件等）。这类钢基本上都是优质钢或高级优质钢，主要有优质碳素结构钢、合金结构钢、易切结构钢、弹簧钢、滚动轴承钢等。

2）工具钢。用于制造各种加工工具的钢种。工具钢可分为：刃具钢，包括碳素刃具钢、合金刃具钢和高速钢。模具钢，包括冷作模具钢和热作模具钢，以及量具钢。

3）特殊钢。指具有各种特殊物理、化学性能的钢。这类钢有不锈耐酸钢、耐热钢、磁钢、耐磨钢等。

4）专业用钢。泛指各工业部门专业用途的钢，如汽车用钢、航空用钢、农机用钢、化工机械用钢、锅炉用钢、电工用钢等。

8.2.2 钢材的分类

目前市面上的钢材主要分为型钢、钢板、钢带、钢管、钢丝和钢丝绳，其中：

（1）型钢。主要按照断面形状分为：圆钢、扁钢、方钢、六角钢、八角钢、角钢、工字钢、槽钢、丁字钢和乙字钢等。

（2）钢板。

按照厚度分：厚板（厚度 >4mm）和薄板（厚度 <4mm）。

按轧制方法分：热轧钢板和冷轧钢板。

按用途分：一般用钢板、锅炉用钢板、汽车用钢板、酸洗薄钢板、镀锌薄钢板等。

（3）钢带。

按轧制方法分：热轧钢带和冷轧钢带。

按用途分：一般用钢带、镀锌钢带、彩色涂层钢带、电工钢带等。

（4）钢管。

按制造方法分：无缝钢管和焊接钢管。

按用途分：一般用钢管、水煤气用钢管、锅炉用钢管、石油用钢管和其他专用钢管。

按表面状况分：镀锌钢管、不镀锌钢管。

按管端结构分：带螺纹钢管、不带螺纹钢管。

（5）钢丝。

按加工方法分：冷拔钢丝、冷轧钢丝。

按用途分：一般用钢丝、包扎用钢丝、弹簧钢丝、焊接用钢丝、架空通信用钢丝等。

按表面状况分：抛光钢丝、磨光钢丝、酸洗钢丝、光面钢丝、黑钢丝等。

（6）钢丝绳。

按绳股数目分：单股钢丝绳、六股钢丝绳和十八股钢丝绳。

按内芯材料分：有机物芯钢丝绳、金属芯钢丝绳。

按表面状况分：镀锌钢丝绳、不镀锌钢丝绳。

按用途分：一般用钢丝绳、输送带用钢丝绳、其他专用钢丝绳等。

8.2.3 钢铁产品的牌号

标准《钢铁产品牌号表示方法》（GB/T 221—2008）是参照国外钢铁产品牌号表示方法，并根据国内钢铁产品牌号表示方法变化（如 Q345 代替 16Mn）等情况制订的。部分钢铁产品牌号采用的汉字、汉语拼音和符号参见表 8-3。当前，国内钢材市场上存在国内外牌号通用的情况，部分牌号对照请注意查阅手册，学习时应加以重视，注意比对。

表 8-3 部分钢铁产品牌号采用的汉字、汉语拼音和符号

名称	汉字	汉语拼音	符号	名称	汉字	汉语拼音	符号
碳素结构钢	屈	QU	Q	焊接用钢	焊	HAN	H
碳素工具钢	碳	TAN	T	滚动轴承钢	滚	GUN	G
低合金高强度钢	屈	QU	Q	铸钢	铸钢	ZHUGANG	ZG
易切削钢	易	YI	Y	压力容器用钢	容	RONG	R
耐候钢	耐候	NAIHOU	NH	锅炉用钢	锅	GUO	G
保证淬透性的钢		Hardenability	H	钢轨钢	轨	GUI	U
非调质机械结构钢	非	FEI	F	铆螺钢	铆螺	MAOLUO	ML
冷轧无取向电工钢	无	WU	W	桥梁用钢	桥	QIAO	Q
冷轧普通级取向电工钢	取	QU	Q	汽车大梁用钢	梁	LIANG	L
冷轧高磁导率级取向电工钢	取高	QUGAO	QG	车辆车轴用钢	辆轴	LIANGZHOU	LZ

8.2.3.1 碳素结构钢和低合金高强度结构钢牌号

碳素结构钢的牌号由代表屈服点的拼音首字母“Q”，最低屈服点数值（单位为 MPa）和规定的质量等级 A、B、C、D 和脱氧方法等符号按顺序组成。例如：Q195F、Q215AF、Q235Bb、Q255A、Q275。有时牌号后面还要添加下列符号：F—沸腾钢，b—半镇静钢，

Z—镇静钢，TZ—特殊镇静钢。一般镇静钢符号“Z”和特殊镇静钢符号“TZ”可以省略，例如：Q235BZ 为 B 级的 Q235 钢，其牌号可以省略为 Q235B。

低合金高强度结构钢牌号表示为 Q295、Q345A、Q390A。低合金高强度结构钢有镇静钢和特殊镇静钢，但牌号尾部不加写表示脱氧方法的符号。低合金高强度结构钢的最低屈服强度要高于碳素结构钢。另外，像压力容器用钢、锅炉用钢等专用结构钢一般采用代表钢屈服点的符号“Q”、屈服点数值和表 8-3 中规定的代表产品用途的符号等表示，例如：压力容器用钢牌号表示为 Q345R，最低屈服点数值为 345MPa；耐候钢其牌号表示为 Q340NH，最低屈服点数值为 340MPa。

8.2.3.2 优质碳素结构钢牌号

优质碳素结构钢是以万分之几碳的平均含量来表示。例如：平均碳含量为 0.45% 的镇静钢，其牌号表示为 45。对于较高锰含量的优质碳素结构钢要加锰元素符号。例如 50Mn：平均碳含量为 0.50%，锰含量为 0.70%~1.00% 的钢。对于 45A、45E 表示为高级优质碳素结构钢、特级优质碳素结构钢。锅炉用钢如：20G。

8.2.3.3 合金结构钢牌号

合金结构钢牌号用两位阿拉伯数字表示平均碳含量（以万分之几计）和标准的化学元素符号表示。当合金元素平均含量小于 1.50% 时，牌号中仅标明化学元素符号，一般不标明含量；平均合金含量为 1.50%~2.49%、2.50%~3.49%、3.50%~4.49%、4.50%~5.49%、…时，在合金元素后相应写成 2、3、4、5、…。例如：C、Cr、Mn、Si 的平均含量分别为 0.30%、0.95%、0.85%、1.05% 的合金结构钢，其牌号表示为 30CrMnSi，对于高级优质合金结构钢则在牌号尾部加符号“A”表示，如：30CrMnSiA。特级优质合金结构钢（S 含量不高于 0.015%、P 含量不高于 0.025%），在牌号尾部加符号“E”，如：30CrMnSiE。有些合金结构钢中的 V、Ti、Al、B、RE 等元素含量虽少，但在钢中所起的作用很大，故也应在牌号中标出，如：20MnVB。另外，易切削结构钢在牌号中标注“Y”表示易切削，如 Y12、Y30。锰含量较高时（1.2%~1.55%）标出元素符号，如：Y40Mn。

8.2.3.4 碳素工具钢牌号

普通锰含量碳素工具钢，在工具钢符号“T”后加平均碳含量（以千分之几计）的阿拉伯数字表示，例如：平均碳含量为 1.2% 的碳素工具钢，其牌号表示为 T12。较高锰含量（0.40%~0.60%）的碳素工具钢，在工具钢符号“T”和阿拉伯数字后加锰元素符号，例如：T8Mn。对于高级优质碳素工具钢，在牌号尾部加“A”，例如：“T8MnA”。

8.2.3.5 合金工具钢和高速工具钢牌号

合金工具钢、高速工具钢牌号表示方法与合金结构钢牌号表示方法相同，只是碳含量的表示方法不同。若平均碳含量不低于 1.0% 时，则不标出碳含量，如：CrWMn；若平均碳含量小于 1.0% 时，可采用一位以千分之几计的阿拉伯数字表示碳含量，如：9SiCr 的平均碳含量为 0.85%~0.95%，硅含量为 1.20%~1.60%，铬含量为 0.95%~1.25%。另外对于低铬（平均含铬量小于 1.0%）的合金工具钢，在铬含量（以千分之几计）前加数字“0”。例如：Cr06 表示为平均铬含量为 0.60% 的合金工具钢。高速钢牌号中一般不标碳含量，只标出合金元素含量平均值的百分之几，例如：W18Cr4V、W6Mo5Cr4V2，生产上简称 18-4-1 和 6-5-4-2。

8.2.3.6 滚动轴承钢牌号

高铬轴承钢在牌号头部加符号“G”，但不标明碳含量，铬含量以千分之几计。例如：GCr15 表示平均铬含量为 1.50% 的轴承钢。渗碳轴承钢合金元素采用合金结构钢的牌号表示方法，如：G20CrNiMo。高碳铬不锈轴承钢和高温轴承钢采用不锈钢和耐热钢的牌号表示方法，牌号头部不加符号“G”，如：高碳铬不锈轴承钢 9Cr18 和高温轴承钢 10Cr14Mo。

8.2.3.7 不锈钢和耐热钢牌号

不锈钢和耐热钢牌号表示方法采用阿拉伯数字（千分之几的平均碳含量）加合金元素符号加阿拉伯数字表示（百分之几的主要合金元素含量），例如：9Cr18 表示平均碳含量为 0.90%，铬含量为 18% 的不锈钢。当平均碳含量不低于 1.0% 时，用两位阿拉伯数字表示；当碳含量小于 0.10% 时，以“0”表示碳含量；当碳含量不高于 0.03% 时（超低碳），以万分之几和十万分之几表示碳含量，如 12Cr13、9Cr18、06Cr19Ni10、06Cr18Ni11Ti。

随着不锈钢冶炼质量的提升，国内市场与国际市场逐步接轨，我国奥氏体不锈钢已不仅完成从含钛稳定化钢（如旧牌号 1Cr18Ni9Ti）向低碳和超低碳钢的过渡，而且启用了新的牌号替代原有的牌号。国标 GB/T 20878—2007 给出的不锈钢牌号 06Cr19Ni10（旧牌号：0Cr18Ni9，美国牌号：304）、022Cr19Ni10（旧牌号：00Cr19Ni10，美国牌号：304L）和 06Cr17Ni12Mo2（旧牌号：0Cr17Ni12Mo2，美国牌号：316）已成为市场上不锈钢的主导牌号。

8.2.3.8 专门用途钢牌号

一些具有专门使用场合的钢种，如：铆螺钢、焊接用钢、汽车大梁用钢、锅炉用钢等，则根据表 8-3 中牌号采用的符号加以识别，如：ML10、H08Mn2Si、510L、20G。

8.3 工程结构用钢

工程结构用钢是指桥梁、锅炉、船舶、车辆、起重机、桁架、建筑工程等结构件所用的钢材。这类钢多采用冷（或热）塑性变形、铆接、螺栓联结、焊接的方法制成各种构件，通常以热轧态供货而无需再进行热处理。首先，由于是用于制作桥梁等工程结构，其工作条件是承受长期的静载荷，所以要求构件要有较高的刚度，使其在静载荷长期作用下保持结构稳定；其次，不允许有任何的塑性变形和断裂，意味着要有较高的屈服极限和抗拉强度；第三，像压力容器、船舶等钢制构件长期处在温度、环境介质等复杂状况下工作，所以需要钢材具有较小的冷脆倾向和一定的耐蚀性。

工程结构用钢还必须具有良好的焊接性和成型性能。在工程构件中焊接是最常用的连接钢结构的手段，要求焊缝成型性好、强度高、焊接热影响区韧性好，即要有良好的焊接性。此外，一些构件如汽车外壳需要进行剪切、深冲等大变形量的成型过程，因而要求有良好的冷热加工性能和成型性能。工程结构用钢包括碳素结构钢和低合金高强度钢，一般按照钢的屈服强度进行等级划分。

8.3.1 碳素结构钢（GB/T 700—2006）

碳素结构钢原来称为普通碳素结构钢（简称碳钢），钢中不含有特意加入的合金元素。

碳钢大部分用作钢结构，少量用作机器零件。碳钢易于冶炼、价格低廉，具有足够的强度、良好的塑性和韧性，易于成型和焊接，工程上用量很大。它通常轧制成钢板或各种型材（圆钢、方钢、扁钢、角钢、槽钢、工字钢、钢筋等）供应，用于厂房、桥梁、船舶等建筑及工程结构。由于碳钢通常于热轧状态下使用，所以其组织形态为铁素体加珠光体。碳钢的碳含量低，S、P 含量较高。根据国家标准（GB/T 700—2006），碳素结构钢的牌号和化学成分如表 8-4 所示。这类钢主要保证力学性能，所以其牌号主要体现它的力学性能。碳钢的力学性能参见表 8-5。

表 8-4　普通碳素结构钢的牌号和化学成分（GB/T 700—2006）

牌号	统一数字代号①	等级	厚度（或直径）/mm	脱氧方法	化学成分(质量分数)(≤)/%				
					C	Si	Mn	P	S
Q195	U11952	—	—	F、Z	0.12	0.30	0.50	0.035	0.040
Q215	U12152	A	—	F、Z	0.15	0.35	1.20	0.045	0.050
	U12155	B							0.045
Q235	U12352	A	—	F、Z	0.22	0.35	1.40	0.045	0.050
	U12355	B			0.20②				0.045
	U12358	C		Z	0.17			0.040	0.040
	U12359	D		TZ				0.035	0.035
Q275	U12752	A	—	F、Z	0.24	0.35	1.50	0.045	0.050
	U12755	B	≤40	Z	0.21			0.045	0.045
			>40		0.22				
	U12758	C	—	Z	0.20			0.040	0.040
	U12759	D		TZ				0.035	0.035

①我国国家标准 GB/T 17616—1998 对钢铁及合金产品牌号规定了统一数字代号，与《钢铁产品牌号表示方法》（GB/T 221—2008）等同时使用。

②经需方同意，Q235 的碳含量可不大于 0.22%。

表 8-5　碳素结构钢的力学性能（GB/T 700—2006）

牌号	等级	屈服强度① R_{eH}(不小于)/N·mm^{-2}						抗拉强度②	断后伸长率 A(不小于)/%					冲击试验（V 形缺口）	
		厚度（或直径）/mm						R_m	厚度（或直径）/mm					温度/℃	冲击吸收功（纵向）（不小于）/J
		≤16	<16~40	<40~60	<60~100	<100~150	<150~200	/N·mm^{-2}	≤40	<40~60	<60~100	<100~150	<150~200		
Q195	—	195	185	—	—	—	—	315~430	33	—	—	—	—	—	—
Q215	A	215	205	195	185	175	165	335~450	31	30	29	27	26	—	—
	B													+20	27
Q235	A	235	225	215	215	195	185	370~500	26	25	24	22	21	—	—
	B													+20	27③
	C													0	
	D													-20	

续表 8-5

<table>
<tr><th rowspan="3">牌号</th><th rowspan="3">等级</th><th colspan="6">屈服强度①R_{eH}(不小于)/N·mm^{-2}</th><th rowspan="2">抗拉强度②
R_m</th><th colspan="5">断后伸长率 A(不小于)/%</th><th colspan="2">冲击试验
(V形缺口)</th></tr>
<tr><th colspan="6">厚度（或直径)/mm</th><th colspan="5">厚度（或直径)/mm</th><th rowspan="2">温度
/℃</th><th rowspan="2">冲击吸收功（纵向)
(不小于)/J</th></tr>
<tr><th>≤16</th><th><16~40</th><th><40~60</th><th><60~100</th><th><100~150</th><th><150~200</th><th>/N·mm^{-2}</th><th>≤40</th><th><40~60</th><th><60~100</th><th><100~150</th><th><150~200</th></tr>
<tr><td rowspan="4">Q275</td><td>A</td><td rowspan="4">275</td><td rowspan="4">265</td><td rowspan="4">255</td><td rowspan="4">245</td><td rowspan="4">225</td><td rowspan="4">215</td><td rowspan="4">410~540</td><td rowspan="4">22</td><td rowspan="4">21</td><td rowspan="4">20</td><td rowspan="4">18</td><td rowspan="4">17</td><td>—</td><td>—</td></tr>
<tr><td>B</td><td>+20</td><td rowspan="3">27</td></tr>
<tr><td>C</td><td>0</td></tr>
<tr><td>D</td><td>−20</td></tr>
</table>

①Q195 的屈服强度值仅供参考，不作交货条件。

②厚度大于 100mm 的钢材，抗拉强度下限允许降低 20N/mm^2。宽带钢（包括剪切钢板）抗拉强度上限不作交货条件。

③厚度小于 25mm 的 Q235B 级钢材，如供方能保证冲击吸收功值合格，经需方同意，可不作检验。

在普碳钢的应用范围内，Q195、Q215 钢有较高的伸长率，易于加工，可以承受小载荷的结构件，如螺钉、垫圈、炉体部件等；Q235、Q275 则具有较高的强度和硬度，伸长率也较大，常用作建筑结构，轧制成工字钢、槽钢、角钢、钢板及其他各种型材。Q235 钢既有较高的塑性，又有适中的强度，目前仍是应用最广泛的一种钢，在构件、车辆及桥梁等的各种型材以及铆钉、螺钉、螺母、地脚螺丝、销轴等零件中均有应用。

8.3.2 优质碳素结构钢（GB/T 699—1999）

优质碳素结构钢俗称优钢，是指钢中不含特意加入的合金元素，主要用于制造机器零件，也称为机器制造用非合金钢。根据国家标准 GB/T 699—1999，优质碳素结构钢的牌号和化学成分如表 8-6 所示。

表 8-6 部分优质碳素结构钢的牌号和化学成分（GB/T 699—1999）

序号	统一数字代号	牌号	化学成分/%					
			C	Si	Mn	Cr	Ni	Cu
						不大于		
1	U20080	08F	0.5~0.11	≤0.03	0.25~0.50	0.10	0.30	0.25
2	U20202	20	0.17~0.23	0.17~0.37	0.35~0.65	0.25	0.30	0.25
3	U20402	45	0.42~0.50	0.17~0.37	0.50~0.80	0.25	0.30	0.25
4	U20602	60	0.57~0.65	0.17~0.37	0.50~0.80	0.25	0.30	0.25
5	U20802	80	0.77~0.85	0.17~0.37	0.50~0.80	0.25	0.30	0.25
6	U21202	20Mn	0.17~0.23	0.17~0.37	0.70~1.00	0.25	0.30	0.25
7	U21452	45Mn	0.42~0.50	0.17~0.37	0.70~1.00	0.25	0.30	0.25
8	U21652	65Mn	0.62~0.70	0.17~0.37	0.90~1.20	0.25	0.30	0.25

注：表中所列牌号为优质钢。如果是高级优质钢，在牌号后面加“A”（统一数字代号最后一位数字改为“3”）；如果是特级优质钢，在牌号后面加“E”（统一数字代号最后一位数字改为“6”）；对于沸腾钢，牌号后面为“F”（统一数字代号最后一位数字为“0”）；对于半镇静钢，牌号最后面为“b”（统一数字代号最后一位数字为“1”）。

根据钢中碳含量的不同，分为低碳、中碳和高碳。低碳钢具有良好的塑性和韧性，经过表面热处理可获得表面硬度高、耐磨性好，心部具有良好韧性的零件，如10、20钢冷冲压性与焊接性良好，可以用作冲压件和焊接件，经过渗碳可以制作受力不大的齿轮、销轴等。低碳碳素结构钢中碳含量较低的钢（如08F），有很好的塑性和冲压成型性能，广泛用在汽车壳体、搪瓷器皿的冲压成型。中碳钢如35、40、45、50钢，经过调质处理有较高的综合力学性能，常用来制造一些尺寸较小的机器零件，像齿轮、小轴等。高碳钢如60、65钢，具有较高的强度和硬度，常用来制造弹簧、钢丝绳等。部分优质碳素钢的热处理和力学性能见表8-7。

表8-7　部分优质碳素结构钢的热处理和力学性能（GB/T 699—1999）

序号	牌号	试样毛坯尺寸/mm	推荐热处理/℃			力学性能					钢材交货状态硬度HBS10/3000（不大于）	
			正火	淬火	回火	R_m/MPa	R_{eL}/MPa	A/%	Z/%	A_{kU2}/J		
						不小于					未热处理钢	退火钢
1	08F	25	930			295	175	35	60		131	
2	20	25	910			410	245	25	55		156	
3	45	25	850	840	600	600	355	16	40	39	229	197
4	60	25	810			675	400	12	35		255	229
5	80	试样		820	150	1080	930	6	30		285	241
6	20Mn	25	910			450	275	24	50		197	
7	45Mn	25	850	840	600	620	375	15	40	39	241	217
8	65Mn	25	830			735	430	9	30		285	229

注：1. 对于直径或厚度小于25mm的钢材，热处理是在与成品截面尺寸相同的试样毛坯上进行的。
2. 表中所列正火推荐保温时间不少于30min，空冷；淬火推荐保温时间不少于3min，70、80和85钢油冷，其余钢水冷；回火推荐时间不少于1h。

由表8-7可知，优质碳素结构钢使用前一般都要经过热处理，但它的缺点是淬透性差，因而不适用于制造对性能要求较高的、截面尺寸较大的或形状较复杂的零件。

8.3.3 低合金高强度结构钢（GB/T 1591—2008）

低合金高强度结构钢是在碳素结构钢的基础上加入少量合金元素而形成的。利用合金元素产生的固溶强化、细晶强化和沉淀强化来提高钢的强度，细晶强化使钢的韧-脆转变温度降低，来抵消因碳氮化物析出强化使钢的韧-脆转变温度升高，以保证构件在较低的使用温度下仍有良好的韧性。这类钢大多在热轧空冷状态下使用，组织为铁素体+细珠光体（索氏体）。有时也在正火状态下使用，以改善焊接区性能。低合金高强度结构钢的合金化有以下特点：合金元素以添加资源丰富的Mn为主，锰含量一般在0.80%~1.7%，并辅以少量的V、Ti、Cr、Ni、Cu、Mo、Nb、N等元素。Mn除了固溶强化外，还大大降低奥氏体分解温度，细化铁素体晶粒和珠光体片，提高钢的强度和韧性。V、Ti、Nb等合金元素的主要作用是在钢中形成细小碳氮化物，阻碍钢热轧时奥氏体晶粒的长大，细化铁素体晶粒，使钢的强度和韧性得到改善。目前，也有采用控制轧制技术使铁素体晶粒细化，从而提高钢的强度和韧性。另外，加入少量的P、Cu元素以提高钢的耐大气腐蚀能力。

低合金高强度钢的碳含量一般为0.2%，以保证良好的焊接性、冷成型性和低温韧性，同时对S、P含量要求不太高，生产上十分经济。低合金是指合金元素总量不超过3%，“高强度”主要是相对于普碳钢的强度质量等级而言，如建筑结构材料中常用的普碳钢Q235，$R_{eL}\geqslant 235$MPa、$R_m = 375 \sim 500$MPa。而普通低合金钢Q345，碳含量与Q235钢相近，仅含少量的锰，但强度提高，$R_{eL}\geqslant 345$MPa、$R_m > 520$MPa。一般而言，低合金高强度结构钢屈服强度比相同碳含量的碳素结构钢高25%~150%。

随着钢铁行业的迅猛发展，结构钢标准也在不断修订。根据国家标准GB/T 1591—2008，这类钢有Q345、Q390、Q420等八个牌号。和GB/T 1591—1994相比，Q500-Q690是新增的牌号，见表8-8。其中Q345是生产量和使用量最大的钢种，它涵盖了最早的16Mn、14MnNb、10MnSiCu等旧的牌号，其最低屈服强度为345MPa，比Q235钢高20%~30%，可以减轻结构自重，具有良好的综合力学性能、焊接性能及冷变形性能，广泛用于船舶、桥梁、车辆、压力容器器、大型钢结构等，见表8-9～表8-11。例如：上海南浦大桥于1988年建造，使用STE460和STE355钢板钢制造；卢浦大桥于2000年建造，使用S355N和S355NZ25钢板制造；杨浦大桥于1991年建造，使用STE355钢制造。

表8-8　低合金高强度钢的牌号和成分（GB/T 1591—2008）

牌号	质量等级	化学成分①（质量分数）/%										
		C	Si	Mn	P	S	Nb	Ti	Cr	Ni	Cu	N
					不大于							
Q345	A	≤0.20	≤0.50	≤1.7	0.035	0.035	0.07	0.20	0.30	0.50	0.30	0.012
	B				0.035	0.035						
	C				0.030	0.030						
	D	≤0.18			0.030	0.025						
	E				0.025	0.020						
Q390	A	≤0.20	≤0.50	≤1.7	0.035	0.035	0.07	0.20	0.30	0.50	0.30	0.015
	B				0.035	0.035						
	C				0.030	0.030						
	D				0.030	0.025						
	E				0.025	0.020						
Q460	C	≤0.20	≤0.60	≤1.8	0.030	0.030	0.11	0.20	0.30	0.80	0.55	0.015
	D				0.030	0.025						
	E				0.025	0.020						
Q550	C	≤0.18	≤0.60	≤2.0	0.030	0.030	0.11	0.20	0.80	0.80	0.80	0.015
	D				0.030	0.025						
	E				0.025	0.020						
Q690	C	≤0.18	≤0.60	≤2.0	0.030	0.030	0.11	0.20	1.00	0.80	0.80	0.015
	D				0.030	0.025						
	E				0.025	0.020						

①型材及棒材P、S含量可提高0.005%，其中A级钢上限可为0.045%。当细化晶粒元素组合加入时，20(Nb% + V% + Ti%)≤0.22%，20(Mo% + Cr%)≤0.30%。

表 8-9 低合金高强度结构钢的力学性能（GB/T 1591—2008）

牌号	质量等级	拉伸试验															
		以下公称厚度（直径，边长）下屈服强度 R_{eL}/MPa						以下公称厚度（直径，边长）抗拉强度 R_m/MPa					断后伸长率 A/%				
													公称厚度（直径，边长）				
		≤16mm	>16～40mm	>40～63mm	>63～80mm	>80～100mm	>100～150mm	≤40mm	>40～63mm	>63～80mm	>80～100mm	>100～150mm	≤40mm	>40～63mm	>63～80mm	>80～100mm
Q345	A															
	B												≥20	≥19	≥19	≥18
	C	≥345	≥335	≥325	≥315	≥285	≥275	470～630	470～630	470～630	470～630	450～600				
	D												≥21	≥20	≥20	≥19
	E															
Q390	A															
	B															
	C	≥390	≥370	≥350	≥330	≥330	≥310	490～650	490～650	490～650	490～650	470～620	≥20	≥19	≥19	≥18
	D															
	E															
Q460	C															
	D	≥460	≥440	≥420	≥400	≥400	≥380	550～720	550～720	550～720	550～720	530～700	≥19	≥18	≥18	≥18
	E															
Q550	C															
	D	≥550	≥530	≥520	≥500	≥490		670～830	620～810	600～790	590～780		≥16	≥16	≥16	
	E															
Q690	C															
	D	≥690	≥670	≥660	≥640			770～940	750～920	730～900			≥14	≥14	≥14	
	E															

表 8-10 夏比（V形）冲击试验的试验温度和冲击吸收能量

牌号	质量等级	试验温度/℃	冲击吸收能量/J		
			公称厚度（直径、边长）		
			12～150mm	>150～250mm	>250～400mm
Q345	B	20	≥34	≥27	—
	C	0			
	D	-20			27
	E	-40			
Q390	B	20	≥34	—	—
	C	0			
	D	-20			
	E	-40			
Q460	C	0	≥34	—	—
	D	-20		—	—
	E	-40		—	—
Q550 Q690	C	0	≥55	—	—
	D	-20	≥47	—	—
	E	-40	≥31	—	—

注：冲击试验取纵向试样。

表 8-11 弯曲试验

牌 号	试 样 方 向	180°弯曲试验［d为弯心直径，a为试样厚度（直径）］	
		钢材厚度（直径，边长）	
		≤16mm	>16～100mm
Q345、Q390、Q420、Q460	宽度不小于600mm扁平材，拉伸试验取横向试样；宽度小于600mm的扁平材、型材及棒材取纵向试样	2a	3a

8.4 机械零件用钢

机器零件用钢是指用于制造各种机器零件所用的钢种，如各种轴类零件，齿轮、滚动轴承及弹簧等，广泛用在汽车、机床、工程机械、电站设备等装置上。这些零件的尺寸差别很大，但工作条件基本相似，主要是承受拉伸、压缩、剪切、弯曲、扭转、冲击、振动、摩擦等力的作用，而且往往是几种载荷同时作用。载荷可以是变载或恒载，加载方式可以是逐渐的或骤然的，作用力的方向可以是单向或反复的，工作环境主要接触大气、水或润滑油，工作温度有高温，也有低温。机器零件的工作环境复杂，零件损伤或失效方式也各不相同。根据机器零件的服役工作条件，对机器零件用钢提出力学性能的要求：具有足够高的强度、塑性、韧性、疲劳强度和耐磨性等，并且要求机器零件用钢具有良好的工艺性能。

按照钢的生产工艺和用途将机器零件用钢分为调质钢、非调质钢、低碳马氏体钢、超高强度结构钢、渗碳钢、氮化钢、弹簧钢、滚动轴承钢、超高强度钢等，下面分别进行介绍。

8.4.1 调质钢

8.4.1.1 调质钢的工作条件及性能要求

通常将需经淬火加高温回火（即调质处理）强化而使用的钢种称为调质钢。调质钢在机器零件中用量最大，广泛用于制造各种轴类零件、螺栓及航空发动机压气机叶片、飞机起落架等重要受力件。这些受力件都是在多种应力负荷下工作，受力情况比较复杂，因而要求该类钢种具有良好的综合力学性能，即不仅要有很高的强度，而且要求有良好的塑性和韧性。只有这样，才能承受较大的工作应力，防止由于突然过载等原因造成的危害。此外，调质钢要求有良好的工艺性能（如铸造性、压力加工性、切削加工性、焊接性及热处理性能等），以便于零件加工成型。热处理性能好是指具有高的淬透性，足够的淬硬性，小的过热敏感性以及热处理时变形、开裂的倾向小等。实际上，现在调质钢的强化途径已经不限于高温回火了，还可以采用正火、等温淬火等工艺手段。

8.4.1.2 调质钢的化学成分特点

为了达到良好的强度与韧性的配合，调质钢使用状态下的组织一般为回火索氏体。获得回火索氏体的先决条件是淬火时要得到马氏体，因此调质钢的化学成分设计有以下特点：

（1）中碳：碳含量为0.25%~0.45%，保证足够的碳化物弥散强化的作用。碳含量过低，不易淬硬，回火后强度不够。而高于0.45% C，则碳化物数量较多，对钢的冲击韧性不利。因此，如果零件要求以强度、硬度为主，则碳含量取上限；若零件要求具有较高的韧性、塑性，则碳含量偏下限，以保证零件工作时的安全可靠。

（2）合金元素：合金元素的总量一般为3%~7%，属于中合金范围。合金元素主要有Si、Mn、Cr、Ni、B 等；另外还添加少量的 W、Mo、Nb、Ti 等。合金元素在调质钢中主要作用如下：

1）提高钢的淬透性：对调质钢而言，首先要保证钢有足够的淬透性，合金元素 Mn、Cr、Mo、微量 B 的加入能显著提高淬透性，Si、Ni 的作用较弱，但 Ni 与 Cr 同时加入，且其含量比为3:1 时，可显著增加淬透性。如果淬透性不足，淬火后得到非马氏体组织，则钢的力学性能将显著下降。

2）细化晶粒：W、Mo、V、Ti 等合金元素的加入可以细化奥氏体晶粒，从而使得回火索氏体中的铁素体晶粒细小，钢的强韧性增加。

3）减轻或抑制第二类回火脆性：调质钢的回火温度恰巧在第二类回火脆性温度范围内，钢中加入的 Mn、Cr、Ni、B 元素在提高淬透性的同时也会增大回火脆性的敏感性，因此要加入抑制回火脆性的元素 W 和 Mo，同时采取回火后快速冷却的方式以避免回火脆性的发生。

8.4.1.3 常用调质钢钢种

根据淬透性大小可将调质钢分为三大类：

（1）低淬透性调质钢。此类钢的油淬临界直径最大值为30～40mm。典型钢种是45、40Cr。它们有较好的力学性能和工艺性能，因淬透性不够高，广泛用于制造较小的零件，如连杆、螺栓、传动轴、进气阀等。

（2）中淬透性调质钢。此类钢的油淬临界直径最大值为40～60mm。典型钢种是40CrMn、35CrMo等。由于含有较多的合金元素，淬透性有所提高，广泛用于制造尺寸较大的零件，如曲轴、齿轮等。

（3）高淬透性调质钢。此类钢的油淬临界直径最大值在60mm以上。典型钢种是40CrNiMo。钢中含合金元素多，淬透性高，适于制造大截面、重负荷的零件，如航空发动机中的涡轮轴、压气机轴等。表8-12展示了部分调质钢的牌号、化学成分和力学性能（GB/T 3077—1999）。

8.4.1.4 调质钢的热处理

A 预备热处理

调质钢在热加工（轧压、锻造）后需进行预备热处理，目的是为了降低硬度便于切削加工，消除热加工造成的组织缺陷（如带状组织），细化晶粒。对于合金元素含量较低的钢采用正火（零件尺寸很大时）或退火处理。反之则必须采用正火处理（可能会得到马氏体组织）加高温回火，使组织为粒状珠光体，降低硬度便于切削加工。

B 最终热处理

采用调质处理，即淬火加高温回火。淬火及回火具体温度取决于钢种及技术条件要求，通常是油淬后在500～650℃回火。对第二类回火脆性敏感的钢，回火后必须快冷（水或油冷）。调质处理后的组织为回火索氏体，具有良好的综合力学性能。通常有些调质钢制零件除了要求具有良好的综合力学性能外，往往还要求某些部位（如轴类零件的轴颈或花键部分）具有较高的耐磨性。这时零件经调质处理后，还要在局部部位进行高频感应表面淬火，然后低温回火，提高表层硬度。

8.4.2 渗碳钢

8.4.2.1 渗碳钢的工作条件及性能要求

渗碳钢是指经过渗碳处理后使用的钢种，主要作来制造表面耐磨而心部具有一定强度与韧性的零件，如齿轮、活塞销、凸轮等。这类零件往往在滑动、滚动、相对运动的工况下工作，工件之间有摩擦，同时还承受了一定的交变弯曲应力，有时还会有一定的冲击力。这些零件的失效形式主要是表面磨损、表面剥落，甚至断裂等。因此对渗碳钢的性能要求主要是：心部具有足够高的强度和韧性，表面有高的硬度和耐磨性，有良好的工艺性能，尤其是热处理工艺性能。渗氮、碳氮共渗用钢也可归入此类。

8.4.2.2 渗碳钢的成分特点

A 低碳

渗碳钢的碳含量一般为0.10%～0.25%，属于低碳钢，它是指渗碳零件心部的碳含量，或者说是未渗碳前的碳含量，以保证心部有足够的塑性和韧性。

表 8-12 常用合金调质钢的牌号、化学成分、热处理、力学性能及用途（GB/T 3077—1999）

牌号	化学成分/%					热处理		力学性能					用途举例
	C	Si	Mn	Cr	其他	淬火温度/℃	回火温度/℃	R_m/MPa	R_{eL}/MPa	A/%	Z/%	A_k/J	
								不小于					
40Cr	0.37～0.44	0.17～0.37	0.50～0.80	0.80～1.10		850 油	520 水、油	980	785	9	45	47	重要的齿轮、轴、曲轴、套筒、连杆
40Mn2	0.37～0.44	0.17～0.37	1.40～1.80			840 油	540 水、油	885	735	12	45	55	轴、半轴、蜗杆、连杆等
40MnB	0.37～0.44	0.17～0.37	1.10～1.40		B：0.0005～0.0035	850 油	500 水、油	980	785	10	45	47	可代替 40Cr 作小截面重要零件，如汽车转向节、半轴、蜗杆、花键轴
40MnVB	0.37～0.44	0.17～0.37	1.10～1.40		B：0.0005～0.0035 V：0.05～0.10	850 油	520 水、油	980	785	10	45	47	可代替 40Cr 作柴油机缸头螺栓、机床齿轮、花键轴等
35CrMo	0.32～0.40	0.17～0.37	0.40～0.70	0.80～1.10	Mo：0.15～0.25	850 油	550 水、油	980	835	12	45	63	用作截面不大而要求力学性能高的重要零件，如主轴、曲轴、锤杆等
30CrMnSi	0.27～0.34	0.90～1.20	0.80～1.10	0.80～1.10		880 油	520 水、油	1080	885	10	45	39	用作截面不大而要求力学性能高的重要零件，如齿轮、轴、轴套等
40CrNi	0.37～0.44	0.17～0.37	0.50～0.80	0.45～0.75	Ni：1.00～1.40	820 油	500 水、油	980	785	10	45	55	用作截面较大、要求力学性能较高的零件，如轴、连杆、齿轮轴等
38CrMoAl	0.35～0.42	0.20～0.45	0.30～0.60	1.35～1.65	Mo：0.15～0.25 Al：0.07～1.10	940 水、油	640 水、油	980	835	14	50	71	氮化零件专用钢，用作磨床、自动车床主轴、精密丝杠、精密齿轮等
40CrMnMo	0.37～0.45	0.17～0.37	0.90～1.20	0.90～1.20	Mo：0.20～0.30	850 油	600 水、油	980	785	10	45	63	截面较大，要求强度高、韧性好的重要零件，如汽车轮机轴、曲轴等
40CrMiMo	0.37～0.44	0.17～0.37	0.50～0.80	0.60～0.90	Mo：0.15～0.25 Ni：1.25～1.65	850 油	600 水、油	980	835	12	45	78	截面较大，要求强度高、韧性好的重要零件，如汽车轮机轴、叶片曲轴等
25Cr2Ni4	0.21～0.28	0.17～0.37	0.30～0.60	1.35～1.65	W：0.80～1.20	850 油	550 水、油	1080	930	11	45	71	200mm 以下，要求淬透的大截面重要零件

B　合金元素

渗碳钢中加入Cr、Mn、W、Mo、V、Ti、Ni等合金元素，其中Cr、Mn、Ni的主要作用是提高渗碳钢的淬透性，使较大尺寸的零件在淬火时心部获得大量的板条马氏体组织；W、Mo、V、Ti等元素可以阻止奥氏体晶粒在高温渗碳时的长大，细化晶粒；Cr、Mn、Ni等元素能够强化铁素体，改善渗碳层性能。

零件表面渗碳后，渗碳层的碳含量要适宜，一般在0.80%~1.05%。渗碳层深度根据零件需要确定。合金元素对渗碳层的影响表现在对渗层碳浓度、渗层深度和渗入速度方面。总的来说，碳化物形成元素Cr、Mo、W、V、Ti等提高渗碳层的碳浓度、渗层深度和渗入速度，但是钢中碳化物形成元素不宜过高，否则在渗碳层中产生许多块状碳化物，造成表面脆性。非碳化物形成元素Ni、Si等的加入会降低渗碳层的碳浓度和渗层深度。因此，钢中碳化物和非碳化物形成元素含量要适当。

8.4.2.3　渗碳钢的钢种

常用渗碳钢、氮化钢的牌号、成分、热处理、性能及用途见表8-13。渗碳钢按其淬透性的大小或强度级别可以分为三类：

（1）低淬透性渗碳钢（合金元素总含量小于2%）。典型钢种是15、20、15CrA、20MnV钢等，适于制造受力不大的小型耐磨零件，如套筒、链条、活塞销等。

（2）中淬透性渗碳钢（合金元素总含量为2%~5%）。典型钢种是20CrMnTi、20MnVB等，属珠光体类钢。适于制造一般机器中较为重要的渗碳件，如汽车的齿轮、链条等。

（3）高淬透性渗碳钢（合金元素总含量大于5%）。典型钢种是20Cr2Ni4、12Cr2Ni4（半马氏体类钢）、18Cr2Ni4WA（马氏体类钢），这类钢的淬透性高，心部具有很高的强度和韧性。此类钢适于制造较大截面的重负荷渗碳件，如航空发动机的齿轮、曲轴等。

表8-13　常用渗碳钢的牌号、成分、热处理、性能及用途（GB/T 3077—1999）

类别	钢　号	主要化学成分/%				热处理温度/℃			力学性能（不小于）			用　途
		C	Mn	Si	Cr	渗碳	淬火	回火	R_m /MPa	R_{eL} /MPa	δ /%	
低淬透性	15	0.12~0.19	0.35~0.65	0.17~0.37		930	770~800水	200	500	300	15	活塞销
	20Mn2	0.17~0.24	1.40~1.80	0.20~0.40		930	770~800油	200	820	600	10	小齿轮、小轴、活塞销等
	20Cr	0.17~0.24	0.50~0.80	0.20~0.40	0.70~1.00	930	800水、油	200	850	550	10	齿轮、小轴、活塞销等
	20MnV	0.17~0.24	1.30~1.60	0.20~0.40		930	880水、油	200	800	600	10	齿轮、小轴、活塞销等，也用作锅炉、高压容器管道等
	20CrV	0.17~0.24	0.50~0.80	0.20~0.40	0.80~1.10	930	800水、油	200	850	600	12	齿轮、小轴、顶杆、活塞销、耐热垫圈

续表 8-13

类别	钢　号	主要化学成分/%				热处理温度/℃			力学性能（不小于）			用　途
		C	Mn	Si	Cr	渗碳	淬火	回火	R_m /MPa	R_{eL} /MPa	δ /%	
中淬透性	20CrMn	0.17 ~ 0.24	0.90 ~ 1.20	0.20 ~ 0.40	0.90 ~ 1.20	930	850 油	200	950	750	10	齿轮、轴、蜗杆、活塞销、摩擦轮
	20CrMnTi	0.17 ~ 0.24	0.80 ~ 1.10	0.20 ~ 0.40	1.00 ~ 1.30	930	860 油	200	1100	850	10	汽车、拖拉机上的变速箱齿轮
	20Mn2TiB	0.17 ~ 0.24	1.50 ~ 1.80	0.20 ~ 0.40		930	860 油	200	1150	950	10	代 20CrMnTi
	20SiMnVB	0.17 ~ 0.24	1.30 ~ 1.60	0.50 ~ 0.80		930	780 ~ 800 油	200	1200	1000	10	代 20CrMnTi
高淬透性	18Cr2Ni4WA	0.13 ~ 0.19	0.30 ~ 0.60	0.20 ~ 0.40	1.35 ~ 1.65	930	850 空	200	1200	850	10	大型渗碳齿轮和轴类件
	20Cr2Ni4A	0.17 ~ 0.24	0.30 ~ 0.60	0.20 ~ 0.40	1.25 ~ 1.75	930	780 油	200	1200	1100	10	大型渗碳齿轮和轴类件
	14CrMn2SiMo	0.13 ~ 0.19	2.00 ~ 2.40	0.40 ~ 0.70	0.40 ~ 0.70	930	860 油	200	1200	900	10	大型渗碳齿轮、飞机齿轮

8.4.2.4　渗碳钢的热处理

渗碳钢常用的渗碳温度是 910 ~ 940℃，热处理方式常见的是渗碳后直接淬火 + 低温回火或渗碳后重新加热一次淬火 + 低温回火，碳素钢或低合金渗碳钢一般采用此类热处理工艺。高合金渗碳钢则采用渗碳后缓冷至室温，重新加热两次淬火（先高温后低温）+ 低温回火。如 20CrMnTi 齿轮要求热处理后，渗碳层深度：1.0 ~ 1.5mm，渗碳层碳含量：0.8% ~ 1.0%；齿表面硬度：HRC55 ~ 60，心部硬度：HRC30 ~ 45。其热处理工艺路线：下料→锻造→正火→齿形加工→渗碳→预冷淬火→低温回火→喷丸→精磨。热处理工艺曲线如图 8-7 所示。

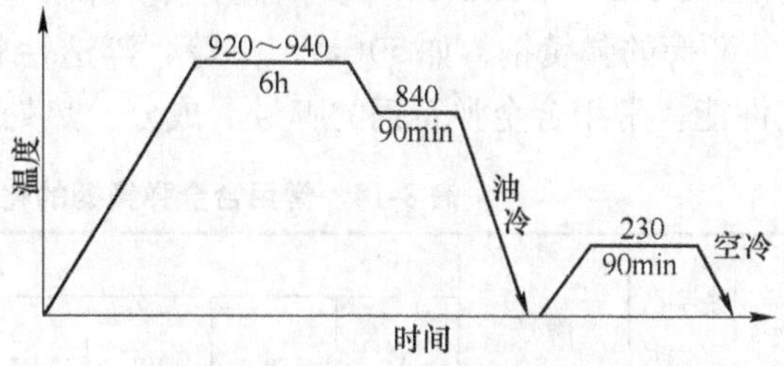

图 8-7　20CrMnTi 齿轮最终热处理工艺曲线

8.4.3　弹簧钢

8.4.3.1　弹簧的工作条件及性能要求

弹簧钢是指用来制造各种弹性元件的钢种，利用弹性变形来储存能量、缓和振动和冲击。常见的弹簧零件有圈簧、板簧等。弹簧钢应满足以下性能要求：

（1）具有较高的弹性极限，以保证其足够的弹性变形能力，避免在高负荷下产生塑性变形。

（2）具备较高的疲劳强度、高的屈强比和良好的表面质量，以免产生疲劳破坏。

（3）弹簧在工作时往往承受各种冲击载荷，因此需要具有足够高的韧性，以防止在冲击载荷上发生突然破坏。

（4）具有一定的淬透性和低的脱碳敏感性。

（5）在高温及腐蚀条件下工作的弹簧，还应该具有良好的耐热性和耐蚀性。

8.4.3.2 弹簧钢的化学成分

A 中、高碳

由于对弹簧钢的主要性能要求是高弹性极限和疲劳强度，因此，弹簧钢采用较高的碳含量。碳素弹簧钢的碳含量是 0.60%～0.90%，合金弹簧钢的碳含量一般是 0.46%～0.70%，以保证高的弹性极限及疲劳极限。

B 合金元素

合金弹簧钢中所含合金元素主要有 Si、Mn、Cr、V 等，目的是提高钢的淬透性和回火稳定性，强化铁素体和细化晶粒，从而有效地改善弹簧钢的力学性能，提高弹性极限和屈强比。其中，Si、Mn 是弹簧钢中最常用的元素，主要是提高钢的淬透性和强化铁素体，Si 对于提高弹簧钢屈强比的作用尤为突出，Cr、V 则有利于提高弹簧钢的高温强度。

8.4.3.3 常见弹簧钢的钢种

弹簧钢大致可分为两类：

（1）碳素弹簧钢：典型钢种是 65、70 等，用于制造小截面的弹簧，用冷拔钢丝和冷成型法制成。

（2）合金弹簧钢：典型钢种是含 Si、Mn 的弹簧钢，如 65Mn、60Si2Mn 等，价廉，应用广。其中的 65Mn 钢中锰含量为 0.90%～1.20%，属于较高锰含量的优质碳素结构钢，这类钢淬透性较好，强度较高，但有脱碳敏感性、过热倾向和回火脆性，淬火时容易开裂。55Si2Mn、60Si2Mn 弹簧钢硅含量较高，可显著提高弹性极限和回火稳定性。含 Cr、V、W 等的弹簧钢，如 50CrVA 钢等，淬透性较高，有较高的强度、韧性和好的热处理工艺性能。常用合金弹簧钢的牌号、成分、热处理、性能及用途参见表 8-14、表 8-15。

表 8-14 常用合金弹簧钢的化学成分（GB/T 1222—2007）

序号	统一数字代号	牌号	化学成分（质量分数）/%										
			C	Si	Mn	Cr	V	W	B	Ni	Cu	P	S
										不大于			
1	U20652	65	0.62～0.70	0.17～0.37	0.50～0.80	≤0.25				0.25	0.25	0.035	0.035
2	U20702	70	0.62～0.75	0.17～0.37	0.50～0.80	≤0.25				0.25	0.25	0.035	0.035
3	U20852	85	0.82～0.90	0.17～0.37	0.50～0.80	≤0.25				0.25	0.25	0.035	0.035
4	U21653	65Mn	0.62～0.70	0.17～0.37	0.90～1.20	≤0.25				0.25	0.25	0.035	0.035
5	A77552	55SiMnVB	0.52～0.60	0.70～1.00	1.00～1.30	≤0.35	0.08～0.16		0.0005～0.0035	0.35	0.25	0.035	0.035
6	A11602	60Si2Mn	0.56～0.64	1.50～2.00	0.70～1.00	≤0.35				0.35	0.25	0.035	0.035

续表 8-14

序号	统一数字代号	牌号	化学成分（质量分数）/%										
			C	Si	Mn	Cr	V	W	B	Ni	Cu	P	S
										不大于			
7	A11603	60Si2MnA	0.56 ~ 0.64	1.60 ~ 2.00	0.70 ~ 1.00	≤0.35				0.35	0.25	0.025	0.025
8	A21603	60Si2CrA	0.56 ~ 0.64	1.40 ~ 1.80	0.40 ~ 0.70	0.70 ~ 1.00				0.35	0.25	0.025	0.025
9	A27603	60Si2CrVA	0.56 ~ 0.64	1.40 ~ 1.80	0.40 ~ 0.70	0.90 ~ 1.20	0.10 ~ 0.20			0.35	0.25	0.025	0.025
10	A21553	55SiCrA	0.51 ~ 0.59	1.20 ~ 1.60	0.50 ~ 0.80	0.50 ~ 0.80				0.35	0.25	0.025	0.025
11	A22553	55CrMnA	0.52 ~ 0.60	0.17 ~ 0.37	0.65 ~ 0.95	0.65 ~ 0.95				0.35	0.25	0.025	0.025
12	A22603	60CrMnA	0.56 ~ 0.64	0.17 ~ 0.37	0.70 ~ 1.00	0.70 ~ 1.00				0.35	0.25	0.025	0.025
13	A23503	50CrVA	0.46 ~ 0.54	0.17 ~ 0.37	0.50 ~ 0.80	0.80 ~ 1.10	0.10 ~ 0.20			0.35	0.25	0.025	0.025
14	A22613	60CrMnBA	0.56 ~ 0.64	0.17 ~ 0.37	0.70 ~ 1.00	0.70 ~ 1.00			0.0005 ~ 0.0040	0.35	0.25	0.025	0.025
15	A27303	30W4Cr2VA	0.26 ~ 0.34	0.17 ~ 0.37	≤0.40	2.00 ~ 2.50	0.50 ~ 0.80	4.00 ~ 4.50		0.35	0.25	0.025	0.025

表 8-15 常用合金弹簧钢的力学性能（GB/T 1222—2007）

序号	牌号	热处理制度			力学性能（不小于）				
		淬火温度 /℃	淬火介质	回火温度 /℃	抗拉强度 R_m /N·mm^{-2}	屈服强度 R_{eL} /N·mm^{-2}	断后伸长率 A /%	断后伸长率 A_{113} /%	断面收缩率 Z/%
1	65	840	油	500	980	785		9	35
2	70	830	油	480	1030	835		8	30
3	85	820	油	480	1130	980		6	30
4	65Mn	830	油	540	980	785		8	30
5	55SiMnVB	860	油	460	1375	1225		5	30
6	60Si2Mn	870	油	480	1275	1180		5	25
7	60Si2MnA	870	油	440	1570	1375		5	30
8	60Si2CrA	870	油	420	1765	1570	6		20
9	60Si2CrVA	850	油	410	1860	1665	6		20
10	55SiCrA	860	油	450	1450 ~ 1750	1300（RP0.2）	6		25
11	55CrMnA	830 ~ 860	油	460 ~ 510	1225	1080（RP0.2）	9		20
12	60CrMnA	830 ~ 860	油	460 ~ 520	1225	1080（RP0.2）	9		20
13	50CrVA	850	油	500	1275	1130	10		40
14	60CrMnBA	830 ~ 860	油	460 ~ 520	1225	1080（RP0.2）	9		20
15	30W4Cr2VA	1050 ~ 1100	油	600	1470	1325	7		40

8.4.3.4 弹簧钢的加工及处理特点

弹簧钢的加工处理方法有两种：

（1）热成型弹簧。这类弹簧多用热轧钢丝或钢板制成，热轧弹簧钢采用的加工工艺路线如下（以板簧为例）：扁钢剪断→加热压弯成型后淬火＋中温回火→喷丸→装配。（也可采用等温淬火获得下贝氏体或形变热处理，以提高弹簧的性能和寿命）。弹簧钢淬火温度一般为830～880℃。加热时不允许脱碳，以免降低钢的疲劳强度。淬火加热后在油中冷却至100～150℃时即可进行中温回火（400～550℃），获得回火屈氏体组织，具有高的屈服强度，尤其是弹性极限高，同时又有一定的塑性、韧性。弹簧热处理后要进行喷丸处理，使其表面强化，提高弹簧表面质量，并且使表层产生残留压应力，显著提高弹簧的疲劳寿命。

（2）冷成型弹簧。此类弹簧一般用弹簧钢丝（片）在冷态下制成，用来制备直径较小或厚度较薄的弹簧。其中一部分弹簧不进行淬火、回火处理，只进行消除应力的低温退火，因为这类弹簧的钢丝（片）在绕制前已有很高的强度和足够的韧性。另一部分弹簧则用退火钢丝（片）绕制，然后进行淬火、回火处理，工艺同于热成型弹簧。

钢丝（片）在冷拉之前，先要将钢加热到A_{c3}以上50～100℃，得到奥氏体组织，然后在500～550℃的铅浴里进行等温冷却，使其转变为索氏体组织，最后再经过清理，拉拔到成品所需的尺寸。

8.4.4 滚动轴承钢

8.4.4.1 滚动轴承的工作条件及主要性能要求

所谓滚动轴承钢是指用来制造滚动轴承中的滚动体和套圈等的专用钢。由于滚动轴承是运转机构中的重要零件，在工作中承受极大的交变循环载荷，工作条件极其苛刻，并且小到家用电器，大到航空航天都要用到它。因此，对轴承钢的性能要求非常严格，具体如下：

（1）高的强度、硬度、耐磨性。滚动轴承由套圈（内圈、外圈）、保持架和滚动体组成。轴承工作时，高速运转中滚动体和套圈接触面存在强烈的滚动和滑动摩擦，由于套圈和滚动体之间大都是点、线接触，使接触压应力高达3000～5000MPa，循环受力次数每分钟可达数万次，一旦滚动体和套圈因变形而卡死或者因疲劳产生麻点或剥落等则会导致整个系统无法正常工作，严重的则使系统发生破坏。这就要求轴承钢具备很高的强度、硬度（HRC62～64）、耐磨性、接触疲劳强度、弹性极限，一定的塑性和韧性。

（2）良好的尺寸稳定性。轴承是精密零件，相应的轴承钢冶金质量要求高（非金属夹杂数量控制严格），组织均匀，碳化物数量、大小、分布适中，脱碳倾向小。此外，轴承钢还需具备足够的冲压性和良好的冷、热加工性，且轴承是在大气中和润滑油中转动，这就要求轴承钢有一定的抗蚀能力。

8.4.4.2 轴承钢的冶金质量

轴承钢由冶金质量缺陷造成的失效占总失效的65%。下面简要介绍非金属夹杂物和碳化物对轴承钢冶金质量的影响。

A 非金属夹杂物的影响

常见非金属夹杂物有两种：

（1）根据化学成分分类：可分为氧化物、硫化物、氮化物、硅酸盐和硅酸盐玻璃。其中 Al_2O_3、SiO_2等属于简单氧化物；尖晶石如 $MnO \cdot Al_2O_3$、$MgO \cdot Al_2O_3$等；钙的铝酸盐如 $CaO \cdot 2Al_2O_3$、$CaO \cdot 6Al_2O_3$等属于复杂氧化物；MnS、（Mn，Fe）S、CaS 等属于硫化物；AlN 等是氮化物；还有硅酸盐和硅酸盐玻璃，其成分复杂，不再列举。

（2）根据热变形能力分类：可分为脆性夹杂物，如刚玉（Al_2O_3）、尖晶石，它们沿轧制方向排列呈点链状分布；塑性夹杂物，如 MnS 和铁锰硅酸盐，在热变形过程中有良好的塑性，沿轧向呈连续条状分布；球状不变形夹杂物，主要是钙的铝酸盐；半塑性夹杂物，主要是复相铝硅酸盐，含有 Al_2O_3或尖晶石氧化物，轧后呈纺锤形。

轴承钢一般按三项夹杂物评级，即脆性夹杂物、塑性夹杂物和球状不变形夹杂物。在热变形过程中，夹杂物对钢基体的危害程度依下列顺序次递减：

刚玉 > 尖晶石 > 球状不变形夹杂 > 半塑性铝硅酸盐 > 塑性硅酸盐 > 硫化物

非金属夹杂物可破坏基体的连续性、引起应力集中，特别是刚玉、尖晶石，它们的膨胀系数比钢小，淬火后周围基体承受附加张应力，并叠加在外力引起的应力集中造成的应力上，可达很高数值。另外，硬的氧化物在钢变形时不能随之发生塑件变形，在钢发生热塑性流动时会划伤基体．造成夹杂物边缘上的裂口或空洞。而硫化物在高温和室温都呈塑性，且膨胀系数大于基体，故其危害程度最小。

非金属夹杂物是钢在冶炼时产生的，钢液凝固时氧和硫因在固态钢中的溶解度很低而析出氧化物和硫化物。另外，出钢时残留在钢中的渣，冶炼和浇注时钢液对耐火材料的浸蚀等也是夹杂物的来源。实际生产中，人们利用真空高频熔炼、自耗电极真空电弧熔炼、真空脱氧处理等手段降低轴承钢中的氧含量，提高钢的纯净度。

B　轴承钢中碳化物的影响

轴承钢是高碳铬钢，其中含有大量的碳化物。从轴承钢的冶炼到机加工制造轴承过程，碳化物的形态、特性各不相同。大体分如下几种：

（1）液析碳化物和带状碳化物：钢锭结晶时产生的树枝状偏析，其中液析碳化物属于偏析引起的伪共晶碳化物，带状碳化物属于二次碳化物偏析，这种碳化物偏析区沿轧向伸长呈带状分布。

（2）网状碳化物：网状碳化物是由二次碳化物析出于奥氏体晶界所造成的。

（3）大颗粒碳化物：在正火消除网状碳化物时加热未溶解的碳化物颗粒、在正火保温和随后退火时继续长大而形成大颗粒。

（4）球状碳化物：轴承钢在进行球化退火后获得的细小、弥散分布的球状碳化物，为后续的机加工作准备，同时也为最终热处理做好组织上的准备。

8.4.4.3　轴承钢的化学成分与牌号

根据工作条件对滚动轴承的要求，轴承钢的化学成分有其特殊性，体现在：

（1）高碳：轴承钢的碳含量为 0.95%~1.15%。高的碳含量主要是确保钢的高强度、高硬度和耐磨性。

（2）铬：Cr 含量为 0.40%~1.65%。Cr 能在钢中形成细小均匀的合金渗碳体 $(Fe、Cr)_3C$，以提高耐磨性。部分 Cr 溶入奥氏体中提高淬透性，过高的 Cr 含量（w_{Cr} > 1.65%）会使残余奥氏体数量增加，降低了淬火硬度及尺寸稳定性；同时，也会增加碳化物的不均匀性，降低钢的韧性及疲劳强度。

（3）硅、锰、钼：它们的作用是增加弹性极限，提高淬透性，满足较大尺寸轴承的要求。

（4）硫、磷：钢中 $w_S \leqslant 0.02\%$，$w_P \leqslant 0.027\%$。超过此含量范围，会增加脆性和夹杂物，降低钢的疲劳寿命。

表 8-16 所示为常用滚动轴承钢的牌号、化学成分及硬度。其中生产上应用最广泛的是 GCr15，是以 Cr 为主要合金元素的轴承钢。

表 8-16　常用滚动轴承钢的牌号、化学成分及硬度

牌　号		化学成分（质量分数）/%					硬度 HBS10/3000
		C	Si	Mn	Cr	其他	
高碳铬轴承钢	GCr9	1.00～1.10	0.15～0.35	0.25～0.45	0.90～1.20	—	179～207
	GCr9SiMn	1.00～1.10	0.45～0.75	0.95～1.25	0.90～1.20	—	179～217
	GCr15	0.95～1.05	0.15～0.35	0.25～0.45	1.40～1.65	—	179～207
	GCr15SiMn	0.95～1.05	0.45～0.75	0.95～1.25	1.40～1.65	—	179～217
高碳铬不锈轴承钢	9Cr18	0.90～1.00	≤0.08	≤0.08	17.0～19.0	—	197～241
	9Cr18Mo	0.95～1.10	≤0.08	≤0.08	16.0～18.0	Mo：0.40～0.70	197～241

8.4.4.4　轴承钢的热处理

A　球化退火

在滚动轴承的生产过程中，滚动轴承的良好性能可以通过适当的热处理来实现。首先是轴承钢的球化退火，目前该工艺基本上在冶金厂完成（在进轴承厂之前）。球化退火的目的有两个：一是降低硬度，便于切削加工；二是获得均匀分布的细粒状珠光体，为最终热处理做好组织上的准备。GCr15 钢的球化退火温度为 780～810℃，保温时间一般为 2～6h，具体应根据炉子的种类和装炉量来定。在此温度下，索氏体中片层状碳化物已断开，残存一定量细小未溶碳化物质点，奥氏体成分不均匀，冷却时获得许多碳化物形核的颗粒状非自发形核核心，从而得到球状珠光体组织。为了获得一定尺寸大小和分布的、适当退火硬度的球状珠光体，需以 10～30℃/h 的速度冷却至 600℃ 出炉空冷。

B　淬火加低温回火

经过球化退火后的轴承钢在轴承厂进行机加工，做成轴承零件，紧接着进行淬火和低温回火处理，也称为最终热处理。对 GCr15 轴承钢零件而言，淬火加热温度为 840～860℃，经油淬可获得隐晶马氏体上分布有一定量细小而均匀分布的颗粒状碳化物及少量残余奥氏体。为防止轴承钢零件表面的氧化脱碳，一般采用保护气氛加热或真空加热，然后进行 160℃ 保温 3h 或更长的低温回火，回火后硬度在 HRC62～66。例如：上海天安轴承有限公司主要生产微型轴承，轴承套圈采用 GCr15 钢，在材料球化退火和完成套圈的机加工以后，进行淬火和回火处理，淬火加热温度为 860℃ 左右，采用网带炉通保护气氛对轴承套圈进行连续淬火加热，油冷。随后在 160℃ 的油槽中保温 3h。

对于精密轴承，为保证尺寸稳定，要求消除残余奥氏体，一般采用淬火后立即进行冷处理（－70～80℃），然后再进行低温回火。轴承钢的热处理及用途，见表 8-17。

表 8-17 常用轴承钢的典型热处理及用途

牌号	化学成分/%								典型热处理			用途
	C	Cr	Mn	Si	Mo	V	RE	S、P	淬火/℃	回火/℃	回火后硬度HRC	
GCr9	1.00 ~ 0.10	0.90 ~ 1.20	0.20 ~ 0.40	0.15 ~ 0.35	—	—	—		810 ~ 830	150 ~ 170	62 ~ 66	10 ~ 20mm 的滚珠
GCr15	0.95 ~ 1.05	1.30 ~ 1.65	0.20 ~ 0.40	0.15 ~ 0.35	—	—	—		825 ~ 845	150 ~ 170	62 ~ 66	壁厚 20mm 的中小型圈套、$\phi <$ 50mm 钢球
GCr15SiMn	0.95 ~ 1.05	1.30 ~ 1.65	0.90 ~ 1.20	0.40 ~ 0.65	—	—	—		820 ~ 840	150 ~ 170	≥62	壁厚 > 20mm 的中小型圈套、$\phi <$ 50 ~ 100mm 钢球
GSiMnV	0.95 ~ 1.05	—	1.30 ~ 1.80	0.55 ~ 0.80	—	0.20 ~ 0.30	—	≤0.03	780 ~ 810	150 ~ 170	≥62	可代替 GCr5 钢
GSiMnVRE	0.95 ~ 1.05	—	1.10 ~ 1.30	0.55 ~ 0.80	—	0.20 ~ 0.30	0.10 ~ 0.15	≤0.03	780 ~ 810	150 ~ 170	≥62	可代替 GCr5 钢及 GCr15SiMn
GSiMnMoV	0.95 ~ 1.05	—	0.75 ~ 1.05	0.40 ~ 0.65	0.20 ~ 0.40	0.20 ~ 0.30	—		770 ~ 810	165 ~ 175	≥62	可代替 GCr5 钢及 GCr15SiMn

8.5 工 具 钢

工具钢是用于制造各种刀具、模具、量具等加工工具用的钢种。工具钢的分类方法很多，按用途可分为：刃具钢、模具钢、量具钢按照化学成分则可分为碳素工具钢、合金工具钢、高速钢。工具钢最重要的特性是高硬度和高耐磨性，与渗碳钢或氮化钢不同，它们可在材料由表及里相当大的深度上保持很高的强度和耐磨性。

8.5.1 刃具钢

8.5.1.1 刃具钢的工作条件及性能要求

刃具主要是指用以切削金属或非金属的刀具，如车刀、铣刀、钻头等。刃具在切削过程中受到弯曲、剪切、冲击、扭转、振动、摩擦等力的作用，会产生热量，使刃具快速升温，有时会升到600℃甚至更高。刃具主要的失效方式是卷刃、崩刃和折断等，这就要求刃具钢必须具备高硬度、高耐磨性、一定的强度和韧性以及高的热硬性。生产上常用的刃具钢是碳素工具钢、低合金工具钢和高速钢。

8.5.1.2 碳素工具钢

A 碳素工具钢的化学成分

碳素工具钢碳含量在0.65%~1.35%范围内，大多属于共析和过共析钢。其生产成本低，原料来源易取得，冷、热加工性能好。热处理工艺简单，且可以得到高硬度（>HRC60）和高耐磨性，在生产上得到广泛采用。但这类钢的红硬性差，即当工作温度大于250℃时，钢的硬度和耐磨性就会急剧下降而失去工作能力。另外，如果用碳素工具钢制成较大的零件则不易淬硬，而且容易产生变形和裂纹。

B　碳素工具钢的牌号

碳素工具钢的牌号是以符号“T”起首，其后面的一位或两位数字表示钢中平均碳含量的千分数。例如，平均碳含量为0.7%的碳素工具钢可表示为T7。对于磷、硫含量更低的高级优质碳素工具钢，则在数字后面增加符号“A”表示，如T70A。常用的碳素工具钢的牌号、主要成分和性能见表8-18、表8-19。

表8-18　碳素工具钢的牌号和主要成分（GB/T 1298—2008）

<table>
<tr><th rowspan="2">序号</th><th rowspan="2">牌号</th><th colspan="6">化学成分（质量分数）/%</th></tr>
<tr><th colspan="2">C</th><th colspan="2">Mn</th><th colspan="2">Si</th></tr>
<tr><td>1</td><td>T7</td><td colspan="2">0.65～0.74</td><td colspan="2" rowspan="2">≤0.40</td><td colspan="2" rowspan="8">≤0.35</td></tr>
<tr><td>2</td><td>T8</td><td colspan="2">0.75～0.84</td></tr>
<tr><td>3</td><td>T8Mn</td><td colspan="2">0.80～0.90</td><td colspan="2">0.40～0.60</td></tr>
<tr><td>4</td><td>T9</td><td colspan="2">0.85～0.94</td><td colspan="2" rowspan="5">≤0.40</td></tr>
<tr><td>5</td><td>T10</td><td colspan="2">0.95～1.04</td></tr>
<tr><td>6</td><td>T11</td><td colspan="2">1.05～1.14</td></tr>
<tr><td>7</td><td>T12</td><td colspan="2">1.15～1.24</td></tr>
<tr><td>8</td><td>T13</td><td colspan="2">1.25～1.35</td></tr>
<tr><td colspan="10">高级优质钢在牌号后加“A”</td></tr>
<tr><td rowspan="2">钢类</td><td>P</td><td>S</td><td>Cu</td><td>Cr</td><td>Ni</td><td>W</td><td>Mo</td><td>V</td></tr>
<tr><td colspan="8">质量分数（不大于）/%</td></tr>
<tr><td>优质钢</td><td>0.035</td><td>0.030</td><td>0.25</td><td>0.25</td><td>0.20</td><td>0.30</td><td>0.20</td><td>0.02</td></tr>
<tr><td>高级优质钢</td><td>0.030</td><td>0.020</td><td>0.25</td><td>0.25</td><td>0.20</td><td>0.30</td><td>0.20</td><td>0.02</td></tr>
</table>

注：供制造铅浴淬火钢丝时，钢中残余铬含量不大于0.10%，镍含量不大于0.12%，铜含量不大于0.20%，三者之和不大于0.40%

表8-19　碳素工具钢交货状态硬度值和淬火硬度值（GB/T 1298—2008）

<table>
<tr><th rowspan="3">牌号</th><th colspan="2">交货状态</th><th colspan="2">试样淬火</th></tr>
<tr><th>退火</th><th>退火后冷拉</th><th rowspan="2">淬火温度和冷却剂</th><th rowspan="2">洛氏硬度 HRC（不小于）</th></tr>
<tr><th colspan="2">布氏硬度 HBW（不大于）</th></tr>
<tr><td>T7</td><td rowspan="3">187</td><td rowspan="8">241</td><td>800～820℃，水</td><td rowspan="8">62</td></tr>
<tr><td>T8</td><td rowspan="2">780～800℃，水</td></tr>
<tr><td>T8Mn</td></tr>
<tr><td>T9</td><td>192</td><td rowspan="5">760～780℃，水</td></tr>
<tr><td>T10</td><td>197</td></tr>
<tr><td>T11</td><td rowspan="2">207</td></tr>
<tr><td>T12</td></tr>
<tr><td>T13</td><td>217</td></tr>
</table>

C 碳素工具钢的热处理

碳素工具钢的热处理工艺为淬火加低温回火，其中亚共析钢的淬火加热温度在 A_{c3} 以上 30 ~ 50℃，淬火后得到细针状马氏体和残余奥氏体。共析钢、过共析钢的淬火加热温度在 A_{c1} 以上 30 ~ 50℃，淬火后得到隐晶马氏体 + 未溶粒状碳化物 + 残余奥氏体，目的是要得到高硬度和高耐磨性。低温回火温度一般在 180 ~ 200℃，目的在于保持高硬度条件下消除淬火应力，提高塑性和韧性。碳素工具钢基本上不含合金元素，所以淬透性低，此类钢制作的刃具淬火时要采用强冷却介质（如水、盐水、碱水等），淬火内应力大，淬火开裂倾向大。因此淬火后要及时回火，避免刃具的变形和开裂。

此类钢多用于制造截面尺寸小于 15mm 的手工用具和低速、小切削量的机用刃具，用来加工硬度低的软金属或非金属材料，刃具的工作温度低于 200℃。对于截面尺寸较大，形状复杂、热硬性要求较高的刃具，则需采用合金刃具钢来制造。

8.5.1.3 低合金刃具钢

A 低合金刃具钢的化学成分、牌号

合金刃具钢是在碳素刃具钢的基础上加入某些合金元素而发展起来的，其目的是克服碳素刃具钢的淬透性低、红硬性差、耐磨性不足的缺点。低合金刃具钢的碳含量在 0.85% ~ 1.50% 之间，属于过共析钢，以保证钢的硬度和形成足够的合金碳化物。钢中添加了 Cr、Mn、Si、W、V 等合金元素，其中的 Cr、Mn、Si 主要是提高钢的淬透性，同时还能提高钢的强度。W、V 在钢中形成不溶于奥氏体的碳化物（$M_{23}C_6$、M_6C），以提高钢的硬度和耐磨性，并防止钢在加热时的过热而保持奥氏体晶粒的细化，提高钢的韧性。此外，Si 还能提高钢的回火稳定性，使淬火后的钢加热到 250 ~ 300℃ 仍然能保持 HRC60 以上的硬度。

常用低合金刃具钢的牌号、化学成分、热处理特点如表 8-20 所示。

表 8-20 低合金刃具钢的牌号和化学成分、热处理特点（GB/T 1299—2000）

牌号	化学成分（质量分数）/%							交货状态	淬火	
	C	Si	Mn	P	S	Cr	其他	布氏硬度 HBW10/3000	淬火温度 /℃	洛氏硬度 HRC
				不大于						
9SiCr	0.85 ~ 0.95	1.20 ~ 1.60	0.30 ~ 0.60	0.030		0.95 ~ 1.25	—	241 ~ 197	820 ~ 860 油	≥62
CrWMn	0.90 ~ 1.05	≤0.40	0.80 ~ 1.10	0.030		0.90 ~ 1.20	W1.20 ~ 1.60	255 ~ 207	800 ~ 830 油	≥62
9CrWMn	0.85 ~ 0.95	≤0.40	0.90 ~ 1.20	0.030		0.50 ~ 0.80	W0.50 ~ 0.80	241 ~ 197	800 ~ 830 油	≥62
9Mn2V	0.85 ~ 0.95	≤0.40	1.70 ~ 2.00	0.030		—	V0.10 ~ 0.25，Co≤1.00	≤229	780 ~ 810 油	≥62
Cr2	0.85 ~ 0.95	≤0.40	≤0.40	0.030		1.30 ~ 1.70		229 ~ 179	830 ~ 860 油	≥62

B 低合金刃具钢的热处理

低合金刃具钢和碳素工具钢相比，有较高的淬火加热温度，较高的淬透性、强度和耐磨性，以及较小的热处理变形。如 9SiCr 钢淬透性较高，直径为 40 ~ 50mm 的工具可以在油中淬透，且耐回火性好，即使在 250 ~ 300℃ 回火，硬度仍大于 HRC60。该钢种适于制作形状复杂的小型工件，如丝锥、板牙、钻头、绞刀等。碳素钢和低合金刃具钢在加工前需采用球化退火，以得到粒状珠光体组织，为切削加工做准备。球化退火一般选用等温球化退火工艺，由退火速度以30～40℃/h冷至700℃左右，等温4h再炉冷到600℃出炉。部分低合金刃具钢等温球化退火温度见表8-21。

表8-21　低合金刃具钢等温球化退火温度

牌 号	加热温度/℃	等温温度/℃
9SiCr	790～810	700～720
CrWMn	770～790	680～700
Cr2	770～790	680～700

CrWMn钢是最常用的合金刃具钢，经热处理后硬度可达HRC64～66，且有较高的耐磨性。CrWMn钢淬火后，有较多的残余奥氏体，使其淬火变形小，故有低变形钢之称。生产中常用调整淬火温度和冷却介质配合，使形状复杂的薄壁工具达到激变形或不变形。这种钢适于作截面尺寸较大、要求耐磨性高、淬火变形小，但工作温度不高的拉刀、长丝锥等。也可作量具、冷变形模具和高压油泵的精密部件（柱塞）等。

8.5.1.4　高速钢

人们为了提高切削速度，除了改善机床和刀具设计外，刀具材料一直是一个核心问题。低合金刃具钢基本上解决了碳素刃具钢淬透性低、耐磨性不足的缺点，但没有从根本上解决红硬性不高的问题。由此高速钢孕育而生，不但保证了钢的淬透性和耐磨性，而且红硬性也得到了显著提高。

高速钢（也称锋钢）就是用于制造高速切削刃具的钢种。生产上实施高速切削时，高速钢刃口温度可以达到600℃，其硬度仍然保持在HRC55以上，可保证高速切削的能力和耐磨性。至于刀具刃部温度大于600℃时，则必须采用硬质合金作为刀具材料。

高速钢是由大量W、Mo、Cr、V等元素组成的高碳、高合金钢，它最主要的性能特点是具有很高的红硬性，另外，也具有足够高的强度、适当的塑性和韧性。高速钢还具有很高的淬透性，中、小型刃具在空气中冷却也可以淬透。所以高速钢广泛用于制作切削速度高、负荷重、工作温度高的各种机加工刃具，如车刀、铣刀、刨刀、钻头等。

A　高速钢中碳和合金元素的作用

（1）高碳：高速钢中的碳含量在0.7%～1.60%之间，属于高碳钢。碳的作用是碳在淬火加热时溶入基体α相中，提高了基作中碳的浓度，这样既可提高钢的淬透性，又可获得高碳马氏体，进而提高了硬度。高速钢中碳与合金元素Cr、W、Mo、V等形成足够的合金碳化物，可以提高硬度、耐磨性和红硬化。高速钢中碳含量必须与合金元素相匹配，过高过低都对其性能有不利影响。

（2）高合金：高速钢中添加大量W、Mo、Cr、V、Co等合金元素，合金元素的作用是提高红硬性。加入合金元素Cr、W、Mo、V等，形成大量细小、弥散、坚硬而又不易聚集长大的合金碳化物，构成钢中的强化相。这些强化相的类型有M_6C型碳化物、M_2C型（如W_2C、Mo_2C）、MC型碳化物（如VC）、$M_{23}C_6$型碳化物（如$Cr_{23}C_6$）等。M_6C型碳化物是以W、Mo为主含铁的碳化物，如Fe_2Mo_4C、Fe_2W_4C、Fe_4Mo_2C、Fe_4W_2C等，这些碳化物硬度很高，如 VC 的硬度可高达 HV2700～2990，并且在高温下不易发生聚集长大。

W 是高速钢获得红硬性的主要元素，淬火加热时，未溶的 M_6C 型碳化物阻碍奥氏体晶粒长大，一部分 M_6C 型碳化物溶入奥氏体中，由于奥氏体中的 W 和 C 的结合力强，故可提高马氏体的高温稳定性。W 系高速钢在 450～600℃还能保持马氏体晶格特征，以维持高的硬度。马氏体中的 W 在 560℃回火时析出弥散、细小的 W_2C，产生二次硬化。对于“二次硬化”现象是指高速钢在淬火加热至 1200℃以上时，有相当部分溶于奥氏体中的合金元素淬火后留在马氏体中，在回火时析出弥散的 W、Mo 的合金碳化物而造成的硬度提高现象。Mo 的作用与 W 相似，可代用。只是 Mo 的碳化物不如 W 的碳化物稳定，含 Mo 高速钢的脱碳倾向大，过热敏感性大，因此淬火加热时的气氛、温度和时间控制较严格。

钢中的 V 主要以稳定的 VC 存在，可细化晶粒，降低钢的过热倾向，并能提高钢的热硬性和耐磨性。少量的 VC 淬火加热溶于奥氏体中，淬火时提高马氏体的高温稳定性，回火时产生二次硬化效应。

Cr 的良好作用在于淬火加热几乎全部溶于奥氏体中提高钢的淬透性。Cr 还能使高速钢在切削过程中的抗氧化作用增强，形成较多致密的氧化膜，并减少粘刀现象，从而使刃具的耐磨性与切削性能提高。

有些高速钢中加 Co 元素可显著提高钢的红硬性，如 W2Mo10Cr4Co8（美国 M42）钢在 650～660℃时还具有很高的红硬性。Co 虽然不是碳化物形成元素，但在淬火状态下大部分 Co 处于马氏体中，增强马氏体的回火稳定性。常用高速钢的牌号、化学成分见表 8-22。

表 8-22　常用高速钢牌号、化学成分（GB/T 9943—2008）

序号	统一数字代号	牌 号	化学成分（质量分数）/%								
			C	Mn	Si	S	P	Cr	V	W	Mo
1	T63342	W3Mo3Cr4V2	0.95～1.03	≤0.40	≤0.45	≤0.030	≤0.030	3.80～4.50	2.20～2.50	2.70～3.00	2.50～2.90
2	T64340	W4Mo3Cr4VSi	0.83～0.93	0.20～0.40	0.70～1.00	≤0.030	≤0.030	3.80～4.40	1.20～1.80	3.50～4.50	2.50～3.50
3	T51841	W18Cr4V	0.73～0.83	0.10～0.40	0.20～0.40	≤0.030	≤0.030	3.80～4.50	1.00～1.20	17.20～18.70	—
4	T62841	W2Mo8Cr4V	0.77～0.87	≤0.40	≤0.70	≤0.030	≤0.030	3.50～4.50	1.00～1.40	1.40～2.00	8.00～9.00
5	T66541	W6Mo5Cr4V2	0.80～0.90	0.15～0.40	0.20～0.45	≤0.030	≤0.030	3.80～4.40	1.75～2.20	5.50～6.75	4.50～5.50
6	T66642	W6Mo6Cr4V2	1.00～1.10	≤0.40	≤0.45	≤0.030	≤0.030	3.80～4.50	2.30～2.60	5.90～6.70	5.50～6.50
7	T69341	W9Mo3Cr4V	0.77～0.87	0.20～0.40	0.20～0.40	≤0.030	≤0.030	3.80～4.50	1.30～1.70	8.50～9.50	2.70～3.30
8	T66543	W6Mo5Cr4V3	1.15～1.25	0.15～0.40	0.20～0.45	≤0.030	≤0.030	3.80～4.40	2.70～3.20	5.90～6.70	4.70～5.20
9	T66546	W6Mo5Cr4V2Al	1.05～1.15	0.15～0.40	0.20～0.60	≤0.030	≤0.030	3.80～4.40	1.75～2.20	5.50～6.75	4.50～5.50

续表 8-22

序号	统一数字代号	牌号	化学成分（质量分数）/%								
			C	Mn	Si	S	P	Cr	V	W	Mo
10	T71245	W12Cr4V5Co5	1.50 ~ 1.60	0.15 ~ 0.40	0.15 ~ 0.40	≤0.030	≤0.030	3.75 ~ 5.00	4.50 ~ 5.25	11.75 ~ 13.00	—
11	T76438	W6Mo5Cr4V3Co8	1.23 ~ 1.33	≤0.40	≤0.70	≤0.030	≤0.030	3.80 ~ 4.50	2.70 ~ 3.20	5.90 ~ 6.70	4.70 ~ 5.30
12	T77445	W7Mo4Cr4V2Co5	1.05 ~ 1.15	0.20 ~ 0.60	0.15 ~ 0.50	≤0.030	≤0.030	3.75 ~ 4.50	1.75 ~ 2.25	6.25 ~ 7.00	3.25 ~ 4.25
13	T72948	W2Mo9Cr4VCo8	1.05 ~ 1.15	0.15 ~ 0.40	0.15 ~ 0.65	≤0.030	≤0.030	3.50 ~ 4.25	0.95 ~ 1.35	1.15 ~ 1.85	9.00 ~ 10.00

B　高速钢的铸态组织

高速钢属于高合金莱氏体钢。在实际生产中，高速钢铸件冷却速度较快，得到的铸态组织由心部为δ相或δ共析体（黑色组织），中间为马氏体加残余奥氏体（白色组织），外层为呈网状分布的骨骼状莱氏体所组成。参见图 8-8。

铸态组织中的碳化物含量多达 18%~27%，且分布极不均匀。这种组织是造成性能低劣的主要原因，因此必须经过热轧或锻造，以打碎粗大的共晶碳化物，使之呈颗粒状分布，改善碳化物的不均匀性。高速钢的锻造温度在 1180 ~ 900℃ 的范围内，锻造后应立即退火以消除内应力，降低硬度。退火后的组织为索氏体和均匀分布的粒状碳化物，其硬度为 HB207 ~ 255。高速钢的退火组织如图 8-9 所示。

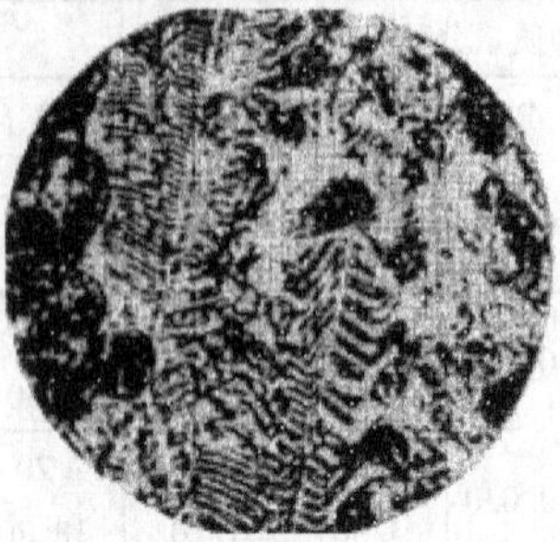

图 8-8　高速钢的铸态组织（500×）

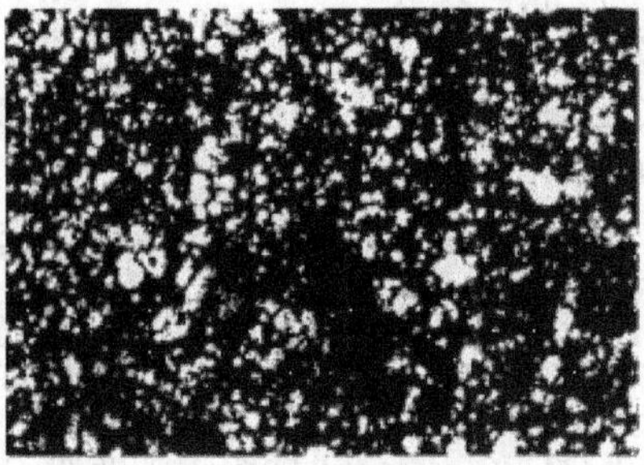

图 8-9　W18Cr4V 钢锻造退火后的组织（500×）

C　高速钢的热处理

高速钢的热处理包括：机械加工前的球化退火处理和成型后的淬火回火处理。

a　高速钢球化退火

高速钢锻造以后必须经过球化退火，退火目的不仅在于消除内应力、降低钢的硬度，以利于切削加工，而且也为以后的淬火做好组织准备。另外，返修工件在第二次淬火前也要进行球化退火。否则，第二次淬火加热时，晶粒将过分长大而使工件变脆。

b　高速钢淬火

高速钢的最后热处理是淬火与回火，其工艺比较特殊，即经过两次预热、高温淬火，然后再进行三次回火。高速钢的工艺曲线如图 8-10 所示。

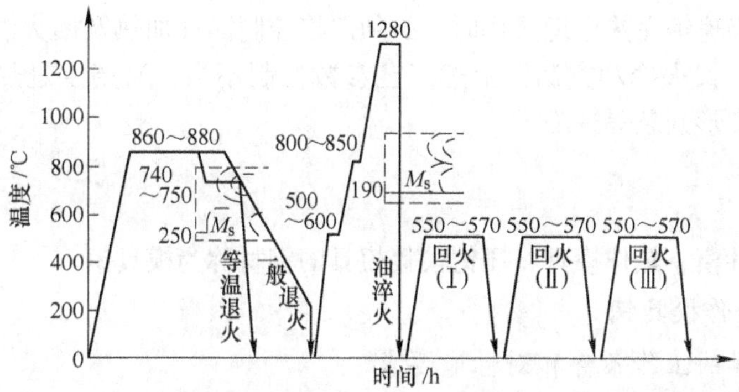

图 8-10 W18Cr4V 钢的热处理工艺曲线

高速钢的淬火加热温度很高，可达 1220～1300℃（而 $A_{c1}\approx 820℃$）。高速钢的淬透性很好，不仅在油中，甚至在空气中也能淬硬。淬火后的组织为马氏体＋残余奥氏体＋碳化物，图 8-11 所示为 W18Cr4V 钢的淬火组织。由于有 30%～35% 的残余奥氏体的存在，所以，淬火后的高速钢必须进行两次至三次回火，以便使马氏体分解、残余奥氏体转变和消除内应力。高速钢的回火温度是 550～570℃。回火后高速钢的组织为回火马氏体＋少量残余奥氏体＋碳化物，其硬度为 HRC62～65。

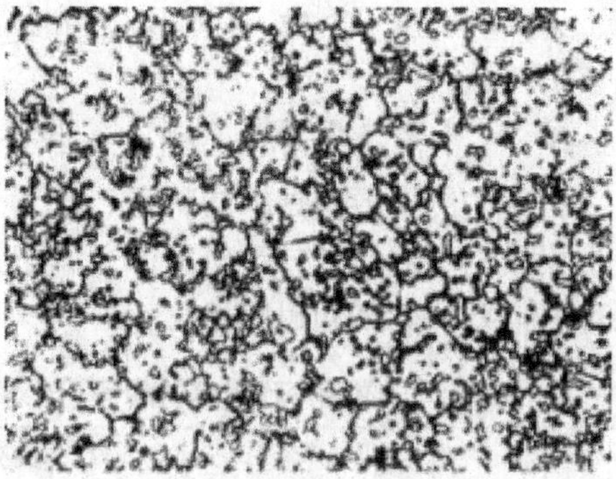

图 8-11 W18Cr4V 钢的淬火组织（400×）

高速钢淬火时进行两次预热。其原因在于：(1) 高速钢中含有大量合金元素，导热性较差，如果把冷的工件直接放入高温炉中，会引起工件变形或开裂，特别是对大型复杂工件则更为突出。(2) 高速钢淬火加热温度大多数在 1200℃以上，先预热可缩短在高温处理停留的时间，这样可减少氧化脱碳及过热的危险性。高速钢第一次预热温度在 600～650℃，可烘干工件上的水分。第二次预热温度在 800～820℃，使索氏体向奥氏体的转变可在较低温度内发生。高速钢中含有大量难溶的合金碳化物，淬火加热温度必须足够高才可使合金碳化物溶解到奥氏体中，淬火之后马氏体中的合金元素含量才足够高，而只有合金元素含量高的马氏体才能使钢具有高的红硬性。

淬火冷却通常在油中进行，对形状复杂、细长杆状或薄片零件常采用分级淬火方法。分级淬火后使残余奥氏体量增加 20%～30%，使工件变形、开裂倾向减小，使强度、韧性提高。油淬及分级淬火后的组织为马氏体＋碳化物＋残余奥氏体，分级淬火的分级温度停留时间一般不宜太长，否则二次碳化物可能大量析出。

c 高速钢回火

高速钢回火的目的是从淬火马氏体中析出弥散的 MC、M_2C 型碳化物，产生二次硬化效应，消除淬火应力，稳定组织，减少残余奥氏体量。回火后的显微组织为回火马氏体＋碳化物＋少量残余奥氏体。为了达到这一目的，高速钢一般要进行三次 560℃高温的回火处理，在此温度下的回火可以达到 HRC63～65 的硬度最高值。另外，高速钢经过三次回火才能充分降低残余奥氏体量以及消除新产生马氏体引起的内应力。

综上所述，高速钢在热处理操作时，必须严格控制淬火加热及回火温度，淬火、回火保温时间，淬火、回火冷却方法。上述工艺参数控制不当，易产生过热、过烧、萘状断口、硬度不足及变形开裂等缺陷。

8.5.2 模具钢

用于制造冷冲模、热作模具、压铸模等模具的钢材称为模具钢。

8.5.2.1 冷作模具钢

A 冷作模具的工作条件和对性能要求

冷变形模具是用于不需明显加热而进行成型的模具，如冷冲模、冷镦模、切边模、弯曲模、滚丝模和拉丝模等。根据这些模具工作条件特点，对冷变形模具钢的基本性能要求如下：高的硬度（>58～64HRC）和强度；高的耐磨性；足够的韧性；热处理变形要小和足够的淬透性。

B 冷作模具钢的化学成分、牌号

常用的冷变形模具钢的牌号、化学成分、热处理规范和力学性能如表8-23所示。冷变形模具钢碳的质量分数较高，均属于过共析钢。经热处理后，有一定的过剩碳化物，以保证所需要的硬度和耐磨性。

表8-23　常用冷作模具钢牌号、化学成分及热处理规范和力学性能（GB 1299—2000）

统一数字代号	牌号	化学成分/%										交货状态	试样淬火		
		C	Si	Mn	P	S	Cr	W	Mo	V	其他	布氏硬度 HBW10/3000	淬火温度/℃	冷却剂	洛氏硬度 HRC（不小于）
					不大于										
T21200	Cr12	2.00～2.30	≤0.40	≤0.40	0.030	0.030	11.50～13.00				Co：≤0.40	269～217	950～1000	油	60
T21201	Cr12MoV	1.45～1.70	≤0.40	≤0.40	0.030	0.030	11.00～12.50		0.40～0.60	0.15～0.30		255～207	950～1000	油	58

对于形状简单、尺寸较小的轻载模具，可采用T10A、9SiCr、CrWMn、9Mn2V等一般刃具钢作为模具材料。对于形状复杂、尺寸大、经受较大冲击负荷或要求高耐磨性、热处理变形小的冷变形模具，一般都采用Cr12型钢，如Cr12、Cr12MoV等。Cr12MoV是应用较多的冷变形模具钢，其成分中高碳是保证能与铬、钼、钒形成足够数量的碳化物和有一定的碳量溶于奥氏体中，使之获得碳量足够的过饱和马氏体，以保证有高的硬度、耐磨性和一定的热硬性；铬是Cr12MoV钢的主要元素，与碳所形成的Cr_7C_3合金碳化物具有极高的硬度，增加了钢的耐磨性，同时铬改善钢的淬透性，可使截面厚度为300～400mm的模具在油中也能全部淬透，使Cr12MoV钢获得高的强度。钼和钒除了能改善Cr12MoV钢的淬透性和回火稳定性之外，尚能细化晶粒，改善碳化物的不均匀性，从而提高钢的强度和韧性。Cr12型钢与高速钢一样，属于莱氏体钢，因此也必须经过反复锻造，才能使碳化物细化而分布均匀。

C 冷作模具钢的热处理

高铬钢的最后热处理是淬火与回火。淬火后的组织为马氏体+未溶碳化物+残余奥氏体。由于组织中有一定量的残余奥氏体存在，可以抵消淬火时马氏体转变所造成的尺寸涨大，因此淬火后的变形很小。淬火后钢的硬度为 HRC62～65。

8.5.2.2 热作模具钢

A 热作模具的工作条件和对性能要求

热作模具钢系指用于热态金属成型的模具用钢，如热锻模、热挤压模及压铸模等。其工作条件的主要特点是与热态（温度高者可达 1100～1200℃）金属相接触，由此带来两方面问题：一是使模腔表层金属受热，温度可升至 300～400℃（锤锻模）、500～800℃（热挤压模），甚至近千度（黑色金属压铸模）；二是使模腔表层金属产生热疲劳（系指模具型腔表面在工作中反复受到炽热金属的加热和冷却剂的冷却交替作用而引起的龟裂现象），此外，还有使工件变形的机械应力和与工件间的强烈摩擦作用。热作模具常见的失效形式有模腔变形（塌陷）、磨损、开裂和热疲劳等。

热作模具钢在高温工作条件下应具备以下特点：良好的高温强韧性；高的热疲劳和热磨损抗力；一定的抗氧化性和耐蚀性等。

B 含量热作模具钢的成分和牌号

热作模具钢的化学成分有以下特点：

（1）碳的含量。碳的质量分数适中，一般为 0.3%～0.6%，以保证高温力学性能。因为热作模具钢是依靠碳化物进行强化的，为了保证钢的韧性和热疲劳抗力，碳化物量不能太多，所以确定为中碳。

（2）合金元素。加入 Cr、W、Mo、V 等较强碳化物形成元素是为了提高钢的耐磨性、红硬性、耐热疲劳性及抑制第二类回火脆性，而加入 Cr、Mn、Si、Ni 则是为了提高钢的强度、韧性、淬透性与回火稳定性。热作模具钢牌号参见表 8-24。

表 8-24 为常用热作模具钢牌号、化学成分、热处理、性能（GB 1299—2000）。

表 8-24 常用热作模具钢牌号、化学成分、热处理及性能（GB 1299—2000）

统一数字代号	牌号	化学成分/%										交货状态	试样淬火	
		C	Si	Mn	P	S	Cr	W	Mo	V	其他	布氏硬度 HBW10/3000	淬火温度/℃	冷却剂
					不大于									
T20102	5CrMnMo	0.50～0.60	0.25～0.60	1.20～1.60	0.030	0.030	0.60～0.90		0.15～0.30			241～197	820～850	油
T20103	5CrNiMo	0.50～0.60	≤0.40	0.50～0.80	0.030	0.030	0.50～0.80		0.15～0.30		Ni：1.40～1.80	241～197	830～860	油
T20280	3Cr2W8V	0.30～0.40	≤0.40	≤0.40	0.030	0.030	2.20～2.70	7.50～9.00		0.20～0.50		≤255	1075～1125	油
T20520	4Cr5W2VSi	0.32～0.42	1.20～1.80	≤0.40	0.030	0.030	4.50～5.50	1.60～2.40		0.60～1.00		≤229	1030～1050	油或空

按照钢中主要合金元素种类与配比以及所具备的高温性能，可划分为四个各具特色的类型，即高韧性、高强韧性、高耐热性和析出硬化热作模具钢。

目前，一般中小型热锻模具都采用 5CrMnMo 钢制造，大型热锻模具采用 5CrNiMo 钢制造。热作模具钢的热处理主要包括：锻造后预先热处理为退火以消除锻造应力，降低硬度以利于切削加工，并为随后的淬火作组织准备。其最终热处理工艺为淬火 + 高温回火（大型热锻模），或中温回火（中、小型热锻模），或低温回火（压铸模、热挤压模）。典型的热处理工艺曲线如图 8-12 所示。

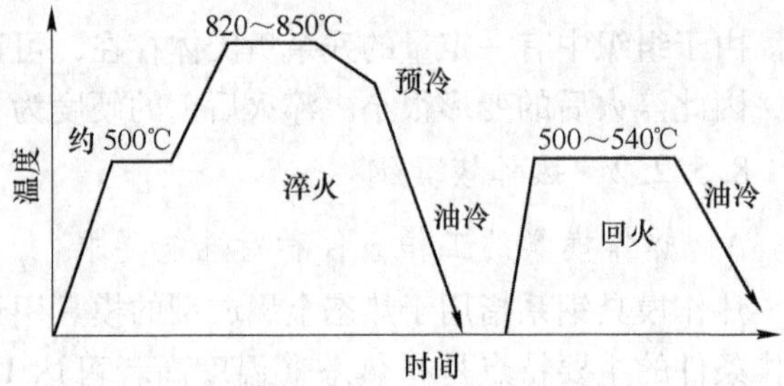

图 8-12　5CrMnMo 钢制热锻模的淬火回火工艺曲线

8.5.3　量具钢

量具是用来度量工件尺寸的工具，如游标卡尺、量规及千分尺等。对量具的基本要求是在长期存放与使用中保证其尺寸精度不变。

量具在多次使用中会与工件表面之间有摩擦作用而使量具磨损并改变其尺寸精度，另外实践还表明，由于组织应力的原因，量具在长期使用或存放过程中尺寸精度也会发生改变，这种现象称时效。在淬火和低温回火状态下，钢中存在有以下三种导致尺寸变化的因素：(1) 残余奥氏体转变成马氏体，引起体积膨胀；(2) 马氏体分解，正方度下降，使体积收缩；(3) 残余应力的变化和重新分布，使弹性变形部分地转变为塑性变形而引起尺寸变化。

综上所述，量具用钢的主要性能要求是工作部分应有高硬度（HRC58～64）和高耐磨性、高的尺寸稳定性及足够的韧性。

目前量具用钢主要有：碳素工具钢、高碳合金工具钢及渗碳钢等，如碳素工具钢 T10A、T12A 等，主要用于制造形状简单、精度不很高的量具，如量规、样圈等圆形量具。高碳合金工具钢有 9Mn2V、GCr15、CrWMn 等，主要用于制造高精度的量具，如块规、塞规等。渗碳钢有 15、20、15Cr、15CrMn 等，主要用于制造长形或平板状量具，如卡规、样板及直尺等。常用量具钢材料与热处理如表 8-25 所示。

表 8-25　常用量具钢材料与热处理

量具名称	材　料	热处理工艺
平样板与卡板	15、20	渗碳、淬火 + 低温回火
	50、55	调质、表面淬火 + 低温回火
一般量规、量块	T10A、T12A	淬火 + 低温回火
高精度量规、块规	9Mn2V、GCr15、CrWMn	淬火 + 低温回火

量具的高硬度及耐磨性能还需通过热处理实现，即淬火和低温回火工艺。为了使量具的尺寸稳定应尽量减少不稳定的组织及内应力，或者使已形成的组织稳定性增加，以减少时效效应。通常需要有三个附加的热处理工序：(1) 淬火之前的调质处理；(2) 常规热处理之间的冷处理；(3) 常规热处理后的时效处理。图 8-13 所示为生产上常用的 CrWMn 钢制造块规退火后的热处理工艺。

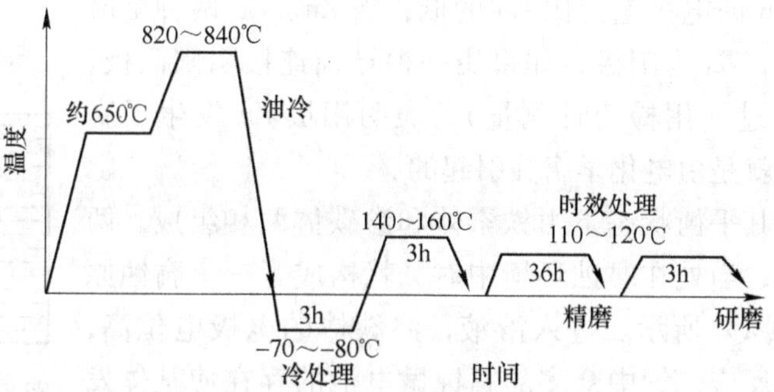

图 8-13 CrWMn 钢制造块规退火后的热处理工艺

调质处理的目的是获得回火索氏体组织。因为回火索氏体组织与马氏体的体积差别较小，能使淬火应力相变减小，从而有利于降低量具的时效效应。冷处理的目的是为了使残余奥氏体转变为马氏体，减少残余奥氏体量，从而增加量具的尺寸稳定性。冷处理应在淬火后立即进行。此外，量具磨削后在表面层有很薄的二次淬火层，为使这部分组织稳定，需在 110～120℃经过 6～36h 的人工时效处理，以使组织稳定。

8.6 特殊性能钢

具有特殊性能的钢称为特殊性能钢，简称特殊钢。这一特殊性能主要指耐腐蚀性能、耐高温性能、耐磨性能等。特殊钢包括：不锈钢、耐热钢、高耐磨钢、磁钢等。

8.6.1 不锈钢

在石油化工等工业部门中，各种压力容器、管道等设备都要与各种腐蚀性气体相接触，使这些设备发生腐蚀甚至失效。为了保证设备长期稳定安全工作，制造这些设备的钢除应有一定的力学和工艺性能外，还必须具有良好的耐腐蚀性能。不锈钢为此需求而被研制出来。通常不锈钢指的是不锈钢和耐酸钢的总称。实际上，不锈钢是在大气和弱腐蚀介质中耐蚀的钢，而在各种强腐蚀介质（例如酸）中耐腐蚀的钢，则称为不锈耐酸钢。

8.6.1.1 金属的腐蚀过程

自然界中金属腐蚀的形式常可分为两大类：化学腐蚀和电化学腐蚀。化学腐蚀是指金属直接与介质发生化学反应，如铁与氧、水蒸气等直接接触，发生氧化反应：

$$4Fe + 3O_2 \longrightarrow 2Fe_2O_3$$

$$Fe + 2H_2O \longrightarrow Fe(OH)_2 + H_2\uparrow$$

此外，热处理过程中钢在氧化性气氛中加热发生氧化反应形成氧化铁皮等都属于化学腐蚀。这种化学腐蚀的特点是反应首先发生在金属表面，使金属表面逐渐发生破坏。但如果腐蚀的产物与基体结合牢固且很致密，该腐蚀产物就能起到将腐蚀介质与基体金属隔离的作用，可阻碍腐蚀的继续进行。钢铁表面的磷化处理就是一例，它是指钢铁表面与含有 Zn、Mn、Fe 的磷酸二氢盐与磷酸组成的溶液进行化学反应，在钢铁表面生成磷化膜的过程，可用作电机硅钢片的绝缘处理。

电化学腐蚀是指金属在酸、碱、盐等电解质溶液中因原电池作用而引起腐蚀，如图

8-14 所示。由于 Zn 的电极电位比 Cu 的低，当 Zn、Cu 两种金属处在硫酸溶液中时，Zn 为阳极，如果用一根导线连接阴阳两极，就会发现有电流通过（用检流计测量），表明阳极 Zn 发生了腐蚀。一般钢的腐蚀就是由电化学腐蚀引起的。

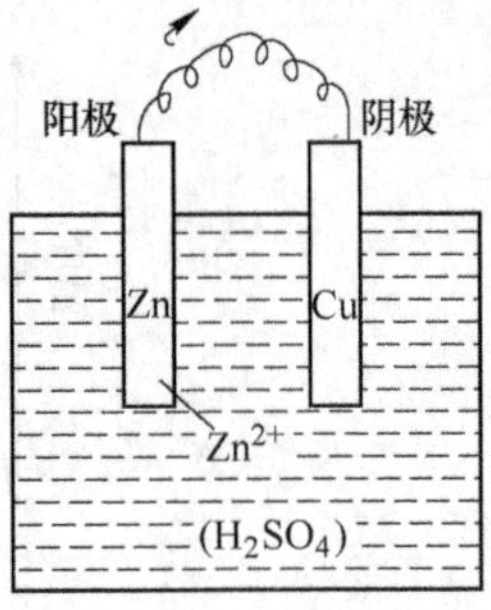

图 8-14　金属的电化学腐蚀示意图

以碳钢为例，其平衡状态下由铁素体和渗碳体两相组成，两者的电极电位不同，当处在腐蚀环境中时，就构成了一个腐蚀原电池，如图 8-15（a）所示。进入溶液，渗碳体的电极电位高，为阴极，发生析氢反应，钢中众多的腐蚀微电池的存在使基体发生腐蚀。与电化学中介绍的原电池不同的是腐蚀原电池是短路的原电池，它的电极电流无法测得。实际上，钢中还有许许多多的组织容易构成腐蚀微电池的阳极区域，如晶界、塑性变形区、铁素体基体等都是化学性较活泼的区域。除此之外，钢中化学成分、组织及应力的不均匀分布都可能造成电化学腐蚀，见图 8-15（b）。微区之间的不均匀性越大，电极电位差也就越大，钢的腐蚀速度也越快。所以，不锈钢也并非是绝对不锈、不受腐蚀的钢，只是腐蚀速度不同而已。

根据电化学腐蚀产生的位置及条件，常出现如晶间腐蚀、应力腐蚀、疲劳腐蚀等腐蚀形式。

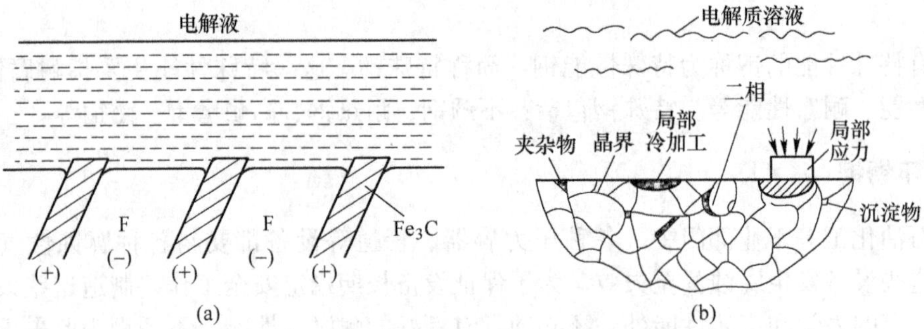

图 8-15　金属在腐蚀环境中的电化学腐蚀
（a）碳钢在腐蚀环境中的电化学腐蚀；（b）冶金因素引起的电化学腐蚀

8.6.1.2　提高金属耐腐蚀性的途径

提高金属耐腐蚀性的主要途径为合金化：（1）设法使金属具有均匀化学成分的单相组织，使之无法在腐蚀环境中构成微电池；（2）提高金属基体的电极电位，减小与第二相的电位差；（3）使金属表面形成致密的氧化膜（如 Cr_2O_3、Al_2O_3、SiO_2 等），使金属钝化。按照上述设计思想形成了不锈钢。不锈钢的不锈依赖于加入的合金元素：大量的 Cr、Ni 和微量的 Ti、Mo、V、Nb 等。

Cr 是决定不锈钢抗腐蚀性好坏的主要元素之一。钢中铁素体的电极电位随 Cr 含量的增加呈现突变式变化，即 Cr 含量为 12.5%、25%、37.5%（原子分数）时，电极电位才能显著地提高，如图 8-16 所示。

同时 Cr 又是缩小 γ 相区的元素，当 Cr 含量很高时就能得到铁素体单相组织。因此，不锈钢中 Cr 含量通常为 13%、17% 及 37%，低于 12% Cr 时钢就不具备抗腐蚀性。

Ni 是扩大 γ 相区的元素，在低碳镍钢中镍含量达 24% 以上时，可获得单相奥氏体组织，见图 8-1（b），钢的抗腐蚀性能显著提高。但这时钢的强度不高，如果要获得适度的强度和高耐蚀性，必须把镍和铬同时加入钢中才能达到构件及零件的性能要求。

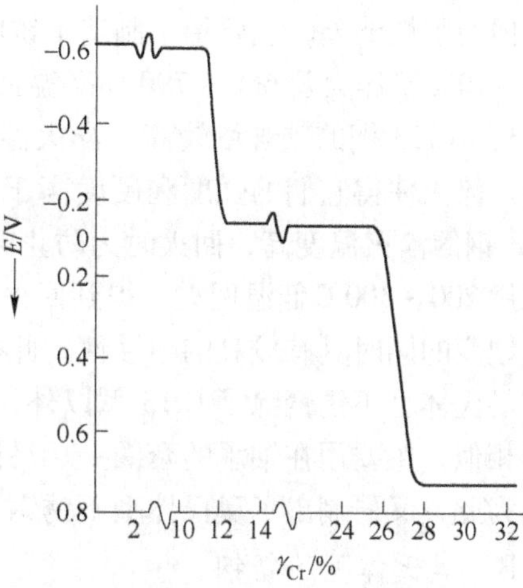

图 8-16 Cr 含量对 Fe-Cr 电极电位的影响

碳在不锈钢中的影响有双重性。一方面碳与铬有很大的亲和力，能形成一系列的碳化物，钢中的碳含量愈高，形成铬的碳化物就愈多，固溶体中的铬含量相对地就愈少，钢的耐蚀性能就会降低。因此，不锈钢中碳含量一般要求较低。另外，不锈钢的强度则随碳含量的增加而提高，所以在某些情况下，如用于制造滚动轴承、弹簧和刃具的不锈钢，要求高的硬度和耐磨性，就要将碳提高到 0.85%~0.95%，此时，必须相应地提高钢中的铬含量。

绝大多数不锈钢的碳含量在 0.4% 以下，同时加入铬、镍等主要元素。

8.6.1.3 不锈钢的种类及特点

按化学成分不同不锈钢可以分为铬不锈钢、镍铬不锈钢等，按照金相组织特点将不锈钢分为马氏体型、奥氏体型、铁素体型三大类。

A 马氏体型不锈钢

马氏体不锈钢的化学成分：C 含量为 0.1%~1.0%，Cr 含量为 13%~18%。典型的马氏体不锈钢主要是 Cr13 型不锈钢，其成分、性能及用途见表 8-26。

表 8-26 部分马氏体不锈钢成分、性能及用途

牌号	化学成分/%		热处理		力学性能					用途
	C	Cr	淬火/℃	回火/℃	R_{eL}/MPa	R_m/MPa	A/%	A_{KU2}/J	HBS	
0Cr13	≤0.08	11.50~13.50	950~1000	700~750	345	490	24	—	—	用作较高韧性及受冲击负荷的零件，如汽轮机叶片、结构类、不锈设备、衬里、螺栓等
1Cr13	≤0.15	11.50~13.50	950~1000	700~750	345	540	25	78	159	具有良好的耐蚀性、机械加工性，一般用作刀具类
2Cr13	0.16~0.25	12.00~14.00	920~980	600~750	440	635	20	63	192	淬火状态下，耐蚀性良好，用作汽轮机叶片
3Cr13	0.26~0.35	12.00~14.00	920~980	600~750	540	735	12	24	217	比 2Cr13 淬火后硬度高，用作刃具、喷嘴、阀座、阀门等

Cr13 型不锈钢淬火加热的目的是为了得到单相奥氏体，因碳含量较高需让碳化物充分溶解而晶粒又保持细小，因此，加热温度的确定十分重要。另外，此类钢由于含大量的 Cr 元素，淬透性好，高温加热后空冷就能得到马氏体。马氏体型不锈钢由此得名。0Cr13、1Cr13、2Cr13 钢碳含量较低，具有良好的综合力学性能，可进行深冲、弯曲、卷边及焊

接，但切削性能差，主要用于制造不锈的结构件（如汽轮机叶片等）。其最终热处理采用1000～1050℃淬火及660～790℃高温回火，得到综合力学性能良好的回火索氏体组织。3Cr13、4Cr13钢的碳含量较高，淬火温度应高些，为1000～1100℃，可保证碳化物充分溶解。淬火使得它们的强度和硬度高于2Cr13，但冷变形及焊接性能比2Cr13差。3Cr13、4Cr13钢的淬火温度高，回火时为防止碳化物析出过多引起基体贫铬，降低耐蚀性，故通常采用200～300℃低温回火，得到回火马氏体，此时基体仍保留大量的铬，可以使钢保持较高硬度的同时具有较高的耐蚀性。此类钢主要用于制造耐蚀工件、医疗工具、不锈轴承等。马氏体型不锈钢除了Cr13型以外，还有高碳铬不锈轴承钢9Cr18。这种钢和GCr15的作用相似，主要用在轴承的套圈上。马氏体型不锈钢的局限性是在强酸中的耐腐蚀性能很低。为此，又研制出了奥氏体型不锈钢。

B　奥氏体型不锈钢

奥氏体型不锈钢顾名思义是指钢的基体组织为奥氏体，其典型钢种有0Cr18Ni9、1Cr18Ni9、0Cr18Ni9Ti、1Cr18Ni9Ti等，此类钢在工业生产的应用最广。几种常见奥氏体不锈钢的化学成分、热处理、力学性能及用途见表8-27。

表8-27　几种常见的奥氏体型不锈钢的成分、热处理、力学性能及用途

牌号	化学成分/%		热处理		力学性能				用途
	C	Cr	固溶处理/℃	冷却方式	R_{eL}/MPa	R_m/MPa	A/%	HBS	
1Cr18Ni9	≤0.12	17.00～19.00	1010～1150	快冷	205	520	40	187	经冷加工有高的强度，但伸长率比1Cr17Ni7稍差，用作建筑用装饰部件
1Cr18Ni9Ti	≤0.12	17.00～19.00	920～1150	快冷	205	520	40	187	用作焊芯、抗磁仪表、医疗器械、耐酸容器及设备衬里和输送管道等零部件
0Cr19Ni9N	≤0.08	18.00～20.00	1010～1150	快冷	275	550	35	217	用作食品设备、一般化工设备、原子能工业设备等
00Cr17Ni14Mo2	≤0.030	16.00～18.00	1010～1150	快冷	177	480	40	187	在海水和其他各种介质中。耐蚀性比0Cr19Ni9N好

由于钢中添加了合金元素镍和铬（$w_{Cr}=18\%$，$w_{Ni}=9\%$），镍是强烈扩大奥氏体相区的元素，在一般冷却条件下（如空冷）都能够得到单相奥氏体组织，故而得名，也可称18-8型不锈钢。奥氏体型不锈钢的耐蚀性比马氏体型不锈钢高，它具有良好的冷变形性能，在室温及低温下有良好的韧性。18-8型奥氏体不锈钢在400～850℃保温或缓冷时易在晶界上析出富铬的$Cr_{23}C_6$，从而导致周边基体形成贫铬区，当钢处在腐蚀性介质中时会产生严重的晶间腐蚀，钢的耐蚀性能就会大大降低，这是此类不锈钢在工作中遇到的主要问题。钢中的碳含量越高，晶间腐蚀的倾向越大，因此奥氏体不锈钢的碳含量很低，一般$w_c \leq 0.12\%$，这样可以避免奥氏体在冷却时发生分解形成$Cr_{23}C_6$。

生产上还要注意的是奥氏体不锈钢在进行气焊或电弧焊等工艺时，焊接及热影响区（550～800℃）引起的晶间腐蚀尤为严重，甚至导致该部位晶粒剥落，钢件脆断。

实践经验表明，奥氏体不锈钢的组织为单相奥氏体时有最佳的耐蚀性。克服晶间腐蚀的方法有两种：一是改变钢的化学成分；二是在工艺上进行改进。首先减少钢中的碳含量，当其降低到400～850℃碳的溶解度极限以下或稍高时，铬的碳化物不能析出或析出甚微可以有效防止晶间腐蚀；其次，可在奥氏体不锈钢中加入强碳化物形成元素Ti和Nb形成稳定碳化物（TiC和NbC），避免$Cr_{23}C_6$在晶界析出，从而晶界周边无法出现贫铬区，就能防止钢的晶间腐蚀。工艺上改进的措施在于对奥氏体不锈钢进行适当的热处理，它们分别是：固溶处理、稳定化处理和去应力处理。

固溶处理是将低碳的奥氏体不锈钢加热到1000～1150℃，让所有碳化物全部溶解于奥氏体中，然后采取快速冷却（如水冷）以抑制第二相的析出。这样处理后，在室温状态可获得单相奥氏体组织。经固溶处理后的奥氏体不锈钢，由于消失了第二相，故可以提高钢的耐蚀性。稳定化处理是将含Ti和Nb的奥氏体不锈钢经固溶处理后，再经过850～880℃温度加热，保温4h，然后空冷，目的是使大部分铬的碳化物溶解，而使TiC和NbC部分保留，不会在晶界附近沉淀出$Cr_{23}C_6$，从而防止晶间腐蚀。

此外，经过冷加工或焊接的18-8型不锈钢都会存在残余应力，还将会引起应力腐蚀开裂。为消除冷加工残余应力，可加热至300～350℃，而后空冷。为消除焊接残余应力，宜加热至850℃以上，可同时起到减轻晶间腐蚀倾向的作用。奥氏体不锈钢主要用于制造在强腐蚀性介质（如盐酸、硝酸、冷磷酸、盐、碱性溶液等）中工作的零件或容器。

C　铁素体型不锈钢

铁素体型不锈钢的碳含量一般低于0.15%，铬含量为12%～30%，在加热和冷却过程中没有或很少发生α↔γ转变，因而不能用相变强化，属于铁素体钢。

常见的铁素体型不锈钢有1Cr17、1Cr25Ti及1Cr28型，其成分、性能及用途见表8-28。

表8-28　铁素体型不锈钢成分、性能及用途

牌号	化学成分		热处理		力学性能				用途
	C	Cr	退火/℃	冷却方式	R_m/MPa	R_{eL}/MPa	A/%	HBS	
1Cr17	≤0.12	16.00～18.00	780～850	空冷或缓冷	205	450	22	183	耐蚀性良好的通用钢种，可用作建筑内装饰，重油燃烧器部件，家庭用具，家用电器部件
00Cr12	≤0.030	11.00～13.00	700～820	空冷或缓冷	196	265	22	183	比0Cr13碳含量低，焊接性能、弯曲性能、加工性能、耐高温氧化性能好。作汽车排气处理装置、锅炉燃烧室、喷嘴等

铁素体不锈钢在氧化性酸（如硝酸）中有良好的耐蚀性，缺点是韧性较低，冷变形性能差，焊接热影响区晶粒粗大且脆性高。

铁素体不锈钢在350～550℃之间长期停留将导致脆化，强度升高，而塑性、韧性急剧降低，在475℃左右脆化现象最严重，称475℃脆性。其原因是由于铁素体内的铬原子趋于有序化，形成许多富铬的铁素体。该富铬相在母相特定的晶面上或位错处析出，它们与母相保持共格关系，产生很大的晶格畸变和内应力，同时使滑移难于进行，易于产生孪晶，孪晶面成为解理断裂的形核地点，使钢的脆性剧增。因此，铁素体不锈钢应避免在此温度下使用或在热加工工艺过程中在此温度下长期停留。已出现脆性的钢可采用580～600℃加热保温1～5h后快冷的方法使之消除。

铁素体不锈钢在550～850℃长期停留时将从铁素体中析出σ相（FeCr金属间化合物），具有高的硬度，使钢变脆，称σ脆性。已形成σ相而变脆的钢加热到820℃以上时，可将σ相溶入铁素体中，然后快速冷却，使塑性及韧性恢复正常。

8.6.2 耐热钢

锅炉、汽轮机零件等在工作时除受载荷作用外，还在较高温度下工作，应具有一定的耐热性能。所谓耐热性能是指材料在高温下具有抗氧化和热强性的综合性能。用于制造在一定温度下（再结晶温度以上）工作的零件及构件所用的钢称为耐热钢或耐热合金。

8.6.2.1 耐热钢的耐热性能指标

耐热钢的抗氧化性是指耐热钢在热的气体介质中无载荷或低载状态下工作时，钢表面能够抵抗氧气侵蚀而不起皮和剥落的能力，此钢又称耐热不起皮钢为了提高钢的抗氧化性能，常加入Cr、Al、Si等元素，因为这些元素在高温下可在钢的表面上形成一层结构致密的氧化物膜（Cr_2O_3、Al_2O_3、SiO_2），则使氧化过程减慢或停止。

热强性是指金属在高温和载荷长时间作用下抵抗蠕变和断裂的能力，即表示金属的高温强度，通常以蠕变极限和持久强度来表征。金属的蠕变是材料在高温下工作时的一种主要失效形式。它是指金属在高温下，当外加应力低于屈服极限（甚至弹性极限）时，即会随着时间的延长逐渐发生缓慢的塑性变形直至断裂。蠕变极限是指金属在给定温度下和规定的时间内，产生一定的蠕变变形量时，所能承受的最高应力。例如，$\sigma_1^{500}/100000=100\text{MPa}$表示材料在500℃下$10^5$h后应变量为1%的蠕变极限为100MPa。如汽轮机叶片，由于蠕变而使叶片末端与汽缸之间的间隙逐渐消失，最终会导致叶片及汽缸碰坏，造成重大事故。因此对于高温工作的零件不允许产生过大的蠕变变形，应采用蠕变极限严格评定其在使用期间的变形量。

工程上常采用强化高温材料的方法有：

（1）固溶强化：在耐热钢中加入Cr、Mo、W、Nb等，这些元素溶入固溶体能提高钢的强度和再结晶温度。

（2）弥散强化：在耐热钢中加入强碳化物形成元素Mo、V、W等，能形成稳定性很高的化合物，能起到弥散强化相的作用。

（3）晶界强化：晶界对于金属虽可起强化作用（阻碍位错运动），但也提供了扩散通道降低热强性。因此，对高温下使用的材料，并非晶粒愈细愈好，为了减小晶界对扩散的作用，应选择粗大晶粒更有利于提高钢的热强性。

8.6.2.2 常用耐热钢牌号、成分及性能

常用的耐热钢的牌号、成分及性能见表8-29。

表 8-29 耐热钢的牌号、化学成分、热处理、力学性能（GB/T 1221—2007）

类别	牌号	化学成分（质量分数）/%					热处理	力学性能		
		C	Mn	Si	Ni	Cr		R_m/MPa	A/%	HBS
奥氏体型	1Cr18Ni9Ti	≤0.12	≤2.00	≤1.00	8.00～11.00	17.00～19.00	固溶处理 1000～1100℃快冷	≥520	≥40	≤187
马氏体型	4Cr9Si2	0.35～0.50	≤0.70	2.00～3.00	≤0.60	8.00～10.00	淬火 1020～1040℃油冷；回火 700～780℃油冷	≥885	≥19	
铁素体型	00Cr12	≤0.03	≤1.00	≤0.75		11.00～13.00	退火	≥365	22	≥183

耐热钢分为抗氧化钢和热强钢。抗氧化钢分为铁素体型抗氧化钢和奥氏体型抗氧化钢，如 00Cr12、Cr18Ni25Si2 等多用于制造加热炉的受热构件、锅炉吊钩等。主要热处理是固溶处理，以获得均匀的奥氏体组织。一般抗氧化钢是低碳钢，因为碳含量提高，钢的抗氧化性能就会降低。热强钢按其组织类型可分珠光体、马氏体和奥氏体型耐热钢三大类：

（1）珠光体型热强钢。常用牌号是 15CrMo 和 12CrMoV，用于制造工作温度低于 600℃的构件，如锅炉的炉管、过热器、石油热裂装置等。一般在正火＋高温回火（高于使用温度 100～150℃）状态下使用，组织为细珠光体加部分铁素体。

（2）马氏体型热强钢。常用钢种为 4Cr9Si2、1Cr13Mo，多用于制造 600℃以下受力较大的零件，如汽轮机叶片等。一般在淬火＋高温回火状态下使用，组织为回火马氏体。

（3）奥氏体型热强钢。常用的钢种是 1Cr18Ni9Ti。该类钢抗氧化性和热强性比珠光体型和马氏体型耐热钢高，工作温度可达 750～800℃，常用来制作一些比较重要的零件，如燃气轮轮盘和叶片等。一般进行固溶处理或固溶＋时效处理。

8.6.3 耐磨钢

耐磨钢是指在强烈冲击载荷下发生硬化具有高耐磨性的钢种。生产上一些机械零件，如挖掘机、拖拉机、坦克的履带板、球磨机的衬板等，在工作时受到严重磨损及强烈撞击，因而制造这些零件的钢要用耐磨钢，除了应有良好的韧性外，还应具有良好的耐磨性。在生产中应用最广的是高锰钢 Mn13。Mn13 的化学成分是 $w_c = 1.0\% \sim 1.5\%$，$w_{Mn} = 11\% \sim 14\%$。由于它机械加工困难，通常都是铸造成型。铸造高锰钢牌号为 ZGMn13，此钢由于组织中有碳化物的存在，致使钢的韧性较低。为了改善钢的韧性，应进行“水韧处理”使高锰钢全部获得奥氏体组织。所谓水韧处理是把钢加热到临界点温度以上（1000～1100℃）保温一段时间，使钢中碳化物全部溶入奥氏体，然后迅速地把钢浸入水中冷却，防止碳化物析出，因而可获得均匀单相奥氏体组织。水韧处理后的高锰钢硬度不高（180～220HBS），但受到剧烈冲击或较大压力作用时，其表面产生加工硬化，硬度可提高到 450～550HBS，这样表层具有良好的耐磨性，而心部奥氏体又具有足够的韧性。所以高锰钢制件在使用中必须伴随外来的压力和冲击作用，否则高锰钢是不耐磨的，其耐磨性并不比硬度相同的其他钢种好。例如喷砂机的喷嘴，选用高锰钢或碳素钢制造，它们的使用寿命几乎是相同的。这是因为喷砂机的喷嘴所通过的小砂粒不能引起高锰钢硬化所致。

高锰钢广泛应用于既耐磨损又耐冲击的一些零件，如高锰钢用于铁道上的辙岔、转辙器及小半径转弯处的轨条等。另外，高锰钢在寒冷气候条件下，还有良好的力学性能，不会冷脆。高锰钢使用于挖掘机之类的铲斗、各式碎石机的腭板、衬板，显示出非常优越的耐磨性。

要注意的是高锰钢极易产生加工硬化，难于切削加工，所以大多数高锰钢都采用铸造成型，再经过水韧处理后使用。

习题与思考题

8-1 区别下列名称的基本概念：渗碳体、合金渗碳体、特殊碳化物、莱氏体钢，并指出奥氏体钢、铁素体钢、莱氏体钢、马氏体钢的形成条件。

8-2 解释奥氏体稳定性与回火稳定性的含意，并指出其影响因素与在生产中的实用意义。

8-3 合金钢与碳钢相比，为什么它的力学性能好？热处理变形小？为什么合金工具钢的耐磨性、热硬性比碳钢高？

8-4 试述下列零件进行时效处理的意义与作用：
(1) 形状复杂的大型铸件在500～600℃时进行时效处理；(2) 铝合金件淬火后于140℃时进行时效处理；(3) T10A钢制造的高精度丝杆于150℃时进行时效处理。

8-5 金属材料减摩性与耐磨性有何区别？它们对金属组织与性能要求有何不同？

8-6 制造刃具的材料有哪些类别？列表比较它们的化学成分、热处理方法、性能特点（硬度、热硬性、耐磨性、韧性等）、主要用途及常用代号。

8-7 某工厂用CrMn钢制造高精度块规，其加工路线如下
锻造→球化退火→机械粗加工→调质→机械精加工→淬火→冷处理→低温回火并人工时效→磨→人工时效→研磨。试说明各热处理工序的作用。

8-8 试分析为减少工件淬火变形与开裂应该采取哪些措施。

8-9 结构钢能否用来制造工具？工具钢能否用来制造机械零件？试举例说明。

9　铸　　铁

铸铁和生铁都是含碳大于2.11%的铁碳合金，习惯上把从高炉直接冶炼出来的铁水或原料铁块称为生铁；而经过配料重熔并浇注成铸铁件的生铁称为铸铁。工业中常用铸铁还含有硅、锰等元素及硫、磷等杂质。铸铁生产工艺和设备简单，成本低廉，并且具有优良的铸造性能、切削加工性能、耐磨性能和消震性能。这一良好的性能是由于它的碳含量较高，接近于共晶合金成分，使得它的熔点低、流动性好，此外，还因为它的碳含量和硅含量较高，使得它其中的碳大部分不再以化合状态（Fe_3C）而以游离的石墨状态存在，石墨在铸铁中本身具有润滑作用。因而铸铁在机械制造、冶金、矿山、石油化工、交通运输、国防等部门有着广泛的应用。

9.1　铸铁的石墨化过程及分类

9.1.1　铸铁的石墨化过程

铸铁组织中石墨的形成过程称为“石墨化”过程。在铁碳合金中，碳可能以两种形式存在，即化合状态的渗碳体（Fe_3C）和游离状态的石墨（常用G来表示）。石墨的晶格形式为简单六方，如图9-1所示，其底面中的原子间距为0.142nm，而两底面之间的面间距为0.340nm。因其面间距较大，原子以较弱的金属键结合，这使石墨具有不太明显的金属性（如导电性）。由于石墨层间结合力弱，易滑移，故其结晶形态常易发展成为片状。石墨的强度和塑性极低，其强度和塑性与基体组织相比几乎为零。因此，对铁碳合金的结晶过程来说，实际上存在两种相图，如图9-2所示。

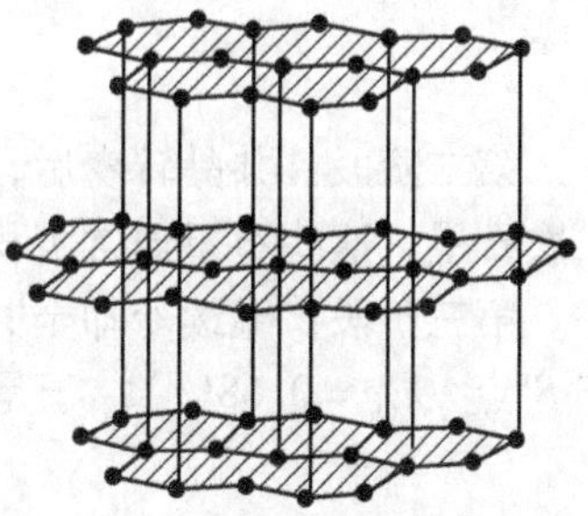

图9-1　石墨的晶体结构

相图中实线所示为亚稳定的Fe-Fe_3C相图，虚线所示为稳定的Fe-C相图。二者的主要区别为：Fe-C相图中的*EC*线和*PS*线均上移，对应温度分别为1154℃和738℃（原来为1148℃和727℃）；*E*、*C*、*S*点碳含量均相应减小，分别为2.08%、4.26%、0.68%（原来为2.11%、4.30%、0.77%）。

铸铁组织中石墨的形成过程称为石墨化过程。以碳含量为4.0%的铸铁为例按照稳定的Fe-C相图讨论碳的石墨化过程。

第一阶段：碳含量为4.0%的液态合金在缓慢冷却条件下，当冷至液相线的温度，首先结晶出奥氏体，由于碳含量较低的奥氏体不断结晶，促使液相成分中的碳含量沿*BC′*线增加，到共晶温度（1154℃）时，达到共晶成分的剩余液相发生共晶转变，形成奥氏体和共晶石墨：

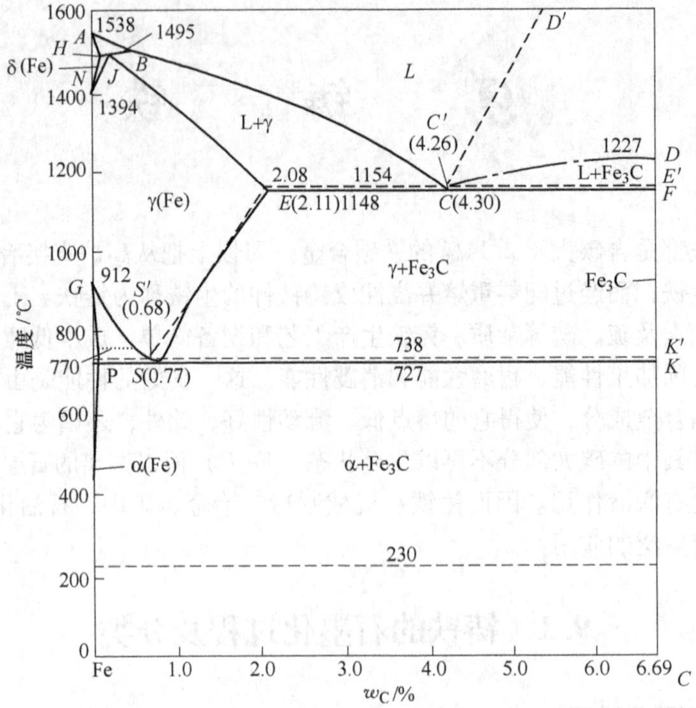

图9-2 Fe-C 合金双重相图

$$L_C{}' \longrightarrow A_E{}' + G$$

第二阶段：共晶转变后，随着温度下降，奥氏体的成分沿 $E'S'$线逐渐变化，同时析出二次石墨，这些石墨通常沉积于共晶石墨表面，使共晶石墨不断长大。

第三阶段：继续冷却至共析温度（738℃）时，剩余奥氏体成分达到共析成分，相当于 S'点（$w_C = 0.68\%$），于是便发生共析转变，形成铁素体和共析石墨：

$$A_S' \longrightarrow F_P' + G$$

共析石墨一般也沉积于共晶石墨的表面上而使其生长，最后得到的组织是在铁素体基体上分布着片状石墨。由于高温下原子的扩散能力强，所以第一阶段和第二阶段的石墨化过程较易进行，而第三阶段的石墨化过程，因温度较低，扩散条件差，有可能部分或全部被抑制，于是铸铁结晶后可得到三种不同基体加石墨的组织，即 F + G、F + P + G、P + G。

如何使铸铁结晶时石墨化进程得以实现？铸铁的化学成分和浇注时的冷却速度是两个主要的因素。铸铁中的 C 和 Si 是促进石墨化的元素，它们的含量越高，石墨化过程越容易进行，析出的片状石墨越多越粗大；反之，石墨越少越细小。除了 C 和 Si 外，铸铁中的 Al、Cu、Ni、Co 等合金元素也会促进石墨化，而 S 及 Mn、Cr、W、Mo、V 等碳化物形成元素则会阻止石墨化。铸件的冷却速度主要取决于浇注温度、铸型材料和铸件壁厚，对石墨化有很大影响。浇注温度越高，采用砂型铸造，铸件壁厚越大时，冷却速度越慢，即过冷度越小，越有利于原子的扩散，对石墨化越有利。

9.1.2 铸铁的分类

根据铸铁中碳的存在形式，铸铁可分为白口铸铁、灰口铸铁、可锻铸铁和球墨铸铁。

见表9-1。

（1）白口铸铁：这种铸铁中的碳全部以渗碳体的形式出现，因其断口呈亮白色故称白口铸铁。

（2）灰口铸铁：这种铸铁中的碳大部分或全部成片状石墨形式存在，因其断口呈灰色，故称灰口铸铁，也称普通铸铁。

（3）可锻铸铁：可锻铸铁是一定成分的白口铸铁经石墨化退火而获得的一种铸铁。其中石墨呈团絮状，其塑性、韧性较高。其实，可锻铸铁并不能锻造。

（4）球墨铸铁：铁水经球化处理后再浇注，可使其中的碳呈球状石墨形式存在，故称球墨铸铁。

（5）蠕墨铸铁：蠕墨铸铁是将高碳、低硫、低磷及含有一定硅、锰量的铁水，经蠕化剂与铁水反应后凝固而得到。它的石墨形态在光学显微镜下似片状，但不同于灰口铸铁的片状石墨，较短而厚，头部圆，形似蠕虫。

表9-1　铸铁的分类、成分特点、热处理、组织、主要性能、典型牌号及用途

类别	成分特点	热处理	组织	主要性能	典型牌号	用途
灰铸铁	共晶点附近，$w_C=2.5\%\sim4.0\%$，$w_{Si}=1.0\%\sim3.0\%$	去应力退火，消除白口组织的退火，表面淬火	钢基体＋片状G	抗拉强度、韧性远低于钢，抗压强度与钢相近，铸造性能好、减振、减摩等	HT150	受力不大的零件，如底座、罩壳、刀架座等
球墨铸铁	共晶点附近，$w_C=3.6\%\sim4.0\%$，$w_{Si}=2.0\%\sim2.8\%$	根据需要选用：退火、正火、调质处理、等温淬火	钢基体＋球状G	力学性能远高于灰铸铁	QT600-3	载荷大、受力复杂的零件，如内燃机曲轴、齿轮等
可锻铸铁	亚共晶成分，$w_C=2.2\%\sim2.8\%$，$w_{Si}=1.2\%\sim1.8\%$	高温石墨化退火	钢基体＋团絮状G	强度、韧性比灰铸铁高很多	KTZ450-06	载荷较大、薄壁类零件，如活塞环、轴套等
蠕墨铸铁	共晶点附近，$w_C=3.5\%\sim3.9\%$，$w_{Si}=2.2\%\sim2.8\%$	同灰铸铁	钢基体＋蠕虫状G	介于灰铸铁和球墨铸铁之间	RuT300	中等载荷零件，如排气管、气缸盖等

9.2　灰口铸铁

9.2.1　灰口铸铁的化学成分、组织和性能

灰口铸铁成分一般是：2.5%~4.0% C，1.0%~3.0% Si，0.5%~1.4% Mn，0.01%~0.5% P，0.02%~0.2% S。其中C、Si、Mn是调节组织的元素，P和S是应严格控制的元素。

灰口铸铁的组织是由片状石墨和金属基体组成。以第三阶段石墨化进行程度的不同，基体组织可分为铁素体基、珠光体基、铁素体加珠光体基三种，相应就有三种不同组织的灰口铸铁，显微组织见图9-3。它的组织特点是片状石墨分布在基体组织上，而基体则相当于钢，因此可以把灰口铸铁看成是在钢的基体上夹杂着石墨。

(a) (b) (c)

图 9-3 灰口铸铁的显微组织示意图

（a）铁素体灰铸铁；（b）珠光体灰铸铁；（c）铁素体 + 珠光体灰铸铁

灰口铸铁的成分接近于共晶点，熔点低，液态下流动性好，结晶后分散缩孔少，偏析小，而且石墨比容大，使铸件凝固时收缩量减少，故灰口铸铁具有优良的铸造性能，可以铸造形状复杂的铸件。

石墨本身是良好的固体润滑剂，脱落后形成的空洞能吸附和储存润滑油，且石墨组织松软，能吸收振动能量，因而灰口铸铁具有良好的耐磨性和减震性能。另外，受片状石墨的影响，灰口铸铁的抗拉强度、塑性、韧性及弹性模量均低于碳钢；受基体组织的影响，灰铸铁的抗压强度比抗拉强度高三四倍，而接近于钢，这是灰口铸铁的明显特性。

9.2.2 灰口铸铁的牌号和用途

常用灰口铸铁的牌号、力学性能和用途参见表 9-2。牌号中“HT”是“灰铁”二字汉语拼音的第一个字母，“HT”后第一组数字（如 200）代表最低抗拉强度。

表 9-2 常用灰口铸铁的牌号、力学性能和用途（GB/T 9439—2010）

牌号	铸件壁厚/mm		最小抗拉强度 R_m（强制性值）/MPa		铸件本体预期抗拉强度 R_m/MPa	用途举例
	>	≤	单铸式棒/MPa	复铸式棒或试块/MPa		
HT100	5	40	100			低负荷不重要零件，如防护罩、手轮、重锤等
HT150	5	10	150		155	中等负荷零件，如机座、变速箱体、皮带轮、轴承座、支架等
	10	20			130	
	20	40		120	110	
	40	80		110	95	
	80	150		100	80	
	150	300		90		
HT200	5	10	200		205	较大负荷重要零件，如齿轮、支座、汽缸、飞轮、床身、轴承座等
	10	20			180	
	20	40		170	155	
	40	80		150	130	
	80	150		140	115	
	150	300		130		

续表 9-2

牌号	铸件壁厚/mm		最小抗拉强度 R_m（强制性值）/MPa		铸件本体预期抗拉强度 R_m/MPa	用途举例
	>	≤	单铸式棒/MPa	附铸式棒或试块/MPa		
HT225	5	10	225		230	较大负荷重要零件，如齿轮、支座、汽缸、飞轮、床身、轴承座等
	10	20			200	
	20	40		190	170	
	40	80		170	150	
	80	150		155	135	
	150	300		145		
HT250	5	10	250		250	
	10	20			225	
	20	40		210	195	
	40	80		190	170	
	80	150		170	155	
	150	300		160		
HT275	10	20			250	
	20	40		230	220	
	40	80		205	190	
	80	150		190	175	
	150	300		175		
HT300	10	20			270	高负荷、耐磨和高气密性重要零件，如齿轮、凸轮、活塞环、机床床身等
	20	40		250	220	
	40	80		220	190	
	80	150		210	175	
	150	300		190		
HT350	10	20			3215	
	20	40		290	280	
	40	80		260	250	
	80	150		230	225	
	150	300		210		

注：1. 当铸件壁厚超过 300mm 时，其力学性能由供货前双方商定。

2. 当某牌号的铁液浇注壁厚均匀、形状简单的铸件时，壁厚变化引起抗拉强度的变化，可从本表查出参考数据；当铸件壁厚不均匀，或有型芯时，此表只能给出不同壁厚处大致的抗拉强度值，铸件的设计应根据关键部位的实测值进行。

普通灰口铸铁铸造性能、切削性能、耐磨性能和消震性能都优于其他铸铁，而且生产工艺简单，成本低廉。因此，它大量用来制造机器零件机床床身、罩壳、刀架座等。

9.2.3 影响灰口铸铁组织与性能的因素

9.2.3.1 化学成分的影响

碳是强烈促进石墨化的元素，其含量多少对石墨的形状、大小有很大影响。当铸铁中Si的质量分数在2%左右，碳的质量分数在2.6%~2.8%之间时，则铸铁组织中石墨片比较细小而且分布均匀。这时铸铁的抗拉强度最高。如果碳含量大于2.8%，则使石墨粗化，强度降低。硅也是强烈促进石墨化的元素。灰铸铁中，一般Si含量大于1.5%，如果小于此值，即使碳含量再高也可能出现白口。随着铸铁中硅含量的提高，将使共晶转变温度提高，同时使共晶点的碳含量显著降低，这将有利于石墨的析出。为了综合考虑碳和硅的影响，通常将硅量折合成相当的碳量，把折合后碳的总量称为碳当量。由于共晶成分铸铁的铸造性能最好，因此在灰铸铁中，将其碳当量控制在4.0%左右。碳当量太高，将使石墨数量增多并使其粗化，还使基体中铁素体量增加，从而导致强度下降。碳当量太低，则石墨在枝晶间分布，甚至出现白口，使铸铁的力学性能与铸造性能变坏。硫是强烈阻碍石墨化的元素，它基本上不溶于铁中，当硫的质量分数超过0.02%后形成FeS、MnS等。FeS熔点很低（1190℃），它与铁生成的共晶体熔点更低（975℃）。由于硫化物凝固最晚，故大都分布在晶界上，降低了晶界强度，容易造成偏析，促使铸件产生热裂。另外，硫还降低铁水的流动性，使铸造性能变坏，所以在铸铁中硫是有害元素，一般硫含量小于0.15%。锰是阻碍石墨化的元素，它促使Fe_3C的形成。但锰与硫的亲和力较强，生成的MnS熔点高达1620℃，从而抵消了硫的有害作用。所以说，锰是间接促进石墨化的元素。磷对石墨化起促进作用，但不十分强烈。磷在铁素体中溶解度很小，且随着碳的质量分数的增加而降低。当铸铁中，磷的质量分数较高时，则形成Fe_3P，且往往以磷共晶的形式存在。由于磷共晶硬而脆，并沿晶界分布，这就增加了铸铁的脆性，使铸件冷却过程中容易开裂，所以磷是铸铁中的有害杂质，一般P含量应控制在0.3%以下。

9.2.3.2 冷却速度的影响

铸件的冷却速度越慢，越有利于石墨化的进行，即越容易获得灰铸铁组织。铸造时，除了造型材料和铸造工艺会影响冷却速度外，铸件的壁厚对冷却速度也有很大影响。参见图9-4。图9-4所示为在砂型铸造条件下，铸件的壁厚和铸铁中碳和硅的含量对其组织（即石墨化程度）的影响。在生产中，对于不同壁厚的铸件，常根据这一关系调整铸铁中的碳和硅的含量。以保证得到所需的灰口铸铁组织。

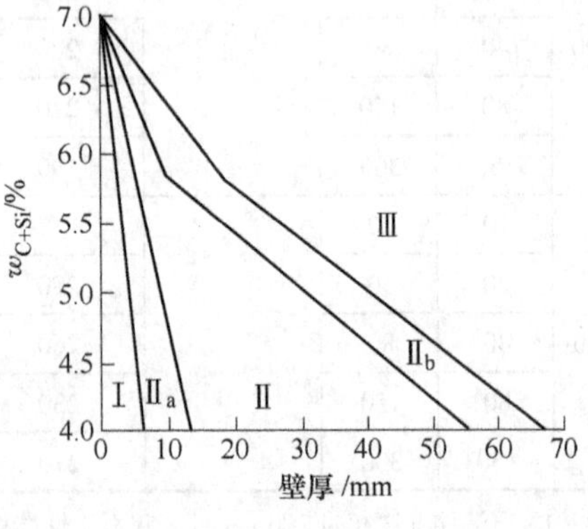

图9-4 碳硅总量和铸件壁厚对铸铁组织的影响
Ⅰ—白口铸铁；$Ⅱ_a$—麻口铸铁；Ⅱ—珠光体铸铁；
$Ⅱ_b$—珠光体+铁素体铸铁；Ⅲ—铁素体铸铁

9.2.4 灰口铸铁的孕育处理

灰口铸铁中石墨片的存在造成基体的不连续性，并且石墨片尖角处容易产生应力集中，使力学性能降低。为了改善灰口铸铁的力学性能，关键在于改变石墨片的数量、大小和分布。铸铁中石墨片的数量主要与碳和硅的含量有关。如果降低碳、硅含量以减弱石墨化的程度，便能够得到在珠光体基体上均匀分布细小的石墨片。但是，随着碳、硅含量的降低，铸铁形成白口的倾向性增加，反而使铸铁的力学性能降低。目前通常在碳、硅含量较低的灰口铸铁液中加入孕育剂（如硅铁、硅钙）进行孕育处理，促进石墨晶核的形成，经过孕育处理的灰口铸铁称为孕育铸铁或变质铸铁。孕育铸铁的金相组织是在细密的珠光体基体上分布着均匀细小的石墨片，其强度高于普通灰口铸铁。铸件整个截面上的组织和性能比较均匀一致，因而断面敏感性小。孕育铸铁常用来制造力学性能要求较高、截面尺寸变化较大的大型铸件，如重型机床床身、液压件、齿轮等。

9.2.5 灰口铸铁的热处理

原则上，用于钢的各种热处理方法也可以用于铸铁，但热处理只能改善灰铸铁的基体组织，不能改善石墨的存在形态，无法从根本上消除石墨的有害作用。因此，生产中，灰口铸铁的热处理工艺仅有退火、表面淬火等。一些形状复杂和尺寸稳定性要求较高的零件，如机床床身、柴油机缸体等，为防止变形开裂，保证尺寸稳定，必须进行消除应力的退火，又称人工时效。退火工艺是：加热速度为50~100℃/h，加热温度为500~560℃，保温2~8h；冷却速度为20~50℃/h，炉冷至150~200℃后出炉空冷。灰口铸铁铸件表层和薄壁处往往会因冷速较快而产生白口组织，局部出现共晶渗碳体，使之硬度和脆性增大，难以切削加工，在使用中也易剥落，需要加热至共析温度以上进行退火。退火工艺是：将铸件加热到850~950℃，保温2~5h，然后随炉冷却至250~400℃，出炉空冷。有些铸件的工作表面，如机床导轨的表面，需要较高的硬度和耐磨性，为此可进行表面淬火处理，如感应加热表面淬火、火焰加热表面淬火、点接触电加热表面淬火等。

9.3 球墨铸铁

石墨呈球状的铸铁称为球墨铸铁，简称球铁。球墨铸铁要进行球化处理和孕育处理，即铁水在浇注前加入一定数量的球化剂（如镁、钙及稀土元素等）进行球化处理，并加入少量的孕育剂（如硅铁、硅钙合金）促进石墨化而制得的。由于球状石墨对基体的割裂作用和应力集中作用大为减小，基体的强度利用率（灰口铸铁为30%~50%）高达70%~90%，基体的塑性及韧性也得到了一定的发挥。因此，可以通过热处理及合金化等措施，来改变球铁基体的组织及成分，从而进一步提高球铁的力学性能，因而其在机械制造业中运用广泛。

9.3.1 球墨铸铁的化学成分、组织和性能

球墨铸铁的化学成分范围为：3.6%~4.0% C，2.4%~2.9% Si，0.3%~0.8% Mn，$w_P \leqslant 0.1\%$，原铁水 $w_s \leqslant 0.1\%$ 中，球化处理后铁水中 $w_s < 0.03\%$。与灰口铸铁相比，其含碳和含硅量较高，促使石墨球的个数增多，球径变小，球圆度好。由于锰促使 Fe_3C 的形成，故锰含量较低。硫与球化剂中的镁及稀土元素亲和力很强，硫含量高，导致消耗球化剂过多。同时，又容易形成硫化物夹杂缺陷，也会造成球化不良。而磷则显著降低球铁

塑性，故 P、S 含量也低。球墨铸铁的组织取决于第三阶段石墨化过程进行的程度，按照基体组织的不同，可分为铁素体球墨铸铁、珠光体球墨铸铁以及铁素体加珠光体球墨铸铁，通过热处理手段可以控制不同基体组织的形成。在生产实践中，铸件常见的金属基体为铁素体和珠光体两类，见图 9-5（a）、(b）。

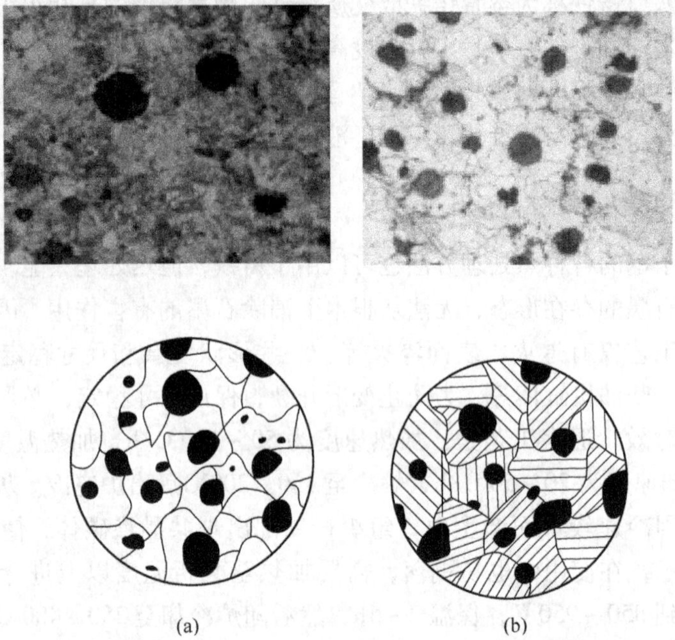

图 9-5　球墨铸铁的显微组织（100×）及示意图

（a）铁素体球墨铸铁；（b）珠光体球墨铸铁

一般来说，以铁素体为基体的球铁具有高的韧性、塑性；以珠光体为基体的球铁具有高的强度。经热处理后，以马氏体为基体的球铁具有高的硬度。

9.3.2　球墨铸铁的牌号和用途

由于球铁具有优异的力学性能，因此可用于负荷较大、受力较复杂的零件，甚至能代替碳钢制造某些零件，如珠光体基体的球铁常用于制造柴油机曲轴、连杆、齿轮、机床主轴、蜗轮、蜗杆、轧钢机的轧辊、水压机的工作缸、缸套、活塞等。而铁素体的球铁多用于制造受压阀门、机器底座、汽车后桥壳等。各种球墨铸铁的力学性能如表 9-3 所示。牌号中的符号“QT”是球铁二字的汉语拼音字首，后面两组数字分别表示球铁的最低抗拉强度和最低伸长率。

9.3.3　球墨铸铁的热处理

球状石墨对基体的割裂作用和应力集中作用小，使得球铁的力学性能主要取决于基体。通过热处理改变球铁基体组织可以显著提高球铁的力学性能。由于其碳、硅的质量分数较高，所以热处理与钢相比具有不同的特点。球铁的热处理工艺有退火、正火、调质和等温淬火。

表 9-3 球墨铸铁的牌号、力学性能和用途（GB/T 1348—2009）

类别	牌号	力学性能				用途举例
		抗拉强度 R_m /MPa（最小）	屈服强度 $R_{p0.2}$ /MPa（最小）	伸长率 A /%（最小）	布氏硬度 HBW	
铁素体球墨铸铁	QT400-18	400	250	18	120~175	汽缸、后桥壳、机架、变速箱壳
	QT450-10	450	310	10	160~210	
铁素体+珠光体球墨铸铁	QT600-3	600	370	3	190~270	曲轴、连杆、凸轮轴、汽缸套、矿车轮
珠光体球墨铸铁	QT700-2	700	420	2	225~305	
	QT800-2	800	480	2	245~335	

9.3.3.1 球墨铸铁的退火

退火的目的是为了获得铁素体基体球墨铸铁。球墨铸铁的铸态组织中常出现渗碳体和珠光体，不仅力学性能差，而且难以加工。为了获得高韧性的铁素体基体组织并改善切削性能，消除铸造应力，必须进行退火，使其中的渗碳体和珠光体得以分解。球墨铸铁的退火分为消除内应力退火及石墨化退火，后者又分为高温与低温退火。

A 消除内应力退火

球铁的铸造内应力比灰铁大 1~2 倍，对不再进行其他热处理的球铁件，常进行消除内应力退火。其热处理规范与灰口铸铁基本相同。

B 石墨化退火

为了防止球铁因加入镁的缘故而造成白口倾向的扩大化，当铸态组织为 $F+P+Fe_3C+G$ 时，为获得高韧性的铁素体球墨铸铁，球铁需进行高温石墨化退火，加热温度为 920~960℃，保温 2~5h 后，随炉缓冷至 600℃ 出炉空冷。加热温度过低，渗碳体分解速度慢；温度高则石墨化速度快，可缩短保温时间，但亦不宜过高，否则将引起奥氏体晶粒粗大，使性能降低。

C 低温退火

当铸态组织为 F+P+G 时，只需采用低温退火，使珠光体中的共析渗碳体分解，即可获得铁素体基体。退火后的铁素体量一般大于 90%。为了避免脆性的出现，应于 600℃ 出炉空冷。退火工艺是：将铸件加热到 720~760℃，保温 2~8h 后，随炉缓冷至 600℃ 出炉空冷。

9.3.3.2 球墨铸铁的正火

正火的目的是为了细化晶粒，获得珠光体基体，以提高球墨铸铁强度、硬度和耐磨性，这是目前国内对球铁使用最广泛的一种热处理工艺。球墨铸铁的正火可分为高温正火和低温正火。高温正火工艺是：将铸件加热到 880~920℃，使基体完全奥氏体化，然后保温 3h 左右空冷，得到 P+G 组织。低温正火工艺是：将铸件加热到 820~860℃，使基体不完全奥氏体化，保温一定时间，然后空冷，得到 F+P+G 组织。正火所获得的珠光体量的多少，主要取决于冷却速度，增大冷却速度将会增加珠光体量。因此，一般硅含量低的小件，采用静止空气冷却；硅含量高的大件，则需吹风甚至喷雾强制冷却。正火的冷却方法除空冷外，还可采用风冷和喷雾冷却等。由于正火时冷却速度较大，易在铸件中产生内应力，故在正火后可增加一次去应力退火（常称回火），即加热到500～600℃，保温2～4h空冷。

9.3.3.3 球墨铸铁的调质处理

对于要求综合力学性能较高的零件，如承受交变载荷的连杆、曲轴等，在保证完全奥氏体化的前提下，调质处理的淬火加热温度应取较低值，常常为860～880℃。淬火通常用油冷，经550～600℃回火，得到回火索氏体加球状石墨的组织。

9.3.3.4 球墨铸铁的等温淬火

对于一些综合力学性能要求较高、形状比较复杂、热处理容易变形或开裂的铸件，如齿轮、轴承套等，可采用等温淬火，工艺为：淬火加热温度840～920℃，保温一定时间后立即投入250～350℃盐浴炉中等温0.5～1.5h后空冷，得到下贝氏体加球状石墨的组织。有时等温淬火后还进行一次低温回火，使残余奥氏体转变为下贝氏体，并使淬火马氏体转变为回火马氏体，以进一步提高塑性、韧性。

9.4 蠕墨铸铁

蠕虫状石墨铸铁（简称蠕墨铸铁）是近些年发展起来的一种新型铸铁材料，它是通过浇注前向铁水中加入适量的蠕化剂进行蠕化处理，使石墨形态介于片状和球状石墨铸铁之间的铸铁，具有独特的组织和性能。

9.4.1 蠕墨铸铁的化学成分与金相组织

蠕墨铸铁的化学成分与球墨铸铁相似，要求高碳、高硅、低硫、低磷，并含有一定量的镁及稀土元素。蠕墨铸铁中的石墨为短小的蠕虫状，形态弯曲，端部圆钝，长宽比小。一般将长宽比为3～10的石墨称为蠕虫状石墨，它是介于球状石墨和片状石墨之间的一种石墨形态。见图9-6。

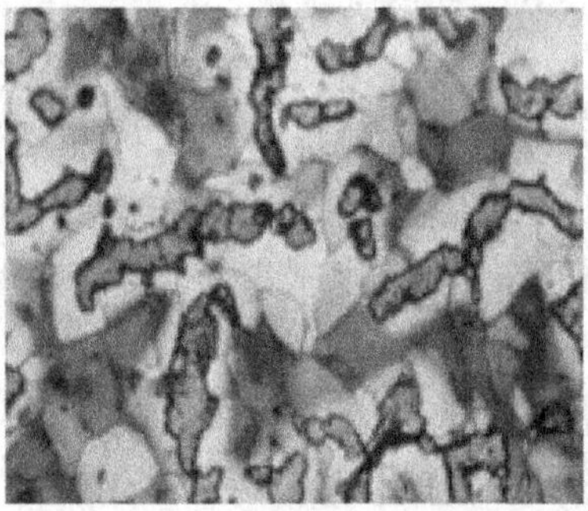

图9-6 蠕墨铸铁的显微组织

在铸态，蠕墨铸铁的基体组织主要是铁素体（40%～50%或更高），当加入珠光体稳定元素（如Cu、Ni、Sn等）可使铸态珠光体量提高到70%左右。若进行正火处理，可使珠光体量提高到90%～95%。

9.4.2 蠕墨铸铁的牌号、性能与用途

目前，我国常见的蠕墨铸铁牌号有：RuT260、RuT300、RuT380等。牌号中的“RuT”为“蠕铁”二字的汉语拼音简写，用以表示蠕墨铸铁，其后面的数字表示最低抗拉强度。蠕墨铸铁的牌号、力学性能如表9-4所示。

蠕墨铸铁的力学性能介于基体组织相同的优质灰口铸铁和球墨铸铁之间，即其强度、韧性、疲劳极限及耐磨性都比灰口铸铁高，比球墨铸铁低。蠕墨铸铁的铸造性能、减震能

表 9-4 蠕墨铸铁的牌号、力学性能（GB/T 26655—2011）

牌号	力学性能			
	抗拉强度 R_m/MPa（最小）	屈服强度 $R_{p0.2}$/MPa（最小）	伸长率 A/%（最小）	典型布氏硬度范围 HBW
RuT300	300	210	2.0	140～210
RuT350	350	245	1.5	160～220
RuT400	400	280	1.0	180～240
RuT450	450	315	1.0	200～250
RuT500	500	350	0.5	220～260

注：布氏硬度（指导值）仅供参考。

力及导热性优于球墨铸铁，而接近于灰铸铁，铸造工艺方便、简单、成品率高。蠕墨铸铁和球墨铸铁的切削性能非常相似，对刀具的磨损比片状石墨铸铁高。蠕墨铸铁主要用于生产电动机外壳、齿轮箱体、钢锭模等机件。

9.5 可 锻 铸 铁

可锻铸铁又称马铁、展性铸铁或韧性铸铁，是由白口铸铁经过退火而获得的一种高强度铸铁。白口铸铁中的渗碳体在高温长时间退火过程中分解成为团絮状石墨，减轻了石墨对金属基体的割裂作用及应力集中作用。与灰口铸铁相比，其强度和韧性有明显的提高，但是可锻铸铁实际上并不能锻造。

9.5.1 可锻铸铁的化学成分、组织及石墨化退火

生产可锻铸铁首先必须浇注成白口铸铁铸坯。为了获得纯白口铸件，应选择低的碳、硅含量，其化学成分为：2.4%～2.8% C，0.8%～1.4% Si，0.4%～1.2% Mn，$w_P \leqslant 0.1\%$，$w_S \leqslant 0.2\%$，然后进行石墨化退火，将白口铸铁铸坯加热至 900～1000℃，保温约 15h，使珠光体转变为奥氏体，渗碳体完全分解形成团絮状石墨。接着从高温随炉缓冷至 750～720℃，从奥氏体中析出二次石墨，并沿着团絮状石墨表面长大。在 750～720℃之间应该以极其缓慢速度通过共析转变温度区，避免二次渗碳体析出，保证奥氏体发生转变生成铁素体和石墨，最终得到铁素体基体的可锻铸铁，如图 9-7 所示。如果在共析转变过程中冷却速度较快，最终将得到珠光体可锻铸铁。

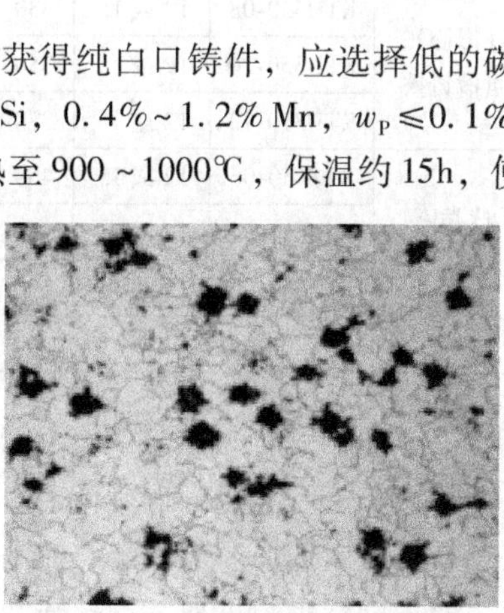

图 9-7 铁素体可锻铸铁的显微组织

既然可锻铸铁分为铁素体基体和珠光体基体两类可锻铸铁，那么按退火条件的不同，可锻铸铁又可分为黑心可锻铸铁和白心可锻铸铁两类。黑心可锻铸铁是由白口铸铁经长期石墨化退火而制得的。若白口铸铁中的渗碳体在退火过程中全部分解而且石墨化，则最终得到的组织是在铁素体基体上分布着团絮状石墨，称铁素体可锻铸铁。其断口中心呈暗灰色，靠近表层因脱碳而呈灰白色，故有“黑心可锻铸铁”之称。若退火过程中，共析渗碳体没有石墨化，则最终组织是珠光体上分布着团絮

状石墨，称珠光体可锻铸铁。其断口呈灰色，习惯上仍称“黑心可锻铸铁”。

白心可锻铸铁是白口铸铁在氧化性介质中，经退火及脱碳而得到的。脱碳层深1.5～2.0mm，其正常组织应为铁素体基体上分布着少量团絮状石墨。实际上由于脱碳不完全，使其组织分布不均匀，中心组织为珠光体、少量渗碳体和团絮状石墨。越到表层石墨量越少，铁素体量越多，最外层完全没有石墨。其断口中心呈灰白色，表层呈暗灰色，故称“白心可锻铸铁”。

目前我国以生产黑心铁素体可锻铸铁为主，也生产少量黑心珠光体可锻铸铁。由于白心可锻铸铁强度及耐磨性较差，退火周期长等原因，在机械制造工业上这类铸铁应用很少。

9.5.2 可锻铸铁的牌号、性能及用途

表9-5展示了我国常用可锻铸铁的牌号、力学性能和用途。我国标准GB9440—88将可锻铸铁分为八个牌号，“KT”是可锻铸铁中“可铁”二字的汉语拼音字首，“Z”表示珠光体基体，H表示黑心可锻铸铁，为“黑”字汉语拼音字首。牌号后面的两组数字分别为最低抗拉强度和最低伸长率。

表9-5 可锻铸铁的牌号、力学性能和用途（GB 9440—2010）

类别	牌号	试样直径/mm	力学性能				用途举例
			R_m/MPa	$R_{p0.2}$/MPa	A/%	HBW	
铁素体（黑心）可锻铸铁	KTH300-06	12或15	300	—	6	≤150	水暖管件、汽车后桥壳、支架、钢丝绳扎头、扳手、农机上的犁刀、犁铧等
	KTH330-08	12或15	330	—	8		
	KTH350-10	12或15	350	200	10		
	KTH370-12	12或15	370	—	12		
珠光体可锻铸铁	KTZ450-06	12或15	450	270	6	150～200	曲轴、连杆、齿轮、活塞环、扳手、矿车轮、凸轮轴、传动链条、万向接头等
	KTZ550-04	12或15	550	340	4	180～230	
	KTZ650-02	12或15	650	430	2	210～260	
	KTZ700-02	12或15	700	530	2	240～290	

由于性能更为优异的球墨铸铁的迅速发展，可锻铸铁有被球墨铸铁取代的趋向。但是可锻铸铁在生产上仍有很多优点，除了有较高的强度与韧性、塑性外，与球墨铸铁相比，它还具有成本低、质量稳定、铁水处理简便和易于组织生产等特点，广泛用于制造水暖管件、汽车后桥壳、支架、钢丝绳扎头、扳手等。

9.6 特殊性能铸铁

随着石油、冶金、化工等工业对耐磨、耐热、耐蚀等特殊性能提出更高的要求，人们在铁水中加入一种、两种以上的合金元素构成合金铸铁。加入的合金元素有铬、镍、铜、钼、铝等。因合金铸铁具有上述特殊性能，故又称为特殊性能铸铁。

9.6.1 耐磨铸铁

耐磨铸铁分为减摩铸铁和抗磨铸铁。减摩铸铁是在润滑条件下进行工作，如机床导轨、活塞环等，不仅要求磨损小，而且要求摩擦系数小；抗磨铸铁是在干摩擦条件下进行工作，如磨煤机磨辊、破碎机锤头、球磨机磨球等，要求有高而均匀的硬度。耐磨铸铁按照合金元素的不同可分为三大类：高磷铸铁、铬钼铜铸铁和高铬铸铁。

在普通珠光体灰铸铁中加入0.5%~0.75%的磷，构成高磷铸铁。磷与珠光体形成磷共晶（$F+Fe_3P$，$P+Fe_3P$，$F+P+Fe_3P$），呈断续网状分布于珠光体基体上，构成高硬度的组织组成物，有利于提高耐磨性。但普通高磷铸铁的强度和韧性较差，故常加入合金元素Cr、Mo、W、Cu、Ti、V等，使其组织细化，以提高力学性能和耐磨性。

在普通白口铸铁的基础上，加入14%~20%的Cr以及少量的Mo、Ni、Cu等元素，构成高铬白口铸铁，使组织中出现大量（Cr、Fe）$_7C_3$碳化物，这种碳化物的硬度极高（HV1300~1800），耐磨性好，分布不连续，使铸铁的韧性也得到改善。这种高铬铸铁已用于大型磨煤机磨辊、球磨机衬板和破碎机的锤头等零件。要注意的是，高铬白口铸铁的钼含量较高，价格贵，所以，国内也有采用以锰代钼的锰钼系高铬铸铁，通过适当的热处理以获得所需的性能要求。

9.6.2 耐热铸铁

在高温下工作的铸件会产生氧化和生长现象。氧化是指铸铁在高温下受氧化性气氛的侵蚀而在表面生成氧化层；生长是指铸铁在高温下由于氧化性气体渗入铸件内部造成内部氧化和渗碳体发生分解，生成比容大的石墨而产生的永久性体积胀大。因此铸铁的耐热性主要是指它在高温下抗氧化和抗生长的能力，某些工件就需要具备此能力，如加热炉炉底板、马弗罐、废气管道、换热器及坩埚等。

提高铸铁耐热性的途径是向铸铁中加入Si、Al、Cr等合金元素，以便在铸铁表面形成一层致密的氧化膜，如SiO_2、Al_2O_3、Cr_2O_3等，从而保护铸件不被继续氧化。此外，铬能形成稳定的化合物，硅和铝可以提高相变临界温度，使铸铁在使用温度范围内不发生相变，这些都提高了铸铁的热稳定性。大多数耐热铸铁使用单相铁素体基体组织，而且石墨最好呈球状。这是因为铁素体基体受热时没有渗碳体分解，而且球状石墨因呈孤立分布互不连接，不易形成氧渗入铸铁内部的通道。

9.6.3 耐蚀铸铁

普通铸铁的耐蚀性较差，这是因为铸铁本身是一种多相合金，在电解质溶液中各相具有不同的电极电位，其中石墨的电极电位最高，渗碳体次之，铁素体最低。电位高的形成阴极，电位低的形成阳极，这样就构成一个腐蚀微电池，铁素体作为阳极不断溶解而被腐蚀，有时腐蚀可沿晶界一直深入到铸件内部。耐蚀铸铁的腐蚀原理与不锈耐酸钢相同，为了提高铸铁的耐蚀性，常加入Si、Al、Cr、Cu、Ni等合金元素，用以提高铸铁基体组织的电位，并使铸铁表面形成一层致密的保护性氧化膜。应尽量降低铸铁中的碳含量或石墨含量，以获得单相基体加孤立分布的球状石墨组织。根据所加合金元素种类的不同，常用的耐蚀铸铁可分为高硅耐蚀铸铁、高铝耐蚀铸铁、高铬耐蚀铸铁等。高硅耐蚀铸铁中

w_C≤0.8%，因为碳的含量过高，会使石墨量增加，降低耐蚀性。硅的含量一般为 14%～18%，硅的含量应当使碳当量接近共晶成分，以改善铸造性能。高硅耐蚀铸铁的金相组织为含硅铁素体、石墨及 Fe_3Si_2（或 FeSi）。在一定的腐蚀条件下，铸铁表面形成致密、完整且耐蚀性高的 SiO_2保护膜，因而在含氧酸类（如硝酸等）和盐类介质中，具有良好的耐蚀性。高硅耐蚀铸铁的硬度很高，但强度和韧性都很低，如果适当降低硅含量，再加入硼、铜并用稀土进行处理，就可得到既具有较高的耐蚀性能，又具有较好的力学性能的耐蚀铸铁。耐蚀铸铁广泛应用在化工部门，如用于制作管道、阀门、泵类、反应锅及盛贮器等零件。

习题与思考题

9-1 为什么铸造生产中，化学成分如具有三低（碳、硅、锰的含量低）一高（含硫量高）特点的铸铁易形成白口？又为什么在同一铸铁中，往往在其表层或薄壁处易形成白口？

9-2 在普通灰口铸铁中，为什么含碳量与含硅量越高时，铸铁的抗拉强度和硬度越低？

9-3 铸铁的抗拉强度的高低主要取决于什么？硬度的高低主要取决于什么？用哪些方法可提高铸铁的抗拉强度和硬度？铸铁的抗拉强度高，其硬度是否也一定高，为什么？

9-4 试从下列几个方面比较 HT15-33 铸铁和退火状态 20 钢。

(1) 成分；(2) 组织；(3) 抗拉强度；(4) 抗压强度；(5) 硬度；(6) 减摩性；(7) 铸造性能；(8) 锻造性能；(9) 可焊性；(10) 切削加工性。

9-5 为什么可锻铸铁适宜制造壁较薄的零件？而球墨铸铁却不适宜？

9-6 现有铸态下球墨铸铁曲轴一根，按技术要求，其基体应为珠光体组织，轴颈表层硬度为 HRC50～55，试确定其热处理方法。

9-7 “铸铁硬而脆”与“灰口铸铁不能淬火”这两种说法工厂中常有所闻，试分析这些说法是否正确，为什么？

10 有色金属及合金

有色金属是指铝、镁、铜、钛等非钢铁材料，其中铝、镁属于轻金属（$\rho < 4.5g/cm^3$）。有色金属及合金具有比强度高、比刚度好、导电性好、耐蚀性及耐热性高等特殊的性能，在航空航天、汽车、军事、机电、仪表以及电器等领域中具有重要的作用。本章主要介绍铝、镁、铜、钛及其合金的成分、组织和性能。

10.1 铝及铝合金

10.1.1 纯铝

纯铝是一种银白色的轻金属，熔点为660℃，具有面心立方晶格，没有同素异构转变。它的密度小（$2.72g/cm^3$）；导电性好，仅次于银、铜和金；导热性好，比铁几乎大三倍。纯铝化学性质活泼，在大气中极易与氧作用，在表面形成一层牢固致密的氧化膜，可以阻止进一步氧化，从而使它在大气和淡水中具有良好的抗蚀性。纯铝在低温下，甚至在超低温下都具有良好的塑性和韧性，在－253～0℃之间塑性和冲击韧性不降低。

纯铝具有一系列优良的工艺性能，易于铸造，易于切削，也易于通过压力加工制成各种规格的半成品，所以纯铝主要用于制造电缆电线的线芯和导电零件、耐蚀器皿和生活器皿，以及配制铝合金和作铝合金的包覆层。由于纯铝的强度很低，其抗拉强度仅有90～120MPa，所以一般不宜直接作为结构材料。

纯铝按其纯度分为高纯铝、工业高纯铝和工业纯铝。纯铝的牌号用“铝”字汉语拼音字首“L”和其后面的编号表示。高纯铝的牌号有LG1、LG2、LG3、LG4和LG5，“G”是“高”字的汉语拼音字首，后面的数字越大，纯度越高，它们的铝含量在99.85%～99.99%之间。工业纯铝的牌号有L1、L2、L3、L4、L4-1、L5、L5-1和L6。后面的数字表示纯度，数字越大，纯度越低。

10.1.2 铝合金的分类

根据铝合金的成分、组织和工艺特点，可以将其分为铸造铝合金与变形铝合金两大类。变形铝合金是将铝合金铸锭通过压力加工（轧制、挤压、模锻等）制成半成品或模锻件，所以要求具有良好的塑性变形能力。铸造铝合金则是将熔融的合金直接浇注成形状复杂的，甚至是薄壁的成型件，所以要求合金具有良好的铸造流动性。

工程上常用的铝合金大都具有与图10-1类似的相图。由图可见，凡位于相图上D点成分以左的合金，在加热至高温时能形成单相固溶体组织，合金的塑性较高，适用于压力加工，所以称为变形铝合金；凡位于D点成分以右的合金，因含有共晶组织，液态流动性较高，适用于铸造，所以称为铸造铝合金。铝合金的分类及性能特点列于表10-1。

对于变形铝合金来说，位于 F 点以左成分的合金，在固态始终是单相，不能进行热处理强化，被称为热处理不可强化的铝合金。成分在 F 和 D' 之间的铝合金，由于合金元素在铝中有溶解度的变化会析出第二相，可通过热处理使合金强度提高，所以称为热处理强化铝合金。

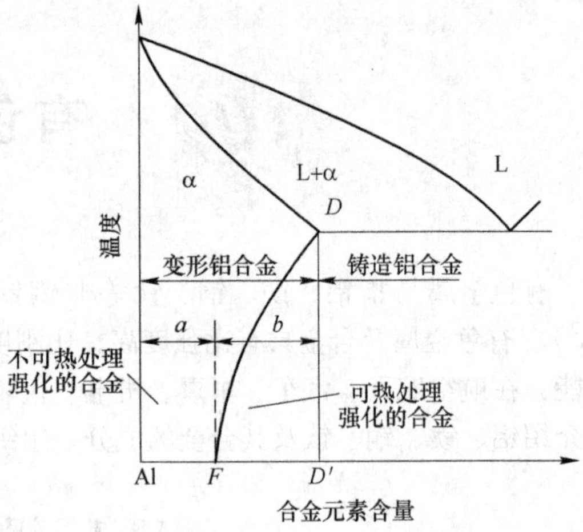

图 10-1 铝合金分类示意图

铸造铝合金按加入的主要合金元素的不同，分为 Al-Si 系、Al-Cu 系、Al-Mg 系和 Al-Zn 系四种合金。合金牌号用“铸铝”二字汉语拼音字首“ZL”后跟三位数字表示。第一位数表示合金系列，1 为 Al-Si 系合金；2 为 Al-Cu 系合金；3 为 Al-Mg 系合金；4 为 Al-Zn 系合金。第二、三位数表示合金的顺序号。如 ZL201 表示 1 号铝铜系铸造铝合金，ZL107 表示 7 号铝硅系铸造铝合金。

表 10-1 铝合金的分类及性能特点

分类		合金名称	合金系	性能特点	编号举例
铸造铝合金		简单铝硅合金	Al-Si	铸造性能好，不能热处理强化，力学性能较低	ZL102
		特殊铝硅合金	Al-Si-Mg	铸造性能良好，能热处理强化，力学性能较高	ZL101
			Al-Si-Cu		ZL107
			Al-Si-Mg-Cu		ZL105，ZL110
			Al-Si-Mg-Cu-Ni		ZL109
		铝铜铸造合金	Al-Cu	耐热性好，铸造性能与耐蚀性差	ZL201
		铝镁铸造合金	Al-Mg	力学性能高，耐蚀性好	ZL301
		铝锌铸造合金	Al-Zn	能自动淬火，宜于压铸	ZL401
		铝稀土铸造合金	Al-RE	耐热性能好	ZL207
变形铝合金	不可热处理强化的铝合金	防锈铝	Al-Mn	耐蚀性、压力加工性与焊接性能好，但强度低	3A21
			Al-Mg		5A05
	可热处理强化的铝合金	硬铝	Al-Cu-Mg	力学性能高	2A11、2A12
		超硬铝	Al-Cu-Mg-Zn	室温强度最高	7A04
		锻铝	Al-Mg-Si-Cu	锻造性能好	2A50、2A14
			Al-Cu-Mg-Fe-Ni	耐热性能好	2A80、2A70

变形铝合金按照性能特点和用途分为防锈铝、硬铝、超硬铝和锻铝四种。防锈铝属于不能热处理强化的铝合金，硬铝、超硬铝、锻铝属于可热处理强化的铝合金。依据国家标准 GB/T 16474—2011 规定，变形铝及铝合金可直接引用国际四位数字体系牌号。未命名或未注册为国际四位数字体系牌号的变形铝及铝合金，应采用四位字符牌号命名。两种编

号方法的第一位为阿拉伯数字，表示铝及铝合金的组别。1 表示 w_{Al} 不小于 99.00% 的纯铝；2 表示以 Cu 为主要合金元素的铝合金；3 表示以 Mn 为主要合金元素的铝合金；4 表示以 Si 为主要合金元素的铝合金；5 表示以 Mg 为主要合金元素的铝合金；6 表示以 Mg 和 Si 为主要合金元素的铝合金；7 表示以 Zn 为主要合金元素的铝合金。两种编号法的第二位表示原始合金的改型情况，其中国际四位数字体系牌号的第二位为阿拉伯数字，0 表示原始合金；四位字符牌号的第二位为英文大写字母，A 表示原始合金，B ~ Y 则表示为原始纯铝的改型，与原始纯铝相比，其元素含量略有变化。两种编号方法的最后两位为阿拉伯数字，无特殊意义，仅用以区别同一组中的不同铝合金。例如，5A06 表示 6 号 Al-Mg 系变形铝合金；2A14 表示 14 号 Al-Cu 系变形铝合金。

10.1.3　铝合金强化

纯铝的力学性能较低，不宜制作承受较大载荷的结构零件。通过合金化、热处理或其他强化方式，可以使铝合金在保持密度小、耐蚀性好等条件下，显著得到强化。

铝合金的强化方式主要有以下几种：

（1）固溶强化。纯铝中加入合金元素，形成铝基固溶体，造成晶格畸变，阻碍了位错的运动，起到固溶强化的作用，可使其强度提高。根据合金化的一般规律，形成无限固溶体或高浓度的固溶体型合金时，不仅能获得高的强度，而且还能获得优良的塑性与良好的压力加工性能。Al-Cu、Al-Mg、Al-Si、Al-Zn、Al-Mn 等二元合金一般都能形成有限固溶体，并且均有较大的极限溶解度，因此具有较大的固溶强化效果。

（2）形变强化。纯铝及不能热处理强化的铝合金，例如 Al-Cu、Al-Si、Al-Mn 等合金，通常只能以退火或冷作硬化状态使用。冷作硬化可使简单形状的工件强度提高，塑性下降。例如：w_{Mn} = 1.0% ~ 1.6%、w_{Mg} < 0.05% 的铝合金，退火态 R_m = 127.4MPa、A = 23%，经过加工硬化后 R_m = 215.6MPa，而 A = 5%。经冷作硬化的铝合金，需进行再结晶退火，以达到消除加工硬化和获得细小晶粒的目的。大多数铝合金当变形度为 50% ~ 70% 时，开始再结晶温度为 280 ~ 300℃；再结晶退火温度为 300 ~ 500℃，保温时间为 0.5 ~ 3h。退火温度亦可采用低于再结晶温度，得到多边化组织或部分再结晶组织，以获得介于冷变形和再结晶之间的性能。这种不完全退火方法通常用于不能热处理强化的铝合金。

铝合金在淬火后进行一定量的塑性变形，然后再进行时效处理的复合工艺称为形变时效。合金经塑性变形后，位错密度显著增加，促进时效时过渡相的生成，加速人工时效过程，提高铝合金的常温力学性能及热强性。如图 10-2 所示，w_{Cu} = 4% 的 Al-Cu 合金在 500℃ 淬火后，以 10%、50% 形变量冷轧，并在 160℃ 进行人工时效，其屈服强度的峰值增加，出现的时间提前。

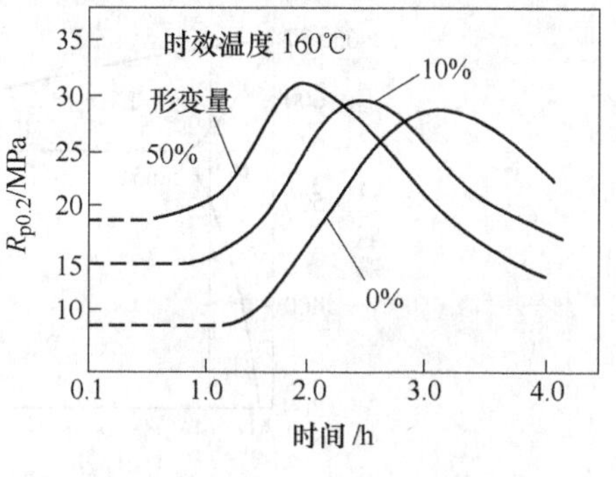

图 10-2　预变形对 w_{Cu} = 4% 的 Al-Cu 合金在 160℃ 时效后屈服强度的影响

（3）过剩相强化。如果铝中加入合金元素的数量超过了极限溶解度，则在固溶处理加热时，就有一部分不能溶入固溶体的第二相出现，称为过剩相。在铝合金中，这些过剩相通常是硬而脆的金属间化合物，它们在合金中阻碍位错运动，使合金强化，这称为过剩相强化。在生产中常常采用这种方式来强化铸造铝合金和耐热铝合金。过剩相数量越多，分布越弥散，则强化效果越大。但过剩相太多，则会使强度和塑性都降低。过剩相成分结构越复杂，熔点越高，则高温热稳定性越好。

（4）时效强化。合金元素对铝的另一种强化作用是通过热处理实现的，但由于铝没有同素异构转变，所以其热处理相变与钢不同。铝合金的热处理强化，主要是由于合金元素在铝合金中有较大的固溶度，且随温度的降低而急剧减小，所以铝合金经加热到某一温度淬火后，可以得到过饱和的铝基固溶体。这种过饱和铝基固溶体放置在室温或加热到某一温度时，其强度和硬度随时间的延长而增高，但塑性、韧性则降低，这个过程称为时效。在室温下进行的时效称为自然时效，在加热条件下进行的时效称为人工时效。时效过程中使铝合金的强度、硬度增高的现象称为时效强化或时效硬化，其强化效果是依靠时效过程中所产生的时效硬化现象来实现的。

图 10-3 是 Al-Cu 合金相图，现以含 4% Cu 的 Al-Cu 合金为例说明铝的时效强化。铝铜合金的时效强化过程分为以下四个阶段：

第一阶段：在过饱和 α 固溶体的某一晶面上产生铜原子偏聚现象，形成铜原子富集区（GPI 区），从而使 α 固溶体产生严重的晶格畸变，位错运动受到阻碍，合金强度提高。

第二阶段：随时间延长，GPI 区进一步扩大，并发生有序化，便形成有序的富铜区，称为 GPΠ 区，其成分接近 $CuAl_2$（θ 相），成为中间状态，常用 θ″表示。θ″的析出，进一步加重了 α 相的晶格畸变，使合金强度进一步提高。

第三阶段：随着时效过程的进一步发展，铜原子在 GPΠ 区继续偏聚。当铜与铝原子之比为 1:2 时，形成与母相保持共格关系的过渡相 θ′。θ′相出现的初期，母相的晶格畸变达到最大，合金强度达到峰值。

第四阶段：时效后期，过渡相 θ′从铝基固溶体中完全脱落，形成与基体有明显相界面的独立的稳定相 $CuAl_2$，称为 θ 相。此时，θ 相与基体的共格关系完全破坏，共格畸变也随之消失，随着 θ 相质点的聚集长大，合金明显软化，强度、硬度降低。

图 10-4 所示是硬铝合金在不同温度下的时效曲线。由图中可以看出，提高时效温度，

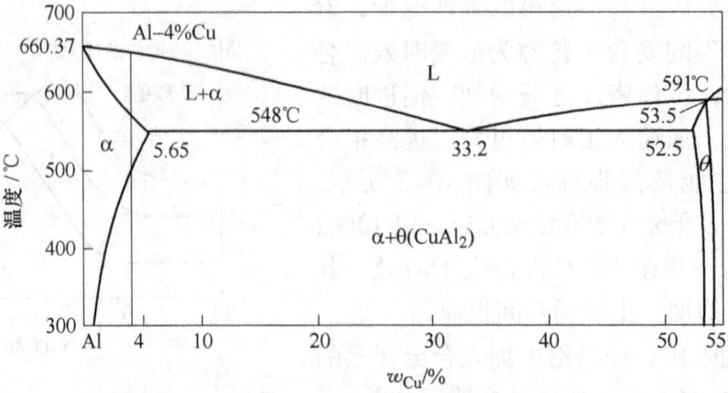

图 10-3　Al-Cu 二元合金相图

可以使时效速度加快，但获得的强度值比较低。在自然时效条件下，时效进行得十分缓慢，约需4~5天才能达到最高强度值。而在-50℃时效，时效过程基本停止，各种性能没有明显变化，所以降低温度是抑制时效的有效办法。

（5）细晶强化。许多铝合金组织都是由α固溶体和过剩相组成的。若能细化铝合金的组织，包括细化α固溶体或细化过剩相，就可使合金得到强化。

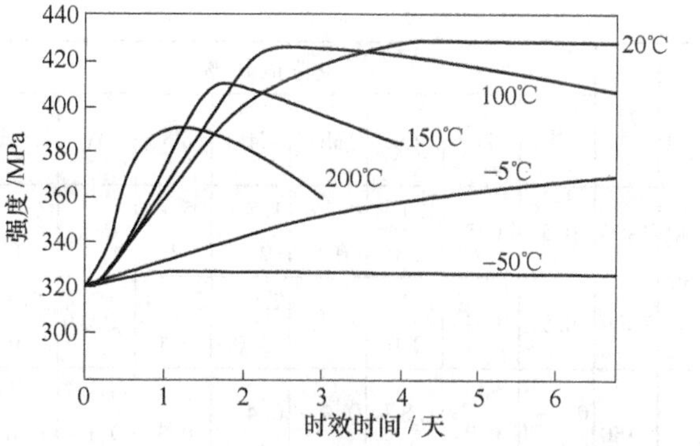

图10-4 硬铝合金在不同温度下的时效曲线

由于铸造铝合金组织比较粗大，所以实际生产中常常利用变质处理的方法来细化合金组织。变质处理是浇注前在熔融的铝合金中加入占合金质量2%~3%的变质剂（如钠盐、含铝的锶、硼、稀土、碳、钛等中间合金），以增加结晶核心，使组织细化。经过变质处理的铝合金可得到细小均匀的共晶体加初生α固溶体组织，从而显著地提高铝合金的强度及塑性。

10.1.4 变形铝合金

10.1.4.1 不能热处理强化的变形铝合金

这类铝合金主要包括Al-Mn系和Al-Mg系合金，因其主要性能特点是具有优良的抗蚀性，故称为防锈铝合金。此外这类合金还具有良好的塑性和焊接性，适宜制造需深冲、焊接和在腐蚀介质中工作的零、部件。防锈铝合金的主要牌号、化学成分、力学性能及用途见表10-2。

表10-2 常用变形铝合金的牌号、化学成分、力学性能及用途

类别	牌号	化学成分/%								热处理状态	力学性能			用途举例
		Si	Fe	Cu	Mn	Mg	Zn	Ti	其他		R_m/MPa	A/%	HBW	
防锈铝	5A05	0.5	0.5	0.1	0.3~0.6	4.8~5.5	0.2	—	—	退火	280	20	70	中载零件、焊接油箱、油管、铆钉等
	3A21	0.6	0.7	0.20	1.0~1.6	0.05	0.1	0.15	—		130	20	30	焊接油箱、油管、铆钉等轻载零件及制品
硬铝	2A01	0.5	0.5	2.2~3.0	0.2	0.2~0.5	0.1	0.15	—	淬火+自然时效	300	24	70	工作温度不超过100℃的中强铆钉
	2A11	0.7	0.7	3.8~4.8	0.4~0.8	0.4~0.8	0.3	0.15	Ni0.1 (Fe+Ni) 0.7		420	18	100	螺旋桨叶片等中强零件
	2A12	0.5	0.5	3.8~4.9	0.3~0.9	1.2~1.8	0.3	0.15	Ni0.1 (Fe+Ni) 0.5		470	17	105	高强、150℃以下工作零件

续表 10-2

类别	牌号	化学成分/%								热处理状态	力学性能			用途举例
		Si	Fe	Cu	Mn	Mg	Zn	Ti	其他		R_m/MPa	A/%	HBW	
超硬铝	7A04	0.5	0.5	1.4～2.0	0.2～0.6	1.8～2.8	5～7	0.1	Cr0.10～0.25	淬火+人工时效	600	12	150	飞机起落架等主要受力构件
	7A09	0.5	0.5	1.2～2.0	0.15	2.0～3.0	5.1～6.1	0.1	Cr0.16～0.30		680	7	190	飞机起落架等主要受力构件
锻铝	2A50	0.7～1.2	0.7	1.8～2.6	0.4～0.8	0.4～0.8	0.3	0.15	Ni0.1 (Fe+Ni) 0.7	淬火+人工时效	420	13	105	形状复杂中等强度的锻件
	2A70	0.35	0.9～1.5	1.9～2.5	0.2	1.4～1.8	0.3	0.02～0.1	Ni0.9～1.5		415	13	120	高温下工作的复杂锻件
	2A14	0.6～1.2	0.7	3.9～4.8	0.4～1.0	0.4～0.8	0.3	0.15	Ni0.1		480	19	135	承受高载荷的锻件和模锻件

A　Al-Mn 系防锈铝合金

Al-Mn 系防锈铝合金的主要牌号是 3A21，它是 $w_{Mn}=1.0\%\sim1.6\%$ 的二元 Al-Mn 合金。退火状态的组织为 $\alpha+MnAl_6$。锰的主要作用是产生固溶强化和提高抗蚀性，并能形成少量 $MnAl_6$，起到弥散强化作用，因此强度比纯锰高。该合金性能特点是强度较低、塑性很好、抗腐蚀性能和焊接性能优良，主要用于制造各种深冲压件和焊接件。

由图 10-5 Al-Mn 合金相图可见，Mn 在 Al 中的最大溶解度为 1.82%，合金结晶温度区间小，水平间隔很大。因此 Mn 在结晶过程中极易产生晶内偏析，造成微区分布不均匀，但 Mn 能显著提高再结晶温度，因此退火时低 Mn 部分易发生再结晶，从而使退火板材晶粒特别粗大，在随后深冲或弯曲时使表面粗糙或产生裂纹。加入 w_{Fe} 为 0.5% 左右的 Fe，形成不固溶于 Al 中的（FeMn）Al_6，减少 Mn 的偏析，以达到细化合金组织的目的。此外，将铸锭进行 600～620℃ 均匀化退火，消除晶内偏析，增大板材退火加热速度，也有利于获得细小晶粒。

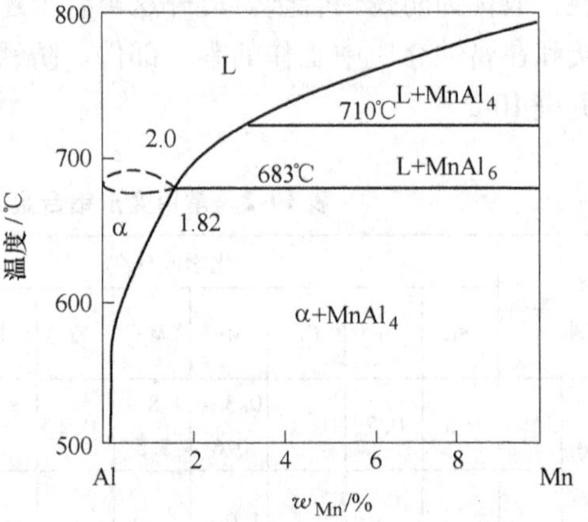

图 10-5　Al-Mn 二元合金相图

B　Al-Mg 系防锈铝合金

这类合金除主要合金元素 Mg 外，还加入少量 Mn、Ti、Si 等元素。从 Al-Mg 合金相图（图 10-6）可见，Mg 在 Al 中溶解度较大，并随温度下降而显著减小。经固溶处理，可充分发挥 Mg 的固溶强化效果，理论上应具有强烈的时效硬化效应。但该合金时效产生的过渡相 β′与基体不存在共格关系，而平衡相 β（Mg_2Al_3）易沿晶界分布，因此合金不具有明显的时效硬化。通常合金在退火或一定程度的冷作硬化状态使用。为了防止 β 相沿晶界呈

网状析出或 β 相过多而使合金变脆，合金的 w_{Mg} 应小于 5%～6%。Al-Mg 系防锈铝合金常用牌号有 5A02、5A03、5A05、5A06（见表 10-2）。这类合金的主要性能特点是密度小、塑性高、强度较低、耐蚀性和焊接性优良，故在工业上得到广泛应用。

10.1.4.2 能热处理强化的变形铝合金

工业上得到广泛应用的热处理强化变形铝合金不是二元合金，而是成分更复杂的三元系和四元系合金，主要有 Al-Cu-Mg 系、Al-Cu-Mn 系合金（硬铝）；Al-Zn-Mg 系、Al-Zn-Mg-Cu 系合金（超硬铝）；Al-Mg-Si 系、Al-Mg-Si-Cu 系合金（锻铝）。这些合金系都可通过时效硬化来提高合金强度。

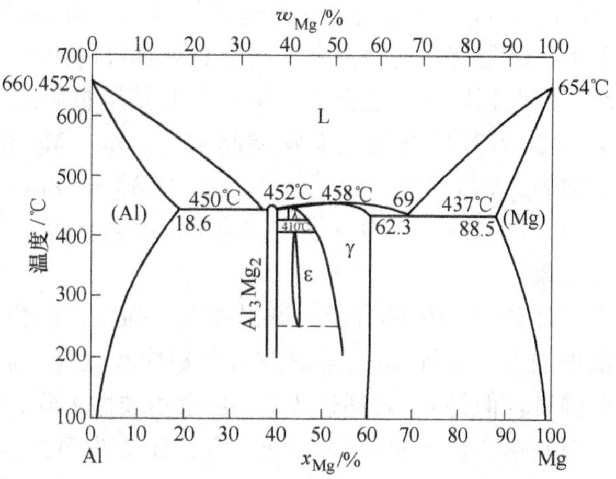

图 10-6 Al-Mg 二元合金相图

A 硬铝合金

Al-Cu-Mg 系合金是使用最早，用途很广，具有代表性的一种铝合金，由于该合金强度和硬度高，故称为硬铝。

该合金系主要强化相有 θ($CuAl_2$) 相、β(Mg_2Al_8) 相、S($CuMgAl_2$) 相和 T($CuMg_2Al_6$) 相，其中 S 相强化作用最大，θ 相次之，β 相和 T 相较差，这些化合物在 Al 中均有显著的溶解度变化。因此，硬铝合金具有明显的热处理强化能力。硬铝合金的相组成因合金中 Cu、Mg 的含量比不同而异，其强化效果也不同，w_{Cu} 高，S 相少，θ 相是主要强化相，合金强化效果不高。w_{Mg} 增多，θ 相少，S 相是主要强化相，合金强化效果好。w_{Mg} 进一步增加，则形成强化效果较差的 T 相和 β 相。研究表明，Cu、Mg 含量比为 2.61（即 $w_{Cu}=4\%\sim5\%$、$w_{Mg}=1.5\%\sim2.0\%$）时，合金强化相几乎全是强化效果最高的 S 相。除 Cu 和 Mg 外，硬铝合金还加入 $w_{Mn}=0.3\%\sim1.0\%$ 的 Mn，目的是提高合金耐蚀性和再结晶温度，细化晶粒，改善力学性能。合金中加入少量 Ti，可细化晶粒，降低热脆倾向。

常用硬铝合金牌号、成分和力学性能见表 10-2。其中 2A12 是航空工业应用最广泛的一种高强度硬铝合金。经 445～503℃淬火并自然时效 4 天，具有较高强度和塑性：$R_m=391\sim441$MPa，$R_{p0.2}=254.8\sim303.8$MPa，$\delta=8\%\sim12\%$。若合金在 150℃以上使用，可采用 185～195℃人工时效处理。

2A12 及其他硬铝合金，由于含 Cu 固溶体和 $CuAl_2$ 电极电位比晶界高，容易产生晶间腐蚀，故自然时效态的硬铝抗海水和大气腐蚀性能差，人工时效后其抗蚀性更差。

为了提高硬铝合金的耐蚀性，通常在硬铝板材表面通过热轧包一层工业纯铝，称为包铝。以包铝板材使用的 2A12 合金具有很高的耐蚀性，广泛用于生产锻件以外的各种类型半成品，用以制造飞机蒙皮和梁及动力骨架和建筑结构等。

B 超硬铝合金

Al-Zn-Mg-Cu 系合金是变形铝合金中强度最高的一类铝合金，因其强度高达 588～

686MPa，超过硬铝合金，故称超硬铝合金。除强度高外，塑性比硬铝低，但在相同强度水平下，断裂韧性比硬铝高，同时具有良好的热加工性能，适宜生产各种类型和规格的半成品，因此超硬铝是航空工业中的主要结构材料之一。超硬铝是在 Al-Zn-Mg 三元系基础上加入 Cu 及其他微量元素发展起来的。Zn、Mg 和 Al 能形成一系列强化相：γ($MgZn_5$) 相、β(Mg_2Al_3) 相、η($MgZn_2$) 相、T($Al_2Mg_3Zn_3$) 相等。其中主要强化相 η($MgZn_2$) 和 T($Al_2Mg_3Zn_3$) 在 Al 中有很高的溶解度并随温度下降而显著减少，因此合金有强烈的时效强化效果。

增加 Zn 和 Mg 的含量，可提高合金强度，但合金塑性和抗应力腐蚀性能却显著降低。合金中加入一定量 Cu 可显著改善其塑性和抗应力腐蚀性能，同时形成 θ 和 S 相，能提高合金强度。但是 w_{Cu}若超过 3%，合金耐蚀性下降，强化效果也减弱。

超硬铝合金中加入 Cr、Mn、Zr、Ti 等少量元素可进一步提高合金的力学性能，改善合金塑性和抗应力腐蚀性能。超硬铝合金的主要牌号、化学成分和力学性能如表 10-2 所示。

7A04 是超硬铝的代表性牌号，具有较高的综合力学性能，是使用最早最广泛的一种超硬铝合金，退火状态下，R_m = 245MPa；人工时效的板材，R_m = 490MPa；挤压型材料，R_m = 568.4MPa。7A04 合金抗拉强度比 2A12 高 20%，屈服极限比 2A12 高 40%，但伸长率不如 2A12。该合金的主要缺点是耐热性低，工作温度一般不超过 120℃。

7A06 合金是合金化程度和强度最高的一种超硬铝合金，经淬火并人工时效后抗拉强度高达 600 ~ 700MPa。耐热性低也是其主要缺点。

和硬铝一样，超硬铝合金耐蚀性低，故也需包铝保护，但超硬铝电位比纯铝低，故采用电位更低的 w_{Zn} = 1% 的 Al-Zn 合金作包铝层。超硬铝合金通常在淬火加人工时效状态使用，各种超硬铝淬火温度为 465 ~ 475℃。板材人工对效 120℃（24h），硬铝板材和型材采用 135 ~ 145℃16h 时效，为了改善合金抗应力腐蚀性能，还可采用 120℃、3h 加 160℃、3h 的分级时效工艺，以进一步消除内应力并大大缩短时效时间。

C　锻造铝合金

Al-Mg-Si-Cu 系合金具有优良的热塑性，适于生产各种锻件或模锻件，故称锻造铝合金。该合金系是在 Al-Mg-Si 系基础上加入 Cu 和少量 Mn 发展起来的。Al 中加入 Mg 和 Si 能形成强化相 Mg_2Si，它在 Al 中有较大的溶解度，并随温度下降而显著减小，因而合金具有明显的时效强化效应。Al-Mg-Si 系中加入 Cu 能形成强化相 W($Cu_4Mg_5Si_4Al$)，w_{Cu}高时还出现 $CuAl_2$(θ) 和 Al_2CuMg(S) 相。随 w_{Cu}增加，时效强化能力增大。锻铝合金的主要强度相是 Mg_2Si 和 W 相，它们在室温下析出速度很慢，故通常采用人工时效。

Al-Mg-Si-Cu 系合金有 6A02、2A50、2A14 等牌号，它们的 Si、Mn 含量相同，铜含量则顺序增加。其常用牌号、合金平均化学成分、力学性能和用途见表 10-2。它们都可用热处理提高强度。6A02 淬火温度 546℃，时效温度 150 ~ 160℃(6 ~ 15h)。2A50 淬火温度 515 ~ 525℃，时效温度 150 ~ 170℃(4 ~ 5h)，2A14 淬火温度 (500 ± 5)℃，时效温度 165℃(6 ~ 15h)。

10.1.5　铸造铝合金

铸造铝合金除要求必要的力学性能和耐蚀性外，还应具有良好的铸造性能，为此铸造铝合金比变形铝合金含有较多的合金元素，可形成较多的低熔点共晶体以提高流动性，改善合金的铸造性能。

常用的铸造铝合金有 Al-Si 系、Al-Cu 系、Al-Mg 系和 Al-Zn 系四大类，其中 Al-Si 系合金是航空工业中应用最广的铸造铝合金，该合金具有良好的铸造性能、抗蚀性能和力学性能。简单的二元 Al-Si 合金虽然铸造性能和抗蚀性能优良，但强度较低。若在 Al-Si 合金基础上加入 Mg、Cu 等合金元素，可以加强热处理强化效果，从而提高合金的力学性能。

二元 Al-Si 合金（ZL102）又称硅铝明，硅含量为 11%～13%，就其组织而言，属于过共晶合金（图 10-7），共晶温度 577℃，共晶成分中含硅为 11.7%。该合金铸造后的组织为粗大针状硅和铝基固溶体组成的共晶体（α + Si），以及少量块状的初晶硅（见图 10-8（a））。由于共晶硅呈粗大针状，所以合金强度和塑性都很低。若浇注前在液态合金中加入少量钠盐（w_{NaF}（=2/3）+w_{NaCl}（=1/3））或含锶、钛、硼、碳等 Al 系中间合金进行变质处理，可以得到由初晶 α-Al 和细小共晶体（α + Si）组成的亚共晶组织（图 10-8（b））。加入变质剂，可降低 Al-Si 合金的共晶温度，并使共晶点明显右移（图 10-7）。因此，w_{Si} = 12%～13% 的过共晶合金变成了亚共晶合金。在过冷条件下，形核率急剧升高，共晶组织变细，对于过共晶合金，由于共晶温度降低又使 Si 质点的形核点减少。由于共晶体细化和脆性的初晶 Si 的消失，使合金的力学性能得到明显的改善。简单的 Al-Si 合金的流动性好，铸件致密，不易产生铸造裂纹，是比较理想的铸造合金。然而即使经过变质处理，合金强度仍然较低。通常用来制作力学性能要求不高而形状复杂的铸件。为了进一步提高 Al-Si 合金的力学性能，通常需要加入 Cu、Mg、Mn 等合金元素，形成 Mg_2Si、$CuAl_2$ 或 W($Al_xMg_5Si_4Cu$) 等强化相，通过淬火和时效使合金进一步强化，从而形成所谓特殊硅铝明。

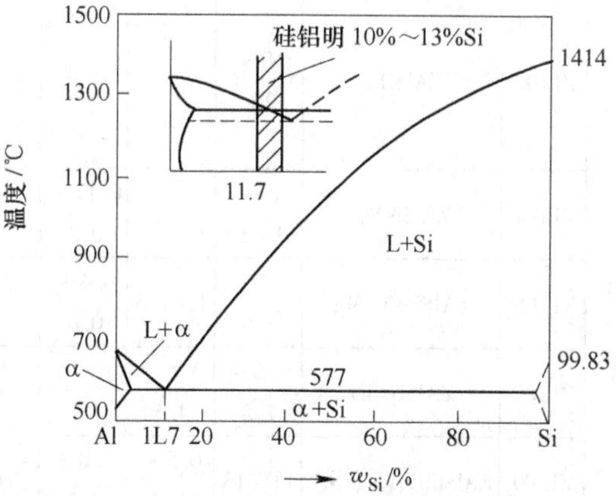

图 10-7 Al-Si 合金相图

(a) (b)

图 10-8 ZL102 合金的铸态组织

（a）变质前；（b）变质后

常用铸造铝合金的牌号、化学成分和主要力学性能等见表10-3。常用特殊硅铝明合金有ZL101、ZL104、ZL107、ZL103和ZL105等。

表10-3 常用铸造铝合金的牌号、化学成分、力学性能及用途

类别	代号	牌号	化学成分/%				铸造方法	热处理	力学性能			用途举例
			Si	Cu	Mg	其他			R_m /MPa	A /%	HBW	
铝硅合金	ZL102	ZAlSi12	10～13	—	—	—	SB J SB J	F F T2 T2	145 155 135 145	4 2 4 3	50 50 50 50	形状复杂的零件，如飞机零件
	ZL104	ZAlSi9Mg	8～10.5	—	0.17～0.3	Mn0.2～0.3	J J	T1 T6	195 235	1.5 2	65 70	220℃以下形状复杂零件
	ZL105	ZAlSi5Cu1Mg	4.5～5.5	1～1.5	0.4～0.6	—	J S	T5 T7	235 175	0.5 1	70 65	250℃以下形状复杂零件
	ZL107	ZAlSi7Cu4	6.5～7.5	3.5～4.5	—	—	SB J	T6 T6	245 275	2 2.5	90 100	强度和硬度较高的零件
	ZL109	ZAlSi2Cu1Mg1Ni1	11～13	0.5～1.5	0.8～1.3	Ni0.8～1.5	J J	T1 T6	195 245	0.5 —	90 100	活塞等较高温度下工作的零件
	ZL111	ZAlSi9Cu2Mg	8～10	1.3～1.8	0.4～0.6	Mn0.1～0.35 Ti0.1～0.35	SB J	T6 T6	255 315	1.5 2	90 100	活塞及高温下工作的其他零件
铝铜合金	ZL201	ZAlCu5Mn	—	4.5～5.3	—	Mn0.6～1.0 Ti0.15～0.35	S S	T4 T5	295 335	8 4	70 90	温度为175～300℃零件
	ZL203	ZAlCu4	—	4～5	—	—	J J	T4 T5	205 225	6 3	60 70	中等载荷、形状比较简单的零件
铝镁合金	ZL301	ZAlMg10	—	—	9.5～11	—	S	T4	280	10	60	大气或海水中工作，承受冲击载荷，外形简单的零件，如舰船配件
	ZL303	ZAlMg5Si1	0.8～1.3	—	4.5～5.5	Mn0.1～0.4	S，J	F	145	1	55	
铝锌合金	ZL401	ZAlZn1Si7	6～8	—	0.1～0.3	Zn9～13	J	T1	245	1.5	90	结构形状复杂的汽车、飞机、仪器零件等
	ZL402	ZAlZn6Mg	—	—	0.5～6.5	Cr0.4～0.6 Zn5～6.5 Ti0.15～0.25	J	T1	235	4	70	

ZL101和ZL104合金是含Mg的特殊硅铝明，在Al-Si二元合金中加入Mg，能形成强化相Mg_2Si，合金在变质处理后进行淬火和人工时效得到细小亚共晶加强化相Mg_2Si组织，使强度得到提高。ZL104合金的强度比ZL101合金高，经变质处理金属模铸造后再进行淬火加完全人工时效处理，抗拉强度$R_m = 240MPa$，伸长率$A = 2\%$，硬度HB70。ZL101和ZL104合金的铸造性能很好。前者用于铸造薄壁、形状复杂和中等负荷的零件，后者适宜铸造柴油机气缸体、排气管等大负荷零件。

ZL107是含Cu的特殊硅铝明，在Al-Si合金中加入Cu能形成θ($CuAl_2$)相，通过淬火和时效可进一步提高强度，该合金经变质处理金属模铸造后再进行淬火加完全人工时效。抗拉强度 $R_m=20MPa$，伸长率 $A=3\%$，硬度 HB100。其力学性能超过 ZL101、ZL104 合金。该合金铸造性能较好，适宜铸造高强度和尺寸稳定的零件。

ZL103 和 ZL105 是同时含 Cu 和 Mg 的特殊硅铝明。其强化相除 Mg_2Si 和 $CuAl_2$ 外，还有 Al_2CuMg 和 W($Al_xCu_4Mg_5Si_4$) 相。其强度和耐热性更高，故有耐热硅铝明之称。例如 ZL105 合金经淬火和人工时效处理后的室温强度 $R_m=264.6MPa$、$A=1.3\%$、硬度 HB70。高温（250℃）强度 $R_m=147MPa$，$R_{eL}=58.8MPa$。这两种合金适宜金属模铸造，制作在 250℃以下工作的负荷较大的零件，例如内燃机缸体、缸盖曲轴箱等.

Al-Cu 系合金是应用最早的一种铸造铝合金，其最大特点是耐热性高，因此适宜铸造高温铸件，但合金铸造性能和耐蚀性较差。航空工业上常用的铝铜系铸造合金有 ZL201、ZL202 和 ZL203，其化学成分和力学性能见表 10-3。其中，ZL201 合金是 Al-Cu-Mn 系合金，加 Ti 是为了细化晶粒，改善铸态组织。Mn 在合金结晶冷却过程中具有获得过饱和固溶体的特性，该合金除含有强化相 $CuAl_2$(θ) 外，还生成耐热强化效果更大的 T($CuMn_2Al_{12}$) 相，因此，合金既具有高的室温强度，又具有良好的耐热性，故有高强度耐热合金之称。该合金能进行热处理强化，塑性要求较高的铸件可采用自然时效状态，要求高屈服强度的铸件则进行淬火加人工时效处理，也可以进行淬火加稳定化处理。该合金经砂型铸造并经淬火加人工时效后，$R_m=333.3MPa$、$A=4\%$，适于铸造在 300℃以下工作的形状简单、负荷较大的零件。

Al-Mg 系铸造合金的最大特点是抗蚀性高，密度小（$2.55g/cm^3$），强度和韧性较高，切削加工性好，表面粗糙度低，该类合金的主要缺点是铸造性能差，容易氧化和形成裂纹，此外热强性较低，工作温度不超过 200℃。Al-Mg 系合金主要用于造船、食品和化学工业，主要牌号有 ZL301、ZL302，其化学成分和力学性能见表 10-3。

其中，ZL301 是高镁合金（镁含量 10% 的 Al-Mn 合金），利用镁在铝中的固溶强化效果获得较高的强度和优良的耐蚀性能。固溶处理是该合金唯一的热处理方式。合金经 430℃ ±5℃加热 10 ~20h 后于 40 ~50℃油冷或 80 ~100℃水冷淬火，可具有综合的力学性能，$R_m=300\sim400MPa$、$R_{eL}=170MPa$、$A=12\%\sim15\%$，并有良好的抗蚀性，适于铸造在海水环境下工作的、承受大载荷的、外形简单的零件，但是该合金铸造性能和高温性能较差，且具有自然时效倾向，在使用或存放过程中，塑性会明显降低，因而限制了它的广泛应用。

Al-Zn 系合金的主要特点是具有良好的铸造性能、切削性能、焊接性能及尺寸稳定性，铸态下就具有时效硬化能力，故称为自强化合金。Al-Zn 系铸造合金具有较高的强度，是一种最便宜的铸造合金，其主要缺点是耐蚀性差。

常用的 Al-Zn 系铸造合金牌号有 ZL401 和 ZL402，其主要化学成分和力学性能见表 10-3。其中，ZL401 合金属于 Al-Zn-Si 系合金，加入大量的 Si 可显著改善 Al-Zn 合金的铸造工艺性能，故有含锌硅铝明之称，可用砂型或金属型铸造，亦可压铸并进行变质处理。合金中加入少量的 Mg、Fe 和 Mn，可以提高合金的耐热性。ZL401 合金通常进行人工时效（175℃，5 ~10h）或退火处理（250 ~300℃，1 ~3h）即可提高强度和尺寸稳定性。ZL401 合金经人工时效后，$R_m=220\sim230MPa$、$R_{eL}=150MPa$、硬度 HB80、$A=12\%\sim15\%$。该合金主要用于制造工作温度不超过 200℃，形状复杂的压铸件，例如汽车、飞机零件及医疗器械和仪器零件等。

10.2 镁及镁合金

10.2.1 纯镁

镁是地壳中第三位丰富的金属元素，储量占地壳的2.5%，仅次于铝和铁。纯金属镁为银白色，属于密排六方晶体结构。镁及镁合金的密度小，是最轻的金属材料，室温时金属镁的密度是1.738g/cm³。在熔化温度下（650℃）固态金属镁的密度约为1.65g/cm³，液态金属镁的密度为1.58g/cm³。标准大气压下，金属镁的熔点是650℃±1℃，沸点为1090℃。

纯镁的电极电位很低，电化学排序处于常用金属的最后一位，因此抗蚀性较差，在潮湿大气、淡水、海水和绝大多数酸、盐溶液中易受腐蚀。镁的化学活性很高，在空气中易氧化，所形成的氧化物膜疏松多孔，故对下层金属无明显保护作用。在高温下镁的氧化更为剧烈，若散热不充分，可发生燃烧。

室温下镁的滑移系少，塑性较低，伸长率仅为10%左右，冷变形能力差；当温度升至150～250℃时，滑移系增多，塑性显著增加，可进行各种热加工变形。镁的弹性模量小，室温下仅为45GPa，受外力作用时的弹性变形功较大，因此可承受较大的冲击或振动载荷。纯镁的强度不高，与纯铝相近，一般不用作结构材料。

10.2.2 镁合金

纯镁的性能较差，实际应用时，通常在纯镁中加入一些合金化元素，制成镁合金。镁的合金化原理与铝相似，主要通过加入合金元素，产生固溶强化、时效强化、细晶强化及过剩相强化作用，以提高合金的性能、抗腐蚀性能和耐热性能。

10.2.2.1 镁合金的合金化特点

（1）晶体结构因素。镁具有密排六方晶体结构（hcp），其他常用的密排六方金属（如锌和铍）不能满足Hume-Rothery定则条件，不能与镁形成无限固溶体。只有镉可满足上述条件，在高温（>253℃）下，能与镁形成无限固溶体。

（2）原子尺寸因素。对镁来说，可能与镁形成无限固溶体的金属元素约有40种。

（3）电负性因素。镁具有较强的正电性，当它与负电性元素形成合金时，几乎一定形成具有拉弗斯（Laves）型结构的化合物。这些化合物成分具有正常的化学价规律。典型的拉弗斯相包括三种：$MgCu_2$（立方）、$MgZn_2$（六方）、$MgNi_2$（六方）。$MgCu_2$型有$LaMg_2$；$MgZn_2$型有$BaMg_2$、$CaMg_2$。

（4）原子价因素。与低价元素相比，较高价元素在镁中的溶解度比较大。所以，尽管Mg-Ag和Mg-In之间原子价差是相同的，但一价银在二价镁中的溶解度比三价铟在镁中的溶解度要小得多。

10.2.2.2 镁合金成分与牌号标记法

镁合金牌号标记方法以美国ASTM标准应用最广泛，如表10-4所示。化学元素以1～2个字母标记，其后的数字表示该元素在合金中的名义成分，用平均质量分数表示。字母的顺序按在实际合金中含量的多少排列，含量高的化学元素排前，若两种元素的含量相同，则按英文字母的先后顺序排列。

我国对镁合金的标记方法较简单，用两个汉语拼音字母和其后的合金顺序号组成。依据前两个汉语拼音字母将镁合金分为4类：变形镁合金、铸造镁合金、压铸镁合金、航空镁合金。其中变形镁合金用MB表示，其中M表示镁合金，B表示变形；铸造镁合金用ZM表示，Z表示铸造，M表示镁合金；压铸镁合金属于铸造镁合金，用YM表示，Y表示压铸，M表示镁合金；航空镁合金与铸造镁合金牌号略有区别，即在ZM和代号之间加一横线，如ZM-5。

表10-4 ASTM标准中镁合金中的英文字母代号所代表的化学元素

英文字母	元素符号	中文名称	英文字母	元素符号	中文名称
A	Al	铝	M	Mn	锰
B	Bi	铋	N	Ni	镍
C	Cu	铜	P	Pb	铅
D	Cd	镉	Q	Ag	银
E	RE	混合稀土	R	Cr	铬
F	Fe	铁	S	Sr	锶
G	Mg	镁	T	Sn	锡
H	Th	钍	W	Y	钇
K	Zr	锆	Y	Sb	锑
L	Li	锂	Z	Zn	锌

10.2.2.3 镁合金的分类

镁合金的分类有三种方式：化学成分、成型工艺和是否含锆。

(1) 根据化学成分，以五个主要合金元素Mn、Al、Zn、Zr和稀土元素为基础，组成基本合金系：Mg-Mn、Mg-Al-Mn、Mg-Al-Zn-Mn、Mg-Zr、Mg-Zn-Zr、Mg-RE-Zr、Mg-Ag-RE-Zr、Mg-Y-RE-Zr。

(2) 按有无Al，分为Al镁合金和不含Al镁合金；按有无Zr，可分含Zr合金和不含Zr合金。

(3) 根据加工工艺划分，镁合金可分为铸造镁合金和变形镁合金两大类（见图10-9）。

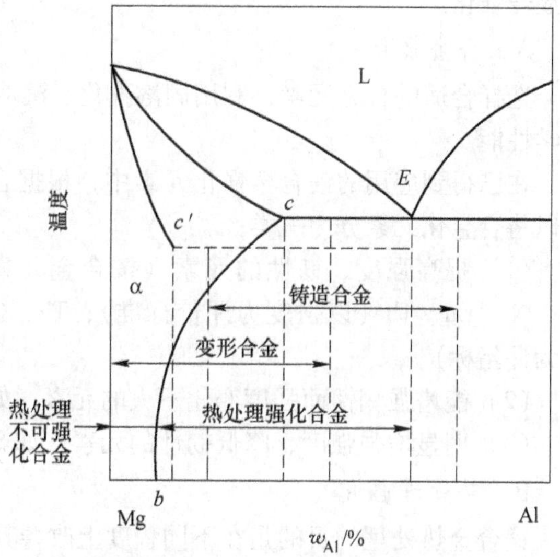

图10-9 镁合金分类示意图

目前国外在工业中应用较广泛的镁合金是压铸镁合金，主要有以下四个系列：AZ系列Mg-Al-Zn；AM系列Mg-Al-Mn；AS系列Mg-Al-Si和AE系列Mg-Al-RE系列。变形镁合金有Mg-Mn、Mg-Al-Zn和Mg-Zn-Zr。中国镁合金牌号与美国镁合金牌号对比见表10-5。

表 10-5 中国镁合金牌号与美国镁合金牌号对比

种类	系列	牌号		成分（质量分数）/%			
		中国	美国	Al	Mn	Zn	其他
变形镁合金	Mg-Mn	MB1	M1	0.2	1.3~2.5	0.3	—
		MB8	M2	0.2	1.3~2.2	0.3	0.15~0.35Ce
	Mg-Al-Zn	MB2	AZ31	3.0~4.0	0.15~0.5	0.2~0.8	
		MB3	—	3.7~4.7	0.3~0.6	0.8~1.4	
		MB5	AZ61	5.5~7.0	0.15~0.5	0.5~1.5	
		MB6	AZ63	5.0~7.0	0.2~0.5	2.0~3.0	
		MB7	AZ80	7.8~9.2	0.15~0.5	0.2~0.8	
	Mg-Zn-Zr	MB15	ZK60	0.05	0.10	5.0~6.0	0.3~0.9Zr
铸造镁合金	Mg-Zn-Zr	ZM-1	ZK51A	—	—	3.5~5.5	0.5~1.0Zr
		ZM-2	ZK41A	—	0.7~1.7RE	3.5~5.0	0.5~1.0Zr
		ZM-4	EZ33	—	2.5~4.0RE	2.0~3.0	0.5~1.0Zr
		ZM-8	EZ63	—	2.0~3.0RE	5.5~6.5	0.5~1.0Zr
	Mg-RE-Zr	ZM-3	—	—	2.5~4.0RE	0.2~0.7	0.3~1.0Zr
		ZM-6	—	—	2.0~2.8RE	0.2~0.7	0.4~1.0Zr
	Mg-Al-Zn	ZM-5	AZ81A	7.5~9.0	0.2~0.8	0.15~0.5	

10.2.2.4 镁合金的强化

通过合金化、热处理或其他强化方式，可以使其力学性能、耐蚀性能、抗氧化性等得到显著强化。

A 合金强化

选择合适的合金元素，利用固溶强化、沉淀强化和弥散强化来提高合金的常温和高温力学性能。

在已得到应用的镁合金强化元素中，根据合金化元素对二元镁合金力学性能的影响，可以将合金化元素分为三类：

（1）提高强度、韧性的元素（按合金元素作用从强到弱排序）：Al、Zn、Ag、Ce、Ga、Ni、Cu、Th（以强度为评价标准）；Th、Ga、Zn、Ag、Ce、Ca、Al、Ni、Cu（以韧性为评指标）。

（2）能增强韧性而强度变化不大的元素：如 Cd、Ti、Li。

（3）明显增强强度，降低韧性的元素：如 Sn、Pb、Bi、Sb。

B 热处理强化

镁合金热处理的目的是在不同程度上改善其力学性能，如抗拉强度、屈服强度、伸长率、塑性、硬度和冲击韧性等，而有些热处理则是为了减小铸件的铸造内应力或淬火应力和在高温下工作时这些应力的生长倾向，以达到稳定尺寸的目的。如对于 Zn 质量分数为 8% 的 Mg-Zn 合金，其原始加工状态的 $R_{p0.2}$ 和 R_m 为 75MPa 和 170MPa，过饱和固溶体的 $R_{p0.2}$、R_m 为 75MPa 和 190MPa。但镁合金能否通过热处理来强化取决于合金中各组元在固溶体中的溶解度是否随温度变化。镁合金热处理的特点是：镁固溶体的扩散和分解过程缓慢，因此固溶处理和时效处理时需要保持较长的时间。同样的原因，铸造镁合金在淬火时，不需要快速冷却，一般在空气中或人工气流中冷却。对于一些镁合金铸件而言，其铸态力学性能可通过热处理的方法改善，而对于锻件，既可单独也可以并用冷加工、退火、固溶和时效等方式来提高镁合金的力学性能。表 10-6 和表 10-7 列出了几种典型牌号镁合金的热处理规范。

表 10-6　几种典型牌号镁合金的热处理规范

合金代号	热处理状态	固溶处理			时效处理			退火		
		加热温度/℃	保温时间/h	冷却介质	加热温度/℃	保温时间/h	冷却介质	加热温度/℃	保温时间/h	冷却介质
ZM1	T1	—	—	—	175 ±5	12	空气	—	—	—
					218 ±5	8				
ZM2	T1	—	—	—	325 ±5	5 ~8	空气	—	—	—
ZM3	F	—	—	—	—	—	—	—	—	—
	T2	—	—	—	—	—	—	325 ±5	3 ~5	空气
ZM4	T1	—	—	—	200 ~250	5 ~12	空气	—	—	—
ZM6	T6	530 ±5	12 ~16	空气	200 ±5	12 ~16	空气	—	—	—

表 10-7　ZM5 和 ZM10 合金的热处理规范

合金代号	铸件组别	热处理状态	固溶处理					时效处理		
			加热第一阶段		加热第二阶段		冷却介质	加热温度/℃	保温时间/h	冷却介质
			加热温度/℃	保温时间/h	加热温度/℃	保温时间/h				
ZM5	Ⅰ	T4	370 ~380	2	410 ~420	14 ~24	空气	—	—	—
		T6	370 ~380	2	410 ~420	14 ~24	空气	170 ~180	16	空气
								195 ~205	8	
	Ⅱ	T4	370 ~380	2	410 ~420	6 ~12	空气	—	—	—
		T6	370 ~380	2	410 ~420	6 ~12	空气	170 ~180	16	空气
								195 ~205	8	
ZM10	—	T4	360 ~370	2 ~3	405 ~415	18 ~24	空气	—	—	—
		T6	360 ~370	2 ~3	405 ~415	18 ~24	空气	185 ~195	4 ~8	空气

C　细晶强化

镁合金的细晶强化主要是通过控制镁合金晶粒度的方法实现。细晶强化时，晶界是滑移传递的有效障碍，晶界前方的应力集中使得更多的滑移系被激活，合金的整体变形更加均匀，带来合金强度和韧性的提高。

合金的屈服应力与晶粒尺寸的关系可用 Hall-Petch 关系来表示，即：

$$\sigma_s = \sigma_0 + kd^{-1/2}$$

式中　σ_0——晶格摩擦力；

k——Petch 斜率；

d——晶粒直径。

研究表明，常用镁合金的 k 值为 280 ~ 320MPa · $\mu m^{1/2}$，而铝的 k 值仅为 68MPa · $\mu m^{1/2}$。当镁合金中的细晶粒（≤10μm）达到一定比例时，合金就会表现出超塑性。

镁合金晶粒细化的方法主要有：变质处理、过热处理、铸锭挤压变形、快速凝固等。晶粒细化添加剂主要有含 Zr 的晶粒细化添加剂和含 C 的晶粒细化添加剂。过热处理细化镁合金晶粒在于在过热过程中形成了大量的非均质形核核心。

10.2.2.5 铸造镁合金

镁合金中以铸造镁合金应用最广泛。镁合金铸造主要有重力铸造和压力铸造，具体有砂型铸造、永久模铸造、熔模铸造、挤压铸造、低压铸造和高压铸造。

A 铸造镁合金系

a Mg-Al 系

Mg-Al 合金系是最早应用于镁合金铸件的二元合金系，其三元合金包括 Mg-Al-Zn、Mg-Al-Mn、Mg-Al-Si、Mg-Al-RE。依据 Mg-Al 二元相图（见图 10-10），Mg-Al 系铸造合金组织在平衡状态下是由 α 相（Mg 基体）与 β 相（$Mg_{17}Al_{12}$）组成的。$Mg_{17}Al_{12}$ 相为体心立方（bcc）晶体结构，其点阵常数为 α = 1.05438nm。β 相的数量随铝含量的增加而增多。

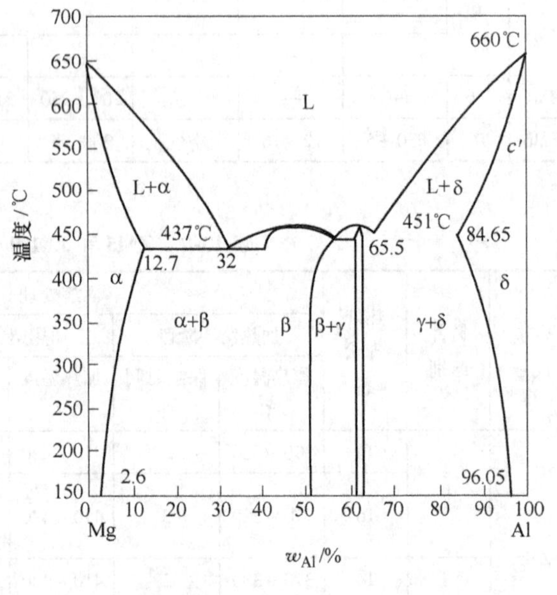

图 10-10 Mg-Al 二元相图

（1）Mg-Al-Zn。Mg-Al-Zn 合金最典型和常用的镁合金是 AZ91D，其压铸组织是由 α-Mg 相和在晶界析出的 β-$Mg_{17}Al_{12}$ 相组成（见图 10-11）。Mg-Al-Zn 合金组织成分常常出现晶内偏析现象，先结晶部分含 Al 量较多，后结晶部分含 Mg 量较多。晶界含 Al 量较高，晶内含 Al 量较低；表层 Al 含量较高，里层 Al 含量较低。另外，由于冷却速度的差异，导致压铸组织表层组织致密、晶粒细小；而心部组织晶粒比较粗大，因而表面层硬度明显高于心部硬度。

随 Zn 含量的增加，β（$Mg_{17}Al_{12}$）相中合金成分会变成三元金属间化合物 Mg_x-Zn_y-Al_z 型，如 AZ92 合金只有 $Mg_{17}Al_{12}$，而 AZ63 合金除 $Mg_{17}Al_{12}$ 以外，还有三元化合物 $Mg_{17}Al_{12}Zn_2$。Mg-10% Zn-4% Al 合金中只有 $Mg_{32}(Al, Zn)_{49}$；Mg-10% Zn-6% Al 合金中的金属间化合物主要是 $Al_2Mg_5Zn_2$。

（2）Mg-Al-Mn 合金。Mg-Al-Mn 合金的典型组织是除存在 α 相和在晶界沉淀析出的 β 相（$Mg_{17}Al_{12}$）以外，还存在含 Mn 的中间相（图 10-12）。根据合金 Al 的含量高低，这种中间相可能是 AlMn、Al_4Mn、Al_6Mn 或 Al_5Mn_8。

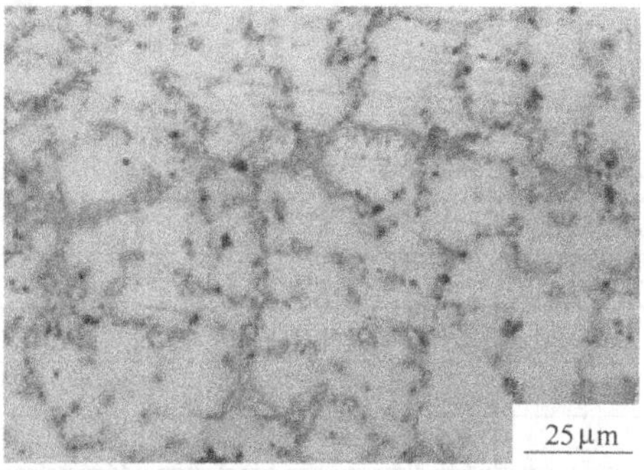

图 10-11　AZ91D 合金的铸态组织

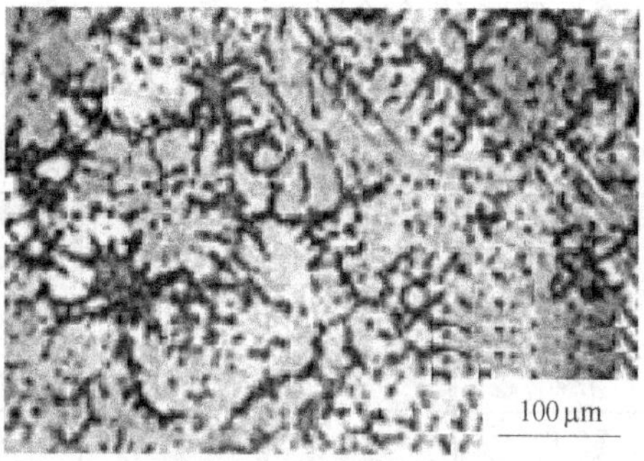

图 10-12　AM60 合金的铸态组织

AlMn 相形状多具有规则几何形状，如四方形，少量圆形、短棒形等外形。长轴方向和短轴方向没有明显差异，最大尺寸在 10μm 左右。AlMn 相有明显的偏聚趋势。

（3）Mg-Al-Si 系合金。AS 系耐热镁合金组织特征是在晶界处形成细小弥散分布的稳定析出相 Mg_2Si，如图 10-13 所示。Mg_2Si 具有 Ca_2F 型面心立方晶体结构，较高的熔点（1085℃）、硬度（460HV0.3）和较低的密度（$1.9g/cm^3$）。Mg_2Si 提高合金的抗蠕变能力。其典型合金为 AS41 和 AS21，适合于要求较高温度（150℃）下强度较高的部件。

（4）Mg-Al-Ca 系合金。Mg-Al-Ca 系合金组织特征是存在 Al_2Ca 和 Mg_2Ca 化合物，如图 10-14 所示。Mg-Al-Ca 合金具有较高的耐热性和阻燃性，但是耐蚀性有所降低。

图 10-13　Mg-7Al-Si 合金的铸态组织

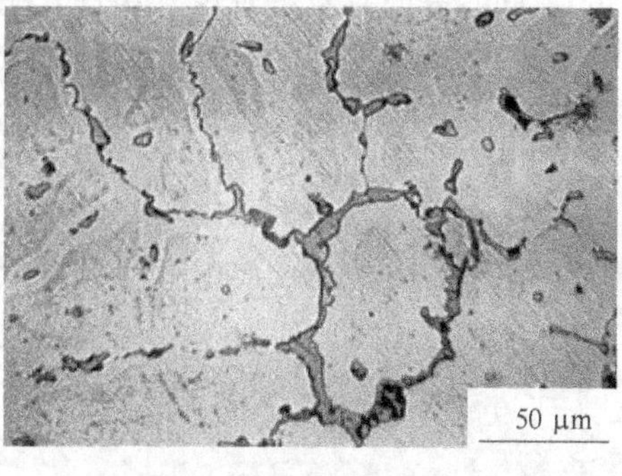

图 10-14　Mg-7.7Al-1.3Ca 的合金铸态组织

b　Mg-Zn 系

Mg-Zn 系合金组织特征是可能含有 $Mg_{51}Zn_{20}$、Mg_7Zn_3、MgZn、Mg_2Zn_3 或 $MgZn_2$ 等共晶化合物。其主要包括 Mg-Zn-MM，Mg-Zn-Al（Ca）合金。

Mg-8Zn-1.5MM 合金共晶相组织有三种不同的共晶相，这三种相分别是 T 相 Mg_4Zn_7 相和 $MgZn_2$ 拉弗斯相。T 相主要为三元共晶相 $Mg_{52.6}Zn_{39.5}MM_{7.9}$ 或（Mg，Zn）$_{92.1}MM_{7.9}$。

Mg-Zn-Al（-Ca）合金组织特征是存在 $Mn_xZn_yAl_z$ 和 MgZn 中间相，如图 10-15 所示。

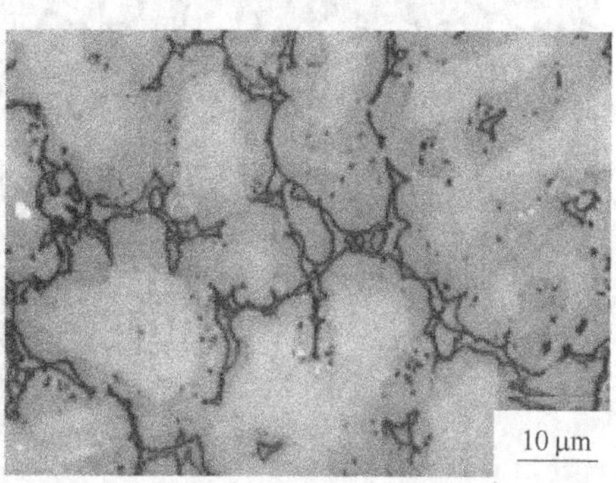

图 10-15　ZA85 合金的铸态组织

B 铸造镁合金性能

国外常用压铸镁合金的典型力学性能见表10-8。

表10-8 国外常用压铸镁合金（棒料）的典型力学性能

性能	AZ91D	AM20	AM50A	AM60B	AE42	AS41A	AS21
R_m/MPa	250	210	230	240	230	240	220
R_{eL}/MPa	160	90	125	130	145	140	120
A/%	7	20	15	13	11	15	13
E/GPa	45	45	45	45	45	45	45
α_K/J	9	18	18	12	12	16	12

10.2.2.6 变形镁合金

在变形镁合金中，常用的合金系是Mg-Al系与Mg-Zn-Zr系。Mg-Al系变形合金一般属于中等强度，塑性较高的变形镁材料，铝含量为0~8%，典型的合金为AZ31、AZ61和AZ80合金。由于Mg-Al合金具有良好的强度、塑性和耐腐蚀综合性能，而且价格较低，因此是最常用的合金系列，图10-16所示为AZ31板材退火前后的金相组织。Mg-Zn-Zr系合金一般属于高强度材料，变形能力不如Mg-Al系合金，常要用挤压工艺，典型合金为ZK60合金。常用变形镁合金有AZ31B、AZ61A、AZ80A和ZK60等。典型的含稀土的变形镁合金有ZE140A（Mg-1.5Zn-0.2RE），其中最重要的商用变形镁合金是AZ31B和AZ31C，同时具有良好的强度和塑性，主要通过控制轧制、挤压、锻造以及在向室温冷却时退火或伴生退火效应保留部分加工硬化效果。在镁中添加铝和锌可以产生固溶强化和晶

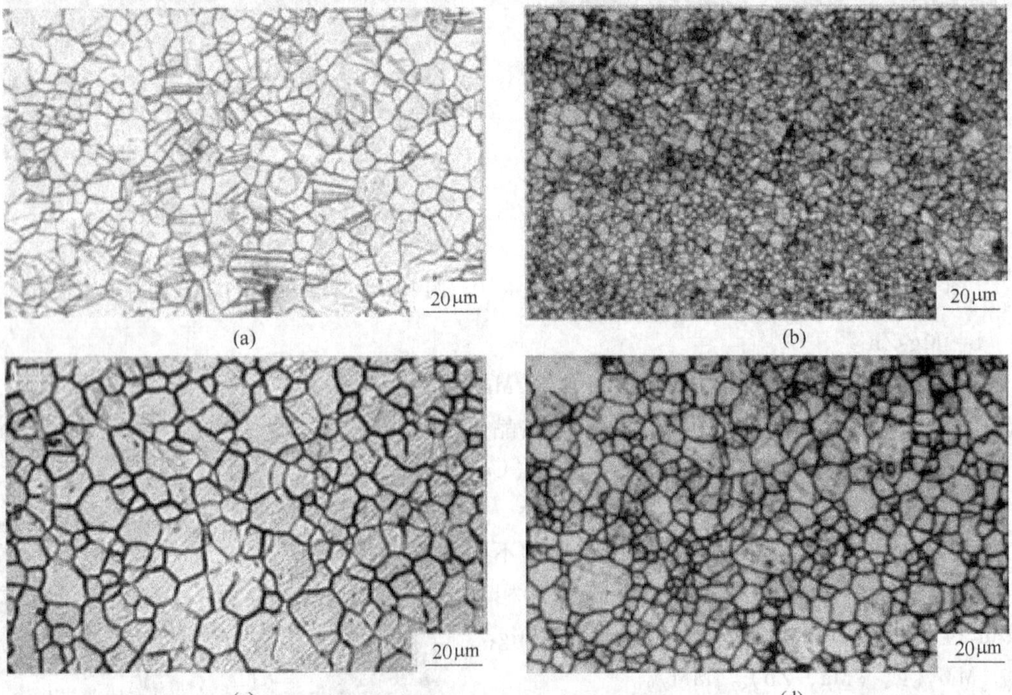

图10-16 AZ31镁合金板材在退火前后的金相组织

粒细化的效果。但高铝含量会导致轧制过程中的开裂。ZK60A 合金是一种新型的十分有前途的变形镁合金，同 Mg-Al 系变形镁合金相比，在时效后抗拉强度和抗压强度分别可以超过 280MPa 和 210MPa，断裂应变可以超过 10%。

在镁中加锂元素能获得超轻变形镁锂合金，它是迄今为止最轻的金属结构材料，具有极优的变形性能和较好的超塑性能，已应用在航天和航空器上。

镁合金一般均在 300～500℃进行挤压、轧制和锻造加工。与铸造镁合金相比，变形镁合金具有更高的强度、更好的塑性和更多样化的力学性能，同时生产成本更低。变形镁合金是未来航空航天、汽车以及军工领域的重要结构材料。板材、棒材以及管材等变形镁合金产品是镁合金铸件所不能代替的。

10.3 铜及铜合金

铜及铜合金具有以下性能特点：

（1）有优异的物理化学性能。纯铜导电性、导热性极佳，许多铜合金的导电、导热性也很好；铜及铜合金对大气和水的抗腐蚀能力也很高；铜是抗磁性物质。

（2）有良好的加工性能。铜及某些铜合金塑性很好，容易冷、热成型；铸造铜合金有很好的铸造性能。

（3）有某些特殊的力学性能。例如优良的减摩性和耐磨性（如青铜及部分黄铜）；高的弹性极限及疲劳极限（铍青铜等）。

（4）色泽美观。

由于有以上优良性能，铜及铜合金在电气工业、仪表工业、造船工业及机械制造工业部门中获得了广泛的应用。但铜的储藏量较小，价格较贵，属于应节约使用的材料之一，只有在特殊需要的情况下，例如要求有特殊的磁性、耐蚀性、加工性能、力学性能以及特殊的外观等条件下，才考虑使用。

10.3.1 纯铜

纯铜的密度为 $8.9g/cm^3$，熔点为 1083℃。纯铜呈玫瑰红，表面形成氧化铜膜后，外观呈紫红色，故常称为紫铜。纯铜具有良好的耐蚀性、导热性和导电性，具有面心立方结构，无同素异构转变，塑性高而强度低，伸长率 $A=50\%$，$R_m=240MPa$，纯铜不宜作结构材料，主要用于制作电工导体以及配制各种铜合金。

工业纯铜中含有锡、铋、氧、硫、磷等杂质，它们都使铜的导电能力下降。铅和铋能与铜形成熔点很低的共晶体（Cu + Pb）和（Cu + Bi），共晶温度分别为 326℃和 270℃，分布在铜的晶界上。进行热加工时（温度为 820～860℃），因共晶体熔化，破坏晶界的结合，使铜发生脆性断裂（热裂）。硫、氧与铜也形成共晶体（$Cu+Cu_2S$）和（$Cu+Cu_2O$），共晶温度分别为 1067℃和 1065℃，因共晶温度高，它们不引起热脆性。但由于 Cu_2S、Cu_2O 都是脆性化合物，在冷加工时易促进破裂（冷脆）。

根据杂质的含量，工业纯铜可分为四种：T1、T2、T3、T4。“T”为铜的汉语拼音字头，编号越大，纯度越低。工业纯铜的牌号、成分及用途见表 10-9。

表 10-9 纯铜的牌号、化学成分及用途

类别	牌号	铜含量/%	杂质量/%		杂质总含量/%	用途
			Bi	Pb		
一号铜	T1	99.95	0.002	0.005	0.05	导电材料和配制高纯度合金
二号铜	T2	99.9	0.002	0.005	0.1	导电材料，制作电缆、电线等
三号铜	T3	99.7	0.002	0.01	0.3	一般用作铜材，电器开关、垫圈等
四号铜	T4	99.5	0.003	0.05	0.5	

10.3.2 黄铜

铜锌合金或以锌为主要合金元素的铜合金称为黄铜。黄铜具有良好的塑性和耐腐蚀性，良好的变形加工性能和铸造性能，在工业中有很强的应用价值。按化学成分的不同，黄铜可分为普通黄铜和特殊黄铜两类。表 10-10 所示为常用黄铜的牌号、成分、性能和用途。

表 10-10 常见黄铜的牌号、化学成分、力学性能及用途

类别	牌号	化学成分/%		状态	力学性能			用途
		Cu	其他		R_m/MPa	A/%	HBS	
普通黄铜	H96	95~97	Zn 余量	T	240	50	45	冷凝管、散热器、导电零件
				L	450	2	120	
	H62	60.5~63.5	Zn 余量	T	330	49	56	铆钉、螺帽、垫圈等
				L	600	3	164	
特殊黄铜	HPb59-1	57~60	Pb0.8~0.9，Zn 余量	T	420	45	75	用于热冲压和切削加工制作的零件
				L	550	5	149	
	HMn58-2	57~60	Mn1~2，Zn 余量	T	400	40	90	腐蚀条件下工作的零件以及弱电流工业零件
				L	700	10	178	
	HSn90-1	88~91	Sn0.25~0.75，Zn 余量	T	280	40	58	汽车、拖拉机弹簧元件以及其他耐蚀减摩零件
				L	520	4	148	
铸造黄铜	ZCuZn38	60~63	Zn 余量	S	295	30	59	一般结构件及耐蚀零件
				J	295	30	59	
	ZCuZn31Al2	66~68	Al2~3，Zn 余量	S	295	12	79	制作电动机、仪表等压铸件及船舶、机械等耐蚀件
				J	390	15	89	
	ZCuZn38Mn2Pb2	57~60	Mn1.5~2.5，Pb1.5~2.5，Zn 余量	S	245	10	69	一般用途结构件以及船舶仪表用等外形简单的铸件
				J	345	14	79	
	ZCuZn16Si4	79~81	Si2.5~4.5，Zn 余量	S	345	15	89	船舶、内燃机零件
				J	390	20	98	

10.3.2.1 普通黄铜

普通黄铜是铜锌二元合金。图 10-17 是 Cu-Zn 合金相图。α 相是锌溶于铜中的固溶体，其溶解度随温度的下降而增大。α 相具有面心立方晶格，塑性好，适于进行冷、热加工，

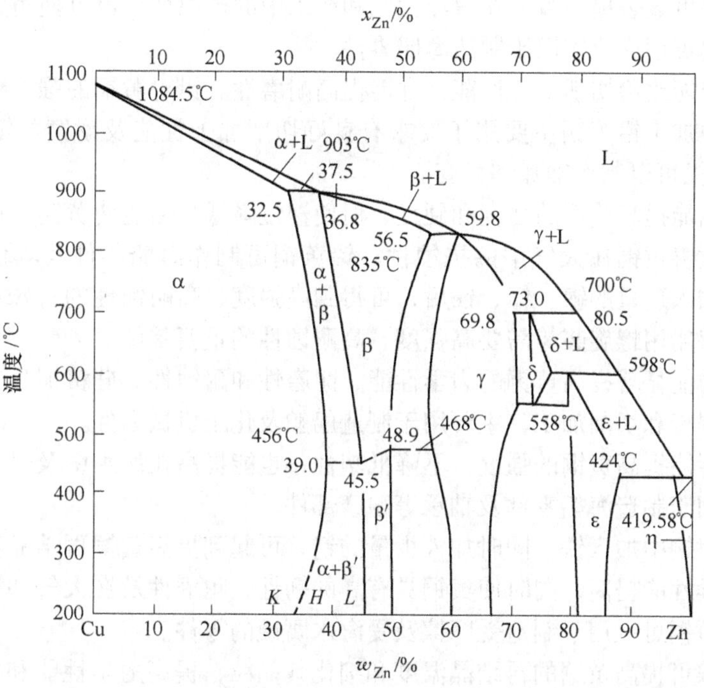

图 10-17 Cu-Zn 合金相图

并有优良的铸造、焊接和镀锡的能力。β′相是以电子化合物 CuZn 为基的有序固溶体，具有体心立方晶格，性能硬而脆。

黄铜的锌含量对其力学性能有很大的影响。当锌含量为 30%~32% 时，随着锌含量的增加，强度和伸长率都升高，当 w_{Zn} >32% 后，因组织中出现 β′相，塑性开始下降，而强度在 w_{Zn} =45% 附近达到最大值。含 Zn 更高时，黄铜的组织全部为 β′相，强度与塑性急剧下降。

普通黄铜分为单相黄铜和双相黄铜两种类型，从变形特征来看，单相黄铜适宜于冷加工，而双相黄铜只能热加工。常用的单相黄铜牌号有 H80、H70、H68 等，“H”为黄铜的汉语拼音字首，数字表示平均铜含量，它们的组织为 α，塑性很好，可进行冷、热压力加工，适于制作冷轧板材、冷拉线材、管材及形状复杂的深冲零件。而常用双相黄铜的牌号有 H62、H59 等，退火状态组织为 α + β′。由于室温 β′相很脆，冷变形性能差，而高温 β 相塑性好，因此它们可以进行热加工变形。通常双相黄铜热轧成棒材、板材，再经机加工制造各种零件。

10.3.2.2 特殊黄铜

为了获得更高的强度、抗蚀性和良好的铸造性能，在铜锌合金中加入铝、铁、硅、锰、镍等元素，形成各种特殊黄铜。

特殊黄铜的编号方法是：H + 主加元素符号 + 铜含量 + 主加元素含量。特殊黄铜可分为压力加工黄铜（以黄铜加工产品供应）和铸造黄铜两类，其中铸造黄铜在编号前加“Z”。例如：HPb60-1 表示平均成分为 60% Cu，1% Pb，余为 Zn 的铅黄铜；ZCuZn31Al2 表示平均成分为 31% Zn，2% Al，余为 Cu 的铝黄铜。

锡黄铜：锡可显著提高黄铜在海洋大气和海水中的抗蚀性，也可使黄铜的强度有所提高。压力加工锡黄铜广泛应用于制造海船零件。

铅黄铜：铅能改善切削加工性能，并能提高耐磨性。铅对黄铜的强度影响不大，略为降低塑性。压力加工铅黄铜主要用于要求有良好切削加工性能及耐磨的零件（如钟表零件），铸造铅黄铜可以制作轴瓦和衬套。

铝黄铜：铝能提高黄铜的强度和硬度，但使塑性降低。铝能使黄铜表面形成保护性的氧化膜，因而改善黄铜在大气中的抗蚀性。铝黄铜可制作海船零件及其他机器的耐蚀零件。铝黄铜中加入适量的镍、锰、铁后，可得到高强度、高耐蚀性的特殊黄铜，常用于制作大型蜗杆、海船用螺旋桨等需要高强度、高耐蚀性的重要零件。

硅黄铜：硅能显著提高黄铜的力学性能、耐磨性和耐蚀性。硅黄铜具有良好的铸造性能，并能进行焊接和切削加工，主要用于制造船舶及化工机械零件。

锰黄铜：锰能提高黄铜的强度，不降低塑性，也能提高在海水中及过热蒸汽中的抗蚀性。锰黄铜常用于制造海船零件及轴承等耐磨部件。

铁黄铜：黄铜中加入铁，同时加入少量的锰，可起到提高黄铜再结晶温度和细化晶粒的作用，使力学性能提高，同时使黄铜具有高的韧性、耐磨性及在大气和海水中优良的抗蚀性，因而铁黄铜可以用于制造受摩擦及受海水腐蚀的零件。

镍黄铜：镍可提高黄铜的再结晶温度和细化其晶粒，提高力学性能和抗蚀性，降低应力腐蚀开裂倾向。镍黄铜的热加工性能良好，在造船工业、电机制造工业中广泛应用。

10.3.3 青铜

青铜原指铜锡合金，但是，工业上习惯把铜基合金中不含锡而含有铝、镍、锰、硅、铍、铅等特殊元素组成的合金也称为青铜，所以青铜实际上包含锡青铜、铝青铜、铍青铜和硅青铜等。青铜也可分为压力加工青铜（以青铜加工产品供应）和铸造青铜两类。青铜的编号规则是：Q + 主加元素符号 + 主加元素含量（ + 其他元素含量）。“Q”表示青的汉语拼音字头。如 QSn4-3 表示成分为 4% Sn、3% Zn、其余为铜的锡青铜。铸造青铜的编号前加“Z”。

10.3.3.1 锡青铜

锡青铜是我国历史上使用得最早的有色合金，也是最常用的有色合金之一。它的力学性能与锡含量有关。当 Sn 含量为 5%~6% 时，Sn 溶于 Cu 中，形成面心立方晶格的 α 固溶体，随着锡含量的增加，合金的强度和塑性都增加。当 Sn 含量为 5%~6% 时，组织中出现硬而脆的 δ 相（以复杂立方结构的电子化合物 $Cu_{31}Sn_8$ 为基的固溶体），虽然强度继续升高，但塑性却会下降。当 w_{Sn} >20% 时，由于出现过多的 δ 相，合金变得很脆，强度也显著下降。因此，工业上用的锡青铜的锡含量一般为 3%~14%。w_{Sn} <5% 的锡青铜适宜于冷加工使用，含锡 5%~7% 的锡青铜适宜于热加工，锡含量大于 10% 的锡青铜适合铸造。除 Sn 以外，锡青铜中一般含有少量 Zn、Pb、P、Ni 等元素。Zn 提高低锡青铜的力学性能和流动性。Pb 能改善青铜的耐磨性能和切削加工性能，却要降低力学性能。Ni 能细化青铜的晶粒，提高力学性能和耐蚀性。P 能提高青铜的韧性、硬度、耐磨性和流动性。

10.3.3.2 铝青铜

以铝为主要合金元素的铜合金称为铝青铜。铝青铜的强度和抗蚀性比黄铜和锡青铜还高，它是锡青铜的代用品，常用来制造弹簧、船舶零件等。

铝青铜与上述介绍的铜合金有明显不同的是可通过热处理进行强化。其强化原理是利用淬火能获得类似钢的马氏体的介稳定组织，使合金强化。铝青铜有良好的铸造性能，在大气、海水、碳酸及大多数有机酸中具有比黄铜和锡青铜更高的耐蚀性，此外，还有耐磨损、冲击时不发生火花等特性。但铝青铜也有缺点，它的体积收缩率比锡青铜大，铸件内容易产生难熔的氧化铝，难于钎焊，在过热蒸汽中不稳定。

10.3.3.3 铍青铜

以铍为合金化元素的铜合金称为铍青铜，它是极其珍贵的金属材料，热处理强化后的抗拉强度可高达1250～1500MPa，硬度可达HB350～400，远远超过任何铜合金，可与高强度合金钢媲美。铍青铜的铍含量在1.7%～2.5%之间，铍溶于铜中形成α固溶体，固溶度随温度变化很大，它是唯一可以固溶时效强化的铜合金，经过固溶处理和人工时效后，可以得到很高的强度和硬度。

铍青铜具有很高的弹性极限、疲劳强度、耐磨性和抗蚀性，导电、导热性极好，并且耐热、无磁性，受冲击时不发生火花，因此铍青铜常用来制造各种重要弹性元件、耐磨零件（钟表齿轮，高温、高压、高速下的轴承）及防爆工具等。铍是稀有金属，价格昂贵，在使用上受到限制。表10-11所示为各种青铜的牌号、成分、力学性能和主要用途。

表10-11 各种青铜的牌号、成分、力学性能和主要用途

类别	牌号	化学成分/%		状态	力学性能			用途
		主加元素	其他		R_m/MPa	A/%	HBS	
锡青铜	QSn4～3	Sn3.5～4.5	Zn2.7～3.7，Cu余量	T L	350 550	40 4	60 160	弹性元件、化工设备的耐蚀零件、抗磁零件
	QSn7～0.2	Sn6～8	P0.1～0.25，Cu余量	T L	360 500	64 15	75 180	中等负荷、中等滑速下承受摩擦的零件，如轴瓦、衬套等
	ZCuSn5Pb5Zn5	Sn4～6	Zn4～6，Pb4～6，Cu余量	S J	180 200	8 10	59 64	在较高负荷、中等滑速下工作的耐磨、耐蚀零件
	ZCuSn10P1	Sn9～11	P0.5～1.0，Cu余量	S J	220 250	3 5	79 89	在高负荷、高滑速下工作的耐磨零件
铅青铜	ZCuPb30	Pb27～33	Cu余量	J			25	要求高滑速的双金属轴瓦减摩零件
	ZCuPb15Sn8	Sn7～9，Pb13～17	Cu余量	S J	170 200	5 6	59 64	制作冷轧机的冷凝管、冷冲压的双金属轴承
铝青铜	ZCuAl9Mn2	Al8.5～10，Mn1.5～2.5	Cu余量	S J	390 440	20 20	83 93	耐磨、耐蚀零件，形状简单的大型铸件，气密性要求高的铸件
	ZCuAl9Fe4Ni4Mn2	Ni4～5，Al8.5～10，Fe4～5	Mn0.8～2.5，Cu余量	S	630	15	167	要求强度高、耐蚀性好的重要铸件，可用于制造轴承、齿轮、蜗轮、阀体等
铍青铜	QBe2	Be1.9～2.2	Cu余量	T L	500 850	40 4	90 250	重要的弹簧和弹性元器件、耐磨零件以及在高速、高压和高温下工作的轴承

10.4 钛及钛合金

钛及其合金是航空、航天、造船及化工工业重要的结构材料，由于具有比强度高、耐热性好、抗蚀性能优异等突出优点，近年来发展极为迅速。但是，钛的化学性质十分活泼，因此钛及钛合金熔铸、焊接和部分热处理均要在真空或惰性气体中进行，加工工艺复杂，价格昂贵，限制了其推广应用。但随着钛及其合金生产技术的发展，必然会降低其成本并获得更广泛的应用。

10.4.1 纯钛

Ti 的性质与其纯度有关，纯度越高，硬度和强度越低。用 Mg 还原 $TiCl_4$ 制成的工业纯钛称为海绵钛（镁热法钛），其纯度可达 99.5%，用 TiI_4 分解生产的钛（碘化法钛）属于高纯度钛，其纯度高达 99.9%。

Ti 在固态下具有同素异晶转变。在 882.5℃以下为 α-Ti，具有密排六方晶格，在 882.5℃以上直至熔点为 β-Ti，具有体心立方晶格。

钛的密度小（$4.5\times10^3kg/m^3$）、熔点高（1668℃），钛及钛合金的强度相当于优质钢，因此钛及钛合金比强度很高，是一种很好的热强合金材料。钛的热膨胀系数很小，在加热和冷却过程中产生的热应力较小。钛的导热性差（约为铁的 1/6），摩擦系数 $\mu=422$，因此钛及其合金切削、磨削加工性能和耐磨性较差。此外，钛的弹性模量较低，既不利于结构的刚度，也不利于钛及钛合金的成型和校直。钛在大气、高温气体（550℃以下）以及中性、氧化性及海水等介质中具有极高的耐蚀性。钛在不同浓度的硝酸、铬酸以及碱溶液和大多数有机酸中，也具有良好的耐蚀性，但氢氟酸对钛有很大的腐蚀作用。

钛中的常见杂质有 O、N、C、H、Fe、Si 等。O、N、C 与 Ti 能形成间隙固溶体，显著提高钛的强度和硬度，降低其塑性和韧性。Fe、Si 等元素与 Ti 能形成置换固溶体，亦能起固溶强化作用。H 的影响最坏，微量的氢即能强烈降低钛的冲击韧性，增大缺口敏感性，并引起氢脆。故 w_H 应当不大于 0.015%。

工业纯钛按其杂质含量及力学性能不同，分为 TA1、TA2、TA3 三个牌号，碘化法高纯钛的牌号为 TA0。牌号顺序数字增大，杂质含量增加，钛的强度增加，塑性降低。工业纯钛退火后的抗拉强度（550~700MPa）约为高纯钛（250~290MPa）的两倍，经冷塑性变形可显著提高工业纯钛的强度，例如 40% 冷变形可使工业纯钛强度从 588MPa 提高至 784MPa。工业纯钛再结晶退火温度为 593~700℃，保温 0.25~3h，采用空冷方式。消除应力退火温度为 450~650℃，保温 0.25~3h，采用空冷方式。

工业纯钛是航空、船舶、化工等工业中常用的一种 α-Ti 合金，其板材和棒材可以制造 350℃以下工作的零件，如飞机蒙皮、隔热板、热交换器等。

10.4.2 钛合金

钛有 α-Ti（密排六方）和 β-Ti（体心立方）两种晶体结构。钛合金化的主要目的就是利用合金元素对α-Ti或β-Ti的稳定作用改变α和β相的组成，从而控制钛合金的性能。合金元素与钛的相图主要有四种类型（见图10-18）。按照合金元素对α-Ti↔β-Ti转变温度的影响和在α或β相中的溶解度不同，所有合金元素分为三类：(1) 能提高α/β转变温度，在α相中比在β相中有较大溶解度并扩大α相区的元素称为α稳定元素，如Al、O、N、C、B等（图10-18 (a)）。(2) 能降低α/β转变温度，在β-Ti中比在α-Ti中有较大溶解度，扩大β相区的元素称为β稳定元素，其中Mo、V、Nb、Ta等元素与α-Ti同晶型，形成无限固溶体，与β-Ti形成有限固溶体（图10-18 (b)）。Cu、Mn、Cr、Fe、Ni、Co、H等元素与β-Ti形成有限固溶体并形成共析型相图（图10-18 (c)）。(3) Sn、Zr等元素对α/β转变温度影响不大，在α和β相均能大量溶解或完全互溶，称为中性元素，（图10-18 (d)）。工业钛合金的主要合金元素有Al、Sn、Zr、V、Mo、Mn、Fe、Cr、Cu及Si等。

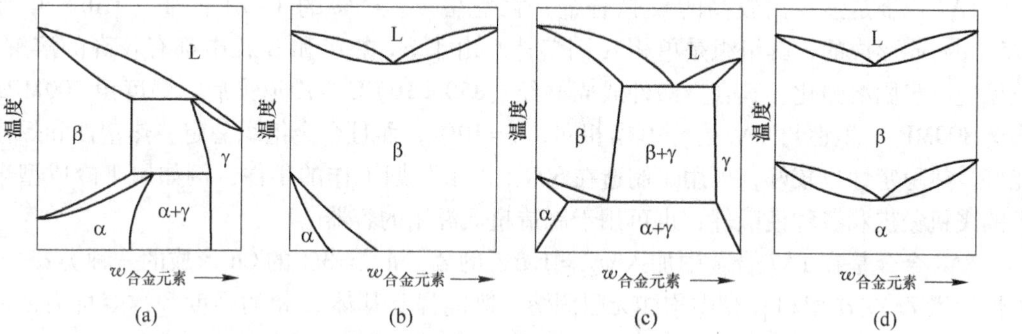

图10-18 钛及合金元素之间的四种基本类型相图示意图
(a) α稳定元素；(b) 同晶型β稳定元素；(c) 共析型β稳定元素；(d) 中性元素

Al是典型的α稳定元素，Al在Ti中主要溶入α固溶体，少量溶于β相。在室温下Al在α-Ti中的溶解度达7%，故有明显的固溶强化效果。Al还能提高钛合金的热稳定性和弹性模量，Ti-Al合金的密度小，所以Al是钛合金中重要的合金元素。

Zr和Sn同属中性元素。Zr在α-Ti和β-Ti中均能形成无限固溶体。Sn在α-Ti和β-Ti中的溶解度也较大。因此Zr和Sn不仅能强化α相，也能提高合金的抗蠕变能力，也是钛合金中的主要合金元素之一。

Mo、V都是β-Ti的同晶元素，钛中加入Mo或V都能起固溶强化作用，并能提高钛合金的热稳定性和蠕变抗力。这类元素越多，钛合金中β相越多、越稳定。当其达到某一临界含量（如Mo和V的临界质量分数分别为11%和19.3%）时，快冷至室温，可以得到全部β相，形成β型Ti合金。

Fe、Mn、Cr、Cu、Si等β稳定元素能形成共析反应，其临界浓度比β同晶元素都低，故其稳定β相能力比β同晶元素还大。其中Cu、Si等属于活性共析型β稳定元素，其共析反应速度很快，在一般冷却条件下，β相能完全分解，使合金具有时效强化能力，提高合金的热强性。例如Cu加入Ti中，β相可以分解为α相和金属间化合物$TiCu_2$，从而明显提高钛合金的热稳定性和热强性。Ti合金中的Cu超过溶解度极限时，亦可产生弥散强化作用。

10.4.3 工业用钛合金

工业钛合金按其退火组织可分为α、β和α+β三大类，分别称为α钛合金、β钛合金和α+β钛合金。牌号分别以“钛”字汉语拼音字首“T”后跟A、B、C和顺序数字表示。例如TA4～TA8表示α钛合金，TB1、TB2表示β钛合金，TC1～TC10表示α+β钛含金。

10.4.3.1 α钛合金

α钛合金的主要合金元素是α稳定元素Al和中性元素Sn、Zr，它们主要起固溶强化作用。α钛合金有时也加入少量β稳定元素，因此α钛合金又分为完全由单相α组成的α合金、β稳定元素的含量小于20%的类α合金和能时效强化的α合金（$w_{Cu}<2.5\%$的Ti-Cu合金）。其中TA7、TA8是应用较多的α钛合金。

TA7合金是强度比较高的α钛合金，它是在$w_{Al}=5\%$的Ti-Al合金（TA6）中加入2.5%的Sn形成的，其组织是单相α固溶体。由于Sn在α和β相中都有较高的溶解度，故可进一步固溶强化。其合金锻件或捧材经（850±10)℃空冷退火后，强度由700MPa增加至800MPa，塑性与TA6合金基本相同，$\delta=10\%$，而且合金组织稳定，热塑性和焊接性能好，热稳定性也较好，可用于制造在500℃以下长期工作的零件，例如用于冷成型半径大的飞机蒙皮和各种模锻件，也可用于制造超低温用的容器。

TA8合金是在TA7合金中加入$w_{Zr}=1.5\%$的Zr、$w_{Cu}=3\%$的Cu形成的一种类α合金。中性元素Zr在α相和β相中均能无限固溶，既能提高基体α相的强度和蠕变抗力，又不影响合金塑性，加入活性共析型β稳定元素Cu，既能强化α相，又能形成Ti_2Cu化合物，从而提高了合金耐热性。TA8合金的室温和高温力学性能均比TA7合金高，同时具有良好的热塑性、焊接性能和抗氧化性能，可在500℃温度下长期工作，用于制造发动机压气机盘和叶片等零件。

类α钛合金在加入足够α相稳定元素产生固溶强化的同时，加入少量β稳定元素，产生少量β相，可以改善合金锻造性能和抑制脆性相的析出。$w_{Cu}=2.5\%$的Ti-Cu合金能产生明显的热处理强化效应，该合金经800℃固溶处理后空冷或油冷至室温，再进行400℃和475℃双级时效处理后，$R_m=805$MPa、$R_{p0.2}=640$MPa、$A=30\%$，若在时效前进行冷变形，强度可进一步提高。该合金焊接性能很好，焊后进行双级时效，强度得到恢复。该合金在200～500℃的耐热性比TA7合金高，又具有良好的冷成型性能，主要用于制造发动机外壳、排气导管、框架等。

10.4.3.2 α+β钛合金

α+β钛合金是同时加入α稳定元素和β稳定元素，使α和β相都得到强化。加入4%～6%的β稳定元素的目的是得到足够数量的β相，以改善合金高温变形能力，并获得时效强化的能力。因此α+β钛合金的性能特点是常温强度、耐热强度及加工塑性比较好，并可进行热处理强化，但这类合金组织不够稳定，焊接性能不及α钛合金。然而，α+β钛合金的生产工艺较为简单，其力学性能可以通过改变成分和选择热处理制度在很宽的范围内变化，因此这类合金是航空工业中应用比较广泛的一种钛合金。这类合金的牌号达10种以上，分别属于Ti-Al-Mg系（TC1、TC2)、Ti-Al-V系（TC3、TC4和TC10)、Ti-Al-Cr

系（TC5、TC6）和 Ti-Al-Mo 系（TC8 和 TC9）等。

其中，Ti-Al-V 系的 Ti(6%)Al(4%)V(TC4) 合金是应用最多的一种 α+β 钛合金，该合金经热处理后具有良好的综合力学性能，强度较高，塑性良好。该合金通常在 α+β 两相区锻造，经 700～800℃ α+β 相区保温 1～2h 空冷退火，可以得到等轴细晶粒的 α+β 组织。退火状态下 R_m=931MPa、A=10%。该合金通常可在退火状态下使用。对于要求较高强度的零件可进行淬火加时效处理。淬火温度通常在 α+β 相区，为（925±10)℃，保温 0.5～2h 后水冷；时效温度（500±10)℃，保温 4h 后空冷。经过淬火和时效后，抗拉强度可进一步提高至 R_m=1166.2MPa，伸长率 A=13%。合金在 400℃时有稳定的组织和较高的蠕变抗力，又有很好的抗海水和抗热盐应力腐蚀能力，因此广泛用来制作在 400℃长期工作的零件，如火箭发动机外壳、航空发动机压垂机盘和叶片以及其他结构锻件和紧固件。

10.4.3.3　β 钛合金

β 钛合金中含有大量 β 稳定元素，在水冷或空冷条件下可将 β 相全部保留到室温。β 相系体心立方晶格，故合金具有优良的冷成型性，经时效处理，从 β 相中析出弥散 α 相，合金强度显著提高，同时具有高的断裂韧性。β 钛合金的另一特点是 β 相合金浓度高，淬透性好，大型工件能够完金淬透，因此 β 钛合金是一种高强度钛合金（R_m 可达 1372～1470MPa)，但该合金的密度大、弹性模量低、热稳定性差，其工作温度一般不超过 200℃。β 钛合金有 TB1 和 TB2 两个牌号。

TB1 合金（Ti-3Al-8Mo-11Cr）加热至 760～800℃，保温 0.5h，水冷淬火后进行双级时效处理。第一级在 450℃或 480～500℃、保温 12～15h，获得均匀分布的 α 相弥散质点；第二级在 560℃保温 0.25h，经短时间时效，使沉淀相略有长大，以改善塑性，保证合金具有优良的综合力学性能。TB2 合金（Ti-3Al-8Cr-5Mo-5V）的淬火和时效工艺与 TB1 合金基本相同，淬火后得到稳定均匀的 β 相，时效后从 β 相中析出弥散的 α 相质点，使合金强度显著提高，塑性大大降低。TB1 和 TB2 合金多以板材和棒材供应，主要用来制作飞机结构零件以及螺栓、铆钉等紧固件。

10.4.4　钛合金的热处理

纯钛自高温缓冷至 882.5℃时，发生同素异晶转变，体心立方的 β 相转变为密排六方晶格的 α 相。

钛合金中 β↔α 的同素异晶转变与过冷度有关。当过冷度很小，也就是略低于 β↔α 平衡转变温度时，通常以扩散的形式发生转变，得到多边形的等轴 α 固溶体组织（图 10-19（a））；当过冷度很大时（如自 β 区淬火），将发生非扩散型马氏体转变，形成过饱和的 α 固溶

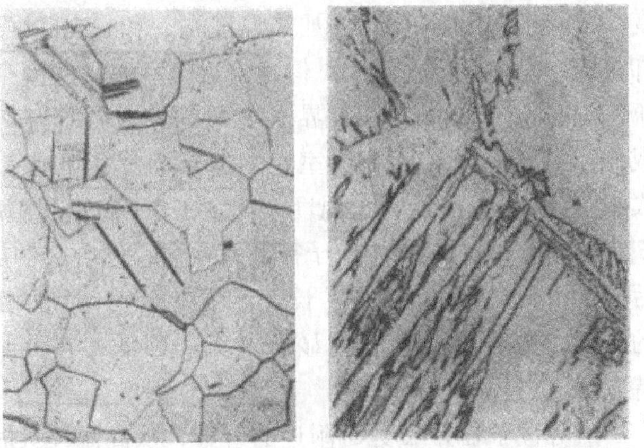

(a)　　(b)

图 10-19　TA2 棒材不同冷速的显微组织

（a）空冷；（b）水淬

体，得到针状（片状）的马氏体组织（图 10-19（b））。

钛合金中同素异晶转变与合金系、合金成分及热处理条件有关。仅含单一稳定元素或中性元素的钛合金不能热处理强化，通常只进行退火处理。

β 稳定型钛合金自高温快速冷却（淬火）时，随着合金成分和热处理条件不同，β 相可以得到马氏体 α′（或 α″）、w 或过冷 β 等不同的亚稳定相，从而改变合金的力学性能，这类钛合金可以进行热处理强化。

从图 10-20 可以看出 β 稳定元素的含量对 β 向 α 转变的影响。合金从 β 相区缓冷时，将从 β 相中析出 α 相，其成分沿 AC_a 曲线变化，β 相成分沿 AB 曲线变化。合金自 β 区快速冷却（淬火）时，将发生马氏体转变，形成过饱和的 α 固溶体。同钢中的马氏体转变一样，钛合金中的马氏体转变也存在一个马氏体转变开始温度 M_s 点和马氏体转变终了温度 M_f 点，并且 M_s 和 M_f 点随合金 β 稳定元素的增加而降低（图 10-20 中虚线）。如果 β 稳定元素含量少，则体心立方晶格 β 相将转变为密排六方晶格的马氏体，即 α′相。如果合金元素含量较大，由于晶格转变阻力大，只能形成斜方晶格的马氏体，即 α"。如果合金元素含量很高（大于图 10-20 中的临界浓度 C_k），马氏体开始转变温度 M_s 点降低至室温以下，则淬火后 β 相保留至室温，不发生马氏体转变。这种 β 相称为过冷 β 相，用 β′表示。

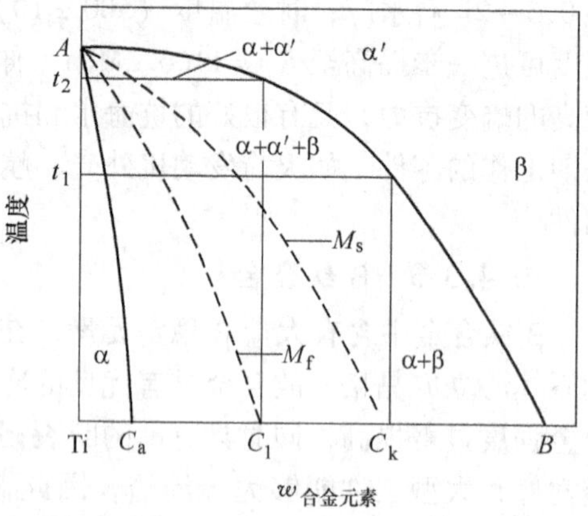

图 10-20 α + β 钛合金淬火温度和淬火组织关系示意图

同样，成分一定的合金，在 α + β 相区温度范围内，随着淬火温度的降低，β 相的成分沿 AB 曲线增加。当淬火温度降低至某一临界温度 t_1（图 10-20）时，β 相浓度升高至临界浓度 C_k，则淬火至室温时，β 相也不发生马氏体转变。

由图 10-20 可见，在 t_1 温度以下，β 相成分大于临界浓度 C_k，淬火不发生马氏体相变，淬火组织为 α + β。当加热温度在 t_1 和 t_2 之间时，β 相成分低于临界浓度 C_k，淬火冷却过程中发生马氏体转变。但是淬火至室温，β 相不能全部转变为马氏体，因 β 相成分高于室温时 M_f 点所对应的临界浓度 C_1 的淬火组织为 α + α′ + β，当加热温度高于 t_2 时，β 相成分相对应的 M_f 点已高于室温，合金淬火冷却至室温时，β 相全部转变为马氏体 α′，淬火组织为 α + α′。若淬火温度高于 α + β→β 相变温度（图 10-20 中 AB 曲线），则淬火组织为 α′相。由于 β 相中原子扩散系数大，钛合金的加热温度超过相变点（或 β 转变温度）后，β 相晶粒极易发生异常长大，而在 α 或 α + β 相区加热时，晶粒大小变化不大，粗大的 β 相晶粒会使合金脆性显著增大。因此，在制订钛合金加热工艺时，应当注意这一特点。

成分位于临界浓度 C_k 附近的合金，从高温淬火时，还能通过无扩散型相变形成 ω 相，用 ω_q 表示。这是一种特殊形式的马氏体相，具有特异的六方晶格，并且与母相 β 保持共格关系。β′（过冷 β）相可以转变为 ω 相，这种 ω 相称为回火或时效 ω 相，用 ω_a 表示。回火时形成 ω_a 相的原因是由于不稳定的过冷 β 相，在回火时发生溶质原子偏聚，形成溶质原子的富集区和贫化区，当贫化区浓度接近 C_k 时即转变为 ω 相。

ω 相硬而脆（HB500，$\delta=0$），虽然使合金的硬度和强度显著提高，但塑性急剧下降，脆性显著增大。ω 相是钛合金中的一种有害相结构，应从合金成分和热处理工艺上设法避免和消除。例如钛合金中加 Al 可以抑制 ω 相的形成，淬火和回火时避开 ω 相形成区间等。

钛合金淬火形成的上述亚稳定相 α′（或 α″）、ω 及 β′是不稳定相，加热时要发生分解，其分解过程比较复杂，但最终分解产物均为平衡态的 α + β。如果钛合金中有共析反应，则最终分解产物为 $\alpha + Ti_xM_y$。

钛合金的时效强化主要依靠 β′和 α′相分解析出高度弥散的 α + β 相来提高合金的强度。时效温度较低时（250 ~ 450℃），由于原子扩散比较困难，β 相往往不能直接分解为 α + β，而是先析出 ω 相，再由 ω 相转变为平衡的 α + β。如果时效温度较高（500 ~ 600℃），可由 β′相直接分解出 α 相，不经 ω 相的过渡阶段。若钛合金淬火后进行适当冷塑性变形再时效，将析出更细的 α 相，使合金强度进一步提高。

合金热处理强化效果与合金中 β 稳定元素的含量及热处理工艺有关。图 10-21 是不同热处理过程中钛合金的抗拉强度与合金成分之间变化关系示意图。退火合金的强度随合金中 β 稳定元素含量增加呈线性提高。合金从 β 相区淬火后的强度与合金成分之间呈复杂的变化关系。当合金中 β 稳定元素含量低时，由 β 相到 α′相的马氏体转变也起到了对合金的一些强化作用，但这种强化效果远不如钢铁材料马氏体转变的强化效果大。在马氏体转变终了温度 M_f，是室温时所对应的那一点的成分（图 10-21C_1 成分），由 β 相到 α 相的马氏体转变引起的强化作用最大。合金中 β 稳定元素含量继续增大，由于从 β 相区或α + β 相区淬火保留下来的 β 相逐渐增加而使淬火合金的强度逐渐下降至最小值，该成分是马氏体开始转变温度 M_s 在室温时所对应的那一点的成分，即得到 100% 亚稳定相 β′，所以强度最低。

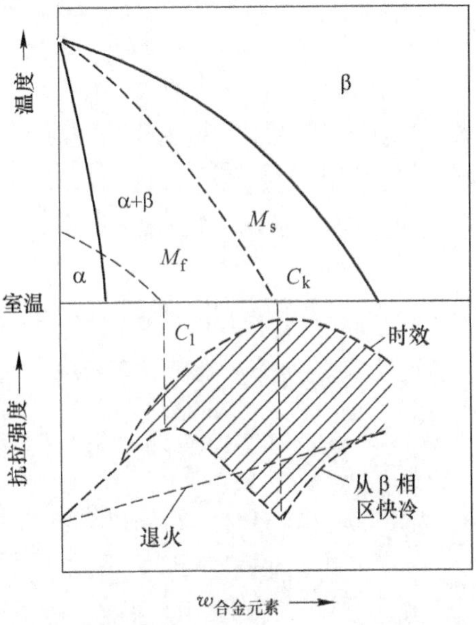

图 10-21 二元 β 同晶钛合金热处理强化效果示意图

合金淬火并时效后的强化效果随着合金中 β 稳定元素含量增多而增大。由于合金中 β 稳定元素含量越多，淬火后得到亚稳定 β 相越多，合金时效强化效果越大。当合金中 β 稳定元素含量达到临界浓度 C_k 时，因淬火得到 100% 亚稳定 β 相，故合金时效强化效果最大。β 稳定元素含量进一步增加，由于 β 相稳定性增大，时效析出的 α 相量减少，强化效果反而下降。

钛合金中不同的合金元素对热处理的强化效果不同。一般来说，临界浓度 C_k 越低的元素（即稳定 β 相能力越强的元素），热处理强化效果越大。

习题与思考题

10-1 试从机理、组织与性能变化上比较铝合金淬火、时效处理与钢铁的淬火、回火处理，以及铝合金的变质处理与灰口铸铁的变质处理的异同之处。

10-2 简述固溶强化、弥散硬化、时效硬化产生的原因及它们之间的区别，并举例说明。

参 考 文 献

［1］廖健诚，金属学及热处理［M］. 冶金工业出版社，1999.
［2］陈惠芬，金属学与热处理［M］. 北京：冶金工业出版社，2009.
［3］崔忠圻，覃耀春．金属学与热处理［M］. 2 版．北京：机械工业出版社，2007.
［4］崔忠圻，刘北兴．金属学与热处理原理［M］. 3 版．哈尔滨：哈尔滨工业大学出版社，2007.
［5］刘国勋．金属学原理［M］. 北京：冶金工业出版社，1983.
［6］刘勇铨．钢的热处理［M］. 北京：冶金工业出版社，1981.
［7］宋维锡．金属学［M］. 北京：冶金工业出版社，1980.
［8］章守华．合金钢［M］. 北京：冶金工业出版社，1981.
［9］胡庚祥，蔡珣．材料科学基础［M］. 上海：上海交通大学出版社，2000.
［10］王健安．金属学与热处理［M］. 北京：机械工业出版社，1980.
［11］吴承建，陈国良，强文江．金属材料学［M］. 北京：冶金工业出版社，2000.
［12］戴起勋．金属材料学［M］. 北京：化学工业出版社，2005.
［13］李炯辉．金属材料金相图谱（上册）［M］. 北京：机械工业出版社，2006.
［14］史美堂．金属材料及热处理［M］. 上海：上海科学技术出版社，1989.
［15］胡德林．金属学及热处理［M］. 西安：西北工业大学出版社，1994.
［16］胡德林．金属学原理［M］. 西安：西北工业大学出版社，1995.
［17］王运炎．机械工程材料［M］. 北京：机械工业出版社，2003.
［18］张津，章宗和．镁合金及应用［M］. 北京：化学工业出版社，2004.
［19］崔占全，王昆林，吴润．金属学及热处理［M］. 北京：北京大学出版社，2010.
［20］刘天佑．金属学及热处理［M］. 北京：冶金工业出版社，2009.
［21］范晓明．金属凝固理论及技术［M］. 武汉：武汉理工大学出版社，2012.
［22］陈宗民，于文强．铸造金属凝固原理［M］. 北京：北京大学出版社，2014.
［23］胡光立，谢希文．钢的热处理（原理和工艺）［M］. 4 版．西安：西北工业大学出版社，2012.
［24］王顺兴．金属热处理原理与工艺［M］. 哈尔滨：哈尔滨工业大学出版社，2009.

冶金工业出版社部分图书推荐

书　　名	作　者	定价(元)
现代冶金工艺学——钢铁冶金卷（第2版）	朱苗勇	75.00
物理化学（第4版）	王淑兰	45.00
冶金物理化学研究方法（第4版）	王常珍	69.00
冶金与材料热力学（第2版）	李文超	70.00
钢铁冶金原理（第4版）	黄希祜	82.00
钢铁冶金原理习题及复习思考题解答	黄希祜	45.00
金属学原理（第3版）	余永宁	197.00
加热炉（第4版）	王　华	45.00
轧制工程学（第2版）	康永林	46.00
金属压力加工概论（第3版）	李生智	32.00
金属塑性加工概论	王庆娟	32.00
冶金物理化学	张家芸	39.00
金属材料学（第3版）	强文江	66.00
钢冶金学	高泽平	49.00
冶金传输原理	刘　坤	46.00
冶金传输原理习题集	刘忠锁	10.00
耐火材料（第2版）	薛群虎	35.00
钢铁冶金原燃料及辅助材料	储满生	59.00
炼铁工艺学	那树人	45.00
钢铁冶金实习教程	高艳宏	25.00
炉外精炼教程	高泽平	40.00
钢铁模拟冶炼指导教程	王一雍	25.00
连续铸钢（第2版）	贺道中	38.00
冶金设备（第2版）	朱　云	56.00
冶金设备课程设计	朱　云	19.00
硬质合金生产原理和质量控制	周书助	39.00
特色冶金资源非焦冶炼技术	储满生	70.00
冶金原理（第2版）	卢宇飞	45.00
冶金技术概论	王庆义	28.00
炼铁技术	卢宇飞	29.00
高炉炼铁设备	王宏启	36.00
炼铁工艺及设备	郑金星	49.00
炼钢工艺及设备	郑金星	69.00
转炉炼钢操作与控制（第2版）	李　荣	58.00
连续铸钢操作与控制	冯　捷	39.00
物理化学（第2版）	邓基芹	36.00
矿热炉控制与操作（第2版）	石　富	39.00
非高炉炼铁	张建良	90.00